2023
商業服務業
年鑑

生成式AI與新經貿環境下之
服務業永續發展

BUSINESS SERVICES
YEARBOOK

目錄 / Contents

Part 03・專題篇 Special Topics

部長序

當前全球經貿環境發展多變，各國無不致力提升經濟韌性與加強產業創新，協助產業因應挑戰；我國在內需消費動能依然強勁，依據主計總處統計資料，我國民間消費實質成長率112年第2季逾12%，服務消費擴增為最主要帶動經濟成長的力量；但受到全球終端市場需求、產業鏈庫存調節等影響，預測我國今（2023）年經濟成長率為1.61%。

2022年我國服務業產值達新臺幣13兆7,509.12億元，約占國內生產毛額（GDP）的61%；而2022年的服務業就業人數為684.6萬人，也占總就業人數約60%，足見服務業無論是在GDP或是總就業人數方面皆舉足輕重。隨著疫後民眾消費習慣改變，企業必須突破傳統經營模式，朝向智慧化轉型發展；同時面對全球氣候變遷挑戰和環保意識抬頭，需將永續概念融入經營思維中，以因應市場的需求與變化。經濟部商業司於今年9月26日改制為商業發展署，面對近年商業型態不斷推陳出新，商業發展署也以推升商業服務業發展及優化公司治理環境2大願景主軸，持續推動服務業智慧化與低碳化雙軸轉型，並整合商圈、市場及夜市輔導資源，提升商業服務業軟實力與科技力，活絡內需與拓展海外市場，永續我國商業服務業發展與成長。

經濟部編著「商業服務業年鑑」，自2010年發行迄今已邁入第14個年頭，篇章分為「總論篇」、「基礎資訊篇」及「專題篇」，鑑於新興科技發展與國際新局，今年度年鑑以「生成式AI與新經貿環境下之服務業永續發展」為主題，在「總論篇」和「基礎資訊篇」收錄商業服務業相關政策及國內外重要數據資料，記錄商業服務業發展軌跡；「專題篇」則邀請各領域專家深度探討年度重大議題，涵蓋ESG永續經營、人工智慧應用、人力轉型策略、服務貿易協定動態、企業海外布局對策、服務創新模式等，彙集產、學、研等各界專家觀點及實際案例；此外，今年首度在專題篇各章結尾加入議題重點解析的「企業因應之道」，協助服務業掌握趨勢與商機，提前部署經營策略，打造永續經營的堅韌體質。

經濟部部長 王美花

謹誌

2023年11月

召集人序

新冠疫情過後，全球經濟正處於一個新的轉折點，面臨著多重挑戰。這包括新地緣政治局勢的變化、氣候變遷的威脅、俄烏戰爭的不確定性、能源和糧食短缺問題以及嚴重的通膨壓力等。這些因素深刻影響了消費者的消費習慣和價值觀，對服務業帶來了新的挑戰和機遇。同時，隨著淨零碳排放和綠色環保議題的浮現，永續發展策略變得更加迫切，而生成式AI技術，例如ChatGPT，也正在重新塑造服務業的未來。

全球貿易結構和區域分布正處於快速變化和轉移之中。國際政治經濟關係已成為重要的非經濟因素，對全球經濟格局產生深遠影響。在經濟方面，跨境電商、數位貿易以及以數位方式提供的服務貿易已經成為主要趨勢。這些趨勢不僅與遠距工作、低接觸經濟、宅經濟和數位多媒體匯流經濟相契合，還增強了經濟的韌性，並促進了整體數位經濟的發展。這種以數位方式提供的服務貿易不僅成為經濟的互補因素，還成為引領和推動經濟的重要動力。

根據行政院主計總處數據，2022年我國服務業繼續扮演著經濟生產的主要引擎，其產值為新臺幣13兆7,509.12億元，占國內生產毛額（GDP）的60.85%，但就業人數卻微幅減少。這種現象在高齡化社會下更加明顯，未來勞動力供應將更為不足，這對服務業帶來了嚴重的人力短缺挑戰。

為因應此挑戰，有以下的解決方案：首先，加快數位轉型，藉助科技和數位平臺的運用，提高勞動力市場的運作效率，以吸引更多人參與服務業。同時，調整工作待遇和福利，確保中高齡員工的需求和福祉，以鼓勵他們參與勞動市場。其次，積極推動綠色轉型，在尋找解決人力短缺問題的同時，服務業也應積極應對淨零碳排放的趨勢。這包括減少碳足跡、引入數位科技、加強綠色供應鏈管理，以及推動綠色創新和新型服務等策略。這不僅有助於提高效率和降低成本，還能夠創造更多就業機會，同時吸引更多人投身服務業。

2023年的商業服務業年鑑，特別關注了上述議題，因而將年鑑的主題設定為「生成式AI與新經貿環境下之服務業永續發展」。今年的年鑑延續了多年來的編撰結構，分為三個主要部分，即「總論篇」、「基礎資訊篇」和「專題篇」，共計十三個章節。

在「總論篇」部分，包含兩個章節，分別介紹「全球經濟貿易暨服務業發展現況與趨勢」以及「我國服務業發展現況與商業發展趨勢」。

「基礎資訊篇」則分為五個章節，除了連鎖加盟產業篇章之外，每一章節都建立了相應行業的儀表板，以闡述關鍵數據和圖表，描述該行業的經營現況和趨勢。這些數據包括營利事業的數量、營業額、就業人數以及歷年成長趨勢，以提供讀者對該行業的整體了解。此外，每一章的末尾都包含一個附錄，詳細定義了該行業的分類和範疇。

「專題篇」共有六個章節，涵蓋了多個重要主題，包括「永續新時代：服務業ESG的挑戰與解決方案」、「人機協作：服務業生成式AI應用」、「關鍵DNA：高齡少子化下服務業運用中高齡人力策略」、「經貿脈動：服務貿易協定對商業服務業的機會與挑戰」、「鏈結新市場：連鎖企業海外布局-從掌握消費者的口味開始」以及「重塑創新四大元素：服務業獲利模式新思維」。每一章節不僅深入探討了專題方向，還邀請了該領域重要的學者和專家進行撰寫，同時在章節末尾加入小節，邀請本屆年鑑編審委員會委員進行綜合評論，提供企業因應之道，促進深度思考。

最後，年鑑追加了一個附錄，摘要了歷年以及今年發生的「商業服務業大事記」，例如2023年3月27日廢止「餐飲業防疫管理措施」、2023年8月7日正式啟動「臺灣碳權交易所」、2023年9月26日「商業司」改組為「商業發展署」等。同時，附錄也提供了「臺灣商業服務業公協會」的名冊和聯絡資訊，以協助企業全面瞭解服務業的最新動態，有助於擴展他們的事業版圖。

2023年的商業服務業年鑑的順利完成，得益於多方支持和專業參與。首先，我們要感謝經濟部商業發展署的大力支持，以及「2023商業服務業年鑑編審委員會」的各位產官學界專家，他們不吝提供指導和建議。其次，我們要感謝財團法人商業發展研究院的研究團隊，以及國內各大學、研究機構和產業界的專家學者，他們通力合作，在年鑑的編撰、選題和審稿等方面貢獻了大量心力。各方的協助和支持是使商業服務業年鑑得以成功完成的關鍵，我在此向各位表示萬分謝意。

編審委員會召集人 陳厚銘 謹識

2023年 11月

Part 01

總論篇

General Introduction

Chapter

01

全球經濟貿易暨服務業發展現況與趨勢

商業發展研究院　許添財 董事長

第一節　前言

全球經濟在2021年走出疫情谷底，2022年卻橫遭俄烏戰爭、能源與糧食短缺、嚴重通貨膨脹等衝擊，過去長期的低物價、低利率，急速轉成高利率、高物價新情勢。國際貨幣基金組織（International Monetary Fund, 以下簡稱IMF）報告2022年全球經濟成長率由2021年的6.3%降為3.4%，並於4月預測2023年將持續下降為2.8%，再於7月更新上調為3.0%，2024年也只能維持在3.0%。

2022年「黑天鵝」突然闖入本來就風雲詭譎、危機四伏的陰鬱天空，顛顛簸簸地走過極不確定的一年。如今過了2023的上半年，霧霾依舊籠罩，但經濟展望已不像悲觀論者過去所描述的「停滯膨脹」或「金融危機」那麼悲觀。不過，這並非國際環境與關係的改善或穩定，而是科技與企業的改革創新，以及國際新合縱連橫淬火練就的「韌性」使然。

本章第二節對世界主要地區國家的經濟發展動態與展望進行探討，並援引國際大型組織機構的調查研究資料，對2023年與2024年的全球經濟做預測與分析。除了比較分析各地區各國的經濟變動，也特別提出結構性因素的改變，來解釋為何悲觀論者所認為的類似2008年金融海嘯的經濟危機並未發生，以及當前歷時最久的「殖利率曲線」倒掛並未造成經濟衰退的理由。

第三節探討全球外國直接投資（Foreign Direct Investment, 以下簡稱FDI）信心指數與國際投資動態趨勢。研究發現，國際經濟的「碎片化」（Fragmentation）並未真正發生，「去全球化」（Deglobalization）也沒實際形成。但持續發展的「新型」

FDI，其投資目的國已更明顯往「優勢區」位移，並有「強強連結」的趨勢。這種跳脫傳統純以利潤為考量的投資思維，開始著重「友善」、「安全」、「綠色」、「永續」的價值，在跨國企業普遍還是認為國際投資影響其公司利潤與價值仍然重大的觀念下，更開始考量在地化生產、回流（Reshoring）、近岸外包（Nearshoring）、友岸外包（Friendshoring）等模式，如何用來適當配置其投資組合的問題。

第四節研究分析全球貿易與服務業發展趨勢，發現製造業「去庫存化」與消費者行為的改變，加上前節所討論的「新型」FDI變化，明顯改變了世界貿易的發展與結構。後疫情時代，加上Z世代新消費崛起，消費者行為轉向體驗與服務為主。跟2021年復甦大為不同的是服務業貿易成為2022年國際商品貿易的互補要素，數位貿易更成為經濟韌性的保障，「以數位交付的服務」（Digitally Delivered Service）出口在2022年已高占全球服務業出口的54%。

第五節結論與策略意涵，綜合整理了本章研究結果的重點，並對政府政策與企業經營策略之擬定，從國際經濟投資貿易的變動，尤其變革趨勢，提出可供用來決策與思考解決方案的參考。

第二節　全球經濟發展動態與展望

全球經濟走過2021年的「不均衡」復甦時，曾預測2022下半年與2023年無法更快速地復甦，而是在俄烏戰爭、地緣政治日益緊張與極端氣候等嚴峻衝擊下，眼看能源危機、糧食危機、供應短缺、通貨膨脹等經濟隱憂交錯而來，何時得以「軟著陸」？還是會變本加厲，演變成「通貨膨脹型衰退」（Inflationary Recession）、「停滯膨脹」（Stagflation），甚至「債務危機」或「金融危機」？2022年過去了，雖有零星事件或局部性衰退發生，但並未造成像石油危機或金融海嘯一樣的全球經濟系統性危機。

2022年全球經濟成長率從2021年的6.3%降為3.4%。IMF在今（2023）年4月發布的新預測，也將2023年與2024年的經濟成長率從上一次（2022年10月發布）的預測各調高0.1%，而成為2.8%與3.0%，並稱這將是個「艱難的復甦」（A Rocky Recovery）。[1]又在7月的更新版，對今年的預測調升0.2個百分點成為3.0%，對2024年預測維持3.0%，並

[1] 參見International Monetary Fund (IMF), 2023(a), “World Economic Outlook;” 2023(b), “World Economic Outlook.”

以「近期韌性，持續挑戰」（Near-Term Resilience, Persistent Challenges）強調全球經濟在各經濟部門與區域更加分歧（Divergences）中將遲緩復甦。雖然短期間的韌性超出預期，但也警告就歷史標準衡量，全球成長仍舊疲弱；俄烏戰爭、極端氣候引發的衝擊，將使通膨持續停留在高位，恐讓各國央行進一步緊縮貨幣政策，不確定性猶存。

一、IMF《世界展望》預測全球經濟將持續遲滯

IMF在2023年4月發布的《世界經濟展望》（*World Economic Outlook*, WEO）概稱：世界經濟在金融動盪、高通膨、俄烏戰爭與3年來COVID-19疫情持續影響下，前景極具不確定性。在7月更新版中，全球經濟成長率因短期韌性超出預期而略作上調。雖疫情對健康的威脅已除，供應鏈已有極大的恢復，但部門與區域分歧加劇，加上阻滯2022年經濟復甦的因素，以及通膨威脅猶存，預測復甦仍續遲緩。

IMF預測全球與主要地區國家的經濟成長率，如表1-1。

（一）IMF預測全球經濟將較2022年更為遲滯，已開發國家明顯放緩

2023年4月IMF更新了先前在2022年10月所做的預測，稱全球經濟的基線成長將從2022年的3.4%下降至2023年的2.8%，7月更新預測上調為3.0%，然後穩定於2024年的3.0%。

已開發國家的成長率預計將明顯放緩，會從2022年的2.7%下降至2023年的1.3%，更新上調為1.5%，預測2024年仍是1.4%。

2023年已開發國家的經濟成長率預測，還是以我國為最高，可繼2022年成長2.5%再成長2.1%，表現特出（7月並未做更新預測）。[2]美國從2022年的2.1%降為1.6%，更新預測上調為1.8%；其次是西班牙、加拿大、南韓，分別從2022年的5.5%、3.4%、2.6%都降為1.5%，但西班牙更新預測上調為2.5%、加拿大為1.7%；日本則可從2022年的1.1%升為1.3%，更新預測上調為1.4%；荷蘭從2022年4.5%降為1.0%，法國與義大利分別都從2.6%與3.7%降為0.7%，更新預測分別上調為0.8%與1.1%；英國與德國最不樂觀，分別從4%與1.8%降為-0.3%與-0.1%，但更新預測英國上調為0.4%，德國

[2] 我國中央銀行的預測於2023年6月15日下修本年經濟成長率為1.72%。另主計總處於2023年7月28日公布第2季經濟成長率概估值為1.45%，較5月預測數大減0.37個百分點。若帶入第2季概估結果，下半年維持先前預測值不變，則全年經濟成長率將從先前預測的2.04%下修為1.95%。實際最新預測需待8月18日國民所得評審會後公布。

則再下調為-0.3%。

綜合言之，在已開發國家中，7月最新預測2023年經濟成長率上調的有美國、法國、義大利、西班牙、日本、英國與加拿大；下調的只有德國。

（二）亞洲新興市場與開發中國家景氣相對最佳

全球新興市場與發展中國家2023年的經濟成長率，在今年4月的預測，可從2022年的4.0%下降為3.9%，在7月又更新預測上調為4.0%。其中，在亞洲，從2022年的4.4%預測上升為5.3%，為全球經濟成長動能最強的地區；在歐洲，從2022年的0.8%，在4月預測上升為1.2%，在7月又更新預測大幅上調為1.8%。

中國大陸經濟成長率2023年預測高於2022年的3%而為5.2%，2024年預測為4.5%，而且在IMF去年10月以來的3次預測均無改變。

然而，此期間中國大陸本身與世界其他民間機構對它的經濟情勢變動不安，都曾做了不同的成長率預測變動。IMF在7月預測更新版也特別指出，中國大陸經濟重啟雖曾有過一波快速成長，但受房地產問題的拖累，復甦動力因而減弱。

印度雖無法維持2022年的6.8%，但2023年預測仍高達5.9%，7月預測又上調為6.1%，2024年則是持平在6.3%不變，稱冠全球。

東協5國（印尼、馬來西亞、菲律賓、泰國與越南）從2022年的5.5%降為4.5%。

世界新製造中心顯然已從東協再擴及印度，但迅速擴張卻也都陸續出現基礎建設、電力、交通與人力供給等一時不足的問題。[3]中國大陸雖預測2023年會有明顯復甦，但自年初以來，即使國境已全面恢復開放，卻發生房地產市場蕭條、民間企業倒閉、地方政府債務危機惡化、年輕人失業高達20%以上，加上一帶一路呆帳累累等內憂外患情勢已逼使它陷入「通貨緊縮」困境，經濟前景具極端的不確定性。

（三）其他地區除了南非、俄羅斯、巴西、墨西哥外均有溫和成長，但國家與地區別分歧不小，金磚5國中的南非與俄羅斯最弱

2023年預測南非只有0.1%的成長，雖更新上調後也只有0.3%；俄羅斯轉負為正可成長0.7%，更新上調為1.5%；巴西、墨西哥成長一樣遲緩，分別只有0.9%與1.8%，經更新上調分別成為2.1%與2.6%，但對2024年的預測更新，卻分別下調為1.2%與1.5%。

---

[3] 例如，越南媒體《VnExpress》7月之報導顯示，越南的缺電問題對當地歐洲企業及跨國電子大廠等造成衝擊，甚至嚴重影響營運。其中有些歐洲企業表示，越南基礎建設尚不夠完善。

較好的是中東與中亞2.9%，但更新下調為2.5%，對2024年的預測亦從4月預測的3.5%，更新下調為3.2%。

沙烏地阿拉伯、撒哈拉沙漠以南非洲、奈及利亞、中東與北非均有約3%以上的成長，但更新預測將沙烏地阿拉伯下調為1.9%，中東與北非亦下調為2.6%。

新興市場與中所得國家及低所得國家成長率反而較高，分別為3.9%與4.7%，低所得國家在更新預測時下調為4.5%，對2024年的成長率亦分別從4月預測的4.0%與5.4%，分別更新調降為3.9%與5.2%。

表1-1　全球主要地區國家經濟成長率（2020-2024年）

單位：%

年度／國家／地區	2020年	2021年	2022年	2023年			2024年		
				*	**	***	*	**	***
全球	-2.8	6.3	3.4	2.7	2.8	3.0	2.9	3.0	3.0
已開發國家（主要）	-4.2	5.4	2.7	1.4	1.3	1.5	1.4	1.4	1.4
美國	-2.8	5.9	2.1	1.8	1.6	1.8	1.2	1.1	1.0
歐元區	-6.1	5.4	3.5	0.9	0.8	0.9	1.2	1.4	1.5
德國	-3.7	2.6	1.8	-0.3	-0.1	-0.3	0.8	1.1	1.3
法國	-7.9	6.8	2.6	0.7	0.7	0.8	1.0	1.3	1.3
義大利	-9.0	7.0	3.7	0.8	0.7	1.1	0.7	0.8	0.9
西班牙	-11.3	5.5	5.5	1.9	1.5	2.5	1.6	2.0	2.0
荷蘭	-3.9	4.9	4.5	-	1.0	-	-	1.2	-
日本	-4.3	2.1	1.1	0.8	1.3	1.4	1.1	1.0	1.0
英國	-11.0	7.6	4.0	0.0	-0.3	0.4	1.1	1.0	1.0
加拿大	-5.1	5.0	3.4	1.5	1.5	1.7	1.5	1.5	1.4
南韓	-0.7	4.1	2.6	-	1.5	-	-	2.4	-
臺灣	3.4	6.5	2.5	-	2.1	-	-	2.6	-
新興市場與發展中國家	-1.8	6.9	4.0	3.8	3.9	4.0	4.2	4.2	4.1
新興市場與發展中國家（亞洲）	-0.5	7.5	4.4	5.3	5.3	5.3	5.0	5.1	5.0
中國大陸	2.2	8.4	3.0	5.2	5.2	5.2	4.5	4.5	4.5
印度	-5.8	9.1	6.8	5.7	5.9	6.1	5.8	6.3	6.3
東協5國	-5.4	3.2	5.5	4.7	4.5	4.6	4.5	4.6	4.5
新興市場與發展中國家（歐洲）	-1.6	7.3	0.8	0.9	1.2	1.8	2.4	2.5	2.2
俄羅斯	-2.7	5.6	-2.1	1.1	0.7	1.5	0.5	1.3	1.3

國家／地區 \ 年度	2020年	2021年	2022年	2023年			2024年		
				*	**	***	*	**	***
拉丁美洲與加勒比海國家	-6.8	7.0	4.0	1.4	1.6	1.9	2.1	2.2	2.2
巴西	-3.3	5.0	2.9	0.6	0.9	2.1	1.5	1.5	1.2
墨西哥	-8.0	4.7	3.1	1.9	1.8	2.6	1.6	1.6	1.5
中東與中亞	-2.7	4.6	5.3	2.6	2.9	2.5	3.3	3.5	3.2
沙烏地阿拉伯	-4.3	3.9	8.7	3.6	3.1	1.9	2.8	3.1	2.8
撒哈拉沙漠以南非洲	-1.7	4.8	3.9	3.4	3.6	3.5	4.3	4.2	4.1
奈及利亞	-1.8	3.6	3.3	3.2	3.2	3.2	3.1	3.0	3.0
南非	-6.3	4.9	2.0	-1.0	0.1	0.3	1.3	1.8	1.7
中東與北非	-3.1	4.3	5.3	3.0	3.1	2.6	3.3	3.4	3.1
新興市場與中所得國家	-2.0	7.1	3.9	3.8	3.9	3.9	3.9	4.0	3.9
低所得國家	1.1	4.1	5.0	4.5	4.7	4.5	5.2	5.4	5.2

資料來源：整理自IMF, 2023(a), "World Economic Outlook"; 2023(b), "World Economic Outlook."

說　明：1. 2022年為2023年4月發布報告；2023欄位中的*代表2022年10月對2023年之預測；**表示2023年4月對2023年之預測；***表示2023年7月報告的修正；2024欄位中的*代表2023年1月對2024年之預測；**表示2023年4月對2024年之預測；***表示2023年7月對2024年之預測。

2. 東協5國分別為印尼、馬來西亞、菲律賓、泰國與越南。
3. 低所得國家包括中非共和國、甘比亞、利比亞、馬拉威、莫三比克……等14國。
4. 上表中的「-」代表該年度未有統計資料。
5. 此表於資料來源中僅標示到小數點後第一位。
6. 上述統計數值可能會與過去年度數字有些許差異，係因主管機關進行數據校正所致。
7. 2022年為2023年4月預測。

二、名目GDP前25名的2022年、2021年與2019年比較

2022年全球經濟成長普遍遲緩，各國從2021年的「不均衡復甦」轉為「失衡」又「失速」，呈現消長互見的明顯變化，有些差距拉遠，有些排名往前。

表1-2顯示世界各國名目國內生產毛額（Gross Domestic Product, 以下簡稱GDP）前25名的2022年、2021年與2019年比較，並以各國占美國的百分比來看1年間與3年間的相對變化。

2019年是新冠疫情前一年，2021年是疫情後復甦的第一年，2022年全球經濟又受到俄烏戰爭引發能源、糧食危機造成通貨膨脹的嚴重衝擊。下文就2022年各國的名目GDP排名與金額分別對2019年與2021年進行變動比較，以瞭解各經濟體在此期間的經濟調適、韌性與振興能力。

表1-2 世界GDP排名（2019、2021-2022年）

單位：兆美元；%

國家＼年度	2022年			2021年			2019年		
	排名	名目GDP（兆美元）	百分比（%）	排名	名目GDP（兆美元）	百分比（%）	排名	名目GDP（兆美元）	百分比（%）
美國	1	24.80	100.00	1	22.94	100.00	1	21.37	100.00
中國大陸	2	18.46	74.44	2	16.86	73.50	2	14.34	67.10
日本	3	5.38	21.69	3	5.10	22.23	3	5.14	24.05
德國	4	4.56	18.39	4	4.23	18.44	4	3.89	18.20
英國	5	3.44	13.87	5	3.11	13.56	6	2.83	13.24
印度	6	3.25	13.10	6	2.95	12.86	5	2.87	13.43
法國	7	3.14	12.66	7	2.94	12.82	7	2.72	12.73
義大利	8	2.27	9.15	8	2.12	9.24	8	2.00	9.36
加拿大	9	2.19	8.83	9	2.02	8.81	10	1.74	8.14
南韓	10	1.91	7.70	10	1.82	7.93	12	1.65	7.72
巴西	11	1.81	7.30	12	1.65	7.19	9	1.87	8.75
俄羅斯	12	1.70	6.85	11	1.65	7.19	11	1.69	7.91
澳大利亞	13	1.68	6.77	13	1.61	7.02	14	1.39	6.50
西班牙	14	1.57	6.33	14	1.44	6.28	13	1.39	6.50
墨西哥	15	1.37	5.52	15	1.29	5.62	15	1.27	5.94
印尼	16	1.25	5.04	16	1.15	5.01	16	1.12	5.24
伊朗	17	1.14	4.60	17	1.08	4.71	23	0.58	2.71
荷蘭	18	1.07	4.31	18	1.01	4.40	17	0.91	4.26
沙烏地阿拉伯	19	0.88	3.55	19	0.84	3.66	18	0.79	3.70
瑞士	20	0.86	3.47	20	0.81	3.53	20	0.73	3.42
臺灣	21	0.85	3.43	22	0.78	3.40	21	0.61	2.85
土耳其	22	0.84	3.39	21	0.79	3.44	19	0.76	3.56
波蘭	23	0.72	2.90	23	0.65	2.83	22	0.60	2.81
瑞典	24	0.66	2.66	24	0.62	2.70	25	0.53	2.48
比利時	25	0.61	2.46	25	0.58	2.53	26	0.53	2.48

資料來源：Alexandra, D., 2022, "Economy Rankings: Largest countries by GDP, 2022," CEOWORLD Magazine, retrieved from https://ceoworld.biz/2022/03/31/economy-rankings-largest-countries-by-gdp-2022/.

資料擷取：2023年5月

說　明：2019年第24名為泰國（0.54兆；2.5%）；2021與2022年時泰國皆為第26名（2021：0.55兆；2.4%／2022：0.59兆；2.4%）。

（一）2022年、2021年與2019年的名目GDP排名變化

以2022、2021年的排名相較，在1年之間，巴西與我國各進步1名；俄羅斯、土耳其各退步1名。換言之，排名11名的俄羅斯被12名的巴西所趕上；排名21名的土耳其被22名的我國所趕上。

以2022、2019年的排名相較，疫情後的3年間，英國、加拿大、澳大利亞、瑞典、比利時各進步1名，南韓進步2名，伊朗進步6名；俄羅斯、印度、西班牙、荷蘭、沙烏地阿拉伯、波蘭各退步1名，巴西退步2名，土耳其退步3名。

（二）2022、2021年與2019年的名目GDP金額比較

以相對於美國的名目GDP金額比較，2021到2022年間，更接近美國的有中國大陸、英國、印度、巴西、波蘭等5國；更遠離美國的有日本、法國、南韓、俄羅斯、澳大利亞、墨西哥、伊朗、荷蘭、沙烏地阿拉伯、臺灣等10國。短短1年，越輸給美國的國家比越接近美國的多了1倍，也顯示國際所得分配的更趨於集中化。

以2019到2022年的3年間來看，名目GDP更接近美國的有中國大陸、德國、英國、加拿大、澳大利亞、伊朗、瑞士、臺灣、波蘭、瑞典等10國；越來越低於美國的有日本、印度、義大利、巴西、俄羅斯、西班牙、墨西哥、印尼、沙烏地阿拉伯、土耳其等10國。

在比較2019年到2022年與2021年到2022年兩大階段的前25國名目GDP相對變化，連續更接近美國的有中國大陸、英國、波蘭等3國；連續越遠離美國的有日本、俄羅斯、墨西哥、沙烏地阿拉伯等4國。

2019到2022年間的變化，可解釋成受到疫情與俄烏戰爭衝擊時的調適韌性強弱；2021到2022年的變化，可解釋成疫後經濟振興的動能強弱。兩階段過程比較，有強又強，有強變弱，有弱變強，也有弱又弱等4區分差別，一目瞭然，頗耐人尋味。

三、IMF對全球2023年與2024年的物價預測

2023年4月IMF《世界經濟展望》報告預測全球的「標題消費者物價指數」（Headline Consumer Price Index）上漲率，在2023年將從2022年的8.7%下降至2023年的7%，2024年可望再降至4.9%；同時經排除價格敏感性高的糧食與能源價格後的「核心消費者物價指數」（Core Consumer Price Index, 以下簡稱核心CPI）只能從2022

年微降0.2%到2023年的6.2%。[4]表1-3顯示IMF對各洲的消費者物價預測。

2022年除了亞洲的已開發國家、新興與開發中市場低於4%，以及歐洲已開發國家、北美洲、中美洲、撒哈拉以南的中收入國分別上漲8.5%、7.9%、7.3%、9.3%以外，其餘各地區均慘遭兩位數的通貨膨脹。

表1-3 全球消費者物價預測

單位：%

地區 ＼ 指標 / 年度	消費者物價年增率（%）		
	2022年	2023年*	2024年**
歐洲	15.4	10.5	6.5
已開發	8.5	5.6	3.0
新興與開發中	27.9	19.7	13.2
亞洲	3.8	3.4	2.9
已開發	3.8	3.3	2.4
新興與開發中	3.8	3.4	3.0
其他新興與開發中	12.5	11.3	6.6
北美	7.9	4.6	2.5
南美	17.4	17.2	11.8
中美	7.3	5.5	4.0
加勒比海	12.6	13.5	6.8
中東與中亞	14.3	15.9	12.0
石油輸出國	14.4	12.6	9.3
石油進口國	14.1	20.5	15.8
撒哈拉以南非洲	14.5	14.0	10.5
石油輸出國	18.1	17.6	14.1
中收入國	9.3	9.4	6.2
低收入國	18.5	16.9	13.1

資料來源：IMF, 2023(a), "World Economic Outlook."

說　　明：1. *代表2023年預測，**代表2024年預測。

2. 歐洲請見"World Economic Outlook"附表1.1.1；亞洲見附表1.1.2；北美見附表1.1.3；中東與中亞見附表1.1.4；撒哈拉以南非洲附表1.1.5。

3. 此表於資料來源中僅標示到小數點後第一位。

[4] IMF, 2023(a), "World Economic Outlook," pp. 11-12.

歐洲新興與開發中國家上漲27.9%，撒哈拉以南石油輸出國與低收入國分別上漲18.1%與18.5%，亞洲其他新興市場與開發中國家上漲12.5%，加勒比海上漲12.6%，中東與中亞上漲14.3%。

雖預期2023年將全面呈現上漲率些微放緩的趨勢，但降幅有限。2022年承受兩位數通膨的地區在2023年仍然無法脫離兩位數的危難。2024情況雖可望繼續改善，但一般認為不到2025年無法降到目標區。

四、美國經濟危機陰影應猶在，專家急找不衰退的理由

去（2022）年美國商務部經濟分析局（U.S. Bureau of Economic Analysis, BEA）曾在7月28日公布，美國第2季GDP年成長率繼第1季萎縮1.6%後又下滑0.9%，連續兩季經濟負成長符合了「公認」的「技術性衰退」定義，但接著第3季與第4季分別成長了3.2%與2.9%，致全年成長2.1%，而逃過了「衰退」或「停滯膨脹」一劫。

IMF於今（2023）年4月《世界經濟展望》預測美國2023年與2024年的經濟成長率將會再持續下降至1.6%與1.1%；同時也預期美國的消費者物價指數（Consumer Price Index, CPI）通貨膨脹率會從2022年的8%，下降至2023年的4.5%與2024年2.3%。

回顧在去年中各方眼見高通膨與高利率雙飛同飆，一夕之間翻轉了2008金融海嘯以來低利率、低成長與低通膨的「長期停滯」（Secular Stagnation）時代，「危機論」、「停滯膨脹」等悲觀之說因而甚囂塵上。但也有以失業率還低、房市仍旺而反對悲觀者看法者。[5]

（一）樂觀的理由已「鬆」但未「動」

1. 就業人數增速減緩，但仍「強勁」

就業情勢一向是用來衡量景氣情況的主要指標。

2022年6月經季節調整後的失業率僅為3.6%，被依「莎姆法則」（The Sahm Rule）來判斷，美國並未處於衰退。[6]

---

[5] 悲觀論與樂觀論介紹分析參見經濟部、財團法人商業發展研究院，2022，《2022商業服務業年鑑：ESG低碳與數位轉型》，頁21-23。

[6] 參見Paul, K., 2022, “Recession: What Does It Mean?” The New York Times, retrieved August 8, 2023, from https://www.nytimes.com/2022/07/26/opinion/recession-gdp-economy-nber.html

儘管2022年美國經濟與世界經濟成長雖都轉為遲緩，但並未見真正衰退。美國勞工部（U.S. Bureau of Labor Statistics, BLS）今（2023年）6月的就業數據亦顯示，非農就業增加20.9萬人，比5月的33.9萬人銳減38.3%，更比去年同期的37.2萬人減少43.8%；但失業率3.6%，比5月的3.7%低，顯示美國勞動力市場仍然很強。美國財政部長葉倫（Janet Louise Yellen）指出：「美國經濟成長放緩，但勞動力市場依然強勁（strong），我預計不會出現衰退。」[7]

2. 美國房地產市場已止升轉降，但不至崩盤

2022年美國房市旺，資金又充足，房屋供給不足，曾被專家據以認為「未來房價不會出現像2008年房市泡沫時的斷崖式崩盤局面。」[8]但今（2023）年2月底開始顯示，美國房市已在去（2022）年6月達到高峰，趨勢明顯轉弱走緩，但一般仍然並未預期有崩盤之虞。

但今年2月底房屋經紀公司Redfin數據已顯示，美國房市在去年6月到達高峰，下半年與2021年同期比已下降4.9%，創下15年最大跌幅。[9]這跟2020年以來，全美平均房價飆升45%以上大相逕庭。路透社今年2月下旬對房地產分析師的調查，稱2023年全美平均房價將小幅下跌4.5%，2024年也不會反轉向上。[10]

（二）悲觀派看法已見緩和

1. 停滯膨脹加上債務危機的威脅明顯鬆緩

悲觀派代表以「末日博士」羅比尼（Nouriel Roubini）莫屬，他曾經準確預測2008年金融海嘯而一夕成名。他在去（2022）年以來一直主張「這次，我們面臨停滯性通膨的負總供給衝擊，以及處於歷史高點的債務比。」，並稱：「不只美國，全世界都還處於『極為通膨性的環境』，地緣政治事件與烏克蘭戰爭的持續，更會繼續讓薪資、物價螺旋式上漲（Wage-Price Spiral）。」甚至說：「美國只有經濟硬著陸和

---

7 美國勞工部於2023年7月12日公布6月分就業指標，財政部長於7月17日在印度出席20國集團（G20）財金官員會議時接受媒體訪問時如此宣稱。

8 詹詠淇，2022，《美陷經濟衰退？》，Newtalk新聞，取自https://newtalk.tw/news/view/2022-07-29/793185，最後瀏覽日期：2023/08/08。

9 數位編輯，2023，《美房市崩潰！半年縮水70兆 金融海嘯後最慘》，工商時報，取自https://ctee.com.tw/news/global/816008.html，最後瀏覽日期：2023/08/08。

10 李彥瑾，2023，《專家：今年美房價溫和修正 不至於重現08年崩盤》，Yahoo新聞，取自https://reurl.cc/XE8D9R，最後瀏覽日期：2023/08/08。

通膨失控兩條路可選。」[11]但他最近口氣已顯見軟化，他說：「雖然全球經濟遭遇嚴重颶風的可能性看起來不如幾個月前，但仍有可能遭遇一場造成重大經濟和金融損失的『熱帶風暴』！」[12]

美國6月消費者物價指數年增3%，顯示通膨降溫幅度超越樂觀者期待，雖然核心消費者物價指數仍然頑固，克魯曼於2023年7月13日在《紐約時報》專欄撰文稱：美國經濟「軟著陸」已在望，雖目前尚未觸及跑道，還不能保證能順利平穩著陸，但目前看來，「軟著陸」已在伸手可及之處。[13]

2. 正處歷時最久的「殖利率曲線」倒掛，衰退之說似真非真

2022年8月5日美國出現2022年第3度，又是同年7月初以來連續第4週的「殖利率曲線倒掛」而引發衰退隱憂。[14]

但如今美國聯準會（Federal Reserve System, 以下簡稱Fed）已經啟動11次升息，累計升息20碼（5個百分點）後，通常如此緊縮性的貨幣政策會使失業率上升、通貨膨脹率下降，但2023年6月美國的失業率從5月的3.7%，接近歷史的低點，下降到3.6%。另一方面，5月美國CPI上漲率雖下降至4%，6月又下降到3%，創下兩年多來的新低，但5月核心CPI落在5.3%，6月4.8%，仍相對偏高。

同期間，自2022年7月5日起，美國的2年期公債殖利率高於10年期公債殖利率，正式進入倒掛，迄今又已超過1年，卻未出現經濟衰退。其可能原因綜合分析如下文。

（三）結構性因素改變讓傳統經濟指標意義質變

儘管美國在今年7月仍有「殖利率曲線倒掛」的現象，但有專家仍對這可能引發的衰退疑慮並不認同。摩根大通首席全球策略師科拉諾維奇（Marko Kolanovic）也表示，美國6月消費者物價指數略微提升了Fed實現「軟著陸」的可能性。[15]

---

11 參見經濟部、財團法人商業發展研究院，2022，《2022商業服務業年鑑：ESG低碳與數位轉型》，頁22。

12 美股艾大叔，2023，《末日博士魯比尼：全球明年將進入溫和衰退》，鉅亨網，取自https://hao.cnyes.com/post/44512?utm_source=cnyes&utm_medium=news&utm_campaign=postid，最後瀏覽日期：2023/08/08。

13 湯淑君，2023，《克魯曼：美經濟「軟著陸」在望，但最後一哩有3路障》，經濟日報，取自https://money.udn.com/money/story/5599/7301315，最後瀏覽日期：2023/08/08。

14 參見經濟部、財團法人商業發展研究院，2022，《2022商業服務業年鑑：ESG低碳與數位轉型》，頁23。

15 劉忠勇，2023，《高盛：殖利率曲線倒掛預告經濟衰退，但這一次「不一樣」》，經濟日報，取自https://udn.com/news/story/6811/7307390，最後瀏覽日期：2023/08/08。

1.消費者行為改變與產業創新相互激盪

克魯曼解釋，Fed從2022年3月起大幅升息，至今不但尚未導致衰退，經濟反倒顯得出奇強韌，一般解釋是2021-2022年期間遠距工作使住宅需求暴增，房租居高不下，儘管借貸成本因利率提高而高漲，開發商卻仍具強烈動機繼續大興土木。疫情後美國民眾熱衷「報復性」旅遊，帶旺相關休閒餐旅業景氣強彈。拜登政府對半導體和綠能產業提供補貼，也掀起一波非住宅投資榮景，尤其是製造業。[16]

經歷一場歷史空前的疫情，引發遠距上班的浪潮，許多居家上班的員工得以擺脫通勤的束縛而離開都市。根據麥肯錫的調查，2020年中期到2022年中期，紐約市與舊金山市就分別失去了5%與6%的人口。報告並認為，雖然離開城市的速度已恢復到疫情前趨勢，但離開的人很少回來，至今仍然只有37%的員工每天去辦公室。[17]

上班與購物都在家，帶動一波「宅經濟」（Stay-at-Home Economy）的興起，也大大改變了消費者行為。線上採購的人口與消費金額直線增加（可參見本章第四節的數據與分析），而且消費者開始著重個人體驗與服務消費，這不只讓許多傳統產業加速數位化與數位轉型，也促使「數位匯流」（Digital Convergence）娛樂與線上遊戲電競等新型產業異軍突起，甚至誘發相關硬軟體設備、產品與服務的興起。其間，免費或使用者付費的各種訂閱下載，以及「雲端遊戲」（Cloud Gaming）串流（Stream）服務，更讓新型產業市場加速蓬勃發展，成為經濟危機威脅下的救世軍。

IMARC集團（the International Market Analysis Research and Consulting Group）估計，到2022年全球遊戲市場將達2,027億美元，預計到2028年更將達到3,436億美元，2023年到2028年的年均複合成長率（Compound Annual Growth Rate, 以下簡稱CAGR）為9.08%。[18]

資誠聯合會計師事務所發布的《2022全球與臺灣娛樂暨媒體業展望報告》更指出，全球娛樂及媒體產業在疫情嚴峻的2020年到2021年間成長了10.4%，2022年持續成長了7.3%，預計2026年擴大到2.9兆美元（2021-2026年的CAGR將為4.6%）。我國在2022年則是153億美元，可望於2026年達到215億美元（2021-2026年的CAGR將為3%）。[19]

---

[16] 湯淑君，2023，《Fed猛升息怎不見經濟衰退？克魯曼：兩發展沒重演1980年代劇本》，經濟日報，取自https://money.udn.com/money/story/5599/7299187，最後瀏覽日期：2023/08/08。

[17] 黃嬿，2023，《上班與購物都在家，麥肯錫：城市活力將大幅衰退》，TechNews科技新報，取自https://technews.tw/2023/07/18/global-commercial-real-estate-will-lost-huge/，最後瀏覽日期：2023/08/08。

[18] IMARC，2023，《遊戲市場：2023-2028年全球行業趨勢、份額、規模、增長、機遇和預測》。

[19] 張庭瑋，2023，《娛樂遊戲產業年年看漲！新世代玩家崛起，為市場帶來哪些變化？》，未來商務，

ChatGPT，全稱「聊天生成預訓練轉換器」（Chat Generative Pre-Trained Transformer）於2022年11月推出，興起新一波人工智慧（Artificial Intelligence, 以下簡稱AI）革命與投資狂潮。彭博行業研究（Bloomberg Intelligence）報告預計，到2032年生成式AI市場的營收將達1.3兆美元，是2022年收入400億美元的32.5倍。[20]

2022年11月底以來，OpenAI公司讓人們見識到生成式AI依託底層「大語言模型」（Large Language Model），ChatGPT所展現的思維鏈（Chain of Thought, 以下簡稱CoT）和自發湧現（Emergence）的各種能力極其令人驚艷。輝達（NVIDIA）執行長黃仁勳把AI將重塑所有軟體的際遇形容為「AI的iPhone時刻」。圖形處理單元（Graphics Processing Unit, GPU）是訓練和操作「機器學習」（Machine Learning）模型的最佳選擇，GPU加速神經網路的「深度學習」（Deep Learning）力量更大，據報導，OpenAI就用了1萬個輝達的GPU來訓練ChatGPT。[21]

GPU將讓各行各業所有企業都能使用AI，透過硬體、軟體與服務的融合更將發展成一個完整的生態系。根據Verified Market Research的預測，2020年GPU全球市場規模為254億美元，預計2023年為595億美元，CoT到2028年將達到2,465億美元，2023-2028年的CAGR為32.9%。[22]

消費者行為的改變與科技產業生產、服務的創新互相激盪，更在疫情期間催化了遠距、行動、虛擬市場的急速發展，也讓實體投資與金融發展連動加乘，用傳統經驗的「殖利率曲線倒掛」來預測未來的經濟衰退已經失準。這次長期公債利率的「期限溢價」出現異常低於長期平均水平，遲遲無法實現股票市場衰退而讓Fed降息的預期；相對的，Fed的升息與澆不息的融資需求卻一直讓短期債券殖利率不斷持高。

2. 勞動市場結構改變使勞動市場強勁

《風傳媒》報導，富邦金控資深經濟學家羅瑋發現，殖利率曲線倒掛已超過1年的時間，美國經濟並沒陷入衰退的原因是勞動市場展現強勁韌性。隨著COVID-19病

取自https://fc.bnext.com.tw/articles/view/2745?，最後瀏覽日期：2023/08/08。

[20] 李丹、何渝婷（編譯），2023，《研究：ChatGPT帶來生成式AI十年繁榮，2032年市場規模1.3兆美元》，KNOWING新聞，取自https://news.knowing.asia/news/048110ba-b617-42b5-a926-661a2cbd9695，最後瀏覽日期：2023/08/08。

[21] BTEditor，2023，《誰贏ChatGPT這場AI大戰？沒差，NVIDIA都是贏家》，動區動趨，取自https://www.blocktempo.com/nvidia-is-the-final-winner-no-matter-who-wins-chatgpt-war/，最後瀏覽日期：2023/08/08。

[22] 慧博智能投研，2023，《GPU行業深度：市場分析、競爭格局、產業鏈及相關公司深度梳理》，知乎，取自https://zhuanlan.zhihu.com/p/623764445?utm_id=0，最後瀏覽日期：2023/08/08。

患退出職場、戰後嬰兒潮世代提早退休，美國勞動力市場出現嚴重缺工現象，反映在薪資上，「收入排名倒數25%的受薪階級平均薪資年增率甚至高於前25%的受薪階級」。當薪資增幅超過通膨率，意謂著勞工實質所得增加，即使物價高漲，人民還是有能力維持消費，且主要集中於服務類消費，對於美國經濟助益很大。

同時，他也發現，過去美國出現經濟衰退是各行各業全面衰退，這次卻偏向產業滾動式衰退。回顧2022年3月，美國首度啟動升息，當時立即影響房市表現；同年6月高利率及高通膨卻影響終端消費，零售端開始去化庫存，進而影響製造業與消費電子產業的表現；但在製造業與消費電子產業惡化期間，服務業明顯好轉，抵消製造業衰退的部分壓力。[23]

第三節 全球FDI信心指數與國際投資新動向

一、全球與主要國家「外國直接投資」發展現況

（一）2022年「FDI流入」大衰退，美、中兩國均見劇減，雖新投資仍溫和成長，但展望2023年依然充滿不確定性。世界投資目的地持續集中化、區域化，屬於OECD的G20才是優勢地區

2022年FDI的總流入量（Inflows）與總流出量（Outflows）分別為1兆2,809億美元與1兆2,910億美元，兩者皆未能持續2021年的大幅成長，反而巨幅滑落，分別為-23.7%與-24.5%（參見表1-4及作者計算）。唯綠地投資（Green Field Investment）儘管件數還未能恢復疫情前水準，但其投資金額在2022年並未見減少。

以區域別觀察，其中流入經濟合作暨發展組織（Organisation for Economic Co-operation and Development, 以下簡稱OECD）國家劇減了26.4%，其金額4,960億美元占全球FDI總流入的38.7%，均低於2021年的40.2%、疫情前2019年的56.3%、2018年的49.2%，顯示OECD的外來投資尚未能擺脫疫情低谷。

流入G20減少15.3%，其金額9,708億美元占全球總流入的75.8%，仍較2021年的68.3%高。其全球占比持續提高，G20明顯屬於全球FDI的「優勢區」。

---

[23] 謝方娪，2023，《殖利率倒掛超過1年，為何經濟仍未衰退？答案：產業輪動》，風傳媒，取自https://www.storm.mg/lifestyle/4827733，最後瀏覽日期：2023/08/08。

流入美國的在2021年劇增271.4%後，2022年減少了21.4%，但金額3,183億美元，續居全球第1。

表1-4 全球與主要國家外國直接投資流量（2017-2022年）

單位：十億美元

流向／年度／地區	FDI流出（Outflows）						FDI流入（Inflows）					
	2017年	2018年	2019年	2020年	2021年	2022年p	2017年	2018年	2019年	2020年	2021年	2022年p
全球	1,608.96	986.06	1,357.07	667.48	1,709.95	1,291.00	1,745.69	1,451.62	1,740.60	1,037.95	1,678.42	1,280.96
OECD	1,157.90	648.78	954.48	376.66	1,245.10	1,066.68	998.80	714.51	980.71	376.62	673.94	496.05
G20	1,154.08	645.30	857.40	564.66	1,302.96	1,374.39	995.70	1,014.84	926.92	687.95	1,145.94	970.82
中國大陸	138.29	143.03	136.91	153.72	178.80	149.69	166.08	235.37	187.17	253.10	344.08	180.17
美國	353.66	-129.02	47.65	232.00	378.72	402.64	325.07	216.42	256.72	109.12	405.30	318.37
歐盟27國	330.06	328.26	587.78	35.24	436.15	94.35	283.41	312.30	595.36	106.68	167.90	-147.71
印度	11.09	11.42	13.14	11.12	17.24	14.46	39.97	42.11	50.61	64.36	44.73	49.92
盧森堡	14.98	21.84	176.76	147.68	52.17	-264.60	-27.31	-83.29	163.71	9.82	25.11	-321.62
德國	85.89	97.06	151.07	50.51	165.16	142.79	48.29	71.98	52.68	56.08	46.46	11.04
愛爾蘭	-2.04	4.31	34.44	-46.48	62.22	5.33	52.72	-12.51	158.49	82.12	15.93	1.49
墨西哥	3.99	8.37	10.64	2.27	-1.59	12.85	34.01	34.10	34.57	28.20	31.54	35.29
瑞典	27.37	17.83	16.27	23.64	27.02	62.29	12.51	3.81	9.99	19.72	20.33	47.53
巴西	19.04	-16.34	19.03	-12.94	20.45	25.24	66.59	59.80	65.39	28.32	50.65	85.12
以色列	7.62	6.09	8.69	4.44	9.46	9.24	16.90	21.52	17.36	23.11	21.49	27.76
日本	164.56	144.96	232.55	95.68	146.77	161.56	9.35	9.96	13.75	10.70	24.65	32.53
英國	142.44	82.94	11.72	-78.17	84.93	129.62	96.40	87.82	53.91	58.26	-71.18	14.10
法國	35.91	101.98	43.81	8.43	15.51	31.67	24.78	41.81	13.10	2.15	26.97	42.23
荷蘭	18.56	-46.88	14.38	-189.04	23.50	-1.65	20.55	99.32	-1.14	-86.31	-77.44	-67.25
義大利	24.48	31.52	19.79	-2.11	27.96	-1.87	24.00	37.66	18.15	-23.59	8.95	19.92
韓國	34.07	38.22	35.24	34.83	66.00	66.41	17.91	12.18	9.63	8.77	22.06	18.00
印尼	2.08	8.05	3.35	4.45	3.85	6.85	20.58	20.56	23.88	18.59	21.13	21.97
加拿大	76.18	58.04	77.48	42.44	97.00	79.27	22.76	37.65	50.54	26.88	65.68	52.63
臺灣	11.54	18.06	11.76	11.50	11.34	16.28	3.40	7.11	8.24	6.05	5.42	10.19
澳大利亞	9.81	0.54	9.94	8.16	7.82	120.41	48.12	60.27	38.86	15.71	25.31	65.48
西班牙	55.93	37.52	27.43	33.90	-1.06	39.46	41.88	57.43	18.53	13.78	18.95	33.97
ASEAN	88.51	57.95	89.78	67.92	81.18	85.90	157.33	148.97	166.58	117.79	212.06	222.31

資料來源：OECD, 2023, "FDI in Figures." 我國與ASEAN 2017-2022的數據取材自United Nations Conference on Trade and Development (UNCTAD), 2023, "World Investment Report 2023."

說　明：1. 年度2022上標p為preliminary data。
2. ASEAN為印尼、越南、寮國、汶萊、泰國、緬甸、菲律賓、柬埔寨、新加坡與馬來西亞10國。
3. 上述統計數值可能會與過去年度數字有些許差異，係因主管機關進行數據校正所致。

流入中國大陸的在2021年增加36.0%後，2022年減少了47.6%，金額為1,801億美元，續居全球第2。

若統計自2017年到2022年的流入總金額，美國為1兆6,307億美元，中國大陸為1兆3,655億美元。兩國在6年間相差只有2,652億美元，美國比中國大陸多出19.4%，中國大陸比美國則是少了16.3%。不計質只計量，兩者吸收國際資本仍在伯仲之間。

但美國在2022與2021連續蟬聯冠軍，且超越中國大陸的金額從612億美元再擴大為1,382億美元，顯示當下由美國倡議而流行的國際「在地化生產」、「回流」（Reshoring）、「近岸外包」（Nearshoring）、「友岸外包」（Friendshoring）、「去中國化」與「去風險化」（de-risking）的新趨勢可能成為跨國企業投資組合行為模式的新常態。

表1-5進一步比較OECD G20與non-OECD G20的外資流入量變化，OECD G20在2022年比2021年增加了7.3%，金額6,224億美元；後者在2022年比2021年減少了38.5%，金額3,484億美元。可見G20在2022年為9,708億美元，比2021年減少了1,751億美元，是因non-OECD G20減少2,178億美元，以及OECD G20卻只增加427億美元所致。

在2021年分別跟疫情前2019年比較，OECD G20增加96%，而non-OECD G20只增加43%。如今進一步發現G20中，真正能夠吸引外資是OECD的成員國而不是非OECD的成員國。尤有進者，非OECD G20在2021年的增加幾乎全仰賴巴西、中國大陸、俄羅斯與南非等「金磚」國家，如今在2022年中國大陸則減少了1,639億美元，巴西也只增加345億美元，印度只增加52億美元，墨西哥只增加37億美元，而俄羅斯在2022年侵略烏克蘭之後，迄今仍遭受到有增無減的國際嚴厲經濟制裁。

歐盟27國的FDI流入量，繼2020年減少82.1%，2021增加了57.5%，但2022年又見大幅撤出，金額從2021年的1,679億美元變成-1,477億美元，減少幅度高達188%。其

表1-5 OECD G20與non-OECD G20的外資流入量變化

單位：十億美元；%

年度 / 地區	2021年（十億美元）	2022年（十億美元）	2022年比2021年（%）
G20	1,145.94	970.82	-15.28
G20-OECD	579.75	622.38	7.35
G20-non OECD	566.19	348.44	-38.46

資料來源：OECD, 2023, "FDI in Figures."

對全球FDI總流入占比因此變成-11.5%（主要是盧森堡-3,216億美元與荷蘭-672億美元）。歐盟27國在2022年較明顯成長的只有瑞典（增加272億美元）與法國（增加153億美元），而義大利所增加的110億美元其實都是自己公司內部的借貸。顯見歐盟各國FDI流入變化激烈，增減走勢極其分歧，經濟情勢十分不穩。

綜上所述，足見2022年全球FDI流入呈現衰退之中，部分相對復甦的國家主要集中於G20的「優勢區」，「位移」趨勢也十分明顯。簡言之，歐盟27國與「非OECD」的G20國家都非外資流入的「優勢區」。[24]

全球FDI總流量及其對GDP的占比，雙雙在2015年達到高峰，接著逐年波動向下。其在2022年是1.28%，2021年是1.74%，2020年是1.15%，2019年是2%，皆比2015年的2.5%小了許多。[25]

風行40年的「全球化」經濟發展模式已從「大退潮」的「量變」到位移的「質變」。[26]FDI投資目的地也繼續產生變化，更形集中化、區域化，這可進一步就排序前10名的國家別與變化來觀之。

一直排名前兩大的美、中，其FDI流入合計占全球FDI總流入比，從2019年的25.5%提高為2020年的34.9%，在2021年又提高到44.6%，即使在衰退的2022年，美國減少了21.5%，中國大陸更減少了47.6%，但兩國合計仍然高占全球的38.9%。

再者，2022年FDI流入排行前10名（美國、中國大陸、巴西、澳大利亞、加拿大、印度、瑞典、法國、墨西哥、西班牙）的總和為9,104億美元，全球占比是71.1%。2021年FDI流入排行前10名（美國、中國大陸、加拿大、巴西、德國、印度、墨西哥、法國、澳大利亞、盧森堡）的全球占比為63.5%（這10國的總和在2020疫情期間全球占比為57.1%；若不含瑞士的-420億美元，則總和全球占比是56.3%）。2020年實際排名前10國（中國大陸、美國、愛爾蘭、印度、英國、德國、巴西、墨西哥、加拿大、以色列）總和全球占比為70.2%。2019年前10名（美國、中國大陸、盧森堡、愛爾蘭、巴西、英國、德國、印度、加拿大、澳大利亞）的總和是1兆777億美元，占全球的61.9%。

---

[24] OECD現有38個成員；在G20裡non-OECD的國家：阿根廷、巴西、中國大陸、印度、印尼、南非、歐盟、俄羅斯等8市場，其餘OECD G20有澳大利亞、加拿大、法國、德國、義大利、日本、韓國、墨西哥、沙烏地阿拉伯、土耳其、英國、美國等12國。

[25] 參見Organisation for Economic Co-operation and Development (OECD), 2023, “FDI in Figures” 以及表1-2與作者對當年全球GDP的計算。

[26] 參見經濟部、財團法人商業發展研究院，2022，《2022商業服務業年鑑：ESG低碳與數位轉型》，頁26。

上述FDI流入前10名總和的全球占比呈現逐年提高趨勢，尤其在2020年疫情高漲的非常不確定時期，投資者更往已開發市場的優勢區集中，其全球占比也高達70.2%。儘管優勢國家別仍會因當年的情況而變化，致各年前10名名單會有「位移」波動，集中於少數「優勢地區」的趨勢依然極其明顯。

在2022年FDI流入前10名國家之中，所吸收的投資金額比2021年增加的只有印度、墨西哥、瑞典、巴西、法國、澳大利亞、西班牙等7國，另外的美國、中國大陸、加拿大則是減少的。

綜上所述，屬於OECD的G20才是FDI流入國當中的優勢地區（以上相關數據，參見表1-4）。

（二）2022年全球FDI流出也呈現集中化、區域化趨勢，美國蟬聯第1，日本勝中、德、英，躍居第2，屬於OECD的G20才是優勢地區

全球2022年FDI總流出量（Outflows）高達1兆2,910億美元，比2021年減少了24.5%，跟2021年的增加156.2%形成了一個向下大翻轉。

OECD 2022年FDI總流出高達1兆0,666億美元，比2021年減少了14.3%，但對全球FDI總流出的占比反而提高到82.6%（比2021年的72.8%，2020年的56.4%，或2019年的70.3%都來得高）。

G20在2022年FDI總流出高達1兆3,743億美元，比2021年略增5.5%，占全球FDI總流出的106.5%（對全球占比，比2021年的76.2%，2020年的84.6%或2019年的63.2%都來得高）。

若將G20區分為OECD的G20與non-OECD的G20，OECD G20在2022年的FDI總流出比2021年增加15.8%，後者減少27.7%（它們在2021年曾經分別增加了150%與85%）。足見G20的FDI總流出在2022年只增加5.5%的原因，主要是來自OECD的G20成長明顯遲緩，加上非OECD的G20的大幅減少所致（其中屬於OECD的歐盟27國減少了78.4%；而非屬於OECD的中國大陸則減少16.3%，但就金額而言，歐盟減少了3,418億美元；而中國大陸減少了291億美元）。

2022年FDI投資國流出前10名的總額1兆3,533億美元占全球總流出的104.8%，比同年FDI流入前10名占全球總流入的71.1%，更見集中度。尤有甚者，在前10大FDI流出國之中，2022年流出金額比2021年增加的只有美國、瑞典、日本、英國、韓國、澳大利亞、西班牙等7個國家，另外的中國大陸、德國、加拿大是減少的。

綜上所述，又見屬於OECD的G20才是FDI流出國的相對強勢地區（參見表1-4）。

（三）2022年全球FDI特色與趨勢：強強連結，強者愈強

儘管2022年的全球FDI流入與流出呈現明顯衰退，再綜合2022年主要經濟體的FDI流入與流出，除了中國大陸的FDI流入以及歐盟的FDI的流出與流入呈現大衰退以外，都能持續2021年回復到2019年水準之上的情勢。

「後全球化時期」的跨國投資卻明顯地在結構上出現集中化與區域化的趨勢，並以屬於OECD的G20國家為優勢地區，而且從主要FDI流入國與FDI流出國觀之，更見「強強連結」的特性。

OECD的G20是全球資本流入的主要目的國，也是流出的主要來源國。但歐盟卻是流出而非流入的大經濟體，是「強強連結」的弱勢區；而中國大陸在2021年從FDI流入大國卻變成流出的小國（FDI流出的全球占比又從2021年的10.5%，略增為2022年的11.6%，但仍然遠不及2020年的23.0%，雖然微微超過2019年的10.1%），在2022年又進一步成為FDI流入衰退最嚴重的國家之一（減少了47.6%，一下子減少了1,639億美元，衰退金額僅次於盧森堡的被撤出3,216億美元），所以中國大陸也非「強強連結」的優勢區。

「強強連結」趨勢在2022年更比2021年有加無減，跨國投資移動更形集中化與區域化，也讓富國愈富，窮國愈窮。

二、外國直接投資信心指數（FDICI）的最新動向

（一）2022年FDI流量大衰退證明預測正確。今（2023）年信心指數略為提高，但排行榜名單與名次更替大，入圍者分數高低更形分歧，顯示高利率與高通膨，地緣政治與氣候變遷等風險變本加厲，不確定性風險提高，投資者持「審慎樂觀」態度

1. 基本說明：科爾尼FDI投資信心指數（FDICI）與FDI流量關係

科爾尼（Kearney）「外國直接投資信心指數」（Foreign Direct Investment Confidence Index, 以下簡稱FDICI）是一項針對全球企業高層的年度調查。自1998年第一份報告發表以來，被認為「在FDI信心指數上排名的國家與隨後幾年實際FDI流量的主要目的地密切相關。因此，在宏觀層面，FDI信心指數是一個相對合理的預測未來3年FDI流向的指標。」[27]

---

27 然而，它並非是與FDI流量一對一比較。因為分析單位不同，FDICI衡量的是公司對市場的計劃投資，而不是其投資的規模。也許一家公司的大筆投資可以超過許多公司的小筆投資。何況，投資的意

2. FDI信心指數調查顯示國際環境仍極具不確定性，投資者態度持「審慎樂觀」，區域化崛起，跨國投資集中於優勢區，「位移」跡象明顯

2023年1月，科爾尼公司依例對全球商界領袖就2023年的投資前景看法進行調查，在4月發布時，「全球商業政策委員會」（Global Business Policy Council）合夥人兼管理主任埃里克・彼得森（Erik R. Peterson）寫道：「儘管在全球健康危機、供應鏈中斷、東歐衝突、美中關係緊張升高，這樣的全球背景下，全球投資者很難表現出多積極的態度，但2023年FDI信心指數調查結果顯示「審慎樂觀」（Cautious Optimism）。[28]

2023年FDI信心指數調查發現，雖然有78%的全球商界領袖認為全球化對其公司現在的經營有益；同樣有78%認為全球化對其公司未來3年內的經營還是有益。但也有73%認為在未來3年內，有可能像「近岸外包」（Nearshoring）、「友岸外包」（Friendshoring）而更區域化。也有79%認為未來3年內，政府將必須透過像產業政策或「回流」（Reshoring）製造等更自給自足的方式來建立更大的韌性（Resilience）。這些新趨勢對全球化能否持續發展是個變數。[29]

但是當投資者被要求對未來3年內的全球化發展情勢做評估時，只有66%認為全球化仍會繼續發展（其中，19%預期將顯著成長，26%預期將溫和成長，21%預期成長有限）。另外有23%投資者認為會下降（9%預期將有限下降，9%預期將溫和下降，5%預期將顯著下降）。[30]

投資者認為影響其對未來3年內「去全球化」（Deglobalization）趨勢預期的顯著因素是哪些？答案依序如下：

（1）貿易障礙、高貿易壁壘與管制（35%）

（2）供應鏈中斷（33%）

（3）地緣政治不安展望（32%）

（4）勞動市場與人才准入的有限性（23%）

（5）移民政策限制（19%）

（6）跨境旅遊中斷（17%）

圖也可能因潛在東道國市場的經濟或政治發展，或其優質目標和項目的實際可用性等因素而改變。

[28] Peterson, E. R., & Toland, T., 2023, “Cautious optimism: The 2023 Kearney FDI Confidence Index.”

[29] Peterson, E. R., & Toland, T., 2023, “Cautious optimism: The 2023 Kearney FDI Confidence Index,” p. 17, Figure 14.

[30] Peterson, E. R., & Toland, T., 2023, “Cautious optimism: The 2023 Kearney FDI Confidence Index,” p. 14, Figure 11.

（7）消費市場准入有限性（16%）

（8）斷裂的數位基礎建設（11%）[31]

綜合以上的考量，2023年科爾尼的FDI信心指數調查受訪的世界企業領袖與高階主管們的答覆，還是有82%的公司在未來3年內會增加FDI投資（高於前一年的76%），更有87%的受訪者表示FDI在未來3年內對其企業盈利能力和競爭力變得更加重要（這個比率也比2022年的83%略為提高），顯示跨國企業的FDI仍會運作如昔。

再者，2023年有63%投資者表示對全球經濟變動表示更樂觀，這比率與2022年時相同，連續兩年高於2021年的57%，也有助於FDI的活絡。[32]

再從FDI信心指數調查得分前25名的信心度動態來觀察FDI的可能發展趨勢。

表1-6顯示，今（2023）年排名前25個國家中就有11個國家的信心度得分提高。其中最值得注意的是排名第1的美國，今年得分再次提高，而且是11年連霸了；另有13個國家的得分下降；而中國大陸（含香港）分數維持不變，但排名晉升了3名，變成第7名。

在這25國的排名中，有19個是已開發國家，也再度顯示投資者對已開發國家的投資偏好。[33]這也無異印證了前文對2022年FDI流量分析結果所顯示的：「強強連結，強者愈強」的後全球化時期新跨國投資行為模式。

25國在2023年總平均得分為1.89分，比2022年的25國總平均得分提高了0.03分。其中有11個國家的分數在2023年比自己在2022年的得分提高；中國大陸（含香港）不變；其餘13個國家得分下降，顯示2023年得分高低的分歧擴大。

從排名的區域分布來看，歐洲仍然保持了最大的地區份額，在前25個國家中占了12個，但已比2022年少了2個（即奧地利與愛爾蘭）。這兩國和巴西被印度、泰國與沙烏地阿拉伯取代了，而且這3國排名分別躍居第16、23與24名。這也顯示跨國投資優勢區開始從歐洲先進國「位移」到新興市場的端倪，意謂著「強強連結」講「實力」而非固定講傳統「地緣」。

再看各年的前25名得分平均，在2023年是1.89分，2022年是1.84分與2021年是1.83分。顯示連續3年的得分都比疫情前以至於2014年來各年的得分高。進一步顯示，FDI

---

31 Peterson, E. R., & Toland, T., 2023, “Cautious optimism: The 2023 Kearney FDI Confidence Index,” p. 15, Figure 12.

32 Peterson, E. R., & Toland, T., 2023, “Cautious optimism: The 2023 Kearney FDI Confidence Index,” p. 2, 5, Figure 2.

33 Peterson, E. R., & Toland, T., 2023, “Cautious optimism: The 2023 Kearney FDI Confidence Index,” p. 6, Figure 3.

信心已開始從2015年以來一般稱呼的「新平庸經濟」（New Mediocre Economy）中回升。只是持續在更趨高度的不確定風險中，投資者的投資目的地選擇會有新的替代偏好，而產生了排行榜名單的更替，而且入圍的國家得分高低也比以往更加分歧。

3. 調查再次顯示，投資者在不確定時期更偏愛可信賴的已開發市場

表1-6也看出從2022年到2023年的名單構成的相對一致性與變異性。2023年指數的前10名，只有中國大陸（含香港）一個屬於新興市場，其餘9個都是已開發國家；但2022年入圍前10名的，只有8名仍在2023年前10名內，同樣都是已開發國家的歐洲義大利與瑞士，被亞洲、大洋洲的新加坡與澳大利亞取代了。顯示同樣是已開發國家，但消長互見，有吸引投資實力的優勢區出現了從歐洲位移到亞太地區現象。

4. FDI信心指數排名前25國展望未來3年的「淨樂觀度」普遍提高，而且各國相對變異縮小，趨於均衡化，是可較前穩定發展之兆

再看表1-7，當這25個經濟體的受訪者被問及他們對個別國家的3年間展望與1年前相比有何變化時，平均得分也明顯再提高，今（2023）年平均28.8分，2022年平均27.9分。但前5國不但名單更替，而且平均分數也降低。顯示優勢國家變動且位移，信心的高低差異縮小。

當2022年時，前5名（加拿大、日本、德國、美國和英國）的淨樂觀度普遍提高，平均得分是38分，尤其美國的淨得分從2021年的17分增加到36分，增幅最大。即使25國中排名最後4名的比利時、奧地利、愛爾蘭、巴西，其2022年的總體淨樂觀度得分也高於2021年。

2023年前5名（加拿大、日本、美國、法國、新加坡）平均得分「降」為36.6分；後5名（義大利、丹麥、印度、泰國、比利時）平均卻「增」為21.2分。2022年的前5名（美國、德國、加拿大、日本、英國）平均得分是38；後5名（南韓、比利時、奧地利、愛爾蘭、巴西）得分是19.4分。

2023年與2022年比較，入圍名單與排名更替，但入圍者得分的變異縮小（排名前與後5名平均得分的差距，從2022年的18.6分縮小為2023年的15.4分。

2023年前25名的平均FDI淨樂觀度提高，但相互間的變異縮小，這意謂著FDI將較前年穩定發展。[34]

---

[34] 有關2022年25國前景評價「更樂觀」與「更悲觀」淨值，參見經濟部、財團法人商業發展研究院，2022，《2022商業服務業年鑑：ESG低碳與數位轉型》，頁31-32。

表1-6 科爾尼FDI信心指數排名（2022-2023年）

單位：分

國家	開發程度	2023年 排名	2023年 得分	2022年 排名	2022年 得分
美國	已開發	1	2.31 (+)	1	2.19
加拿大	已開發	2 (+)	2.20 (+)	3	2.07
日本	已開發	3 (+)	2.06 (+)	4	2.01
德國	已開發	4 (-)	2.04 (-)	2	2.08
英國	已開發	5	2.03 (+)	5	2.00
法國	已開發	6	2.02 (+)	6	1.98
中國大陸（含香港）	新興市場	7 (+)	1.89	10	1.89
西班牙	已開發	8	1.88 (-)	8	1.90
新加坡	已開發	9 (+)	1.86 (+)	18	1.74
澳大利亞	已開發	10 (+)	1.85 (-)	11	1.86
義大利	已開發	11 (-)	1.84 (-)	7	1.94
瑞士	已開發	12 (-)	1.81 (-)	9	1.89
荷蘭	已開發	13 (+)	1.80 (+)	15	1.77
葡萄牙	已開發	14 (+)	1.75 (+)	19	1.74
紐西蘭	已開發	15 (-)	1.74 (-)	12	1.80
印度	新興市場	16 (+)	1.74 (+)	--	--
瑞典	已開發	17 (-)	1.74 (-)	13	1.79
阿聯酋	新興市場	18 (-)	1.72 (-)	14	1.78
南韓	已開發	19 (-)	1.70 (-)	16	1.77
丹麥	已開發	20 (+)	1.69 (-)	21	1.71
卡達	新興市場	21 (+)	1.68 (-)	24	1.69
挪威	已開發	22 (+)	1.67 (-)	23	1.70
泰國	新興市場	23 (+)	1.66 (+)	--	--
沙烏地阿拉伯	新興市場	24 (+)	1.66 (+)	--	--
比利時	已開發	25 (-)	1.66 (-)	17	1.75
臺灣	已開發	--	--	--	--
平均得分			1.89 (+)		1.86

資料來源：整理自Peterson, E. R., & Toland, T., 2023, "Cautious optimism: The 2023 Kearney FDI Confidence Index," p. 6, Figure 3.

說　明：1. 2023年排名後「+」或「-」符號代表比2022年「進步」或「退步」。
2. 2023年得分後「+」或「-」符號代表比2022年的分數「提高」或「降低」。
3. 奧地利、巴西與愛爾蘭於2022年分別排名第20、22與25，但2023年未入圍；印度、泰國與沙烏地阿拉伯於2022年未入圍，2023年分別晉升為第16、23及第24名。

表1-7 25國經濟前景評價為更樂觀度排序（2023年）

單位：分

排序	國家	更樂觀	更悲觀	淨值（淨樂觀度）
1	加拿大	51	-9	42
2	日本	48	-9	39
3	美國	45	-11	34
4	法國	43	-9	34
5	新加坡	44	-10	34
6	德國	45	-12	33
7	紐西蘭	42	-9	33
8	英國	45	-14	31
9	阿聯酋	43	-12	31
10	卡達	44	-13	31
11	西班牙	39	-10	29
12	澳大利亞	39	-10	29
13	瑞士	40	-11	29
14	荷蘭	39	-11	28
15	沙烏地阿拉伯	41	-13	28
16	挪威	37	-10	27
17	南韓	38	-12	26
18	中國大陸（含香港）	42	-17	25
19	葡萄牙	38	-13	25
20	瑞典	34	-9	25
21	義大利	37	-14	23
22	丹麥	34	-11	23
23	印度	34	-14	20
24	泰國	32	-12	20
25	比利時	31	-11	20

資料來源：Peterson, E. R., & Toland, T., 2023, "Cautious optimism: The 2023 Kearney FDI Confidence Index," p. 8, Figure 4.

說　明：世界企業領袖們被問及他們對各國未來3年經濟前景的看法，於2023年比2022年做了如何的改變？依較樂觀、持平、較悲觀勾選。再比較各國得分分配，選出樂觀淨值最高的前25名。

（二）企業領袖選擇FDI投資那裡的考慮因素順位，彰顯面對技術創新與地緣政治新挑戰，亟需政府在立法監管效率、投資誘因、國際關係上的協助

首先，調查顯示了投資者在選擇「外國直接投資」地點時所考慮的最重要因素排序。根據2023年調查報告，獲得圈選的前20項，其中有8項屬於「治理與監管」（Governance and Regulatory）因素；另12項屬於「市場資產與基礎建設」（Market Assets and Infrastructure）因素。這些因素也決定了跨國企業投資行為與決策，進而影響其選擇是否到已開發國家、新興市場或前沿市場（Frontier Market）進行投資。

這些項目的得分順位與2022年相同的是，都極其強調政府治理與監管、科技創新與研發能力與一般安全環境的重要性。但因時代與環境的變遷，這些因素的得分排序卻大有變化。

調查結果亦顯示，投資者認為影響其投資意願的10大因素有：

1. 政府監管透明化與清廉（15%）
2. 技術與創新能力（15%）
3. 稅率與納稅便利性（14%）
4. 司法與監管程序的效率（13%）
5. 政府給投資者的誘因（13%）
6. 資本移出移入的便利性（12%）
7. 該國對區域或雙邊協議的參與（12%）
8. 投資者與財產權優勢（11%）
9. 環境的普遍安全性（11%）
10. 研究發展能力（10%）

以上10項中涉及市場資產與基礎建設因素的只有第2及第9項，其餘8項均涉及治理與監管因素。

但是，這些因素在2023年與2022年的得分排序有了變化。前3名不變。2022年的第6名卻晉升為2023年的第4名，第8名也晉升到第5名，第10名也晉升到第7名，第18名更擠身進入第10名。意謂著，政府監管的透明度與清廉、技術與創新能力，以及稅率與納稅的便捷化固然都一直被特別重視，但立法與監管流程的效率、政府給投資者的誘因、國家的區域參與及雙邊協議與研發能力，都變成比以往更受重視。投資者在面對比以前更嚴峻的技術創新變革，以及地緣政治的重大挑戰時，仰賴政府的協助。[35]

[35] Peterson, E. R., & Toland, T., 2023, “Cautious optimism: The 2023 Kearney FDI Confidence Index,” p. 10, Figure 7.

（三）企業領袖認為「未來發展可能性」排名連續4年最高的兩項還是「商品價格上漲」與「地緣政治緊張局勢升高」

FDICI調查顯示受訪者認為「未來1年最可能發生的發展」及其「優先」排序如表1-8。

表列投資者認為1年內最可能的發展依序10項中，包括「商品價格」、「地緣政治緊張局勢」、「政治不安」、「經濟危機」與「政府監管與環境」等5種問題。每種問題竟然都有兩個排列在10名內的發展方向不同，情勢好壞的看法。

排名前兩項「商品價格上漲」與「地緣政治緊張局勢升高」的看法者分別有38%與36%。但認為「商品價格下跌」與「地緣政治緊張局勢趨緩」的也有17%與19%，分別排名第10與第9。問題嚴重，但趨勢變化看法不同，即使看法惡化的勝出，但看法趨緩的也大有人在，這也顯示不確定性存有變數。

表1-8　「未來發展可能性」調查排序（2021-2023年）

單位：%

項目＼年度		2023年		2022年		2021年	
		百分比（%）	排名	百分比（%）	排名	百分比（%）	排名
1	商品價格上漲	38	1	33	1	32	1
2	地緣政治緊張局勢升高	36	2	29	2	31	2
3	新興市場的政治不安	28	3	23	4	26	5
4	已開發市場的經濟危機	27	4	23	4	27	4
5	新興市場的經濟危機	27	4	22	5	31	2
6	已開發市場商業監管環境趨嚴	25	5	22	5	25	6
7	新興市場商業監管環境趨嚴	23	6	27	3	25	6
8	已開發市場的政治不安	22	7	22	5	29	3
9	地緣政治緊張局勢趨緩	19	8	14	6	16	8
10	商品價格下跌	17	9	12	7	17	7

資料來源：Peterson, E. R., & Toland, T., 2023, "Cautious optimism: The 2023 Kearney FDI Confidence Index," p. 12, Figure 9.

其他3種憂慮就相當一致，只是針對已開發市場或新興市場看法的人有了不同的比率。認為「新興市場的政治不安」者有28%，高居第3，認為「已開發市場的政治不安」者相對低一點，有22%，排名第8；認為發生「經濟危機」看法者，對新興市場與已開發市場都一樣有27%；認為「商業監管環境趨嚴」對已開發市場與新興市場也幾乎一致，分別有25%與23%，分占第6與第7名。

三、小結與策略意涵

（一）儘管2022年的FDI流入或流出都呈現嚴重衰退，高利率、高通膨，地緣政治緊張均未見緩解，投資者因而持「審慎樂觀」態度，但FDI信心指數調查顯示，跨國企業對未來3年內的FDI、全球化與全球經濟仍然積極，超過三分之二認為FDI對其公司仍然重要而且有益，也會再增加對海外的投資。

（二）投資者多數承認自足化、在地化、區域化、去風險化、甚至去全球化的趨勢正在滋長，因而改變了過去的泛全球化，在FDI發展形成了新的「強強連結」優勢圈。以地區分，屬於OECD的G20才是優勢圈。但歐盟與中國大陸都已非屬於優勢區。優勢區的名單也有所更替與位移（例如，從歐洲移到新南向等）。優勢圈內部的絕對信心指數更見提高，而且FDI相對信心指數也更見均衡，新型FDI正重新走上穩定發展之路。這不只是供應鏈的重組，更是生態系的重建。

（三）投資者普遍憂心物價上漲、政治不安、地緣政治衝突與經濟危機，因此特別強調政府在科技研發與商業創新、立法與監管效率、基礎建設與投資誘因、國際參與及雙邊協定等方面給予更多協助。這些因素也將明顯影響投資者投資行為與決策，以及要到哪裡投資的決定。

第四節 全球貿易與各國服務業發展趨勢

一、世界貿易在全球顛簸的經濟復甦路上加速變革

全球貿易在2021年伴隨世界經濟與國際投資的明快復甦有了亮麗的成長，但2022年頓遭俄烏戰爭、地緣政治緊張、高速通膨、高利率、貨幣緊縮等劇變衝擊而急墜。

世界經濟成長率與商品貿易量的成長率分別從2021年的5.9%與9.4%下滑至2022年的3.0%與2.7%。[36]同時，國際投資FDI流入成長率也從2021年的+61.7%變成-23.7%。

在經濟復甦步履維艱、顛簸不平的路上，加強韌性的調適化改革與供應鏈的重組，國際鏈結方式與商業經營模式均一夕翻新，各種創新模式與區域發展將逐漸形成相對動態穩定的新常態。數位轉型與「以數位交付的服務」（Digitally Delivered Service）扮演著關鍵且重大的角色。

（一）世界貿易2022-2023年依然遲滯，2024年審慎樂觀

世界貿易組織（World Trade Organization, 以下簡稱WTO）於2023年4月5日發布的《全球貿易展望與統計》（*Global Trade Outlook and Statistics*）顯示：

1. 2022年的世界貿易量（Merchandise Trade Volume）成長2.7%，嚴重低於2021年9.4%。
2. 但2022年的世界商品貿易額（Merchandise Trade Value）成長了12%，金額高達25.3兆美元，部分原因是全球商品價格高漲所致，還是低於2021年的27%。
3. 2022年世界商業服務貿易（Commercial Services Trade）成長15%，金額為6.8兆美元，稍微低於2021年的17%。

比較商業服務貿易的各個子項目，發現除了觀光旅遊因疫情紓緩，各國在2022年陸續解封（中國大陸也在2023年1月重開邊境），2022年的成長率79%高於2021年的13%（但還是比疫情前的2019年少了22%），其他各項成長率皆低於2021年。

不過，在商業服務貿易裡有個「其他商業服務」子項，這子項裡又有「金融服務業」等9個次子項，其中除了營建業外，其貿易出口都已超越疫情前2019年的水平。尤其，電腦服務更超出45%。

另外「以數位交付的服務」的出口幾乎年年成長。[37]從2005-2022年，平均每年成長8.1%。2022年金額高達3.82兆美元，占全球服務業出口的54%。

2022年的世界貿易深受俄烏戰爭的影響。WTO在2022年4月依模擬模型衡量戰爭對經濟的影響，下修了它在2021年10月對2022年世界貿易成長率預測的3.5%為3%。[38]

---

[36] 2022年數值為2023年4月預測。

[37] 以數位方式交付的服務或可以通過資訊和通訊技術（Information and Communication Technology, ICT）網絡交付的服務的國際貿易，包括ICT服務本身、銷售和營銷服務、金融服務、專業服務以及教育和培訓服務等。該指標衡量數位化交付的服務在商業服務貿易總額中所占的份額，它包括進口和出口，可供瞭解各國數位服務貿易的重要性。

[38] World Trade Organization (WTO), 2022, “The Crisis in Ukraine: Implications of the War for Global Trade

俄烏戰爭仍在繼續，其引發之不確定風險依舊，但世界各國則展現了比預期更有韌性的調適。[39]

WTO同時預測2024年世界貿易量，在世界經濟成長率可望從2023年的2.4%提高為2024年的2.6%同時，達到3.2%的成長。但WTO警告這個估計風險會比通常來得高，理由是世界貿易正面臨地緣政治的緊張、全球糧食的安全、貨幣緊縮未見的後果可能性、金融安定與債務危機等風險。

世界各地區的歷年商品貿易量成長率與預測，如表1-9。

以出口的成長率來看，除了獨立國家國協、亞洲，各洲在2023年的成長率都是下降的。預測除了北美與獨立國家國協，其他國家2024年的成長率都將較2023年高。以進口的成長率來看，提高的有亞洲與獨立國家國協，由2022年的負轉正，非洲維持5.6%的成長率不變，其餘都是下降的。預測除了獨立國家國協、非洲、中東以外，其他國家2024年的進口成長率相較於2023年都將提高。

另外，比較各洲2023年出口的成長率，以美洲的3.3%、獨立國家國協的2.8%、亞洲的2.5%勝出。歐洲、中東、南美分別只有1.8%、0.9%、0.3%，非洲甚至是-1.4%。

比較各洲2023年的進口成長率，則以獨立國家國協的14.9%、非洲5.6%、中東5.5%、亞洲2.6%勝出，其餘各洲都見負成長。

2024年的出口成長率，以亞洲4.7%、中東4.7%、北美3.1%勝出，歐洲與非洲各別只有2%與1.4%。

2024年的進口成長率，以非洲的5.5%、亞洲的5.2%、中東的4.3%勝出；南美、歐洲、北美分別只有2.3%、1.8%、1.4%。

綜合比較，相對穩定成長的國家，就出口而言是亞洲、北美、中東與歐洲；以進口而言則是非洲、亞洲與中東。

---

and Development, Geneva: WTO” 曾估計2022年的世界貿易成長率將落在2.4%與3.0%之間。

[39] WTO於今（2023）年4月5日發布則上修今年與明年的世界商品貿易量，將2023年的成長率從去（2022）年10月所預測的1%上調為1.7%。值得注意的是1.7%的成長率，還是低於世界貿易量從2010年到2022年這12年間的平均成長率2.6%，顯示世界貿易尚難脫離俄烏戰爭以來的嚴峻情勢。

表1-9　世界商品貿易量成長率（2019-2024年）

單位：%

地區＼年度	2019年	2020年	2021年	2022年	2023年	2024年
世界商品貿易量	0.4	-5.1	9.4	2.7	1.7	3.2
出口						
北美	0.4	-8.9	6.5	4.2	3.3	3.1
南美	-1.3	-4.9	5.8	1.9	0.3	0.6
歐洲	0.4	-7.7	8.1	2.7	1.8	2.0
CIS	-0.1	-0.9	-3.0	-4.9	2.8	2.2
非洲	-0.3	-7.2	3.5	0.7	-1.4	1.4
中東	-1.0	-6.6	-2.4	9.9	0.9	4.7
亞洲	0.8	0.6	13.1	0.6	2.5	4.7
進口						
北美	-0.6	-5.9	12.5	6.0	-0.1	1.4
南美	-1.8	-10.8	25.6	4.2	-1.6	2.3
歐洲	0.3	-7.2	8.5	5.2	-0.6	1.8
CIS	8.3	-5.5	9.1	-13.5	14.9	0.8
非洲	3.3	-14.8	6.4	5.6	5.6	5.5
中東	11.2	-10.1	8.3	9.4	5.5	4.3
亞洲	-0.5	-0.8	10.5	-0.4	2.6	5.2

資料來源：WTO, 2023, "Global Trade Outlook and Statistics."

說　　明：1. 2023年與2024年為預測值。

2. 世界商品貿易量為出口與進口的平均。

3. 南美包括中南美與加勒比海。

4. CIS為獨立國家國協（Commonwealth of Independent States, CIS）。

5. 此表於資料來源中僅標示到小數點後第一位。

6. 上述統計數值可能會與過去年度數字有些許差異，係因主管機關進行數據校正所致。

（二）世界主要商品出口與商業服務出口國家排名（2022年）

2022年世界貿易總額62兆9,500億美元，其中商品貿易50兆5,260億美元，商業服務貿易12兆4,240億美元，各占80.3%與19.7%。

2022年全球的總出口貿易額31兆9,810億美元，其中商品出口金額為24兆9,050億美元，商業服務出口為7兆760億美元，分別占全球貿易出口的77.9%與22.1%。

綜合上述，全球商業服務貿易的份額在總貿易與出口貿易分別有19.7%與22.1%，足見服務業發展占比除了在一國內需市場的產業升級與轉型扮演關鍵性指標外，在國際貿易市場上也日見重要。

表1-10列舉2022年世界前30名的商品出口國與商業服務出口國，其金額分別在世界商品出口總額與世界商業服務出口總額中占了82.9%與84.4%。無論商品或服務的國際市場都具相當的集中度。無論大國或小國，國際貿易也都代表經濟發展的程度與國家經濟實力的高低，不只是賺取國際財富的方法，更是國際社會影響力的指標。

2022年世界商品出口的前3名分屬中國大陸、美國與德國；商業服務出口的前3名分屬美國、英國與中國大陸。美國的商品貿易逆差1兆3,110億美元，商業服務貿易順差2,390億美元，服務順差彌補了商品逆差的18.2%。中國大陸的商品貿易順差8,780億美元，商業服務逆差390億美元，服務逆差只占商品順差的4.4%。中國大陸是商品出口第一大國，出口金額為第二大國美國的1.74倍，為第三大國德國的2.17倍；美國是商業服務第一大出口國，出口金額為第二大國英國的1.84倍，為第三大國中國大陸的2.13倍。

比較美、中兩國的總出口金額，美國2兆9,620億元、中國大陸4兆160億元，中國大陸是美國的1.36倍。當今世界兩大霸權在爭奪世界財富與影響力，面對如此巨大的差距，競爭的激烈可見一斑。美國如何減少商品進口的依賴，或分散其商品進口市場？中國大陸如何在商業服務貿易加強其國際競爭力與市場占有率？兩國進而該採取何種策略與手段來阻止對方順利前進？當前國際政治、經濟等正在上演，且愈演愈烈的戲碼。國際貿易不只是單純的比較利益原則，讓國際市場透過互通有無而不斷擴張，從而創造世界總財富與就業機會的成長而已，它的新市場結構分配狀態也會動態回饋到市場的成長盛衰與世界財富的分配變動。這在科技發展與商業模式的變動成為可能時，更會被利用來創新藉以改變現狀的利器。

事實上，美國而言，從2016年以來對中國大陸展開的關稅戰、貿易戰、晶片戰、科技戰，到美國以經濟政治總體戰略為核心的回美國製造、雙邊取代多邊、區域取代全面、友岸外包、去中國化與去風險化等國際投資貿易策略，無不是朝「再平衡」方向做努力。

從2023年的前5個月，就美國的進口來源國做比較，發現美國從墨西哥、加拿大的進口分別大過從中國大陸進口1,690億美元的15.4%與4.1%，中國大陸明顯正在失去長期作為美國進口來源國的地位，這是中國大陸自從2009年起成為美國最大進口來源國以來的第一次大轉折。雖然2023年還沒結束，但看2021年與2022年的變化趨勢，可明顯發現，美國正將與中國大陸的貿易移往加拿大、墨西哥、越南、泰國等其他地區。

表1-10　世界主要國家商品出口與商業服務出口國家（2022年）

單位：十億美元；%

國家	世界商品出口			商業服務出口		
	貿易額（十億美元）	排名	占比（%）	貿易額（十億美元）	排名	占比（%）
全球	24,905		100.00	7,076		100.00
中國大陸	3,594	1	14.43	422	3	5.96
美國	2,065	2	8.29	897	1	12.68
德國	1,655	3	6.65	395	4	5.58
荷蘭	966	4	3.88	274	9	3.87
日本	747	5	3.00	163	11	2.30
南韓	684	6	2.75	129	16	1.82
義大利	657	7	2.64	122	17	1.72
比利時	633	8	2.54	133	15	1.88
法國	618	9	2.48	325	6	4.59
香港	610	10	2.45	84	24	1.19
阿拉伯聯合大公國	599	11	2.41	154	12	2.18
加拿大	597	12	2.40	122	18	1.72
墨西哥	578	13	2.32	-	-	-
俄羅斯	532	14	2.14	51	28	0.72
英國	529	15	2.12	487	2	6.88
新加坡	516	16	2.07	291	8	4.11
臺灣	478	17	1.92	58	26	0.82
印度	453	18	1.82	313	7	4.4
西班牙	418	19	1.68	185	10	2.61
澳大利亞	412	20	1.65	50	29	0.71
沙烏地阿拉伯	410	21	1.65	-	-	-
瑞士	402	22	1.61	151	13	2.13
越南	371	23	1.49	-	-	-
波蘭	361	24	1.45	94	20	1.33
馬來西亞	353	25	1.42	-	-	-
巴西	334	26	1.34	-	-	-
印尼	292	27	1.17	-	-	-
泰國	287	28	1.15	-	-	-
土耳其	254	29	1.02	90	23	1.27
挪威	250	30	1.00	48	30	0.68

國家	世界商品出口			商業服務出口		
	貿易額（十億美元）	排名	占比（%）	貿易額（十億美元）	排名	占比（%）
合計	20,654		82.94	5,969		84.35

資料來源：WTO, 2023, "Global Trade Outlook and Statistics."

說　明：1. 世界服務業出口第5、14、19、21、22、25、27名分別為愛爾蘭、盧森堡、丹麥、瑞典、以色列、奧地利及希臘。

2. 合計欄位中商業服務出口未列出以下7國的貿易額及占比：愛爾蘭（354；5.0%）、盧森堡（134；1.9%）、丹麥（121；1.7%）、瑞典（93；1.3%）、以色列（93；1.3%）、奧地利（81；1.1%）及希臘（51；0.7%）。

表1-11和表1-12顯示，2022年與2021年美國前三大貨品貿易（總額）夥伴均為加拿大、墨西哥與中國大陸。從表1-11進口來看，前三大則分別為中國大陸、墨西哥與加拿大，但2022年的成長率中國大陸只剩6.3%，遠輸給加拿大與墨西哥的22.3%與18.3%。

表1-11　2022年美國前15大貨品進口來源

單位：億美元；%

排名	國家	2022年（億美元）	2021年（億美元）	年增率（%）
	全球	32,773	28,517	15
1	中國大陸	5,367.5	5,049.4	6.3
2	墨西哥	4,549.3	3,846.5	18.3
3	加拿大	4,377.3	3,577.9	22.3
4	日本	1,483.3	1,348.6	10.0
5	德國	1,466.1	1,352.2	8.4
6	越南	1,275.2	1,019.0	25.1
7	南韓	1,153.4	949.2	21.5
8	臺灣	918.4	770.6	19.2
9	印度	856.7	731.7	17.1
10	愛爾蘭	820.3	737.0	11.3
11	義大利	691.3	609.5	13.4
12	英國	640.2	563.6	13.6
13	瑞士	594.8	631.8	-5.9
14	泰國	587.4	473.5	24.0
15	法國	573.8	501.0	14.5

資料來源：行政院經貿談判辦公室，2023，《美國2022最新經貿情勢簡摘》，取自https://www.ey.gov.tw/File/29A2F98D50357A1E?A=C

說　明：此表於資料來源中僅標示到小數點後第一位。

表1-12顯示，若從出口來看，前三大分別為加拿大、墨西哥與中國大陸，而且2022年的成長率中國大陸一樣最低，只剩1.6%，分別低於墨西哥與加拿大的17.3%與15.7%。

從成長速度來看，美國與中國大陸貿易（貨品總額）的成長率無論是進口或出口都已降為個位數。[40]

其實不只是兩大國的競賽而已，其他國家一樣不能對爭取世界財富與國際影響力一事置身度外。

表1-12 2022年美國前15大貨品出口市場

單位：億美元；%

排名	國家	2022年（億美元）	2021年（億美元）	年增率（%）
	全球	20,856	17,614	18.4
1	加拿大	3,561.1	3,077.6	15.7
2	墨西哥	3,243.8	2,764.9	17.3
3	中國大陸	1,538.4	1,514.4	1.6
4	日本	803.2	745.6	7.7
5	英國	773.0	614.3	25.8
6	德國	729.2	653.3	11.6
7	荷蘭	728.9	530.8	37.3
8	南韓	714.7	659.4	8.4
9	巴西	535.8	469.3	14.2
10	印度	473.3	400.5	18.2
11	新加坡	461.9	352.9	30.9
12	法國	458.4	298.9	53.4
13	臺灣	437.1	368.4	18.7
14	瑞士	368.9	236.4	56.1
15	比利時	355.3	337.2	5.4

資料來源：行政院經貿談判辦公室，2023，《美國2022最新經貿情勢簡摘》，取自https://www.ey.gov.tw/File/29A2F98D50357A1E?A=C

說　明：此表於資料來源中僅標示到小數點後第一位。

[40] 參見行政院經貿談判辦公室，2023，《美國2022最新經貿情勢簡摘》，取自https://www.ey.gov.tw/File/29A2F98D50357A1E?A=C

比較2022年「亞洲四小龍」的情況。在世界商品出口裡，韓國排名第6（占全球2.7%），香港排名第10（占全球2.4%），新加坡排名第16（占全球2.1%），我國排名第17（占全球1.9%）。[41]

韓國的商品貿易逆差470億美元，商業服務貿易逆差60億美元；香港商品貿易逆差580億美元，商業服務貿易順差210億美元；新加坡商品貿易順差400億美元，商業服務貿易順差330億美元；我國商品貿易順差420億美元，商業服務貿易順差130億美元。由亞洲四小龍在2022年由商品貿易與商業服務貿易的相對變化裡更看出商業服務貿易的重要。我國與新加坡一樣都呈現了「雙順差」，這與疫情使我國長期的旅遊貿易逆差變成順差有關，韓國則呈現「雙逆差」，這也相對解釋了何以在2022年「我國自2005年之後，人均GDP被韓國超車，終在2022年以人均3萬2,811美元，超越了南韓的3萬2,237美元。」[42]假設我們沒有130億美元的服務貿易順差，人均GDP就會減少551美元，所謂超車574美元就幾乎化為虛無。其實一個產業的發展，在過程中會對外產生垂直連鎖與橫向漣漪效應，不只是自己部門產值的高低而已。

（三）商業服務貿易的韌性與重要性

表1-13顯示世界「商業服務貿易值」（Commercial Service Trade Value）於2021年明快上升17%，2022年成長率略減為15%。[43]

從商業服務的分項來看，2022年因疫情紓緩大解封，旅遊增加最多，成長率達79%。但比較疫情前的2019年，旅遊卻還少了22%；反而其他各項都已回到疫情前的水準以上（整體商業服務業而言，2021年只回到2019年的94%，但2022年已超過2019年12%）。

商品貿易與商業服務貿易兩相比較，在2020年服務貿易比商品貿易遭受疫情更嚴重的打擊，因此在2021年商品貿易已回復疫前水準，而服務貿易卻要等到2022年。[44]

再比較商業服務貿易裡的運輸、旅遊、其他商業服務與商品相關的服務等子項，發現旅遊因疫情紓緩及各國邊境在2022年陸續解封（中國大陸也在2023年1月重

[41] 但香港全球份額中只有0.1%是自己的出口，新加坡有1%是自己的出口，其餘為轉口的再出口。在世界商業服務出口裡，新加坡排名第8（占全球4.1%），韓國第16（占全球1.8%），香港排名第24（占全球1.2%），我國排名第26（占全球0.8%）。

[42] 劉千綾，2023，《經部：2022年臺灣人均GDP超越南韓 達3萬2,811美元》，經濟日報，取自https://money.udn.com/money/story/5612/7130040，最後瀏覽日期：2023/08/08。

[43] 按：2020年因疫情發生而減少了18%。

[44] WTO, 2023, "Global Trade Outlook and Statistics," p. 12, Chart 8.

開邊境），其2022年的成長率79%高於2021年的13%以外，其他各項成長率皆低於2021年。（不過比較2019年，各子項中除了旅遊還是低於疫情前的水準外，都已超越了）。[45]

表1-13　世界商業服務貿易值（2021-2022年）

單位：%

項目＼年度	2021年	2022年	2022年比2019年
商業服務	17	15	12
運輸	35	25	40
旅遊	13	79	-22
商品有關的服務	14	6	6
其他商業服務	13	2	16
營建業	11	0	-8
電腦服務	21	6	45

資料來源：WTO, 2023, "Global Trade Outlook and Statistics," Chart 9, p. 13.
說　明：1. 年變動率以美元計價。
2. 上述統計數值可能會與過去年度數字有些許差異，係因主管機關進行數據校正所致

另外在子項「其他商業服務」裡（又含「金融服務業」等9個次子項），卻發現營建業仍然比2019年差了8%。綜合言之，在2022年商業服務貿易裡，仍有旅遊與營建仍然未能回復疫情前的水準。其中回復超越疫情前水準最多的是最具動態服務的「電腦服務」，其出口已超過2019年水準的45%。顯然是疫情加速了遠距上班、線上學習與娛樂的發展，軟體、雲端、機器學習與網路資安顧慮的需求因而呈現空前的增加。[46]

二、數位貿易與電商市場在景氣波動過程持續成長

數位科技的突飛猛進，使「以數位交付的服務」蓬勃發展，全球「以數位交付的出口」更在2015年到2022年間以平均每年8.1%的速度成長，超過同期間商品出口的5.6%與其他服務出口的4.2%。

[45] WTO, 2023, "Global Trade Outlook and Statistics," p. 13, Chart 9.

[46] WTO, 2023, "Global Trade Outlook and Statistics," p. 14, Chart 11.

在2022年「以數位交付的服務」出口範圍涵蓋了「商業、專業與科技服務」（40%）、「電腦服務」（20%）、「金融服務」（16%）、「智慧財產權」（12%）、「保險服務」（5%）、「電信服務」（3%）、「視聽與其他個人的、文化的、娛樂的服務」（3%）與「資訊服務」（1%）等。[47]

「以數位交付的服務」本身亦可產生、搜集可供分析利用的數據。基於數據為基礎的「數位化分析」優化或創新行銷策略。據以研究發展的「數位轉型」更允許改良產品的設計與其生產流程，並創新商業模式，使虛擬協作與數位通訊、多媒體等匯流變成可能。兩者相輔相成，讓數位經濟時代的網路科技力，可以同時從供給面與需求面，創造並實現源源不斷的創新價值。

2022年11月推出的ChatGPT，其使用了大規模自然語言處理模型（Natural Language Processing, NLP），結合比CPU運算速度可加快千倍以上的GPU運算模式。[48]這種讓人工智慧與機器學習、深度學習產生空前翻天覆地革命的GPU×CPU運算法技術突破，其功能遠超過最初只是為處理遊戲和動畫中的圖形轉譯任務，如今更能運用人類自然語言對話方式，來執行小自電商文案、感情分析、論文寫作，大至產品設計、商業模式創新、作曲、音樂演奏、電影與遠距醫療照護、客服、法律案、金融保險等工作。人機協作一日千里，空前的產業、就業大革命已是進行式。

（一）「以數位交付的服務」正在加速發展

再看圖1-1，「以數位交付的服務」的出口幾乎年年成長。從2005年到2022年，平均每年成長8.1%。2022年金額高達3.82兆美元，高占全球商業服務出口的54%。[49]

「以數位交付的服務」本身是商業服務的一部分，其發展更代表也影響經濟與產業數位化、數位轉型的進程。其占全球商業服務的份額可以瞭解目前發展的程度地位，從其成長率更可看出未來發展的速度。

下表1-14比較各國「以數位交付的服務」的商業服務出口金額前10名，其2022年金額占全球的份額依序為美國（16.5%）、英國（9.2%）、愛爾蘭（7.6%）、德國（5.9%）、印度（5.9%）、中國大陸（5.2%）、荷蘭（4.3%）、新加坡（4.2%）、法國（3.6%）、盧森堡（2.9%）。

---

47 WTO, 2023, “Global Trade Outlook and Statistics,” p. 15.

48 美國輝達公司（Nvidia）創辦人黃仁勳在臺北2023 COMPUTEX現場展示了6年前電腦需要幾小時才能畫出的電腦繪圖，現在只需幾秒鐘。

49 WTO, 2023, “Global Trade Outlook and Statistics,” p. 15, Box 1.

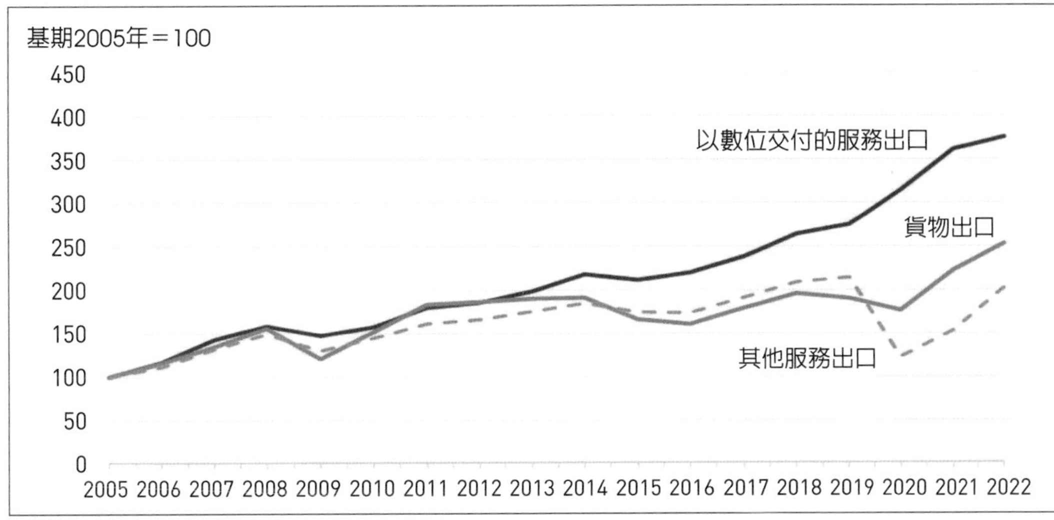

資料來源：WTO, 2023, "Global Trade Outlook and Statistics," p. 15, Chart 12.

圖1-1 以數位交付的服務全球出口趨勢

表1-14 各國「以數位交付的服務」的商業服務出口排名（2022年）

單位：十億美元；%

排名	國家	2022年金額（十億美元）	2022年占全球份額（%）
	全球	3,825	100.0
1	美國	632	16.5
2	英國	350	9.2
3	愛爾蘭	290	7.6
4	德國	227	5.9
5	印度	227	5.9
6	中國大陸	201	5.2
7	荷蘭	165	4.3
8	新加坡	159	4.2
9	法國	136	3.6
10	盧森堡	111	2.9

資料來源：WTO, 2023, "Global Trade Outlook and Statistics."
說　　明：此表於資料來源中僅標示到小數點後第一位。

表1-15比較其各國2022年比2019年的成長率前10名依序為：印度（93%）、以色列（92%）、愛爾蘭（75%）、中國大陸（75%）、波蘭（70%）、西班牙（69%）、巴西（62%）、阿拉伯聯合大公國（55%）、我國（52%）、南韓（52%）。可見短短3年期間在成長前10名，不分已開發國家或新興市場都能夠以一半到近乎一倍的速度在成長。

比較亞洲四小龍的全球排名；新加坡（名次8，份額4.2%，2022年比2019年成長49%）、韓國（名次17，份額1.4%，成長52%）、香港（名次20，份額1.2%，成長24%）、我國（名次25，份額0.6%，成長52%）。其中，新加坡的份額排名最高，是韓國與香港的3倍，是我國的7倍。但成長率以香港最低，都不到其他三小龍的一半。[50]

展望2022-2023年仍然荊棘滿布，雖然疫情大流行已趨緩，各國國境幾乎已全面重新開放，但地緣政治緊張局勢與俄烏戰爭並未停歇，極端氣候肆虐變本加厲，全球通貨膨脹持續肆虐，金融與債務潛藏危機仍在醞釀，前景嚴重充滿不確定性。唯疫情期間已證明傳統服務業成為重災區，唯數位與遠距的低接觸，甚或零接觸是經濟韌性的主要來源。「以數位交付的服務」更使商業服務與其貿易更具韌性與成長動能，在疫後變成數位貿易發展與跨境電商競逐的新常態。

表1-15 各國「以數位交付的服務」的商業服務出口成長率排名（2022年vs 2019年）

單位：十億美元；%

排名	國家	2019年金額（十億美元）	2022年金額（十億美元）	2022年比2019年成長率（%）
	全球	2,795	3,825	37
1	印度	118	227	93
2	以色列	28	54	92
3	愛爾蘭	166	290	75
4	中國大陸	114	201	75
5	波蘭	23	38	70
6	西班牙	34	57	69
7	巴西	13	21	62
8	阿拉伯聯合大公國	29	45	55
9	臺灣	18	27	52
10	南韓	36	55	52

資料來源：WTO, 2023, "Global Trade Outlook and Statistics."

[50] WTO, 2023, "Global Trade Outlook and Statistics," p. 23, Appendix Table 5.

（二）零售電商成新常態，各國正急起直追

回顧2020年疫情大流行，造成實體店零售巨幅驟降。全球總零售額在2020年減少2.3%，但零售電商卻大為繁榮，巨幅增加26.4%。結果，2020年零售電商劇增至4.248兆美元，占總零售額的17.9%，這占比還比2019年的13.8%多。[51]

表1-16顯示，2021年全球經濟復甦，零售電商銷售額大幅成長17.1%，占總零售額比率高達18.8%。2022年世界經濟成長遲滯，零售電商成長率下滑至9.7%，但占總零售比率依然提高為19.7%。預測到2026年的數年內，零售電商仍將持續成長，占總零售比率將逐年再提高到24%。這也表示零售電商，包括跨境電商的平台競爭與國際競爭只會更激烈而不會減緩。

全球零售電商市場的擴大，亦可從數位消費人口持續成長看出。表1-17顯示2020年比2019年增加了2.9億的線上購物者，預估2023年將增至26.4億人，這也將占全球高達80.46億人口的32.8%。同表亦顯示，線上購物人口在2025年會再增至27.7億人，亦即2019-2025年的6年間有了4.9%的CAGR成長速度。

表1-16　全球零售電商發展（2021-2026年）

單位：十億美元；%

年度	零售電商銷售額（十億美元）	年成長率（%）	占總零售比率（%）
2021年	5,211	17.1	18.8
2022年	5,717	9.7	19.7
2023年	6,310	10.4	20.8
2024年	6,913	9.6	21.9
2025年	7,528	8.9	23.0
2026年	8,148	8.2	24.0

資料來源：Cramer-Flood, E., 2022, "Worldwide Ecommerce Forecast Update 2022," Insider Intelligence, retrieved August 8, 2023, from https://www.insiderintelligence.com/content/worldwide-ecommerce-forecast-update-2022

說　明：1. 總零售含零售電商銷售額及非電商的零售額。
2. 2023-2026年為預測值。
3. 零售電商包括以網路訂購的產品與服務，並不管付款或履行的方法。但並不包含旅遊或活動的門票、帳單支付、繳稅或匯款（金錢移轉）、餐飲地方的銷售、博弈或其他副貨的銷售。
4. 此表於資料來源中僅標示到小數點後第一位。
5. 上述統計數值可能會與過去年度數字有些許差異，係因主管機關進行數據校正所致。

[51] eMarketer, 2023, "Global Ecommerce Forecast," retrieved from https://on.emarketer.com/rs/867-SLG-901/images/eMarketer%20Global%20Ecommerce%20Forecast%20Report.pdf

另計算全球零售電商銷售額從2019年的3兆3,535億美元到2025年預測的7兆5,280億美元，其CAGR將高達14.4%。[52]這比數位購買者人口的CAGR 4.9%高出許多，更表示這個零售電商的市場不只是線上購買人口的增加，而且平均每個人在線上的消費金額仍會更增加。市場持續擴大是商機，也是電商業者爭奪市占率與利潤率的更大挑戰。

我國零售產業於2010-2021年間的CAGR是1.8%，2022年增幅達7.43%，產業規模達4兆2,815億元。其中，實體零售業2010-2021年間的CAGR是1.3%，2022年增幅達7.34%；而「電商&郵購業」2010-2021年間CAGR是9.8%，2022年的年增率從2021年的18.33%降至8.74%。顯示，我國的「電商&郵購業」的銷售金額成長速度一直高於實體零售業。實體店零售業占整體零售業比率持續下降，2022年降至90.5%，若進一步扣除實體零售業網路銷售額，則實體零售占比將降至88.49%。更顯示零售業OMO線上線下整合經營的重要性日益提高。[53]

表1-17　全球數位購買者人數（2019-2025年）

單位：億人；%

年度	人數（億人）	成長率（%）
2019年	20.8	2.00
2020年	23.7	13.94
2021年	24.8	4.64
2022年	25.6	3.23
2023年	26.4	3.13
2024年	27.1	2.65
2025年	27.7	2.21

資料來源：OBERLO, n.d., "How Many People Shop Online," retrieved August 8, 2023 from https://www.oberlo.com/statistics/how-many-people-shop-online

說　　明：1. 此表中的人數於資料來源中僅標示到小數點後第一位。
2. 上述統計數值可能會與過去年度數字有些許差異，係因主管機關進行數據校正所致。

---

52 2019年之零售電商銷售額參考Lipsman, A., 2023, "Global Ecommerce 2019," Insider Intelligence, retrieved August 30, 2023, from https://www.insiderintelligence.com/content/global-ecommerce-2019

53 未來流通研究所，2023，《商業數據圖解：臺灣「零售與電商全體次產業結構」年度數據總覽》，取自https://www.mirai.com.tw/taiwanese-retail-e-commerce-industry-data-overview/，最後瀏覽日期：2023/08/08。

三、小結與商業策略意涵

(一) 預期2023年國際貿易仍延續2022年的遲滯現象。世界商品貿易量成長率曾從2021年的9.4%降為2022年的2.7%，將再降為2023年的1.7%；同時，世界商業服務貿易成長率曾從2021年的17%略滑落為2022年的15%。WTO並未對服務貿易做預測，但從FlightRada24.com網站在2023年3月1日所呈現的航空載貨與旅客復甦，可預見旅遊與運輸這兩個在商業服務中最具動態的項目，在2023年會持續復甦。[54]

(二) 值得注意的是商業服務貿易或出口在整體全球貿易中都約占2成的比重。商業服務出口不只扮演著與商品出口互補的角色，商業服務出口的發展更是一國經濟轉型、產業結構改善的指標。

(三) 長期以來，「以數位交付的服務」出口成長速度一直高於商品或一般商業服務出口。在數位經濟新時代，它與電商零售兩者都呈現越來越加速的成長，曾因疫情衝擊而誘發超乎以往的動能，證明是經濟韌性的主要來源，也是國際數位貿易與經濟發展爭相角逐的關鍵領域。這更將因AI科技的革命性突破與數位轉型促成商業模式的加速創新而更見動態演化。

(四) 我國「以數位交付的服務」的商業服務出口，在2022年排名世界第25名，占世界份額0.6%，僅及新加坡的七分之一，這也是亞洲四小龍排名之末。唯近3年成長率52%，與韓國並列世界第10名，遠超過香港的24%。再看電商零售之成長速度也年年超過實體零售，其對整體零售市場的滲透率也已超過10%。但這比率仍明顯偏低，相當不利於數位經濟時代發展神速且日趨激烈的國際貿易競爭。

第五節 結論與策略意涵

一、全球經濟於2022年成長遲滯，已開發國家明顯放緩，新興市場與開發中國家情況較佳，尤以亞洲為著。囿於地緣政治、俄烏戰爭、能源與糧食短缺、通膨與債務

[54] WTO, 2023, “Global Trade Outlook and Statistics,” p. 17.

問題未能解決，預期2023年成長率持續下降，2024年可望稍有回升，但普遍情況仍難改善。

二、比較全球名目GDP前25名國家，發現世界所得分配有明顯集中趨勢，強弱分野在於疫情與俄烏戰爭（2019-2022年）之衝擊的調適韌性有別，與後疫情時期（2021-2022年）經濟革新振興成效之差異。以排名及與美國的所得差距之改善程度，兩階段皆進步者有中國大陸、英國與波蘭；兩階段皆退步者有日本、俄羅斯、墨西哥與沙烏地阿拉伯。

三、全球性通貨膨脹增速雖會減緩，但未到2025年無法真正恢復穩定。對抗通膨能力以歐洲與北美的已開發國家為優，亞洲新興市場與開發中國家其次，其餘地區與低收入國家最為嚴重。

四、經濟韌性與創新的加強，緩解了經濟危機的發生。進而言之，消費者行為改變與產業創新相互激盪、良性循環，以及勞動市場結構改變是促使就業面強勁而避免了經濟危機發生的兩大主要因素。

五、「去全球化」並非事實，FDI仍是跨國企業利潤與成長主要動能，但追求「友善」、「綠色」、「永續」、「去風險」成為新價值，因此「在地化生產」、「回流」、「近岸外包」與「友岸外包」成為「再平衡」新模式，新型的FDI逐漸形成新常態，跨國企業對各主要國家的FDI信心指數增加，而且對各投資目的地國的信心指數分配也更趨平衡，表示FDI將可逐漸恢復安定成長。當然這已不是過去的全球化型態，國際間「強強連結」成為主流趨勢。以地區言，屬於OECD的G20才是優勢區，但歐盟與中國大陸卻不再占優勢，富者愈富，窮者愈窮，世界所得與財富將更趨於集中化。

地緣政治與通貨膨脹仍是未來4年跨國企業最擔心的兩件大事。跨國企業選擇投資目的地國也最重視該國的政府監管是否透明、是否清廉與是否具有堅強的科技與創新能力為主要兩大要件。

六、新型FDI與國際新合縱連橫成為主導國際投資與貿易的重要因素。世界貿易結構、區域分配正在加速變化與位移。國際政治經濟關係成為重要的非經濟因素。就經濟因素而言，跨境電商、數位貿易與「以數位交付的服務」貿易，不只配合了遠距工作、低接觸經濟、宅經濟、數位多媒體匯流經濟的興起，強化了經濟韌性，加速整體數位經濟的發展，其服務出口更成為商品貿易的重要互補因素，甚至成為領航與驅動的力量。

七、綜上所述，全球經濟的發展詭譎多變，充滿不確定性，且各種結構因素越趨多元、複雜與幻變。在這樣的時代，不能靜待國際環境自動改善或經濟景氣自然恢復，而應在經濟政策或經營策略等方面，確切正視上述各項越變越快的重要趨勢與要素，順應國際新價值潮流，調整國家經濟治理的戰略定位與方向，極力促進符合時宜與數位經濟發展所需的新基礎建設。政府制度、立法、監管應透明化，並進行組織人才的改革；加速新科技與商業服務模式創新、新數位貿易發展與國際貿易新市場的開發更是刻不容緩。

我國服務業發展現況與商業發展趨勢

商研院商業發展與策略研究所　朱浩 所長

關鍵數字看產業　服務業

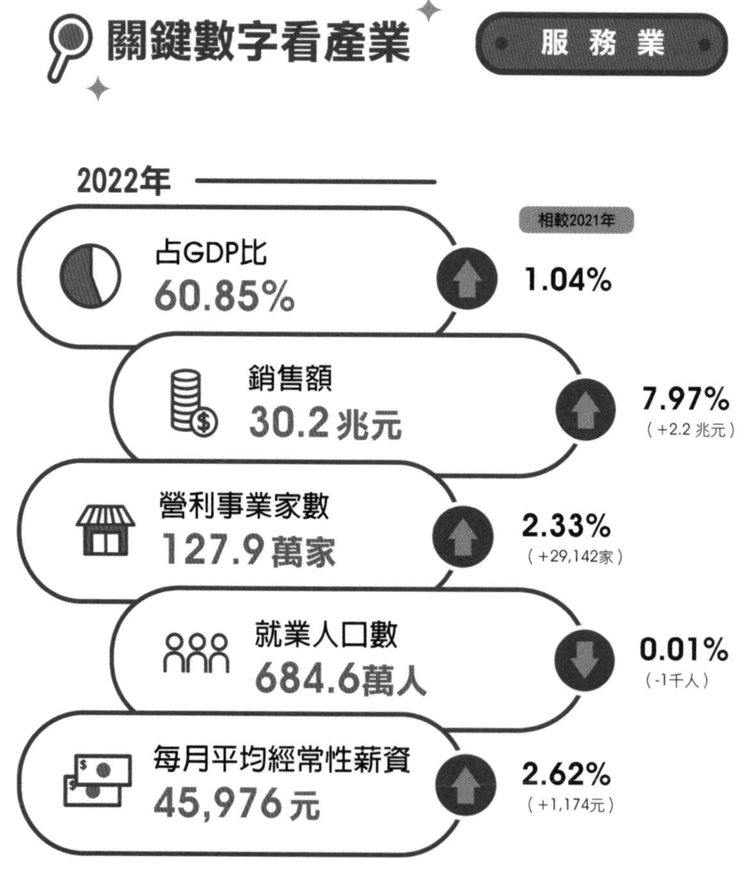

第一節 前言

服務業的業種與業態眾多，其定義並無一致性，目前國內外越來越多的學者認為服務業是將生產或技術導向轉變成為以市場或需求導向的產業。依據國內學者許士軍教授的說法，服務業是「將初級和次級產業的產出，融入文化、科技與創意後，轉化為具高附加價值以及具市場價值的服務產品」的產業。

由於服務業本身的特性，政府機構對於服務業產業範圍分類也顯示出差異，尤其近年來因應民眾與產業的需求，新型態、跨產業的服務業不斷產生，更加深此一現象。行政院主計總處在2016年1月完成我國行業標準分類第10次修訂，將服務業範圍劃分為以下13大類：G類「批發及零售業」、H類「運輸及倉儲業」、I類「住宿及餐飲業」、J類「出版、影音製作、傳播及資通訊服務業」、K類「金融及保險業」、L類「不動產業」、M類「專業、科學及技術服務業」、N類「支援服務業」、O類「公共行政及國防；強制性社會安全」、P類「教育業」、Q類「醫療保健及社會工作服務業」、R類「藝術、娛樂及休閒服務業」、S類「其他服務業」。

本章為提供讀者全面性商業服務業觀察的視野，將採用上述行政院主計總處之服務業分類，先說明2022年我國整體服務業及商業發展概況，而後詳細探討我國服務業經營概況，最後再探討我國商業服務業發展趨勢。

第二節 服務業與商業發展概況

一、我國服務業占GDP之比較

依據行政院主計總處統計，2022年製造業與服務業所創造的國內生產毛額（Gross Domestic Product, 以下簡稱GDP）分別為新臺幣7兆7,227.00億元及13兆7,509.12億元，分別占GDP的34.17%及60.85%；對比2021年占GDP比例的34.01%與59.81%可知，與製造業相比，服務業占GDP比例增加更多，且其占GDP超過60%，顯示服務業仍是我國經濟生產的主要來源（如表2-1所示）。

從成長率來看，相較於2021年，2022年製造業為1.85%，而服務業則有2.37%（如表2-1所示）。在服務業中，成長率最高者為藝術、娛樂及休閒服務業，達到

23.74%；其次為住宿及餐飲業的13.75%，再次之為出版、影音製作、傳播及資通訊服務業的7.33%。從服務業各業別占GDP的比例來看，則是以商業範疇（包含批發及零售業、運輸及倉儲業、住宿及餐飲業）所占比例最高，生產毛額達到新臺幣4兆9,968.81億元，約占整體GDP比重22.10%，其次為不動產業之1兆7,040.23億元及金融與保險業1兆4,486.09億元，分別占整體GDP的7.54%與6.41%（如表2-1）。

表2-1 我國各業生產毛額、成長率結構及經濟成長貢獻度（2021-2022年）

單位：百萬元新臺幣；%；百分點

當期價格	各業生產毛額（百萬元新臺幣）		成長率（%）		占GDP比率（%）		經濟成長貢獻度（百分點）	
年度	2021年	2022年	2021年	2022年	2021年	2022年	2021年	2022年
農、林、漁、牧業	310,846	319,234	-4.32	-2.04	1.43	1.41	-0.07	-0.03
礦業及土石採取業	12,076	11,859	4.14	3.18	0.06	0.05	0.00	0.00
製造業	7,405,251	7,722,700	14.57	1.85	34.01	34.17	4.71	0.62
電力及燃氣供應業	238,827	-69,540	2.78	3.85	1.10	-0.31	0.04	0.04
用水供應及污染整治業	120,973	124,630	0.58	4.90	0.56	0.55	0.00	0.03
營造業	663,369	739,582	6.52	1.48	3.05	3.27	0.19	0.04
服務業	13,024,794	13,750,912	2.78	2.37	59.81	60.85	1.70	1.44
批發及零售業	3,373,250	3,577,830	3.72	0.82	15.49	15.83	0.57	0.13
運輸及倉儲業	883,008	893,706	-5.59	5.61	3.83	3.95	-0.16	0.21
住宿及餐飲業	430,977	525,345	-7.50	13.75	1.98	2.32	-0.18	0.27
出版、影音製作、傳播及資通訊服務業	639,103	697,485	7.32	7.33	2.93	3.09	0.22	0.22
金融及保險業	1,464,369	1,448,609	10.62	-3.62	6.72	6.41	0.71	-0.24
不動產業	1,666,328	1,704,023	1.92	0.76	7.65	7.54	0.16	0.06
專業、科學及技術服務業	481,437	519,244	4.63	5.74	2.21	2.30	0.11	0.13
支援服務業	332,883	355,285	1.12	6.33	1.53	1.57	0.02	0.10
公共行政及國防；強制性社會安全	1,189,668	1,241,678	1.32	0.69	5.46	5.49	0.08	0.04
教育業	748,277	770,627	-1.28	0.75	3.44	3.41	-0.05	0.03
醫療保健及社會工作服務業	645,102	683,947	1.49	4.61	2.96	3.03	0.05	0.14
藝術、娛樂及休閒服務業	127,649	161,061	-18.57	23.74	0.59	0.71	-0.15	0.14

當期價格	各業生產毛額（百萬元新臺幣）		成長率（%）		占GDP比率（%）		經濟成長貢獻度（百分點）	
年度	2021年	2022年	2021年	2022年	2021年	2022年	2021年	2022年
其他服務業	465,373	492,346	-2.28	3.66	2.14	2.18	-0.05	0.08

資料來源：行政院主計總處國民所得及經濟成長統計資料庫，2023b，「歷年各季國內生產毛額依行業分」。
資料擷取：2023年7月
說　　明：本表不含統計差異、進口稅及加值營業稅，故各業生產毛額加總不等於國內生產毛額。

若依往例可計算服務業各細業的貢獻度，惟計算結果顯示除了「其他服務業」、「不動產業」、「公共行政及國防；強制性社會安全」及「教育業」的貢獻度低於0.1百分點、「金融及保險業」的貢獻度為-0.24百分點之外，其他產業的貢獻度數值均大於0.1百分點。

二、我國服務業之貿易活動

2022年我國服務業對外貿易總額達1,034.45億美元，較2021年增加12.98%。其中出口581.69億美元，較2021年增加11.87%；進口452.76億美元，較前一年增加14.43%，由於服務業出口增加的幅度較進口更大，因此2022年服務業貿易出超持續增加至128.93億美元，較前一年增加3.74%，如表2-2所示。

表2-2　我國服務貿易概況（2017-2022年）

單位：百萬美元；%

年度	貿易總值		出口總值		進口總值		出（入）超總值	
	金額（百萬美元）	年增率（%）	金額（百萬美元）	年增率（%）	金額（百萬美元）	年增率（%）	金額（百萬美元）	年增率（%）
2017年	99,188	6.53	45,213	9.50	53,975	4.17	-8,762	-16.74
2018年	107,074	7.95	50,209	11.05	56,865	5.35	-6,656	-24.04
2019年	108,775	1.59	51,838	3.24	56,937	0.13	-5,099	-23.39
2020年	78,701	-27.65	41,210	-20.50	37,491	-34.15	3,719	172.94
2021年	91,562	16.34	51,995	26.17	39,567	5.54	12,428	234.18
2022年	103,445	12.98	58,169	11.87	45,276	14.43	12,893	3.74

資料來源：中央銀行統計資料庫，「國際收支統計」，2017-2022。
資料擷取：2023年7月

三、我國服務業之投資活動

（一）外人投資我國服務業

2022年核准僑外投資件數為2,566件，較2021年減少5.35%；投（增）資金額133.03億美元，較2021年增加77.94%。

進一步觀察各業別的投資狀況，其中製造業投資金額為22.91億美元，較前一年的16.87億美元增加35.83%；服務業投資金額為90.35億美元，較2021年增加69.29%，其中商業投資件數減少4.73%，而在投資金額上則是增加97.47%，顯示外資在2022年相較於前一年投資件數雖略有減少，但投資金額卻大幅提升，因此若以每件平均投資金額視之，反倒呈現大幅成長（如表2-3）。

在服務業僑外投資細項行業方面，以金融及保險業為最高，達55.39億美元，其次是批發及零售業的18.85億美元，再其次是專業、科學及技術服務業的4.97億美元。

至於在服務業投資金額的成長方面，教育業為422.37%、其他服務業為290.12%、金融及保險業為141.65%、批發及零售業為107.94%等，都有不錯表現；而支援服務業為-89.04%與不動產業為-44.00%等，則是投資金額減少幅度較大的產業。

表2-3 核准僑外投資分業統計表（2021-2022年）

單位：件；千美元；%

年度	2021年		2022年		2021年與2022年比較	
產業別	件數（件）	金額（千美元）	件數（件）	金額（千美元）	件數成長率（%）	金額成長率（%）
A農、林、漁、牧業	1	5,956	5	399	400.00	-93.30
B礦業及土石採取業	1	3	1	167	0.00	5,406.59
C製造業	263	1,686,649	270	2,291,010	2.66	35.83
D電力及燃氣供應業	20	143,188	22	1,883,600	10.00	1,215.48
E用水供應及污染整治業	2	20,656	3	9,553	50.00	-53.75
F營造業	74	282,880	50	83,794	-32.43	-70.38
服務業（G-S）	2,350	5,336,942	2,215	9,034,742	-5.74	69.29
商業（G-I）	1,184	1,024,537	1,128	2,023,186	-4.73	97.47
G批發及零售業	989	906,376	862	1,884,693	-12.84	107.94
H運輸及倉儲業	11	55,732	28	63,547	154.55	14.02
I住宿及餐飲業	184	62,429	238	74,946	29.35	20.05

年度	2021年		2022年		2021年與2022年比較	
產業別	件數（件）	金額（千美元）	件數（件）	金額（千美元）	件數成長率（%）	金額成長率（%）
J出版、影音製作、傳播及資通訊服務業	286	622,826	243	493,631	-15.03	-20.74
K金融及保險業	305	2,291,922	275	5,538,532	-9.84	141.65
不動產業	45	653,481	50	365,981	11.11	-44.00
M專業、科學及技術服務業	394	412,336	374	497,260	-5.08	20.60
N支援服務業	39	304,169	42	33,340	7.69	-89.04
O公共行政及國防；強制性社會安全	0	0	0	0	0.00	0.00
P教育業	23	2,078	19	10,854	-17.39	422.37
Q醫療保健及社會工作服務業	0	0	0	0	0.00	0.00
R藝術、娛樂及休閒服務業	34	8,751	33	6,256	-2.94	-28.52
S其他服務業	40	16,842	51	65,703	27.50	290.12
合計	2,711	7,476,273	2,566	13,303,265	-5.35	77.94

資料來源：整理自經濟部投資審議委員會（2023年9月26日更名為經濟部投資審議司），2023，《111年12月統計月報》。

（二）陸資投資我國服務業

自2009年至2022年核准陸資來臺投資件數共有1,556件，較統計至2021年增加3.05%；投（增）資金額計25.66億美元，較統計2021年增加1.53%。自2009年6月30日開放陸資來臺投資以來，陸資逐年增加，這一成長趨勢到近年因兩岸新情勢與美國製造業回流、中美貿易戰等因素而面臨挑戰。以來臺投資金額占比來看，陸資投資國內服務業超過50%。投資服務業最多者依序以批發及零售業最高7.27億美元，占28.35%；銀行業2.01億美元，占7.85%；資訊軟體服務業1.43億美元，占5.59%；港埠業1.39億美元，占5.42%；研究發展服務業1.12億美元，占4.37%；住宿服務業1.06億美元，占4.15%。顯示陸資來臺投資仍以批發、零售業與銀行業為主（如表2-4）。

表2-4 陸資來臺投資統計

單位：件；千美元；%

產業別	累積至2021年件數（件）	累積至2021年金額（千美元）	累積至2021年金額比重（%）	累積至2022年件數（件）	累積至2022年金額（千美元）	累積至2022年金額比重（%）	2021年與2022年件數成長百分比（%）	2021年與2022年金額成長百分比（%）
批發及零售業	999	714,967	27.86	1029	727,495	28.35	3.00	1.75
電子零組件製造業	65	397,031	15.47	67	413,296	16.11	3.08	4.10
銀行業	3	201,441	7.85	3	201,441	7.85	0.00	0.00
資訊軟體服務業	109	141,692	5.52	112	143,413	5.59	2.75	1.21
港埠業	1	139,108	5.42	1	139,108	5.42	0.00	0.00
機械設備製造業	37	116,177	4.53	37	116,528	4.54	0.00	0.30
電腦、電子產品及光學製品製造業	37	112,246	4.37	37	112,246	4.37	0.00	0.00
研究發展服務業	9	112,135	4.37	9	112,135	4.37	0.00	0.00
電力設備製造業	9	111,124	4.33	9	111,124	4.33	0.00	0.00
金屬製品製造業	14	107,052	4.17	15	107,054	4.17	7.14	0.00
住宿服務業	5	106,453	4.15	5	106,453	4.15	0.00	0.00
化學製品製造業	6	75,856	2.96	6	75,856	2.96	0.00	0.00
餐飲業	72	35,927	1.40	78	41,602	1.62	8.33	15.80
醫療器材製造業	3	26,281	1.02	4	27,293	1.06	33.33	3.85
廢棄物清除、處理及資源回收業	10	22,087	0.86	10	22,087	0.86	0.00	0.00
紡織業	2	18,250	0.71	2	18,250	0.71	0.00	0.00
食品製造業	3	14,795	0.58	3	14,795	0.58	0.00	0.00
化學材料製造業	7	13,461	0.52	7	13,461	0.52	0.00	0.00
塑膠製品製造業	15	7,699	0.30	16	8,696	0.34	6.67	12.95

產業別	累積至2021年件數（件）	累積至2021年金額（千美元）	累積至2021年金額比重（%）	累積至2022年件數（件）	累積至2022年金額（千美元）	累積至2022年金額比重（%）	2021年與2022年件數成長百分比（%）	2021年與2022年金額成長百分比（%）
汽車及其零件製造業	4	8,349	0.33	4	8,349	0.33	0.00	0.00
其他製造業	2	5,405	0.21	2	5,405	0.21	0.00	0.00
產業用機械設備維修及安裝業	7	5,156	0.20	8	5,299	0.21	14.29	2.77
技術檢測及分析服務業	7	4,984	0.19	7	4,984	0.19	0.00	0.00
會議服務業	21	4,896	0.19	21	4,896	0.19	0.00	0.00
專業設計服務業	14	4,361	0.17	15	4,397	0.17	7.14	0.83
橡膠製品製造業	2	4,002	0.16	2	4,002	0.16	0.00	0.00
未分類其他專業、科學及技術服務業	4	3,810	0.15	4	3,810	0.15	0.00	0.00
運輸及倉儲業	20	3,048	0.12	20	3,048	0.12	0.00	0.00
未分類其他運輸工具及其零件製造業	6	2,985	0.12	6	2,985	0.12	0.00	0.00
成衣及服飾品製造業	2	2,947	0.11	2	2,947	0.11	0.00	0.00
創業投資業	1	1,994	0.08	1	1,994	0.08	0.00	0.00
租賃業	4	1,162	0.05	4	1,162	0.05	0.00	0.00
廢污水處理業	5	385	0.02	5	385	0.02	0.00	0.00
清潔服務業	3	212	0.01	3	212	0.01	0.00	0.00
家具製造業	1	40	0.00	1	40	0.00	0.00	0.00
廣告業	1	6	0.00	1	6	0.00	0.00	0.00
小計	1,510	2,527,525	100.00	1,556	2,566,254	100.00	3.05	1.53

資料來源：1. 整理自經濟部投資審議委員會（2023年9月26日更名為經濟部投資審議司），2023，《111年12月統計月報》。
2. 上述投資件數與金額，均是自2009年開始統計。

四、我國就業概況

（一）各業就業人數

依據行政院主計總處之統計資料（如表2-5所示），2022年我國總就業人口數為1,141.8萬人，相對於2021年的總就業人數減少了0.25%。若以三級產業來分析，可以發現在總就業人數減少的情況下，服務業就業人數也隨之減少，2022年服務業就業人數達到684.6萬人，占總就業人數的59.96%，較2021年減少0.01%。在服務業細項行業方面，2022年仍以「批發及零售業」之就業人數最多，高達185萬人，占總就業人口之比例達16.2%；居第2位的是「住宿及餐飲業」，就業人數有84.3萬人，占比為7.38%；居第3位的是「教育業」，就業人數有63.8萬人，占比為5.59%。至於成長較大的產業，依序為「醫療保健及社會工作服務業」的3.48%，「運輸及倉儲業」的3.26%，「出版影音及資通訊業」的1.50%。

（二）各業工時之比較

依據行政院主計總處之統計資料顯示，2022年工業部門之每月正常工時平均達160.1小時，較前一年略為減少0.4小時；而服務業之正常工時平均為158.9小時，較前一年增加0.95%。上述現象反應2022年COVID-19新冠疫情已逐漸受到控制、服務業逐漸復甦的現象。另就各細項服務業比較，可觀察到「支援服務業」的正常工時平均最長，達169.4小時，而位居第2的是「不動產業」，正常工時平均達165.1小時，正常工時平均最低的為「教育業」，僅144.4小時。此外，「運輸及倉儲業」的加班工時為服務業之冠，達8.2小時，位居第2者為「支援服務業」，加班工時達7.8小時。這些資料和現象大致和往年類似，顯示有一定的結構性（表2-6）。

（三）各業勞動生產力比較

依據行政院主計總處之定義，勞動生產力為每單位時間內每位勞工能生產的產量。經由行政院主計總處最新統計資料來看，如表2-7，2022年全體產業產值勞動生產力指數為127.86，是自2016年起逐年上升之最高點。而2022年服務業產值勞動生產力指數為121.15，亦是近7年新高。

在每工時產出方面，如表2-8，2022年全體產業的每工時產出為853.71元，亦較上年度之835.37元有所提升；至於服務業部分，2022年為765.93元，較上年度之751.74元增加。若以次產業觀之，可以發現服務業的次產業中，除了「金融及保險業」與

表2-5 我國各業別年平均就業人數、占比與成長率（2018-2022年）

單位：千人；%

產業別	細項	2018年（千人）	2019年（千人）	2020年（千人）	2021年（千人）	2022年（千人）	結構占比（%）	成長率（%）
農、林、漁、牧業	農、林、漁、牧業	561	559	548	542	530	4.64	-2.21
工業	工業	4,083	4,092	4,076	4,059	4,042	35.40	-0.42
	礦業	4	4	4	4	3	0.03	-25.00
	製造業	3,064	3,066	3,041	3,020	3,012	26.38	-0.26
	電力燃氣供應業	30	31	32	33	33	0.29	0.00
	用水供應污染整治業	81	84	85	84	84	0.74	0.00
	營造業	904	907	915	918	910	7.97	-0.87
服務業	服務業	6,790	6,849	6,879	6,847	6,846	59.96	-0.01
	批發及零售業	1,901	1,915	1,899	1,878	1,850	16.20	-1.49
	運輸及倉儲業	446	450	455	460	475	4.16	3.26
	住宿及餐飲業	838	848	854	839	843	7.38	0.48
	出版、影音製作、傳播及資通訊服務業	258	262	266	266	270	2.36	1.50
	金融及保險業	432	434	434	433	430	3.77	-0.69
	不動產業	106	108	106	106	104	0.91	-1.89
	專業、科學技術服務業	374	377	382	388	390	3.42	0.52
	支援服務業	296	297	298	295	295	2.58	0.00
	公共行政及國防；強制性社會安全	367	368	374	378	373	3.27	-1.32
	教育業	653	657	657	645	638	5.59	-1.09
	醫療保健及社會工作服務業	456	461	474	488	505	4.42	3.48
	藝術、娛樂及休閒服務業	110	115	117	113	114	1.00	0.88
	其他服務業	554	557	563	558	559	4.90	0.18
總計		11,434	11,500	11,504	11,447	11,418	100.00	-0.25

資料來源：行政院主計總處，2023c，《111年人力資源調查統計年報》。

表2-6 我國各產業正常工時與加班工時（2020-2022年）

單位：小時／月；%

	2020年		2021年		2022年		正常工時	加班工時
	正常工時（小時／月）	加班工時（小時／月）	正常工時（小時／月）	加班工時（小時／月）	正常工時（小時／月）	加班工時（小時／月）	成長率（%）	成長率（%）
工業及服務業	161.0	7.4	158.7	8.0	159.4	7.9	0.44	-1.25
工業部門	161.5	12.1	160.5	13.8	160.1	13.4	-0.25	-2.90
服務業部門	160.7	4.1	157.4	3.9	158.9	3.9	0.95	0.00
G批發及零售業	159.7	3.3	155.5	3.0	157.6	3.1	1.35	3.33
H運輸及倉儲業	163.7	8.5	162.4	7.9	162.5	8.2	0.06	3.80
I住宿及餐飲業	153.6	3.8	151.8	4.0	153.7	4.1	1.25	2.50
J出版、影音製作、傳播及資通訊服務業	161.2	1.7	159.4	1.9	160.3	2.1	0.56	10.53
K金融及保險業	163.6	3.5	162.2	3.4	162.7	3.5	0.31	2.94
L不動產業	165.7	2.9	163.7	2.9	165.1	2.9	0.86	0.00
M專業、科學及技術服務業	160.4	4.2	159.1	3.6	159.7	3.5	0.38	-2.78
N支援服務業	172.2	8.6	171.4	8.7	169.4	7.8	-1.17	-10.34
P教育業	141.1	1.7	138.8	1.8	144.4	1.6	4.03	-11.11
Q醫療保健及社會工作服務業	159.9	4.3	154.6	3.5	156.3	3.7	1.10	5.71
R藝術、娛樂及休閒服務業	156.6	1.8	136.2	1.7	150.3	2.5	10.35	47.06
S其他服務業	170.1	2.3	159.3	1.9	164.4	2.5	3.20	31.58

資料來源：行政院主計總處薪情平臺，「薪資及生產力統計資料」，2020-2022。
說　　明：「支援服務業」包括租賃、人力仲介及供應、旅行及相關服務、保全及偵探、建築物及綠化服務、行政支援服務等。

「不動產業」每工時產出相較於2021年呈現衰退的狀況，其餘所有的次產業2022年的每工時產出相較於2021年均呈現成長的態勢。另外，2022年每工時產出金額最高為「金融及保險業」的1,674.27元，其次為「不動產業」的1,634.45元；而每工時產出最低則為「住宿及餐飲業」，每工時產出僅為274.34元，但是已經比2021年的241.70元成長32.64元。

以每位就業者產出來看，如表2-9，2022年全體產業的每位就業者產出為每月144,060元，較2021年之140,337元增加。服務業部分，2022年為127,195元，亦較2021年之123,740元增加；產出最高者依然為「金融及保險業」的278,565元，其次為「不動產業」的273,949元，再其次為「資訊與通訊傳播業」的234,824元；而服務業最低者為「住宿及餐飲業」，每位就業者產出為45,169元，相較上年度之39,849元增加5,320元。不過值得注意的是，因為2022年全球COVID-19新冠疫情逐步受到控制、服務各細產業逐漸復甦的影響，除了「金融及保險業」每位就業者產出減少8,090元之外，其他細項產業每位就業者產出有一定幅度的成長。

表2-7 我國各業勞動生產力比較（2016-2022年）

	產值勞動生產力指數				
基期2016年=100	全體產業	農林漁牧業	工業	服務業	批發及零售業
2016年	100.00	100.00	100.00	100.00	100.00
2017年	104.04	109.09	104.36	103.46	103.50
2018年	106.64	112.94	106.26	106.62	105.85
2019年	109.36	113.03	107.86	110.36	110.30
2020年	113.83	112.74	116.13	111.79	117.45
2021年	125.11	114.38	114.38	118.90	127.23
2022年	127.86	112.39	135.50	121.15	129.22

	產值勞動生產力指數				
基期2016年=100	運輸及倉儲業	住宿及餐飲業	出版、影音製作、傳播及資通訊服務業	金融及保險業	不動產業
2016年	100.00	100.00	100.00	100.00	100.00
2017年	106.20	101.96	100.91	103.02	100.88
2018年	110.29	105.60	103.80	105.16	103.28
2019年	110.84	109.61	109.28	108.97	112.76
2020年	89.12	99.41	111.20	114.33	125.11
2021年	84.56	94.40	120.41	127.67	134.65
2022年	85.95	107.15	126.65	123.63	133.27

基期2016年=100	產值勞動生產力指數				
	專業、科學及技術服務業	支援服務業	醫療保健業	藝術、娛樂及休閒服務業	其他服務業
2016年	100.00	100.00	100.00	100.00	100.00
2017年	101.89	101.46	100.86	104.18	103.72
2018年	105.10	105.17	103.51	105.23	108.43
2019年	108.76	109.33	105.67	102.29	109.90
2020年	107.76	102.49	105.41	96.27	109.37
2021年	112.92	105.14	109.44	92.09	115.56
2022年	117.38	113.27	112.63	105.37	115.74

資料來源：行政院主計總處，2023a，《111年度產值勞動生產力趨勢分析報告》。
說　　明：本報告書各表之行業分類係依行政院主計總處《行業標準分類（第10次修訂）》。

表2-8 我國各業產值勞動生產力指數比較（2016-2022年）

產出係以2016年為參考年計算之GDP連鎖實質值衡量	每工時產出（單位：元新臺幣／小時）				
	全體產業	農林漁牧業	工業	服務業	批發及零售業
2016年	667.72	283.26	769.08	632.23	703.60
2017年	694.70	309.00	802.64	654.08	728.24
2018年	712.07	319.93	817.23	674.11	744.75
2019年	730.21	320.17	829.56	697.71	776.05
2020年	760.05	319.33	893.10	706.78	826.41
2021年	835.37	323.98	1,013.41	751.74	895.19
2022年	853.71	318.36	1,042.13	765.93	909.23
產出係以2016年為參考年計算之GDP連鎖實質值衡量	每工時產出（單位：元新臺幣／小時）				
	運輸及倉儲業	住宿及餐飲業	出版、影音製作、傳播及資通訊服務業	金融及保險業	不動產業
2016年	547.64	256.03	1,143.50	1,354.27	1,226.42
2017年	581.60	261.05	1,153.87	1,395.20	1,237.16
2018年	604.01	270.37	1,186.94	1,424.14	1,266.63
2019年	607.02	280.62	1,249.64	1,475.81	1,382.88
2020年	488.07	254.51	1,271.60	1,548.35	1,534.32
2021年	463.09	241.70	1,376.84	1,729.04	1,651.38
2022年	470.71	274.34	1,448.23	1,674.27	1,634.45

產出係以2016年為參考年計算之GDP連鎖實質值衡量	每工時產出（單位：元新臺幣／小時）				
	專業、科學及技術服務業	支援服務業	醫療保健業	藝術、娛樂及休閒服務業	其他服務業
2016年	521.00	479.16	617.00	775.77	345.72
2017年	530.85	486.16	622.32	808.23	358.57
2018年	547.57	503.94	638.64	816.35	374.87
2019年	566.63	523.86	651.97	793.52	379.93
2020年	561.44	491.09	650.36	746.86	378.11
2021年	588.32	503.81	675.23	714.42	399.52
2022年	611.58	542.74	694.94	817.46	400.14

資料來源：行政院主計總處，2023a，《111年度產值勞動生產力趨勢分析報告》。
說　　明：本報告書各表之行業分類係依行政院主計總處《行業標準分類（第10次修訂）》。

表2-9　我國各業每工時產出比較（2016-2022年）

產出係以2016年為參考年計算之GDP連鎖實質值衡量	每就業者產出（單位：元新臺幣／每人每月）				
	全體產業	農林漁牧業	工業	服務業	批發及零售業
2016年	115,320	48,969	133,399	108,839	120,436
2017年	119,404	53,093	139,052	111,781	124,155
2018年	122,219	55,073	141,886	114,714	126,628
2019年	125,057	54,684	143,584	118,618	131,653
2020年	129,761	54,962	154,403	119,495	139,390
2021年	140,337	53,188	175,611	123,740	146,190
2022年	144,060	53,377	179,956	127,195	149,644
產出係以2016年為參考年計算之GDP連鎖實質值衡量	每就業者產出（單位：元新臺幣／每人每月）				
	運輸及倉儲業	住宿及餐飲業	出版、影音製作、傳播及資通訊服務業	金融及保險業	不動產業
2016年	96,874	43,951	183,978	220,858	205,820
2017年	102,241	43,907	187,496	229,802	208,953
2018年	106,953	44,863	191,920	236,606	214,238
2019年	107,586	46,917	201,403	244,797	231,393
2020年	85,684	42,349	206,624	258,792	258,239
2021年	80,065	39,849	221,572	286,655	273,791
2022年	81,762	45,169	234,824	278,565	273,949

產出係以2016年為參考年計算之GDP連鎖實質值衡量	每就業者產出（單位：元新臺幣／每人每月）				
	專業、科學及技術服務業	支援服務業	醫療保健業	藝術、娛樂及休閒服務業	其他服務業
2016年	86,563	85,542	102,722	133,357	65,758
2017年	87,825	86,674	103,766	134,183	66,366
2018年	90,604	89,456	105,719	132,594	68,509
2019年	93,031	92,930	107,984	130,120	69,115
2020年	92,376	88,443	105,851	119,946	67,075
2021年	95,344	90,255	106,705	101,011	66,098
2022年	99,975	95,842	111,614	124,886	68,284

資料來源：行政院主計總處，2023a，《111年度產值勞動生產力趨勢分析報告》。
說　　明：本報告書各表之行業分類係依行政院主計總處《行業標準分類（第10次修訂）》。

第三節　服務業經營概況

一、服務業家數及銷售額分析

由財政部統計月報，我們可從服務業的家數與銷售額觀察，進一步瞭解目前產業內的樣態，深化對服務業的認識。我國服務業2022年銷售額達新臺幣30兆2,351.83億元，家數約127.88萬家；2022年與2021年相比，營業家數與銷售金額均有提升。

（一）結構分析

「批發及零售業」依然是服務業中家數與銷售額最高的產業，2022年的家數約71.90萬家，銷售額則由2021年的17兆5,481.31億元，成長至18兆7,283.84億元（表2-10）。

以家數排名來看，家數最高者為「批發及零售業」，其他依序為「住宿及餐飲業」17.62萬家；「其他服務業」9.16萬家；「專業、科學及技術服務業」6.02萬家；「不動產業」4.66萬家；「金融及保險業」4.52萬家；「藝術、娛樂及休閒服務業」3.61萬家；「運輸及倉儲業」3.6萬家。

以銷售額排名分析，除批發及零售業以外，銷售額較多的產業依序為「金融及保險業」3兆1,465.84億元，「運輸及倉儲業」1兆9,603.28億元，「不動產業」1兆7,710億元，「出版、影音製作、傳播及資通訊服務業」1兆6,694.05億元，「專業、科學及技術服務業」1兆195.07億元，「住宿及餐飲業」8,210.93億元，以及「支援服務業」6,368.44億元。

若以2023年1月至7月的資料觀之，各服務業細業別的家數持續增加，但銷售額相較同期則有不同的變化，大部分服務業的細業別銷售額仍持續增加，不過在批發零售業、運輸及倉儲業、不動產業與專業、科學及技術服務業則是呈現不同程度的減少，減少幅度分別為3.48%、18.56%、13.14%與1.41%，可能原因除了運輸及倉儲業因為前幾年疫情影響、價格快速上漲，目前疫情趨緩相關價格逐漸回到過去水準外，其他產業可能受到物價水準上升、實質所得降低的影響，造成銷售額不如同期。

表2-10 我國服務業家數與銷售額（2020-2023年7月）

單位：家；百萬元新臺幣

	2020年		2021年		2022年		2023年7月	
	家數	銷售額	家數	銷售額	家數	銷售額	家數	銷售額
批發及零售業	689,172	15,522,776.77	707,836	17,548,131.22	718,966	18,728,384.09	727,498	886,180.91
運輸及倉儲業	34,098	1,193,333.19	34,887	1,618,716.43	36,001	1,960,328.00	36,614	73,793.54
住宿及餐飲業	165,490	704,118.79	172,244	695,293.59	176,157	821,093.22	179,098	48,035.32
出版、影音製作、傳播及資通訊服務業	24,054	1,342,336.60	25,585	1,514,262.98	26,322	1,669,404.74	26,917	82,238.41
金融及保險業	39,275	2,600,265.60	42,196	2,739,939.26	45,185	3,146,583.56	46,693	155,293.11
不動產業	42,288	1,710,386.36	44,811	1,856,089.00	46,632	1,771,000.05	47,284	76,277.25
專業、科學及技術服務業	53,885	819,687.78	57,209	1,007,430.35	60,184	1,019,507.46	62,159	46,726.09
支援服務業	31,901	542,722.59	32,986	591,585.94	33,909	636,843.95	34,602	33,601.29
公共行政及國防；強制性社會安全	13	4,534.31	12	5,630.59	12	5,570.12	12	180.12
教育業	4,769	23,712.86	5,377	24,212.92	5,972	29,298.64	6,426	1,582.47
醫療保健及社會工作服務業	1,408	34,660.07	1,608	36,821.49	1,841	40,525.45	2,016	2,093.98
藝術、娛樂及休閒服務業	34,293	114,259.66	35,372	101,993.14	36,052	126,625.18	36,587	7,131.13
其他服務業	87,259	258,431.75	89,564	264,389.14	91,596	280,018.73	93,143	15,413.79
服務業合計	1,207,905	24,871,226.32	1,249,687	28,004,496.05	1,278,829	30,235,183.19	1,299,049.00	1,428,547.41

資料來源：整理自財政部財政統計資料庫，「營利事業家數及銷售額第8次、第9次修訂（6碼）及地區別」，2020-2023。

資料擷取：2023年10月

（二）趨勢變化

從服務業家數成長率與銷售額成長率來看，過去1年的變化中，服務業主要分為3個族群，包含成長率高的成長性產業、成熟期產業與衰退期產業（表2-11）。

以家數成長率與銷售額成長率來看，2022年家數與銷售額均呈現成長的產業分別為「批發及零售業」、「運輸及倉儲業」、「住宿及餐飲業」、「出版、影音製作、傳播及資通訊服務業」、「金融及保險業」、「專業、科學及技術服務業」、「支援服務業」、「教育業」、「醫療保健及社會工作服務業」、「藝術、娛樂及休閒服務業」及「其他服務業」等。

若僅以家數成長率分析，2022年服務業平均家數成長2.33%。家數成長率較高者依序為「醫療保健及社會工作服務業」14.49%、「教育業」11.07%、「金融及保險業」7.08%、「專業、科學及技術服務業」5.20%、「不動產業」4.06%、「運輸及倉儲業」3.19%、「出版、影音製作、傳播及資通訊服務業」2.88%及「支援服務業」2.8%。

表2-11　我國服務業單店年銷售額、家數及銷售成長率（2022年）

單位：百萬元新臺幣；%

產業別	單店年銷售額（百萬元新臺幣）	家數成長（%）	銷售成長（%）
批發及零售業	26.05	1.57	6.73
運輸及倉儲業	54.45	3.19	21.10
住宿及餐飲業	4.66	2.27	18.09
出版、影音製作、傳播及資通訊服務業	63.42	2.88	10.25
金融及保險業	69.64	7.08	14.84
不動產業	37.98	4.06	-4.58
專業、科學及技術服務業	16.94	5.20	1.20
支援服務業	18.78	2.80	7.65
公共行政及國防；強制性社會安全	464.18	0.00	-1.07
教育業	4.91	11.07	21.00
醫療保健及社會工作服務業	22.01	14.49	10.06
藝術、娛樂及休閒服務業	3.51	1.92	24.15
其他服務業	3.06	2.27	5.91
服務業合計	23.64	2.33	7.97

資料來源：整理自財政部財政統計資料庫，「營利事業家數及銷售額第8次修訂（6碼）及地區別」，2022，經作者計算而得。

資料擷取：2023年7月

以銷售額成長分析，2022年服務業平均銷售成長7.97%。銷售額成長率較高依序為「藝術、娛樂及休閒服務業」24.15%、「運輸及倉儲業」21.10%、「教育業」21%、「住宿及餐飲業」18.09%、「金融及保險業」14.84%、「出版、影音製作、傳播及資通訊服務業」10.25%、「醫療保健及社會工作服務業」10.06%。至於「支援服務業」7.65%、「批發及零售業」6.73%，則是低於總體服務業平均銷售成長的產業。

而「公共行政及國防；強制性社會安全」及「不動產業」則是呈現衰退的情形，分別衰退1.07%與4.58%。

（三）銷售額區域分布

從服務業銷售區域來看，臺北市在2022年與上年度一樣仍排名第1，可見臺北市依然為服務業各次產業的集中地；也因此對服務業來說，臺北市的競爭最為激烈。而排名第2名的縣市則依各區域的發展政策、地方特色及地理位置有所不同。

以「批發及零售業」來說，臺北市銷售額最高達7兆1,592.36億元，且遠遠領先其他縣市，第2名為新北市2兆6,778.84億元，第3名為高雄市1兆9,015.14億元，第4名為臺中市1兆8,081.49億元（表2-12）。

另就近幾年較熱門的「住宿及餐飲業」來說，臺中市因位於臺北市與高雄市的中間位置，結合了我國南、北不同的口味，成為餐飲業試水溫相當好的地點，「住宿及餐飲業」在當地銷售額為1,081.92億元，與過去幾年一樣為我國第2，僅次於臺北市的2,311.36億元，可見其在住宿及餐飲業的發展潛力。

與我國進出口息息相關的「運輸及倉儲業」，桃園市的銷售額自2014年為各縣市第2，超越原本排名第2的高雄市後，2022年繼續維持這樣的排名。桃園市的「運輸及倉儲業」銷售額為2,453.34億元，僅次於臺北市的1兆590.35億元，也領先高雄市的1,727.85億元，與新北市的1,508.39億元。

而以與我國工業最相關的服務業「專業、科學及技術服務業」來說，新竹市「專業、科學及技術服務業」銷售額741.86億元，位居全國第3，若將新竹縣一併納入視為新竹科學園區的腹地，則加計新竹縣586.28億元的銷售額，新竹縣市合計的銷售額為1,328.14億元，仍然僅次於臺北市的5,393.74億元。

表2-12 我國服務業銷售額區域分布（2022年）

單位：百萬元新臺幣

地區別	批發及零售業	運輸及倉儲業	住宿及餐飲業	出版、影音製作、傳播及資通訊服務業	金融及保險業	不動產業
總計	18,728,384.09	1,960,328.00	821,093.22	1,669,404.74	3,146,583.56	1,771,000.05
新北市	2,677,883.66	150,839.35	89,032.79	165,320.26	140,399.51	265,179.10
臺北市	7,159,235.91	1,059,035.37	231,135.55	1,247,148.93	2,460,797.99	642,610.49
桃園市	1,379,009.09	245,333.69	66,141.97	17,405.68	88,782.74	137,758.28
臺中市	1,808,149.27	78,690.92	108,192.14	52,922.97	137,597.17	276,262.83
臺南市	938,939.22	35,554.30	56,072.57	18,767.48	56,755.86	80,223.13
高雄市	1,901,513.69	172,785.44	80,394.66	38,000.52	112,024.75	158,774.50
宜蘭縣	115,442.24	12,441.61	20,641.87	3,790.30	9,437.45	13,599.61
新竹縣	396,324.52	15,925.38	19,355.01	43,011.31	18,990.43	37,424.65
苗栗縣	185,630.37	9,031.10	12,184.26	5,009.55	8,698.94	11,955.74
彰化縣	444,753.48	18,965.16	19,226.68	8,983.54	22,852.78	36,577.59
南投縣	102,320.20	6,015.72	15,464.11	3,799.76	8,132.48	5,211.81
雲林縣	190,895.40	14,750.37	8,659.75	5,066.99	10,940.46	14,887.08
嘉義縣	121,808.18	13,852.52	7,023.26	1,130.87	6,413.94	5,047.15
屏東縣	224,254.59	7,037.31	19,384.74	5,124.88	10,571.75	10,654.85
臺東縣	36,035.70	4,399.53	9,615.38	1,892.86	2,926.36	4,113.76
花蓮縣	75,092.43	5,786.49	15,627.33	3,327.05	5,730.52	7,700.15
澎湖縣	18,525.25	3,789.56	2,708.46	884.99	***	1,762.42
基隆市	61,716.56	85,020.89	7,499.03	4,908.16	5,674.67	3,361.03
新竹市	735,688.07	10,355.44	19,179.82	36,433.09	28,175.84	43,467.75
嘉義市	140,424.13	5,161.74	11,314.76	5,613.05	9,885.09	12,135.69
金門縣	12,759.76	3,388.67	2,003.30	742.05	803.65	2,289.53
連江縣	1,982.38	2,167.45	235.80	120.47	***	2.91

地區別	專業、科學及技術服務業	支援服務業	教育業	醫療保健及社會工作服務業	藝術、娛樂及休閒服務業	其他服務業
總計	1,019,507.46	636,843.95	29,298.64	40,525.45	126,625.18	280,018.73
新北市	120,029.93	62,893.54	3,932.07	2,794.15	16,910.66	33,799.82
臺北市	539,373.80	351,740.43	11,358.58	7,251.66	44,155.09	68,460.12
桃園市	64,145.32	45,639.02	2,508.70	783.55	9,248.71	32,556.08

地區別	專業、科學及技術服務業	支援服務業	教育業	醫療保健及社會工作服務業	藝術、娛樂及休閒服務業	其他服務業
臺中市	65,272.75	46,555.77	4,310.56	3,542.18	12,843.02	31,420.41
臺南市	23,615.46	21,228.95	1,422.11	1,123.22	7,081.02	15,139.90
高雄市	40,506.59	51,807.59	2,450.13	22,552.31	9,977.86	32,878.71
宜蘭縣	3,528.48	3,007.50	143.57	66.40	2,138.17	3,512.76
新竹縣	58,627.72	10,470.60	629.50	411.40	3,694.70	10,161.46
苗栗縣	6,135.09	3,970.99	157.42	198.13	1,932.36	5,002.92
彰化縣	6,176.67	6,520.78	370.79	595.20	2,491.19	9,683.16
南投縣	1,960.35	1,846.24	72.16	62.21	3,054.00	3,381.87
雲林縣	2,876.56	2,791.44	182.58	174.40	1,586.61	4,143.98
嘉義縣	1,899.27	4,952.49	42.89	96.53	729.79	2,856.96
屏東縣	2,835.62	3,374.41	253.18	174.92	3,196.40	6,163.68
臺東縣	990.92	1,120.64	51.41	17.74	1,008.93	1,373.35
花蓮縣	2,146.56	1,445.63	122.53	294.19	1,729.00	2,078.38
澎湖縣	246.53	1,374.12	50.95	***	277.77	249.40
基隆市	1,909.01	3,024.89	90.69	88.46	1,064.64	2,862.95
新竹市	74,186.09	9,548.26	873.43	231.28	2,203.85	9,549.38
嘉義市	2,402.27	2,625.54	244.63	56.13	1,193.77	4,533.43
金門縣	380.90	786.04	25.10	***	80.54	166.84
連江縣	261.58	119.10	5.68	***	27.11	43.19

資料來源：整理自財政部財政統計資料庫，「營利事業家數及銷售額第8次修訂（6碼）及地區別」，2022。

資料擷取：2023年7月

說　　明：***表示不陳示數值以保護個別資料。

二、服務業各業別規模變化

企業規模可從企業平均人數來觀察，如表2-13所示。進一步依產業與企業兩種面向分析企業規模，可分成行業總人數（行業規模）與企業平均人數（企業規模）同步上升的同步成長行業、只有產業指標單項成長行業、只有企業指標單項成長行業以及兩項指標同步下降行業來觀察。以下就以行業指標與企業規模同時上升，行業規模上升、企業規模下降，行業指標與企業規模同時下降，以及行業規模持平但企業規模下降等4個構面來說明。

表2-13 我國服務業員工人數及企業規模（2021-2022年）

單位：家；千人；人；%

產業別	2021年家數（家）	2022年家數（家）	2021年行業人數（千人）	2022年行業人數（千人）	2021年企業人均數（人）	2022年企業人均數（人）	2022年企業人均數成長率（%）	2022年行業總人數成長率（%）
批發及零售業	707,836	718,966	1,878	1,850	2.65	2.57	-3.02	-1.49
運輸及倉儲業	34,887	36,001	460	475	13.19	13.19	0.07	3.26
住宿及餐飲業	172,244	176,157	839	843	4.87	4.79	-1.76	0.48
出版、影音製作、傳播及資通訊服務業	25,585	26,322	266	270	10.40	10.26	-1.34	1.50
金融及保險業	42,196	45,185	433	430	10.26	9.52	-7.26	-0.69
不動產業	44,811	46,632	106	104	2.37	2.23	-5.72	-1.89
專業、科學及技術服務業	57,209	60,184	388	390	6.78	6.48	-4.45	0.52
支援服務業	32,986	33,909	295	295	8.94	8.70	-2.72	0.00
公共行政及國防；強制性社會安全	12	12	378	373	31,500.00	31,083.33	-1.32	-1.32
教育業	5,377	5,972	645	638	119.96	106.83	-10.94	-1.09
醫療保健及社會工作服務業	1,608	1,841	488	505	303.48	274.31	-9.61	3.48
藝術、娛樂及休閒服務業	35,372	36,052	113	114	3.19	3.16	-1.02	0.88
其他服務業	89,564	91,596	558	559	6.23	6.10	-2.04	0.18

資料來源：整理自財政部財政統計資料庫，「營利事業家數及銷售額第8次修訂（6碼）及地區別」，2021-2022；行政院主計總處，2023c，《111年人力資源調查統計年報》。

資料擷取：2023年7月

（一）行業指標與企業規模同時上升的行業

根據2022年的統計資料，可以看出我國服務業中「運輸及倉儲業」不論是總行業人數與企業平均人數規模均同步成長。2022年「運輸及倉儲業」企業人均數成長率為0.07%，且行業總人數也成長3.26%。

（二）行業規模上升、企業規模下降的行業

根據2022年的統計資料，可以看出我國服務業中「住宿及餐飲業」、「出版、影

音製作、傳播及資通訊業」、「專業、科學及技術服務業」、「醫療保健及社會工作服務業」、「藝術、娛樂及休閒服務業」以及「其他服務業」等細項服務業的行業人數都有成長，但企業人均數卻反向縮小，可見這些行業的家數變多但每家的規模都縮小，顯示所有細項服務產業在最近1年有更多的業者加入該產業，進而帶動產業人數成長，但因為產業增加人數並沒有如業者增加的速度快，造成企業人均數下降。

（三）行業規模與企業規模同步下降的行業

「批發及零售業」、「金融及保險業」、「不動產業」、「公共行政及國防；強制性社會安全」與「教育業」等細項產業，在2022年行業人數都有減少，但企業人均數卻下降得更快，可見這些行業的家數變多但每家的規模都縮小，顯示這兩個行業在最近1年有更多的業者加入該產業，但因為產業人數略微減少，因此造成企業人均數下降。

（四）行業規模持平但企業規模下降的行業

「支援服務業」在2022年行業人數雖持平，但企業人均數卻下降得更快，可見「支援服務業」的家數變多但每家的規模都縮小，顯示這個行業在最近1年有更多的業者加入該產業，因此造成企業人均數下降。

三、服務業就業情勢

（一）服務業就業人數

1.2022年就業人數較多業別

服務業中以「批發及零售業」人數與占比最高，與上年度相同，占全國總就業人數比率之16.20%。主要因為批發零售業，係將商品由製造業移轉至消費者的最後一站，市場對其需求較大，就業吸納能力較大；再者，批發零售展店模式標準化，提高展店效率，在大量展店的情況下，投入人數亦較多。

2.成長率較高業別

「醫療保健及社會工作服務業」在2022年就業人數成長最高，達3.48%，其次為「運輸及倉儲業」的3.26%，再其次「出版、影音製作、傳播及資通訊服務業」的1.5%。其他成長的產業僅有「藝術、娛樂及休閒服務業」、「專業、科學及技術服務業」、「住宿及餐飲業」及「其他服務業」。然而，與2021年相比，2022年整體服務業反倒呈現0.01%的衰退，說明整體表現其實不甚理想。

3. 幾近停滯與成長衰退的業別

2022年「支援服務業」則是呈現幾近停滯。而「不動產業」、「批發及零售業」、「公共行政及國防；強制性社會安全」、「教育業」及「金融及保險業」的就業人數分別為10.4萬人、185萬人、37.3萬人、63.8萬人及43萬人，分別衰退1.89%、1.49%、1.32%、1.09%和0.69%（表2-14）。

表2-14 我國服務業就業人數、占比與成長率（2017-2022年）

單位：千人；%

產業別	2017年（千人）	2018年（千人）	2019年（千人）	2020年（千人）	2021年（千人）	2022年（千人）	結構占比（%）	成長率（%）
總計	11,352	11,434	11,500	11,504	11,447	11,418	100.00	-0.25
服務業	6,732	6,790	6,849	6,879	6,847	6,846	59.96	-0.01
G批發及零售業	1,875	1,901	1,915	1,899	1,878	1,850	16.20	-1.49
H運輸及倉儲業	443	446	450	455	460	475	4.16	3.26
I住宿及餐飲業	832	838	848	854	839	843	7.38	0.48
J出版、影音製作、傳播及資通訊服務業	253	258	262	266	266	270	2.36	1.50
K金融及保險業	429	432	434	434	433	430	3.77	-0.69
L不動產業	103	106	108	106	106	104	0.91	-1.89
M專業、科學及技術服務業	372	374	377	382	388	390	3.42	0.52
N支援服務業	292	296	297	298	295	295	2.58	0.00
O公共行政及國防；強制性社會安全	373	367	368	374	378	373	3.27	-1.32
P教育業	652	653	657	657	645	638	5.59	-1.09
Q醫療保健及社會工作服務業	451	456	461	474	488	505	4.42	3.48
R藝術、娛樂及休閒服務業	106	110	115	117	113	114	1.00	0.88
S其他服務業	551	554	557	563	558	559	4.90	0.18

資料來源：行政院主計總處，2023c，《111年人力資源調查統計年報》。

（二）服務業就業人口結構

以下從性別、年齡及教育程度來分析服務業中就業人口的結構。

1. 性別

2022年服務業就業人數達684.6萬人，其中男性占46.64%；女性則占53.37%，屬女性高於男性的行業（如表2-15所示）。其中「運輸及倉儲業」、「出版、影音製作、傳播及資通訊服務業」、「不動產業」、「支援服務業」以及「公共行政及國防；強制性社會安全」等產業以男性的就業人口為較多，尤以「運輸及倉儲業」的76.84%大幅領先女性。而「批發及零售業」、「住宿及餐飲業」、「金融及保險業」、「專業、科學及技術服務業」、「教育業」、「醫療保健及社會工作服務業」、「藝術、娛樂及休閒服務業」以及「其他服務業」等，則是以女性就業人口占最多，尤以「醫療保健及社會工作服務業」、「教育業」與「金融及保險業」女性就業人口最多分別占77.62%、71.63%與61.86%（表2-15）。

2. 年齡

由表2-16可以得知各年齡區間與各產業類別的結構概況：

（1）15~24歲投入最多的服務業細項產業：「批發及零售業」、「住宿及餐飲業」

從15~24歲的年齡區間可以看出，以「批發及零售業」的就業人口最多，達14.8萬人，在「批發及零售業」就業人口中占8%，其次為「住宿及餐飲業」達13.8萬人，在「住宿及餐飲業」就業人口中占16.37%，只有這兩行業高於10萬人以上。且15~24歲投入「住宿及餐飲業」占比最高，顯示該行業投入年齡最輕，也顯示此行業之低門檻特性。

（2）25~44歲投入較多的產業：「批發及零售業」、「住宿及餐飲業」及「教育服務業」

各服務業的絕對、相對人口數為：就絕對人數而言，以「批發及零售業」、「住宿及餐飲業」及「教育業」較多，分別為90.9萬人、40.2萬人及33.2萬人。其他產業如：「醫療保健及社會工作服務業」、「其他服務業」、「運輸及倉儲業」、「專業、科學及技術服務業」以及「金融及保險業」也有超過20萬人的規模。

表2-15 我國各產業與服務業就業人口性別結構（2020-2022年）

單位：千人；%

產業別	2020年（千人）	2021年（千人）	2022年（千人）	男性人數（千人）	男性占比（%）	女性人數（千人）	女性占比（%）
總計	11,504	11,447	11,418	6,313	55.29	5,105	44.71
農林漁牧業	548	542	530	376	70.94	154	29.06
工業	4,076	4,059	4,042	2,744	67.89	1,298	32.11
服務業	6,879	6,847	6,846	3,193	46.64	3,654	53.37
G批發及零售業	1,899	1,878	1,850	886	47.89	964	52.11
H運輸及倉儲業	455	460	475	365	76.84	110	23.16
I住宿及餐飲業	854	839	843	389	46.14	454	53.86
J出版、影音製作、傳播及資通訊服務業	266	266	270	157	58.15	113	41.85
K金融及保險業	434	433	430	164	38.14	266	61.86
L不動產業	106	106	104	56	53.85	48	46.15
M專業、科學及技術服務業	382	388	390	173	44.36	217	55.64
N支援服務業	298	295	295	177	60.00	118	40.00
O公共行政及國防；強制性社會安全	374	378	373	195	52.28	178	47.72
P教育業	657	645	638	180	28.21	457	71.63
Q醫療保健及社會工作服務業	474	488	505	113	22.38	392	77.62
R藝術、娛樂及休閒服務業	117	113	114	57	50.00	58	50.88
S其他服務業	563	558	559	279	49.91	280	50.09

資料來源：行政院主計總處，2023c，《111年人力資源調查統計年報》。

說　　明：1. 工業包含礦業及土石採取業、製造業、電力及燃氣供應業、用水供應業與營造業。

2. 因為就業人數以千人為單位並經四捨五入，故男女性占比的加總可能會超過100%。

就相對比例而言，25~44歲人口占整體服務業人口之比率達51.27%，而高於整體服務業比例的產業依序為：「出版、影音製作、傳播及資通訊服務業」、「專業、科學及技術服務業」、「藝術、娛樂及休閒服務業」、「醫療保健及社會工作服務業」、「不動產業」、「金融及保險業」及「教育業」；反之，其他產業之就業比例較整體服務業低。

另外從每個細項服務業的年齡階層來看，除了「支援服務業」以45~64歲投入人口占比最高外，均以25~44歲投入人口占比為最高，顯示各行業幾乎均以此年齡階層為主要投入人口。

表2-16 我國各產業與服務業就業人口年齡結構（2022年）

單位：千人；%

產業別	總計（千人）	15-24歲（千人）	15-24歲結構比（%）	25-44歲（千人）	25-44歲結構比（%）	45-64歲（千人）	45-64歲結構比（%）	65歲以上（千人）	65歲以上結構比（%）
總計	11,418	771	6.75	5,801	50.81	4,467	39.12	380	3.33
農林漁牧業	530	13	2.45	121	22.83	282	53.21	113	21.32
工業	4,042	201	4.97	2,169	53.66	1,594	39.44	77	1.90
服務業	6,846	557	8.14	3,510	51.27	2,591	37.85	189	2.76
G批發及零售業	1,850	148	8.00	909	49.14	711	38.43	82	4.43
H運輸及倉儲業	475	26	5.47	243	51.16	199	41.89	8	1.68
I住宿及餐飲業	843	138	16.37	402	47.69	278	32.98	25	2.97
J出版、影音製作、傳播及資通訊服務業	270	18	6.67	180	66.67	70	25.93	1	0.37
K金融及保險業	430	19	4.42	233	54.19	176	40.93	3	0.70
L不動產業	104	6	5.77	60	57.69	37	35.58	1	0.96
M專業、科學及技術服務業	390	27	6.92	234	60.00	124	31.79	5	1.28
N支援服務業	295	10	3.39	113	38.31	154	52.20	18	6.10
O公共行政及國防；強制性社會安全	373	17	4.56	187	50.13	163	43.70	7	1.88
P教育業	638	37	5.80	332	52.04	264	41.38	5	0.78
Q醫療保健及社會工作服務業	505	51	10.10	295	58.42	152	30.10	7	1.39
R藝術、娛樂及休閒服務業	114	14	12.28	68	59.65	30	26.32	2	1.75
S其他服務業	559	46	8.23	255	45.62	232	41.50	26	4.65

資料來源：行政院主計總處，2023c，《111年人力資源調查統計年報》。
說　　明：工業包含礦業及土石採取業、製造業、電力及燃氣供應業、用水供應業與營造業。

（3）45~64歲投入較多的服務業細項產業：「批發及零售業」，占比最高為「支援服務業」

從表中可以看出45~64歲以「批發及零售業」的就業人口最多，有71.1萬人，而「住宿及餐飲業」、「教育業」以及「其他服務業」也有20萬人以上的規模；參與最少的為「藝術、娛樂及休閒服務產業」、「不動產業」以及「出版、影音製作、傳播及資通訊服務業」，皆未達10萬人。

（4）65歲以上投入較多的服務業細項產業：「批發及零售業」

「批發及零售業」的65歲以上就業人口最高，為8.2萬人，其次為「其他服務業」的2.6萬人，再其次為「住宿及餐飲業」的2.5萬人。由於65歲以上人口多半皆已退休，故有些行業如「出版、影音製作、傳播及資通訊服務業」及「不動產業」等參與僅千人。

從4類年齡區間中，可以發現「批發及零售業」在各年齡區間皆有最多的就業人口，進而可以了解到當今我國服務業以「批發及零售業」為服務業主要就業人口之大宗，總共有185萬人，占服務業比重為27.02%，占全國總就業人口的16.20%。

3. 教育程度

從教育程度來分析服務業就業人口的結構，「國中及以下」、「高中職」、「大專及以上」的占比分別為9.11%、28.60%、62.28%，可以發現在目前服務業中，「大專及以上」占了半數以上的就業人口（如表2-17所示）。且「大專及以上」之比重較上年上升，「國中及以下」與「高中職」占比則較上年度下降，顯示國內服務業就業人口教育程度亦隨我國高教普及而愈來愈高。其他分述如下。

（1）「國中及以下」就業人口投入較多的行業：「批發及零售業」、「住宿及餐飲業」與「其他服務業」

在此教育程度中，「批發及零售業」為就業人口投入較多的行業，有20.4萬人，其次為「住宿及餐飲業」以及「其他服務業」，就業人口分別為14.2萬人、10.6萬人。而「出版、影音製作、傳播及資通訊服務業」、「金融及保險業」、「不動產業」以及「專業、科學及技術服務業」皆未達1萬人。

（2）「高中職」就業人口投入較多的行業：「批發及零售業」、「住宿及餐飲業」與「其他服務業」

「批發及零售業」、「住宿及餐飲業」以及「其他服務業」，投入人口分別為65.8萬人、37.6萬人與25.6萬人，而「運輸及倉儲業」為20.4萬人、「支援服務業」為12.1萬人，其餘產業皆未達10萬人。

表2-17　我國各產業與服務業就業人口教育程度結構（2022年）

單位：千人；%

產業別	總計（千人）	國中及以下（千人）	國中及以下百分比（%）	高中職（千人）	高中職百分比（%）	大專及以上（千人）	大專及以上百分比（%）
總計	11,418	1,548	13.56	3,548	31.07	6,322	55.37
農林漁牧業	530	294	55.47	164	30.94	71	13.40
工業	4,042	629	15.56	1,426	35.28	1,987	49.16
服務業	6,846	624	9.11	1,958	28.60	4,264	62.28
G批發及零售業	1,850	204	11.03	658	35.57	988	53.41
H運輸及倉儲業	475	51	10.74	204	42.95	220	46.32
I住宿及餐飲業	843	142	16.84	376	44.60	325	38.55
J出版、影音製作、傳播及資通訊服務業	270	1	0.37	19	7.04	249	92.22
K金融及保險業	430	2	0.47	53	12.33	375	87.21
L不動產業	104	3	2.88	31	29.81	70	67.31
M專業、科學及技術服務業	390	3	0.77	45	11.54	343	87.95
N支援服務業	295	61	20.68	121	41.02	113	38.31
O公共行政及國防；強制性社會安全	373	13	3.49	48	12.87	312	83.65
P教育業	638	11	1.72	47	7.37	580	90.91
Q醫療保健及社會工作服務業	505	16	3.17	66	13.07	423	83.76
R藝術、娛樂及休閒服務業	114	12	10.53	34	29.82	68	59.65
S其他服務業	559	106	18.96	256	45.80	197	35.24

資料來源：行政院主計總處，2023c，《111年人力資源調查統計年報》。
說　　明：工業包含礦業及土石採取業、製造業、電力及燃氣供應業、用水供應業與營造業。

（3）「大專及以上」就業人口投入較多的行業：「批發及零售業」、「教育業」、「醫療保健及社會工作服務業」、「金融及保險業」

「批發及零售業」為投入最多的就業人口，有98.8萬人，其次為「教育業」、「醫療保健及社會工作服務業」以及「金融及保險業」，分別有58.0萬人、42.3萬人，37.5萬人。在此教育程度中，僅「藝術、娛樂及休閒服務業」及「不動產業」的就業人數未達10萬人，此結果也與上年度相同。從以上分析中可以發現，「批發及零售業」不管是從性別、年齡或教育程度來看，皆占最多的就業人口，顯示「批發及零售業」人力需求量大，在就業方面居重要地位。

（三）服務業薪資結構

依據行政院主計總處之統計資料，2022年服務業每月平均經常性薪資達45,976元（如表2-18所示），超過上年度的44,802元，成長率為2.62%。從下表可觀察到「金融及保險業」的經常性薪資在服務業中最高，達65,598元，其次為「出版、影音製作、傳播及資通訊服務業」，達64,035元，再其次為「專業、科學及技術服務業」的56,177元；而經常性薪資高於4萬元的產業還有「醫療保健服務業」、「運輸及倉儲業」、「不動產業」及「批發及零售業」。「教育業」之經常性薪資為29,213元，未滿3萬元。若將2021年與2022年相比，各項服務業的經常性薪資都有成長，其中以「其他服務業」成長幅度最大，達6%；「住宿及餐飲業」、「教育業」、「運輸及倉儲業」、「專業、科學及技術服務業」、「醫療保健及社會工作服務業」、「出版、影音製作、傳播及資通訊服務業」以及「藝術、娛樂及休閒服務業」等成長幅度均超過服務業平均成長；而「批發及零售業」、「支援服務業」、「金融及保險業」及「不動產業」等經常薪資成長低於整體服務業平均水準。

「教育業」為服務業中最低薪資者，其經常性薪資為29,213元，非經常性薪資為3,023元，而平均經常性薪資較2021年成長4.10%，非經常性薪資則是減少9.11%。然而依據行政院主計總處之統計資料顯示，「教育業」有90.91%就業人口的教育程度為大專以上，這些資料說明教育服務業的內涵、結構及問題仍須進一步研究了解。

四、服務業研發經費比較

我國服務業包含政府與民間投入的研發經費，雖歷年來比例皆不到製造業的一半，但每年皆有成長，加上近幾年政府大力推展服務業的科技化，復以近年來智慧型手機日趨普遍，行動App興起，數位支付應用更加普及，線上線下整合（On-line To Off-line, O2O）營運模式受到重視，因此服務業各行業業主在研發方面相當重視，投入也相當積極，此將有利於我國服務業的創新及持續發展。

表2-18 我國各業平均經常薪資與非經常薪資（2021-2022年）

單位：元新臺幣；%

年度	2021年		2022年		2021年與2022年相較（%）	
產業別	經常性薪資（元）	非經常性薪資（元）	經常性薪資（元）	非經常性薪資（元）	經常性薪資	非經常性薪資
工業及服務業	43,209	12,583	44,416	13,312	2.79	5.79
工業部門	41,003	15,295	42,252	16,720	3.05	9.32
服務業部門	44,802	10,626	45,976	10,856	2.62	2.16
G批發及零售業	41,965	9,483	43,022	9,016	2.52	-4.92
H運輸及倉儲業	45,359	12,220	46,995	15,237	3.61	24.69
I住宿及餐飲業	32,140	2,893	33,638	2,461	4.66	-14.93
J出版、影音製作、傳播及資通訊服務業	62,119	13,469	64,035	15,107	3.08	12.16
K金融及保險業	65,356	33,519	65,598	34,792	0.37	3.80
L不動產業	43,235	14,095	43,392	13,808	0.36	-2.04
M專業、科學及技術服務業	54,386	11,092	56,177	11,551	3.29	4.14
N支援服務業	34,574	3,588	35,057	3,471	1.40	-3.26
P教育業	28,063	3,326	29,213	3,023	4.10	-9.11
Q醫療保健及社會工作服務業	53,505	10,515	55,223	11,320	3.21	7.66
R藝術、娛樂及休閒服務業	36,643	2,007	37,738	2,148	2.99	7.03
S其他服務業	32,151	3,860	34,080	3,485	6.00	-9.72

資料來源：行政院主計總處薪情平臺，「薪資及生產力統計資料」，2021-2022。

說　明：1. 工業包含礦業及土石採取業、製造業、電力及燃氣供應業、用水供應業與營造業。

2. 本項統計涵蓋範圍自2009年1月起新增「教育業（僅含教育輔助及其他教育業）」，自2019年1月起新增「研究發展服務業」、「學前教育」及「社會工作服務業」。

3. 本表不含「O公共行政及國防；強制性社會安全」之統計資料。

在研發經費方面，由於資料取得之限制僅更新至2021年；在研發經費上，從表2-19可以看到，「出版、影音製作、傳播及資通訊業」的研發經費投入最高，高達20,185百萬元，其次是「專業、科學及技術服務業」的10,810百萬元，至於「批發及零售業」、「金融及保險業」以及「醫療保健及社會工作服務業」，也分別有6,956百萬元、5,787百萬元以及4,749百萬元的研發經費投入；此外，「住宿及餐飲業」及「不動產業」的研發經費投入分別僅48百萬元、164百萬元。就研發經費投入2020年到2021年的成長率來看，最高者為「不動產業」達70.83%，其次為「批發及零售業」的28.86%，再其次為「其他行業」的25.78%、「金融及保險業」的15.35%、「出版、影音製作、傳播及資通訊業」的11.96%、「運輸及倉儲業」的11.08%、「專業、科學及技術服務業」的6.41%、「醫療保健及社會工作服務業」的4.83%；而「住宿及餐飲業」則衰退14.29%。

表2-19 我國服務業歷年研發經費（2016-2021年）

單位：百萬元新臺幣；%

研發經費 / 產業別	2016年 研發經費	2017年 研發經費	2018年 研發經費	2019年 研發經費	2020年 研發經費	2021年 研發經費	2020年與2021年 相較（%）
G批發及零售業	2,044	4,106	4,543	4,556	5,398	6,956	28.86
H運輸及倉儲業	339	485	409	377	415	461	11.08
I住宿及餐飲業	18	52	62	60	56	48	-14.29
J出版、影音製作、傳播及資通訊業	17,033	14,669	16,078	16,987	18,029	20,185	11.96
K金融及保險業	3,379	3,880	4,147	4,640	5,017	5,787	15.35
L不動產業	39	92	88	93	96	164	70.83
M專業、科學及技術服務業	7,439	9,594	10,056	9,404	10,159	10,810	6.41
Q醫療保健及社會工作服務業	3,545	4,191	4,323	4,308	4,530	4,749	4.83
其他行業	186	257	320	347	353	444	25.78

資料來源：國家科學及技術委員會，2023，《全國科技動態調查－科學技術統計要覽》。
說　　明：其他行業包括支援服務業、教育業、藝術、娛樂及休閒服務業、其他服務業等。

第四節 商業服務業發展趨勢

我國商業服務業者多屬中小企業，因資源有限，相當容易受到國際情勢與大環境的影響。前幾年因為受到COVID-19疫情影響，使得內需型服務業受到很大的衝擊；再加上2022年初開打的俄烏戰爭影響，使得國際經濟產生波動，連帶影響我國企業獲利、進而影響我國內需市場與消費。不過自2022年中之後，因為疫情逐漸受到控制、各國逐漸開放國境，內需型服務業開始逐漸復甦。在國內產業環境上，過去實體零售業者面臨無店面零售業者的強烈競爭，不過最近很多實體零售業的業者開始強化帶給消費者體驗、也透過社群強化與消費者互動與連結，開始對於無店面零售業者產生競爭的壓力。總體而言，過去因為疫情影響而導致國內消費縮手、外國旅客無法來臺觀光與消費等不利的影響，逐步減緩。所以，2022年我國服務業整體或個別細項產業的發展與經營概況（見本章第二、三節），所呈現的指標大多數都有所改善。不過，這些指標的改善僅是疫後的短暫反彈？還是長期發展的啟動？在面對國內外不確定因素仍高的當下，我國商業服務業者仍應持續提高警覺、積極應對。

從近年外在環境的變化，如疫情的緩解、缺工的問題與ESG的潮流，就可以觀察出我國商業服務業未來發展的趨勢：

一、COVID-19疫情後解封新商機

2020年初，全球爆發COVID-19疫情，導致各國實施封鎖措施，使得傳統產業受到嚴重影響。然而，隨著疫苗的逐漸普及和疫情的趨緩，各國紛紛開始進行解封，恢復經濟活動。這也意味著疫情後的未來將帶來新的商機，對各行各業都將產生深遠的影響。

例如，疫情解封後，旅遊業有望迎來新的發展機會。在疫情期間，由於封鎖和旅行限制，全球旅遊業受到了嚴重衝擊。然而，隨著疫苗的普及和旅遊限制的解除，人們將重新開始踏上旅遊之旅。對於旅遊業而言，這是一個很好的機會來吸引更多的遊客，開發新的旅遊目的地，推出特色旅遊產品，以滿足人們對旅遊的渴望。

此外，疫情後的未來也將帶來醫療和健康產業的新商機。在疫情期間，人們對於健康和醫療的關注程度大大增加，這使得健康產業迎來了新的機會。隨著疫情的結束，人們對於健康保健和醫療服務的需求將持續成長，對於醫療和健康產業而言，這是擴大市場的良機，可以推出更多創新的健康產品和服務，提高人們的健康水準。

而COVID-19疫情後對商業服務業中的零售業與餐飲業可能引發的新商機，本章分述如下。

（一）零售業

首先，疫情後的零售業勢必更加朝向數位轉型發展。在疫情期間，消費者為了避免外出購物而增加感染風險，更多地選擇了網路購物。這促使許多零售商紛紛推出網上購物平臺，提供更多便捷的線上購物服務。隨著疫情的解除，消費者的網購習慣預期將會繼續保持，這將促使零售業加速推動數位化轉型，提高線上線下的融合度，提供更完善的網路購物體驗。

其次，疫情後的零售業將加速智慧化發展。在疫情期間，許多零售商開始導入人工智慧（Artificial Intelligence, AI）和大數據技術，提高商品的智慧化管理和營銷策略的準確性。隨著疫情的結束，智慧化技術將在零售業中得到更廣泛的應用，提高商品陳列和推廣的效率，並提供更個性化的消費體驗，吸引更多的消費者。

再者，疫情後的零售業預期將會有更多創新和多元化的發展。在疫情期間，許多零售商不得不面對客流減少以及營收減少的挑戰，開始轉型創新，推出線上促銷、限時優惠、會員福利等活動，以吸引更多的消費者。這種創新和多元化的發展模式將繼續在疫情後得到延續，成為零售業持續發展的新趨勢。

最後，疫情後的零售業將朝向環境友善和永續發展。在疫情期間，消費者更加關注環境友善和永續發展，對於環境友善產品和服務的需求逐漸增加。因此，零售業將會看到更多的環境友善產品和綠色服務出現在市場上，並加強環保措施和永續發展的實踐，以滿足消費者對於綠色消費的需求。

（二）餐飲業

疫情後將加速餐飲業的數位化轉型。在疫情期間，消費者為了避免接觸，更多地選擇了外帶和外賣服務。這促使許多餐廳加速推出網上點餐、外送服務以及自助點餐等數位化服務，以提供更便捷的餐飲體驗。這種數位化轉型不僅提高了餐廳的效率，也滿足了消費者對於更快速、更便利服務的需求。

再者，疫情後的餐飲業將帶動另一波健康飲食的趨勢。疫情期間，人們更加重視健康和免疫力，對於健康飲食的需求大幅增加。因此，餐飲業將會看到更多的健康食品和有機食材出現在菜單上，以滿足消費者對於健康飲食的需求。同時，餐廳也將更注重食品安全和衛生措施，為消費者提供更安心的用餐環境。

此外，疫情後的餐飲業勢必更朝向創新和多元化發展。在疫情期間，餐廳不得不面對客流減少和收入下降的挑戰，許多餐廳開始轉型創新，推出線上烹飪課程、外送甜點、限時促銷等活動，以吸引更多的消費者。這種創新和多元化的發展模式將會繼續在疫情後得到延續，並成為餐飲業持續發展的新趨勢。

最後，疫情後的餐飲業將更加強化社交體驗。在疫情期間，人們渴望和家人朋友重聚，這將促使餐飲業加強社交體驗，提供更舒適的用餐環境，並推出更多的聚會活動和主題餐飲體驗，以滿足人們對於社交和聚會的需求。

總的來說，疫情將帶來新的商機，對各行各業都將產生深遠的影響。業者需要把握這些商機，創新和多元化發展，適應新的經濟情勢與環境，以把握疫情後的發展機會。

二、面對人力的競逐，服務業必須有更創新的思維

近來我國服務業出現嚴重的缺工問題，引起了社會各界的高度關注。這個問題不僅對企業的營運造成困擾，也對消費者的服務體驗帶來了不利影響。尤其我國近年來的失業率持續維持在相對低的水平，這一現象反映了我國經濟的活力和就業市場的相對穩定。然而，企業反應找不到人的問題卻出現在這樣的環境中，似乎出現了一種莫名的矛盾（詳見圖2-1）。

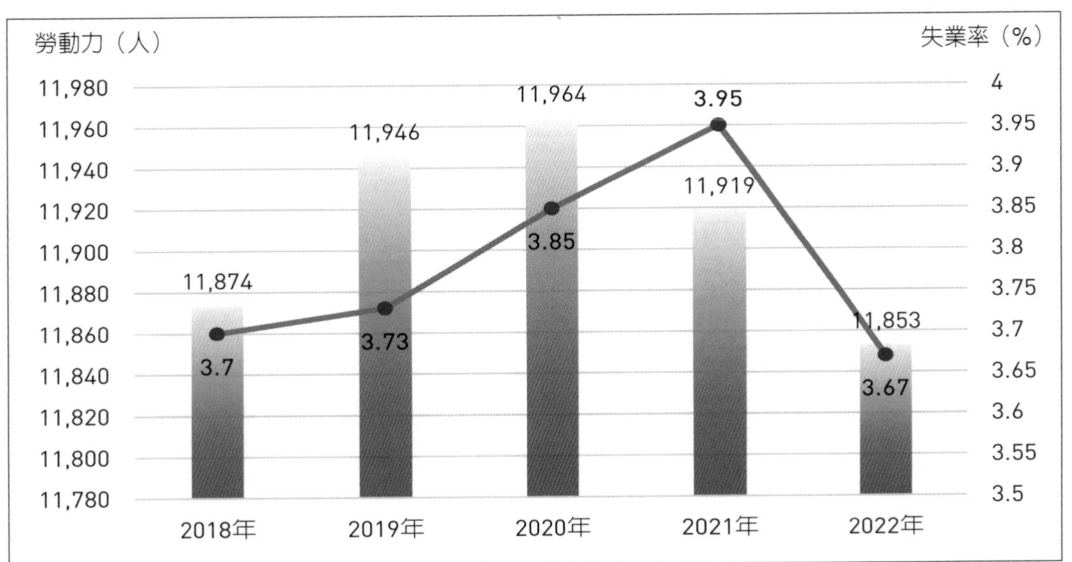

資料來源：行政院主計總處就業及失業統計資料查詢系統，「統計項查詢-更多資料查詢」，取自https://manpower.dgbas.gov.tw/dgbas_community/Statics_Inquire/MoreInquire
資料擷取：2023年7月

圖2-1　勞動與失業率（2018-2022年）

產生這樣情形的原因可能很複雜。首先，近年來我國的勞動力逐漸減少，直接影響就是業者會越來越應徵不到足夠的人力。目前我國已經是高齡化社會，而且因為生育率持續降低，近3年已經達到「生不如死」——出生率低於死亡率的現象。國家發展委員會預測2025年我國將成為超高齡化社會，因此，在可預見的未來，勞動力將會越來越不足，業者應徵不到足夠人力的情況勢必會更加險峻。

此外，隨著我國經濟快速發展，科技產業已然成為人力資源的吸口，不斷競相吸納最優秀的人力。科技產業的快速發展和高薪待遇吸引了大量的年輕人進入，許多年

輕人的就業選擇因此更加多元化，但也導致服務業面臨嚴重的人力荒。這種情況，反映了我國經濟結構的轉變，也凸顯出科技產業的優勢地位。

再者，在競爭激烈的市場環境下，部分企業恐因過度追求利潤最大化，將員工當成「成本」，忽視了員工的工作環境和福利待遇，進而引發了員工流失的問題。而一旦員工流失，企業反倒需要耗費更多的成本和時間來招募和培訓新人，進一步加劇了缺工問題。尤其目前年輕人對於就業的期待已經不同以往，工作是否有趣？工作時間與地點是否有彈性？福利是否多元？已經是超過薪資水準，成為年輕人選擇就業重要的考慮因素。若雇主對於這樣的發展態勢不夠了解，那麼無法應徵到適當的人力與人才就可能會成為長期現象。

面對服務業缺工的議題，可能的解方有下列3點。

（一）強化數位化

透過科技和數位平臺的應用，提高勞動力市場的效率，吸引更多人投身服務業，並改善工作環境。以下是幾種可能的做法。

1. 遠程工作和靈活排班

透過數位科技，提供遠程工作的機會，讓員工能夠更靈活地選擇工作地點和工作時間，減少通勤時間和成本。同時，也能利用排班系統，根據需求和員工的可用性，更合理地安排工作班次。

2. 數位化培訓和技能提升

建立線上學習平臺，提供與服務業相關的職業培訓課程。這將有助於提升求職者的技能，使他們更適合從事高技能的服務業工作，同時也能提高他們的就業機會和薪資水準。

3. 運用人工智慧和自動化技術

在服務業中引入人工智慧和自動化技術，能夠減少人力需求，同時提高工作效率。例如，在餐廳業可以使用自助點餐系統，減少人員需求；在酒店業可以利用機器人來協助客戶服務等。

4. 客戶互動平臺和線上服務

建立一個方便的客戶互動平臺，讓客戶可以在線上進行預訂、查詢、投訴等操作，減少實體店面的人力需求。

5. 運用數據分析和預測模型

利用數據分析和預測模型，可以更準確地預測需求高峰和低谷，幫助企業更合理地安排人力資源，避免浪費和不足。

（二）運用中高齡就業者

根據國際經驗，將中高齡就業者納入解決服務業缺工問題的方案是一個具有潛力的策略，但同時也需要謹慎考慮，以確保這些做法能夠在實施過程中達到預期效果，同時兼顧中高齡就業者的需求和福祉。以下是一些需要注意的事項。

1. 尊重專業技能和健康狀況

中高齡就業者可能擁有豐富的專業技能和經驗，這些資源在服務業中可能非常有價值。然而，必須尊重他們的健康狀況和能力，確保所提供的工作不會對他們的身體和心理健康造成負面影響。

2. 創造友善的工作環境

為中高齡就業者提供友善的工作環境非常重要。這可能包括適當的工作時間、合理的工作強度，以及符合他們需求的設施，例如更適合中高齡就業者的工作臺設計、工作流程與休息區等。

3. 適應性培訓和支援

中高齡就業者可能需要一些適應性培訓，以適應新的工作環境和技能需求。提供適當的培訓和支援，有助於他們更好地融入服務業。

4. 提供適當的薪酬和福利

中高齡就業者投入勞動力市場，除了追求社交和活動外，通常也需要一定的經濟回報。確保他們的工資合理，並提供適當的福利，以滿足他們的生活需求。

5. 防止年齡歧視

確保在招聘和僱用過程中不出現年齡歧視。中高齡就業者也應該有平等的機會參與各種工作機會。

6. 社交支持和活動

為中高齡就業者提供社交支持和相關活動，有助於提高他們的工作滿意度和幸福感。這有助於保持他們的積極性和參與度。

7. 合理規劃退休和工作時間

中高齡就業者可能需要更靈活的工作時間，以便與他們的退休生活相結合。這可能包括短期契約工作、臨時工作或靈活的排班等。

（三）調整工作待遇和福利

調整工作待遇和福利是提升年輕人就業意願的關鍵策略之一。年輕人對於工作的期望和價值觀可能與過去有所不同，因此需要針對這些變化來調整，以更好地吸引他們參與勞動力市場。以下是一些可能的做法。

1. 提高薪資水準

高起薪是年輕人參與工作的重要動力之一。根據市場需求和相關行業情況，企業可以考慮調高起薪，吸引年輕人加入。此外，建立薪資晉升通道，讓年輕人看到未來的發展前景，也能提高他們的工作意願。

2. 靈活的工作安排

年輕人通常更傾向於靈活的工作安排，如遠程工作、彈性工作時間等。提供這些選擇可以幫助他們更好地平衡工作和生活，提高他們的工作滿意度。

3. 職業發展機會

年輕人往往關心職業發展和成長的機會。提供培訓計畫、專業發展課程和內部晉升機會，能夠滿足他們對個人成長的渴望，同時也增加他們在企業內的長期參與意願。

4. 提高多元的福利

提供吸引人的福利，如醫療保險、退休計畫、休假福利等，能夠提高年輕人對工作的價值感。此外，對於特定行業，也可以考慮提供額外的特殊福利，如餐飲業的餐飲優惠或旅遊業的旅遊福利等。

5. 創新的工作環境

創造一個創新、開放和具有活力的工作環境，能夠吸引年輕人對於新事物的興趣。引入現代科技、綠色環保概念等，有助於提高工作的吸引力。

6. 平衡工作與社交

年輕人重視工作與社交的平衡。建立企業文化，支持社交活動、團隊建設和工作之間的平衡，可以提高他們對工作的投入。

7. 多元文化和包容性

創造一個多元文化和包容性的工作環境，能夠吸引更多年輕人參與。這包括尊重不同背景和價值觀，並提供平等的機會。

綜上所述，數位化在解決服務業缺工問題方面，不僅可以提高效率，降低成本，同時也能夠創造更多就業機會，吸引更多人投身服務業。而運用中高齡勞動力必須確保他們的參與是基於尊重和兼顧他們的需求，在實施這些策略時，與中高齡就業者密切合作，確保他們的意見被充分考慮，有助於取得更好的效果。調整工作待遇和福利是提高年輕人就業意願的重要策略之一。不過在實施上述做法時，需要考慮到特定的背景和需求，並與年輕人保持良好的溝通，了解他們的期望和關注，有助於更有效地制定相應的政策和措施。

另外，企業應該重新思考自己的管理模式，從「成本」思維轉變為「價值」思維，將員工視為企業的重要資產，提供良好的工作環境和福利待遇，吸引和留住優秀的員工，減少缺工問題的發生。

三、因為ESG浪潮，業者與消費者越來越重視綠色及永續

ESG是環境（Environmental）、社會（Social）、企業治理（Governance）的縮寫，

是一種衡量企業在環境、社會和治理方面績效的框架。這一概念強調企業不僅應該關注經濟績效，還應該關注對環境的影響、社會責任和有效的企業治理。ESG在金融和投資領域中日益受到關注，被視為評估企業可持續性和長期價值的一個重要指標。

具體來說，ESG的3個組成部分如下。

（一）環境（Environmental）

環境方面關注企業在其業務運營中對環境的影響，包括碳排放、能源使用、水資源管理、廢棄物處理等。這也涵蓋了企業是否有減少碳足跡、保護生態系統和生物多樣性等方面的努力。

（二）社會（Social）

社會方面關注企業對其員工、供應商、客戶、社區以及整個社會的影響。這可能包括勞工權益、多元性和包容性、人權、公平勞動條件、社會貢獻和慈善等。

（三）企業治理（Governance）

企業治理方面關注企業內部管理和運營的透明度、效能和誠信。這涉及股東權益保護、獨立董事結構、報告透明度、道德準則等。

ESG被視為綜合的績效評估架構，目的在幫助企業和投資者更全面地評估企業的長期價值和風險。許多投資者、金融機構和企業都開始關注ESG，並將其納入投資和業務決策中，以達到永續發展目標。

近年，由於全球面臨的氣候變遷挑戰和環保意識抬頭，推動著各個行業尋求永續發展的道路。其中，服務業作為經濟中重要的一環，也面臨著減少碳排放、實現淨零碳排的壓力與挑戰。

淨零碳排是指企業在其業務活動中所產生的碳排放量與消除或抵銷碳排放量之間達到平衡。這對於全球氣候變遷的控制至關重要，有助於減少溫室氣體的排放，減緩氣候變遷的影響。而在我國，服務業是重要的碳排放來源之一，因此達到淨零碳排不僅是一種責任，更是實現永續發展的關鍵。

我國的服務業在國內總碳排放中約占9%，主要來自辦公室能耗、交通運輸和供應鏈等。隨著經濟的成長，這些碳排放問題對環境、社會和企業形象帶來了挑戰。因此，服務業必須積極尋求解決方案，實現淨零碳排的目標。以下是服務業在追求淨零碳排時可以執行的策略。

策略一：提升能源效率和減少碳足跡。

為了實現淨零碳排，服務業可以從能源效率的角度入手。透過評估能源使用情況，尋找提高能源效率的方法，可以同時減少碳排放和能源成本。例如，在辦公室中推廣節能照明、優化設備使用，以及使用高效能辦公設備等，都可以降低能源消耗和碳排放。

策略二：導入數位科技。

數位科技在服務業中的應用也是降低碳排放的有效方法。遠程辦公、虛擬會議等數位工具不僅有助於減少通勤對環境的影響，還可以減少能源消耗。這些工具不僅提高了效率，同時也降低了碳排放。

策略三：強化綠色供應鏈管理。

服務業不僅要關注自身的碳排放，還需要推動整個供應鏈的永續發展。與供應商合作，要求他們也採取環保措施，可以減少碳排放和資源浪費。這不僅有助於改善供應鏈的可持續性，還可以為企業帶來更多商業價值。

策略四：發展綠色創新和新型服務。

綠色創新是實現淨零碳排的重要驅動力之一。服務業可以開發綠色與友善環境的新型服務，滿足消費者對環保的需求。例如，推出綠色旅遊服務、促進綠色交通選擇等，不僅可以減少碳排放，還可以創造新的商機。

而在商業服務業者因應未來減碳的趨勢，商業發展署（前身為商業司）也特地提出商業部門減碳路徑與做法，並提出4大面向、10項措施，以為業者依循及參考。這4大面向是：

1. 設備或操作行為改善

商業部門用能設備以照明、空調及冷凍冷藏設備為主，企業可規劃透過汰換老舊設備或操作行為管理，提高設備能源效率，以降低溫室氣體排放量。

（1）逐漸汰換老舊設備導入節能設備、優先採購具有節能標章或能源效率1級之產品，以提高設備能源效率。

（2）調整設備操作行為，如：室內冷氣溫度設定不低於26℃，於日常落實節能。

（3）導入能源管理系統，監管能源使用情況，以評估並調整能源使用狀況。

（4）視來客情形拉下展示櫃之保溫簾，以減少冷氣逸散。

2. 使用低碳能源

商業部門因使用供熱、運輸或緊急發電等設備，而有油類或氣類之能源需求，企業可規劃採用低碳燃料設備或再生能源（綠電），以降低燃料燃燒所產生之碳排放。

（1）於屋頂裝設太陽能板，以提高再生能源使用量。

（2）於現有或新建之停車場規劃建置公共充電樁，以提升消費者或員工使用電動車之意願。

（3）逐步將公務用車（如：接駁車、外送車等），由燃油車汰換為電動車。

（4）飯店、醫院、學校等有供熱需求之單位，可逐步將燃油鍋爐更換為燃氣鍋爐或熱泵。

3. 商業模式低碳轉型

為協助企業全面減碳，將從日常經營模式著手，於企業端部分，協助導入智慧科技（如AI、IoT）及運用數據分析，以調整經營管理決策或服務提供模式，並藉由示範案例之建立，促使同業效仿。於消費端部分，則透過回饋機制推動，培養消費者綠色消費之習慣，透過需求帶動供給之轉變，促成產業更願意提供或生產綠色商品。

（1）零售業業者：透過智慧科技之運用，如：以大數據分析客流量及消費行為等方式，以調整門市營業決策。

（2）餐飲業業者：可多選擇在地食材，以減少食材長程運送所產生之碳排放，並設計低碳菜單，提供消費者更減碳之選擇。

（3）物流業業者：導入智能揀貨、智能運算，以提高工作效率並優化配送路線，減少燃料使用。

4. 綠建築

綠建築為國際減量之趨勢，預期未來政府將要求新建建築須符合建築物節約能源相關標準，並逐步擴展至既有建築。因此，在綠建築方面業者可以努力的方向有：

（1）加強外牆隔熱，如：使用隔熱建材、外牆種植樹木或爬藤植物，以降低建築物內溫度，減少空調負擔。

（2）選擇具有綠建築標章之場域作為營業據點。

（3）積極響應政府綠建築之相關規範，取得綠建築標章。

除了上述提到的4大面向與10項措施外，經濟部為了能實質協助業者進行設備汰換，特別推動「經濟部商業服務業節能設備汰換補助」及「經濟部商業服務業系統節能專案補助」，並於2023年3月1日起開放申請。補助方案適用對象包括商業部門所有服務業業別，包含批發零售、住宿餐飲及商業服務業等，另如醫事機構、托嬰中心、長照機構、短期補習班、私立幼兒園、休閒農場、駕訓班及庇護工廠等事業類型也納入方案補助範圍。

本次補助方案包括「節能設備汰換補助」及「系統節能專案補助」兩大類，企業可依需求擇一申請。其中「節能設備汰換」補助包含空調設備及照明設備二項，空調設備需汰換為1級能效產品，每冷房能力（kW）補助2,500元，每臺補助上限為3.5萬元，每家最高補助20萬元；而照明設備須汰換為節能標章LED燈具，每具補助50%，並以500元為上限，每家最多補助5萬元。

「系統節能專案」補助對象為契約用電容量一百瓩以上之服務業者，透過能源監管系統整合相關節能設備進行系統改善，其節能率須達10%以上。系統節能專案補助1/3金額，補助上限500萬元。為協助業者執行專案，經審查核准補助者，需與能源技術服務業者簽訂採購契約，確實完成改善前後基準線量測。

為協助商業服務業業者能夠順利提案並獲得補助，經濟部也邀集中華民國能源技術服務商業同業公會（ESCO公會）、台灣能源技術服務產業發展協會（ESCO協會）、中華民國電器商業同業公會全國聯合會等公協會，希望結合專業節能設備商及能源技術服務業者，共同協助商業服務業者進行節能工作。

在服務業者積極對應淨零碳排趨勢的同時，消費者也因全球氣候變遷、生態環境破壞等問題的日益突出，加深了對於環境議題的關注。越來越多的消費者開始認識到個人消費行為對環境造成的影響，因此更傾向選擇環保友好的產品和服務。尤其前幾年COVID-19疫情的發展，使得消費者更加關注自己和家人的健康，因此會更傾向購買不含有害化學物質或有害成分的綠色產品。

此外，越來越多的企業開始推出綠色產品和服務，從食品到衣物、從能源到交通選擇。這擴大了消費者在綠色市場中的選擇，從而鼓勵了更多的綠色消費。

根據資誠聯合會計師事務所（PricewaterhouseCoopers, PwC）在2023年所做的《全球消費者洞察報告》，大多數的消費者支持永續發展，並且願意為此多付出費用。在2023年2月的調查中，超過70%的受訪者表示，他們願意「在一定程度上或很大程度上」為永續生產的商品支付更多費用。這是一個正面發展的趨勢。PwC在2023年6月的調查進行了更深入的研究，詢問消費者他們願意為各種不同商品支付比平均價格高多少的價格，例如本地生產的食品、碳足跡較低的產品。

總體而言，80%的消費者表示他們願意支付更多費用：超過40%的消費者表示他們願意支付高於平均水平10%的費用，10%的消費者表示他們願意支付高達30%的費用，近7%的消費者表示他們願意支付更高的費用。千禧世代和Z世代多擁護社會意識和環境正義，他們最願意為了永續發展而增加支出（見下表2-20）。

在全球氣候變遷的背景下，我國服務業必須積極尋求實現淨零碳排的方法，為環保做出積極的貢獻。透過提高能源效率、數位科技的應用、綠色供應鏈管理，以及推動綠色創新和新型服務等。雖然在實現淨零碳排的過程中，服務業也會面臨一些挑戰；成本、技術限制等都可能成為阻礙。但是因為消費者越來越重視綠色消費，這會使他們在購物時考慮企業的社會責任和環保承諾，並支持那些積極參與環境保護的品牌。這種趨勢有助於促進綠色產業的發展，並鼓勵企業更加重視推動環境永續性的各項作為。

表2-20 面對產品類型願意額外支付費用的比率

單位：%

產品類型	願意額外支付費用的比率		
	5%以下	6-10%	10%以上
本地生產的商品	80	55	33
採用回收／永續與環境友善的原料	78	53	32
比較短的生產鏈與碳足跡產品	75	50	30
可溯源的商品	75	51	30
可被生物分解的商品	75	50	31
該公司支持道德的訴求（如人權等）	75	53	32

資料來源：PwC, 2023, "Global Consumer Insights Pulse Survey."

第五節 結語與建議

不論從服務業生產已占GDP的60.85%，或是從我國服務業就業人口數為684.6萬人，占總就業人數的60%，都可以發現服務業在我國經濟成長與就業所扮演的角色相當重要。

2022年我國服務業對外貿易總額達1,034.45億美元，較2021年增加12.98%。雖說服務業出口與進口同步增加，但由於服務業出口增加的幅度較進口更大，因此2022年服務業貿易出超持續增加至128.93億美元，較前1年增加的3.74%。

2022年全體產業產值勞動生產力指數為127.86，是自2016年後之最高點。而2022年服務業產值勞動生產力指數為121.15，亦是近7年新高。在每工時產出方面，2022年全體產業的每工時產出為853.71元，亦較上年度之835.37元有所提升；至於服務業部分，2022年為765.93元，較上年度之751.74元增加。若以服務業次產業觀之，除了「金融及保險業」與「不動產業」每工時產出相較於2021年呈現衰退的狀況，其餘所有的次產業2022年的每工時產出相較於2021年均呈現成長的態勢。另外，2022年每工時產出金額最高為「金融及保險業」的1,674.27元。以每位就業者產出來看，服務業部分，2022年為127,195元，亦較2021年之123,740元增加。不過值得注意的是，因為2022年全球新冠疫情逐步受到控制、服務各細產業逐漸復甦的影響，除了「金融及保險業」每位就業者產出減少8,090元之外，其他細項產業每位就業者產出有一定幅度的成長。

在研發經費方面，雖歷年來比例皆不到製造業的一半，但每年皆有成長，加上近幾年政府大力推展服務業的科技化，復以近年來智慧型手機日趨普遍，行動App興起，數位支付應用更加普及，O2O營運模式受到重視，因此服務業各行業業主在研發方面相當重視，投入也相當積極，此將有利於我國服務業的創新及持續發展。

2020年初，全球爆發COVID-19疫情，導致各國實施封鎖措施，使得傳統產業受到嚴重影響。然而，隨著疫苗的逐漸普及和疫情的趨緩，各國紛紛開始進行解封，恢復經濟活動。這也意味著疫情後的未來將帶來新的商機，對各行各業都將產生深遠的影響。本文提出疫情解封後，旅遊業、醫療和健康產業、零售與餐飲業都可能觸發新一波發展的機會。尤其零售業將更加朝向數位轉型、智慧化發展，預期將會有更多創新和多元化的服務產生，並更加重視環境友善和永續發展。

在餐飲業方面，疫情後將加速餐飲業的數位化轉型，並將帶動另一波健康飲食的趨勢。此外，疫情後的餐飲業勢必更朝向創新和多元化發展模式，也會更加強化社交體驗，透過提供更舒適的用餐環境，並推出更多的聚會活動和主題餐飲體驗，以滿足人們對於社交和聚會的需求。

面對近來我國服務業出現嚴重的缺工問題，本章提出：（一）強化數位化：透過科技和數位平臺的應用，提高勞動力市場的效率，吸引更多人投身服務業，並改善工作環境；（二）運用中高齡就業者：根據國際經驗，將中高齡就業者納入解決服務業缺工問題的方案是一個具有潛力的策略，但同時也需要謹慎考慮，以確保這些做法能夠在實施過程中達到預期效果，同時兼顧中高齡就業者的需求和福祉；（三）調整工作待遇和福利：調整工作待遇和福利是提升年輕人就業意願的關鍵策略之一。年輕人對於工作的期望和價值觀可能與過去有所不同，因此需要針對這些變化來調整，以更好地吸引他們參與勞動力市場。

此外，本章提醒，利用數位科技解決服務業缺工問題，不僅可以提高效率、降低成本，同時也能夠創造更多就業機會，吸引更多人投身服務業。而運用中高齡勞動力必須確保他們的參與是基於尊重和兼顧他們的需求，在實施這些策略時，與中高齡就業者密切合作，確保他們的意見被充分考慮，有助於取得更好的效果。而調整工作待遇和福利是提高年輕人就業意願的重要策略之一，不過在實施上述做法時，需要考慮到特定的背景和需求，並與年輕人保持良好的溝通，了解他們的期望和關注，有助於更有效地制定相應的政策和措施。最後，企業應該重新思考自己的管理模式，從「成本」思維轉變為「價值」思維，將員工視為企業的重要資產，提供良好的工作環境和福利待遇，吸引和留住優秀的員工，減少缺工問題的發生。

近年，由於全球面臨的氣候變遷挑戰和環保意識抬頭，推動著各個行業尋求永續發展的道路。其中，服務業作為經濟中重要的一環，也面臨著減少碳排放、實現淨零碳排的壓力與挑戰。我國的服務業在國內總碳排放中約占9%，主要來自辦公室能耗、交通運輸和供應鏈等。隨著經濟的成長，這些碳排放問題對環境、社會和企業形象帶來了挑戰。因此，服務業必須積極尋求解決方案，實現淨零碳排的目標。本章提出提升能源效率和減少碳足跡、導入數位科技、強化綠色供應鏈管理以及發展綠色創新和新型服務等4項策略，也說明經濟部商業發展署（前身為商業司）所提出商業部門減碳路徑與做法，以作為服務業在追求淨零碳排時可以執行的策略。

在服務業者積極對應淨零碳排趨勢的同時，消費者也因全球氣候變遷、生態環境破壞等問題的日益突出，加深了對於環境議題的關注。越來越多的消費者開始認識到個人消費行為對環境造成的影響，因此更傾向進行綠色消費，並願意為了綠色商品與服務，多花更多的費用，以支持綠色產品與強調永續的企業。

在全球氣候變遷的背景下，我國服務業必須積極尋求實現淨零碳排的方法，為環保做出積極的貢獻。雖然在實現淨零碳排的過程中，服務業也會面臨一些挑戰；如成本、技術限制等都可能成為阻礙。但是因為消費者越來越重視綠色消費，這會使他們在購物時考慮企業的社會責任和環保承諾，並支持那些積極參與環境保護的品牌。這種趨勢有助於促進綠色產業的發展，並鼓勵企業更加重視推動環境永續性的各項作為。

Part 02

基礎資訊篇

Basic Information

批發業現況分析與發展趨勢

商研院商業發展與策略研究所　葉倖君 研究員

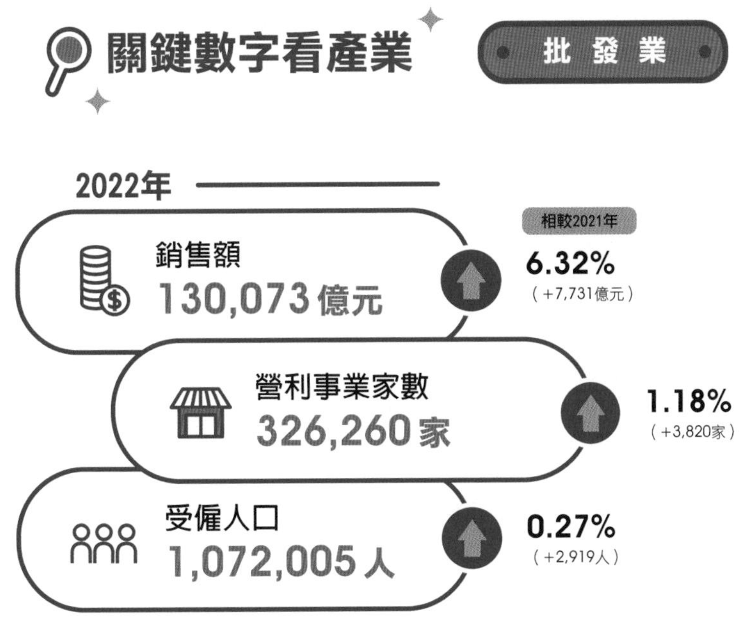

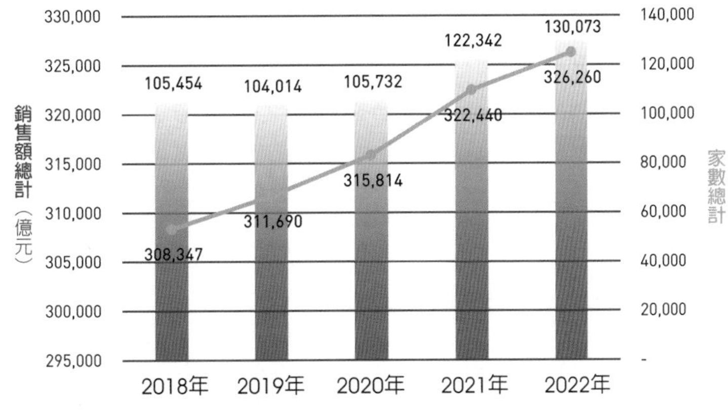

資料來源：整理自財政部財政統計資料庫，2018-2022。

說　　明：上述數據會產生部分計算偏誤係因四捨五入與資料長度取捨所致，但並不影響分析結果。

第一節 前言

批發業為商品供應鏈中生產者與零售者之間從事銷售的行業，主要從事商品的批售轉運或分類處理，其在現今商業活動中扮演許多重要角色，除了降低生產端與消費端間的交易成本、搜尋成本及媒合成本，同時也具備貨物集散、調節市場供需、商品重製加工、融通生產端與消費端資金需求、提供市場商品資訊等多元功能，為串聯生產端與消費端不可或缺的中介者。

批發業與零售業不同之處在於銷售對象。批發商（Business to Business, B2B）為供貨給下游生產或配銷業者；而零售商（Business to Consumer, B2C）則是直接銷售給消費者。

根據Research and Markets研究報告顯示，COVID-19的爆發使批發業面臨巨大的供應鏈挑戰，供應鏈因貿易限制而中斷，後續隨著疫後邊境解封，全球與國內經濟逐漸回復穩定成長，全球批發市場自2022年的45.67兆美元成長到2023年的48.82兆美元，成長6.90%，惟2022年俄烏戰爭破壞了疫後復甦的機會，導致供應鏈中斷及商品與服務通貨膨脹，短暫地影響全球市場。研究進一步預測，未來在新興市場經濟持續成長，帶動對於各項大宗物資的需求下，全球批發市場規模在2027年將突破61.53兆美元，年複合成長率達5.90%。

eMarketer的數據指出，「直接面對消費者」（Direct-to-Consumer, D2C）模式在美國2020年成長了45.50%，占零售電子商務的總銷售額14.00%。[1]Gartner調查發現83.00%的B2B買家偏好透過電子商務訂購及付款，意味著批發商逐漸朝向數位轉型升級，例如搜尋引擎優化（Search Engine Optimization, SEO）、人工智慧驅動之個人化。[2]此外，批發業經營最主要的挑戰為經營成本提高，而此問題可透過提高技術滲透率，採用自動化、物聯網、人工智慧、區塊鏈等技術應對。本章將針對上述趨勢蒐集國際標竿案例，以瞭解實務上的推動做法，作為國內批發服務業者轉型升級的參考建議。

本章內容安排如下：前言之後，第二節為我國批發業整體發展現況分析，透過統計數據的呈現，瞭解我國批發業經營現況，並發掘我國批發產業的經營問題；第三節為國際批發業發展情勢與展望，包括介紹美國、日本與中國大陸之批發業現況，並針對批發業創新經營案例進行討論；第四節為結論與建議，針對企業未來發展提供相關建議。

---

1 eMarketer, 2023, “US D2C Ecommerce Sales Growth for Digitally Native Brands vs. Established Brands, 2019-2025,” retrieved June 15, 2023, from https://www.insiderintelligence.com/chart/262116/us-d2c-ecommerce-sales-growth-digitally-native-brands-vs-established-brands-2019-2025-change

2 「直接面對消費者」（Direct-to-Consumer, D2C）即不經由批發商、零售商等中介者，製造商直接透過建立的官網管道販售予消費者，跳脫傳統批發分銷模式。

第二節　我國批發業發展現況分析

依據行政院主計總處於2021年1月所頒布之《行業統計分類（第11次修正）》，批發業之定義為「從事有形商品批發、仲介批發買賣或代理批發拍賣之行業，其銷售對象為機構或產業（如中盤批發商、零售商、工廠、公司行號、進出口商等）」。

一、批發業發展現況

（一）銷售額

根據財政部統計，我國2022年批發業營利事業銷售額為130,073億元，較2021年增加7,731億元，成長6.32%，主因為疫後邊境解封，全球與國內經濟逐漸復甦，有助於下游零售的需求提振，帶動批發業經營動能提升。然而，受到全球通膨、升息、終端消費動能走弱影響，2023年1-7月批發業銷售額相較於2022年同期衰退，為60,991億元，年增率為-6.18%（圖3-1、表3-1）。

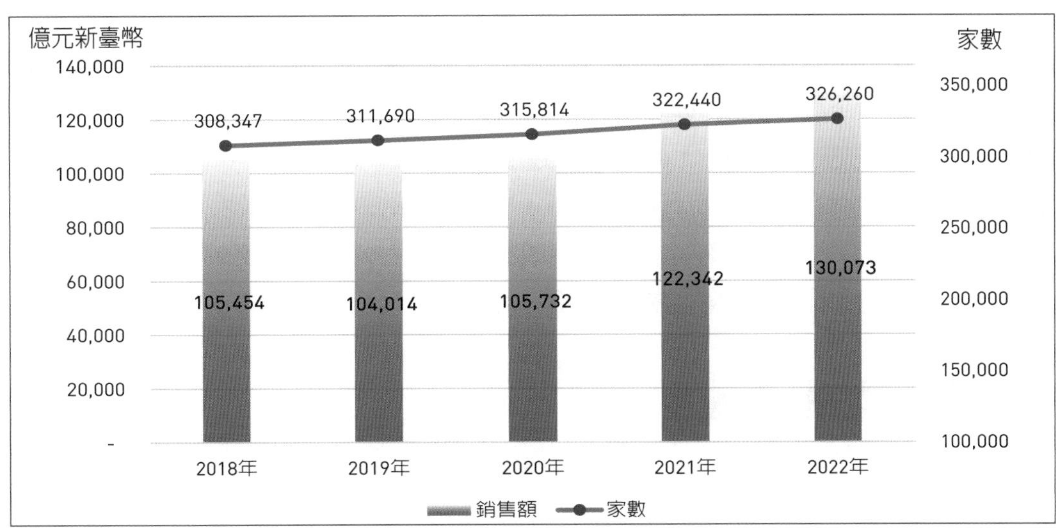

資料來源：整理自財政部財政統計資料庫，「營利事業家數及銷售額第8次修訂（6碼）及地區別」，2018-2022。
資料擷取：2023年6月
說　　明：上述數據會產生部分計算偏誤係因四捨五入與資料長度取捨所致，但並不影響分析結果。

圖3-1　批發業銷售額與營利事業家數趨勢（2018-2022年）

（二）營利事業家數

根據財政部統計，我國批發業近5年的營利事業家數持續成長，2022年批發業整體家數為326,260家，較2021年增加3,820家，年增率為1.18%，而2023年7月家數更是來到328,021家，與2022年同期相較，年增率為0.83%，顯示批發產業仍具發展潛力，持續吸引新的業者投入（圖3-1、表3-1）。

（三）受僱人數與薪資

在批發業受僱人數部分，根據行政院主計總處薪資及生產力統計資料顯示，我國批發業近5年受僱人數基本上呈現逐年增加的趨勢，2022年批發業受僱人數為1,072,005人，較2018年增加10,396人，年增率從2018年的1.06%下滑至2021年的0.05%，顯示增加趨勢有逐年縮減的情況，雖然2022年的年增率上升至0.27%，但因全球經濟前景的不確定影響猶存，2023年7月批發業受僱人數降為1,067,791人，相較於2022年同期減少，年增率為-0.34%。

整體批發業的平均總月薪近5年大致呈現逐年上升的趨勢，2022年為55,952元，較2018年的53,648元增加2,304元，2023年7月更是來到59,647元，相較於2022年同期成長，年增率為0.84%；不過因2021年5月本土疫情爆發，批發業之非經常性薪資減少，導致總薪資下滑，致使2021年的年增率較2020年減少2.19%。若再從男女性員工的總薪資來看，過去幾年批發業男性員工的總薪資年增率都高於女性員工，即使在2021年批發業男女性員工總薪資都下滑時，男性員工的減幅也小於女性，不過在2022年批發業男性員工的總薪資年增率仍為負成長，反而女性員工的總薪資年增率上升，減緩批發業的男女性員工總薪資差距呈現日益擴大的情況（表3-1）。

二、批發業之細業別發展現況

（一）銷售額

為進一步瞭解批發業銷售額變化情況，將批發業依據主計總處《行業統計分類》的定義區分為民生用品批發業與產業用品批發業。[3]其中，民生用品批發業主要以國內業者與消費者為銷售對象，而產業用品批發業則多以製造商為其主要銷售對象。

---

[3] 民生用品批發業包含：451商品批發經紀業、452綜合商品批發業、453農產原料及活動物批發業、454食品、飲料及菸草製品批發業、455布疋及服飾品批發業、456家用器具及用品批發業、457藥品、醫

表3-1　我國批發業銷售額、家數、受僱人數及每人每月總薪資統計（2018-2023年7月）

單位：億元新臺幣；家；人；%；元新臺幣

項目	年度	2018年	2019年	2020年	2021年	2022年	2023年7月
銷售額	總計（億元）	105,453.81	104,013.84	105,731.57	122,342.02	130,072.88	60,991.23
	年增率（%）	4.93	-1.37	1.65	15.71	6.32	-6.18
家數	總計（家）	308,347	311,690	315,814	322,440	326,260	328,021
	年增率（%）	1.31	1.08	1.32	2.10	1.18	0.83
受僱員工人數	總計（人）	1,061,609	1,067,680	1,068,579	1,069,086	1,072,005	1,067,791
	年增率（%）	1.06	0.57	0.08	0.05	0.27	-0.34
	男性（人）	475,470	481,285	484,041	482,594	484,750	485,134
	年增率（%）	0.71	1.22	0.57	-0.30	0.45	0.14
	女性（人）	586,139	586,395	584,538	586,492	587,255	582,657
	年增率（%）	1.34	0.04	-0.32	0.33	0.13	-0.73
每人每月總薪資	平均（元）	53,648	55,681	56,502	55,263	55,952	59,647
	年增率（%）	4.35	3.79	1.47	-2.19	1.25	0.84
	男性（元）	59,922	62,665	64,209	62,903	62,576	65,333
	年增率（%）	5.24	4.58	2.46	-2.03	-0.52	-2.49
	女性（元）	48,558	49,950	50,121	48,976	50,484	54,914
	年增率（%）	3.53	2.87	0.34	-2.28	3.08	4.27

資料來源：銷售額及家數整理自財政部財政統計資料庫「營利事業家數及銷售額第8次、第9次修訂（6碼）及地區別」；受僱員工人數及每人每月薪資整理自行政院主計總處「薪情平臺」，2018-2023。

資料擷取：2023年10月

說　　明：1. 上述表格數據會產生部分計算偏誤係因四捨五入與資料長度取捨所致，但並不影響分析結果。

2. 銷售額為2023年1-7月累計值；家數為2023年7月數值；受僱員工數與每人每月總薪資為2023年1-7月平均值；年增率則為各數值與去（2022）年同期相較。

根據財政部統計，民生用品批發業2022年總銷售額為54,125.79億元，較2021年成長7.48%；產業用品批發業2022年總銷售額則為75,947.09億元，年增率為5.50%。若再從民生用品批發業與產業用品批發業2022年的銷售額占比來看，民生用品批發業為41.61%，產業用品批發業則為58.39%，在過去5年產業用品批發業占6成，民生用品

療用品及化粧品批發業以及458文教育樂用品批發業；產業用品批發業則包含461建材批發業、462化學材料及其製品批發業、463燃料及相關產品批發業、464機械器具批發業、465汽機車及其零配件、用品批發業以及469其他專賣批發業。

表3-2 批發業細業別銷售額與年增率（2018-2023年7月）

單位：億元新臺幣；%

業別 ＼ 年度		2018年	2019年	2020年	2021年	2022年	2023年7月
民生用品批發業	銷售額（億元）	42,739.87	43,685.15	45,094.10	50,356.77	54,125.79	25,774.39
	年增率（%）	1.13	2.21	3.23	11.67	7.48	-2.42
	銷售額占比（%）	40.53	42.00	42.65	41.16	41.61	42.26
產業用品批發業	銷售額（億元）	62,713.94	60,328.69	60,637.47	71,985.26	75,947.09	35,216.84
	年增率（%）	7.70	-3.80	0.51	18.71	5.50	-8.75
	銷售額占比（%）	59.47	58.00	57.35	58.84	58.39	57.74

資料來源：整理自財政部財政統計資料庫「營利事業家數及銷售額第8次、第9次修訂（6碼）及地區別」，2018-2023。

資料擷取：2023年10月

說　　明：1. 上述統計數值可能會與過去年度數字有些許差異，係因主管機關進行數據校正所致。

2. 銷售額為2023年1-7月累計值；2023年7月年增率為與去（2022）年同期相較。

批發業則占4成，並無太大變動，顯示我國批發業主要以製造業供應鏈為對象的產業型態。然而，受到全球通膨、升息、終端消費需求疲弱等因素影響，2023年1-7月民生用品批發業、產業用品批發業之總銷售額，相較於2022年同期而言，數值皆呈現衰退的情形，分別為25,774.39億元、35,216.84億元，其年增率則分別為-2.42%、-8.75%（如表3-2）。

再從批發業的細業別來看，2022年銷售額規模最大的細業別為464機械器具批發業，銷售額為34,024.75億元，占總體批發業銷售額的26.16%，年增率為6.51%。其次依序為461建材批發業與454食品、飲料及菸草製品批發業，銷售額分別為17,437.17億元與16,225.12億元，各占總體批發業銷售額的13.41%與12.47%，年增率分別為1.49%與8.43%。上述3項業別之銷售額合計占我國整體批發業銷售額之52.04%，顯示此3項產業興衰與我國批發業整體發展息息相關。至於批發業其他細業別部分，銷售規模大多未達兆元，且占整體批發業銷售額比重也都未達10%。整體而言，2022年批發業細業別銷售額大多呈現正成長之態勢，主因為全球經貿持續成長，新興科技應用需求暢旺、新品備貨效應、原物料上漲等因素，使得國際和國內需求均告增加，也帶動批發業各細業別之成長，以463燃料及相關產品批發業與457藥品、醫療用品及化粧品批發業年增率最多，分別為34.28%與18.95%（如表3-3）。

表3-3 批發業細業別之銷售額、年增率與銷售額占比（2022年）

單位：億元新臺幣；%

細業別＼項目	銷售額（億元）	年增率（%）	銷售額占比（%）
批發業總計	**130,072.88**	**6.32**	**100.00**
451商品批發經紀業	10,221.38	9.41	7.86
452綜合商品批發業	3,914.09	-9.43	3.01
453農產原料及活動物批發業	1,805.58	-1.58	1.39
454食品、飲料及菸草製品批發業	16,225.12	8.43	12.47
455布疋及服飾品批發業	4,759.02	8.11	3.66
456家用器具及用品批發業	8,773.90	8.02	6.75
457藥品、醫療用品及化粧品批發業	5,880.46	18.95	4.52
458文教育樂用品批發業	2,546.25	4.95	1.96
461建材批發業	17,437.17	1.49	13.41
462化學原材料及其製品批發業	8,132.24	1.36	6.25
463燃料及相關產品批發業	3,381.89	34.28	2.60
464機械器具批發業	34,024.75	6.51	26.16
465汽機車及其零配件、用品批發業	8,458.84	6.69	6.50
469其他專賣批發業	4,512.21	2.82	3.47

資料來源：整理自財政部財政統計資料庫「營利事業家數及銷售額第8次修訂（6碼）及地區別」，2022。
資料擷取：2023年6月
說　　明：上述表格數據會產生部分計算偏誤，係因四捨五入與資料長度取捨所致，但並不影響分析結果。

（二）營利事業家數

根據財政部統計（如表3-4），民生用品批發業2022年營利事業家數為158,044家，產業用品批發業則有168,216家，分別較2021年成長1.30%與1.08%。若觀察2023年7月批發業細項產業之家數，民生用品批發業、產業用品批發業分別為159,339家、168,682家，相較於2022年同期均有成長，其年增率則分別為1.14%、0.54%。從近5年數據來看，不論民生用品或產業用品批發業，營利事業家數都呈現逐年遞增趨勢，顯示我國批發業市場有利可圖，進而持續吸引新的廠商加入經營。

2022年民生用品批發業之銷售額占比41.61%、產業用品批發業占比58.39%；而家數部分，民生用品批發業占比為48.44%、產業用品批發業占比為51.56%。家數及銷售額皆為產業用品批發業之占比高於民生用品批發業。

表3-4 批發業細業別營利事業家數與年增率（2018-2023年7月）

單位：家；%

業別 \ 年度		2018年	2019年	2020年	2021年	2022年	2023年7月
民生用品批發業	家數（家）	148,072	149,863	152,537	156,020	158,044	159,339
	年增率（%）	1.23	1.21	1.78	2.28	1.30	1.14
	家數占比（%）	48.02	48.08	48.30	48.39	48.44	48.58
產業用品批發業	家數（家）	160,275	161,827	163,277	166,420	168,216	168,682
	年增率（%）	1.39	0.97	0.90	1.92	1.08	0.54
	家數占比（%）	51.98	51.92%	51.70	51.61	51.56	51.42

資料來源：整理自財政部財政統計資料庫「營利事業家數及銷售額第8次、第9次修訂（6碼）及地區別」，2018-2023。
資料擷取：2023年10月
說　　明：1. 上述統計數值可能會與過去年度數字有些許差異，係因主管機關進行數據校正所致。
2. 家數為2023年7月數值；2023年7月年增率為與去（2022）年同期相較。

若再從細業別來看（如表3-5），2022年批發業中營利事業家數以464機械器具批發業的70,739家為最多，占整體批發業家數的21.68%；其次為461建材批發業與454食品、飲料及菸草製品批發業的54,994家與54,515家，占比各為16.86%與16.71%；而456家用器具及用品批發業的占比也達10.87%以上，有35,459家。其餘細業別則都未達2萬家，占比也都在1成以下。

表3-5 批發業細業別之營利事業家數、年增率與占比（2022年）

單位：家；%

細業別 \ 項目	家數（家）	年增率（%）	家數占比（%）
批發業總計	**326,260**	**1.18**	**100.00**
451商品批發經紀業	10,818	-1.53	3.32
452綜合商品批發業	5,770	2.16	1.77
453農產原料及活動物批發業	5,002	0.04	1.53
454食品、飲料及菸草製品批發業	54,515	2.23	16.71
455布疋及服飾品批發業	19,871	-0.32	6.09
456家用器具及用品批發業	35,459	1.84	10.87
457藥品、醫療用品及化粧品批發業	15,774	1.77	4.83
458文教育樂用品批發業	10,835	0.25	3.32

細業別 \ 項目	家數（家）	年增率（%）	家數占比（%）
461建材批發業	54,994	0.91	16.86
462化學原材料及其製品批發業	12,305	0.29	3.77
463燃料及相關產品批發業	1,792	-1.32	0.55
464機械器具批發業	70,739	1.09	21.68
465汽機車及其零配件、用品批發業	15,265	1.85	4.68
469其他專賣批發業	13,121	1.93	4.02

資料來源：整理自財政部財政統計資料庫「營利事業家數及銷售額第8次修訂（6碼）及地區別」，2021-2022。
資料擷取：2023年6月
說　　明：上述表格數據會產生部分計算偏誤，係因四捨五入與資料長度取捨所致，但並不影響分析結果。

至於在批發業各細業別的家數變化方面，家數成長幅度高於整體批發業的細業別包括454食品、飲料及菸草製品批發業（年增率2.23%）、452綜合商品批發業（年增率2.16%）、469其他專業批發業（年增率1.93%）、465汽機車及其零配件、用品批發業（年增率1.85%）、456家用器具及用品批發業（年增率1.84%）及457藥品、醫療用品及化粧品批發業（年增率1.77%）等，推測成長動能來自於國內外經濟復甦帶動與吸引新業者投入經營相關業務。

三、批發業趨勢與經營困境

根據經濟部統計處公布的2022年《批發、零售及餐飲經營實況調查》（以下簡稱《實況調查》）結果顯示（如表3-6），我國批發業發展趨勢及經營障礙主要為「競爭激烈，利潤縮小」（57.10%）、其次依序為「進貨、人事成本增加」（54.90%）、「物流、貨櫃運費增加」（51.40%）、「營運受疫情干擾」（47.60%）、「匯率波動風險」（42.10%）。[4]

《實況調查》顯示，2021年批發業銷售對象內銷占65.70%，外銷占34.30%，故批發業主要的銷售對象以內需市場為主。而「競爭激烈，利潤縮小」為批發業的主要

4 《批發、零售及餐飲經營實況調查》係由經濟部統計處每年4月30日完成調查，而相關報告書於當年度10月出版。調查對象為從事商業交易活動之公司行號且設有固定營業場所之企業單位，調查家數為3,865家。截至本研究完成前，取得之資料為2022年5月所辦理《批發、零售及餐飲業經營實況調查》的統計結果，而其調查年為2021年資料。

表3-6 我國批發業經營困境來源（2022年）

單位：%

項目／細業別	競爭激烈、利潤縮小	進貨、人事成本增加	新市場開拓不易	匯率波動風險	消費需求多變	人員招募不易	產品生命週期短	物流、貨櫃運費增加	營運受疫情干擾	其他
批發業	57.10	54.90	35.20	42.10	19.00	23.90	8.10	51.40	47.60	5.40
451商品批發經紀業	35.70	53.60	35.70	60.70	14.30	17.90	10.70	57.10	53.60	3.60
452綜合商品批發業	57.90	44.70	50.00	21.10	31.60	23.70	10.50	42.10	36.80	5.30
453農產原料及活動物批發業	53.20	55.30	36.20	51.10	10.60	25.50	10.60	51.10	55.30	2.10
454食品、飲料及菸草製品批發業	57.30	61.90	31.40	33.80	31.40	29.30	14.60	50.00	49.70	4.90
455布疋及服飾品批發業	54.70	50.40	35.90	41.90	21.40	15.40	6.80	57.30	58.10	5.10
456家用器具及用品批發業	58.00	53.90	33.70	37.90	27.80	24.90	9.50	56.80	56.20	7.70
457藥品、醫療用品及化粧品批發業	51.40	43.00	23.40	20.60	17.80	12.20	4.70	50.50	50.50	11.20
458文教育樂用品批發業	49.40	62.70	32.50	60.20	27.70	24.10	13.30	65.10	63.90	0.00
461建材批發業	58.00	65.80	38.30	35.90	10.90	26.80	3.10	49.20	36.30	5.40
462化學原材料及其製品批發業	65.10	52.00	44.70	58.60	12.50	17.10	4.00	61.80	43.40	4.60
463燃料及相關產品批發業	48.90	40.00	42.20	28.90	11.10	13.30	2.20	20.00	35.60	8.90
464機械器具批發業	59.50	50.50	35.30	53.20	12.40	29.20	9.70	51.10	44.00	5.00
465汽機車及其零配件、用品批發業	61.50	47.60	34.30	37.10	23.80	21.70	5.60	42.70	58.00	4.90

細業別＼項目	競爭激烈、利潤縮小	進貨、人事成本增加	新市場開拓不易	匯率波動風險	消費需求多變	人員招募不易	產品生命週期短	物流、貨櫃運費增加	營運受疫情干擾	其他
469其他專賣批發業	49.40	55.70	31.70	48.10	7.60	15.20	1.30	50.60	39.20	5.10

資料來源：整理自經濟部統計處《批發、零售及餐飲經營實況調查》，2022。

經營困境，反映出國內市場規模有限，造成同業間的價格競爭。此外，批發業不只滿足國內市場需求，國內產品出口配銷也是重要的業務項目，易受國際經濟景氣影響，影響企業獲利狀況。

第三節　國際批發業發展情勢與展望

根據經濟部統計處針對主要國家貿易額之排名統計，自2020年至2022年全球前五大貿易國家為中國大陸、美國、德國、荷蘭及日本，2022年貿易金額分別占全球總貿易額的12.49%、10.77%、6.39%、3.69%及3.25%。其中，我國主要進出口的貿易夥伴又以中國大陸、日本及美國為主，爰本章以美國、日本及中國大陸做為批發業之主要研析國家。

一、主要國家批發業發展現況

（一）美國

1.銷售額

根據美國普查局的統計數據顯示（如表3-7），2022年美國商品批發業的銷售額為8,031,358百萬美元，較2021年增加14.80%，顯示疫情趨緩，經濟擴張促使消費者支出增加，進而推動對終端商品與服務需求，此外，國際貿易亦促進批發業銷售額的成長。

若從細業別來看，以石油及相關製成品業為美國批發業中占比最大的業別，2022年銷售額為1,157,064百萬美元，年增率為40.28%，占美國整體批發業14.41%；藥品與其相關產品業銷售額921,905百萬美元居次，年增率11.38%，占比為11.48%；第三大產業則是食品雜貨用品業，銷售額為854,321百萬美元，年增率為12.73%，占比為10.64%；第四大產業則是電子產品業，銷售額與年增率分別為776,657百萬美元與9.48%，占美國整體批發業9.67%。

表3-7　美國商品批發業細業別之銷售額與年增率（2018-2022年）

單位：百萬美元；%

細業別 \ 年度		2018年	2019年	2020年	2021年	2022年
批發業	銷售額（百萬美元）	6,102,610	6,079,865	5,805,313	6,995,784	8,031,358
	年增率（%）	7.05	-0.37	-4.52	20.51	14.80
石油及相關製成品業	銷售額（百萬美元）	762,792	727,235	510,465	824,804	1,157,064
	年增率（%）	21.65	-4.66	-29.81	61.58	40.28
藥品與其相關產品業	銷售額（百萬美元）	693,588	722,044	765,573	827,683	921,905
	年增率（%）	4.69	4.10	6.03	8.11	11.38
食品雜貨用品業	銷售額（百萬美元）	675,764	683,203	673,246	757,817	854,321
	年增率（%）	2.29	1.10	-1.46	12.56	12.73
電子產品業	銷售額（百萬美元）	615,611	590,920	597,028	709,436	776,657
	年增率（%）	5.20	-4.01	1.03	18.83	9.48
專業及商業設備及用品業	銷售額（百萬美元）	505,373	521,226	516,978	580,935	615,484
	年增率（%）	6.88	3.14	-0.82	12.37	5.95
機械設備用品業	銷售額（百萬美元）	463,672	464,162	448,672	503,347	582,851
	年增率（%）	9.15	0.11	-3.34	12.19	15.80
機動車輛及其零配件用品業	銷售額（百萬美元）	469,273	483,295	440,786	489,866	539,328
	年增率（%）	4.29	2.99	-8.80	11.13	10.10
其他非耐久性批發業	銷售額（百萬美元）	294,870	299,891	305,911	357,142	399,063
	年增率（%）	4.99	1.70	2.01	16.75	11.74
其他耐久財用品業	銷售額（百萬美元）	261,037	243,147	262,143	342,736	345,132
	年增率（%）	8.28	-6.85	7.81	30.74	0.70
農產品與其相關產品業	銷售額（百萬美元）	212,193	199,754	205,650	266,052	334,525
	年增率（%）	-0.09	-5.86	2.95	29.37	25.74
金屬和礦物用品業	銷售額（百萬美元）	193,337	181,810	146,081	222,674	257,303
	年增率（%）	14.59	-5.96	-19.65	52.43	15.55
木材及其他建築材料業	銷售額（百萬美元）	160,429	160,532	168,680	218,077	251,545
	年增率（%）	8.28	0.06	5.08	29.28	15.35

細業別 ╲ 年度		2018年	2019年	2020年	2021年	2022年
五金、水管及暖氣設備及相關用品業	銷售額（百萬美元）	160,613	168,298	172,763	204,662	234,662
	年增率（%）	7.14	4.78	2.65	18.46	14.66
啤酒、葡萄酒和蒸餾酒精飲料業	銷售額（百萬美元）	150,804	158,825	170,785	186,757	190,613
	年增率（%）	3.74	5.32	7.53	9.35	2.06
化學與其相關製成品業	銷售額（百萬美元）	131,419	126,117	115,394	145,554	175,763
	年增率（%）	8.83	-4.03	-8.50	26.14	20.75
服飾與其相關產品業	銷售額（百萬美元）	165,023	163,406	127,073	158,334	165,147
	年增率（%）	-1.17	-0.98	-22.23	24.60	4.30
家具用品業	銷售額（百萬美元）	94,483	96,383	95,144	109,211	125,744
	年增率（%）	2.88	2.01	-1.29	14.78	15.14
紙類相關品業	銷售額（百萬美元）	92,329	89,617	82,941	90,697	104,251
	年增率（%）	0.40	-2.94	-7.45	9.35	14.94

資料來源：整理自美國普查局*Monthly Wholesale Trade Report*，2018-2022。
說　　明：上述統計數值可能會與過去年度數字有些許差異，係因主管機關進行數據校正所致。

2. 受僱人數

美國整體就業環境顯示，自2018年起，勞動力短缺的起因在於COVID-19誘發想提前退休的思維增加，且疫情導致入境管制與簽證停發，使移民人口放緩，也是影響勞動力規模的因素之一，進而影響各產業的就業人口。在受僱人數部分（如表3-8），美國批發業2022年受僱人數為317萬人，較2021年衰退8.12%。

表3-8　美國批發業受僱人員數（2018-2022年）

單位：百萬人；%

項目 ╲ 年度	2018年	2019年	2020年	2021年	2022年
受僱員工人數總計（百萬人）	3.67	3.53	3.38	3.45	3.17
受僱員工人數變動（%）	2.23	-3.81	-4.25	2.07	-8.12

資料來源：整理自美國勞工統計局*Labor Force Statistics from the Current Population Survey*，2017-2022。
說　　明：上述統計數值可能會與過去年度數字有些許差異，係因主管機關進行數據校正所致。

（二）日本

1. 銷售額

根據日本經濟產業省《商業動態統計書》數據顯示（如表3-9），2022年日本批發業的銷售總額為430兆5,800億日圓，較2021年成長7.26%。

若以批發業細業別來看，機械產品批發業為日本批發業之大宗，其2022年產值為106兆7,690億日圓，相較於2021年成長0.33%，相較於前兩年之成長幅度較為趨緩；其次為礦物與金屬材料產品批發業，其產值為78兆6,800億日圓，成長幅度達27.91%。第三位則為食品飲料產品批發業，產值為57兆1,850億日圓，較2021年成長7.02%。

表3-9　日本批發業細業別之銷售額與年增率（2018-2022年）

單位：十億日圓；%

細業別 ＼ 年度		2018年	2019年	2020年	2021年	2022年
批發業	銷售額（十億日圓）	326,585	314,928	356,658	401,448	430,580
	年增率（%）	4.19	-3.57	13.25	12.56	7.26
機械產品批發業	銷售額（十億日圓）	68,010	68,415	90,541	106,414	106,769
	年增率（%）	2.76	0.60	32.34	17.53	0.33
礦物與金屬材料產品批發業	銷售額（十億日圓）	47,709	43,616	46,167	61,510	78,680
	年增率（%）	9.35	-8.58	5.85	33.23	27.91
食品飲料產品批發業	銷售額（十億日圓）	50,561	49,275	52,895	53,433	57,185
	年增率（%）	5.32	-2.54	7.35	1.02	7.02
其他批發業	銷售額（十億日圓）	30,388	28,537	31,384	35,658	37,749
	年增率（%）	6.09	-6.09	9.98	13.62	5.86
農漁產品相關產品批發業	銷售額（十億日圓）	23,654	23,663	33,386	34,773	37,681
	年增率（%）	3.97	0.04	41.09	4.15	8.36
醫藥品與化妝品批發業	銷售額（十億日圓）	24,877	25,626	28,193	30,698	31,850
	年增率（%）	-1.31	3.01	10.02	8.89	3.75
化學製成產品批發業	銷售額（十億日圓）	16,547	15,676	21,176	24,654	26,534
	年增率（%）	4.00	-5.26	35.09	16.42	7.63
綜合商品批發業	銷售額（十億日圓）	38,100	33,037	21,790	22,324	22,340
	年增率（%）	3.00	-13.29	-34.04	2.45	0.07

細業別 \ 年度		2018年	2019年	2020年	2021年	2022年
建築材料產品批發業	銷售額（十億日圓）	17,307	18,200	20,902	21,465	21,108
	年增率（%）	6.15	5.16	14.85	2.69	-1.66
家具用品批發業	銷售額（十億日圓）	2,259	2,172	4,122	4,460	4,329
	年增率（%）	-4.48	-3.85	89.78	8.20	-2.94
服飾及相關配件產品批發業	銷售額（十億日圓）	4,147	3,803	3,985	3,990	4,126
	年增率（%）	-7.72	-8.30	4.79	0.13	3.41
紡織品批發業	銷售額（十億日圓）	3,027	2,909	2,117	2,069	2,229
	年增率（%）	2.44	-3.90	-27.23	-2.27	7.73

資料來源：整理自日本經濟產業省《商業動態統計書》，2018-2022。
說　　明：上述表格數據會產生部分計算偏誤係因四捨五入與資料長度取捨所致，但並不影響數據分析結果。

2. 受僱人數與薪資

日本總務省《勞動力調查》數據顯示（如表3-10），日本批發業2022年受僱人數為311萬人，較2021年大幅減少17萬人，衰退約5.18%。至於薪資部分，2022年日本批發業每人每月薪資為351.4千日圓，較2021年減少2.85%。

表3-10　日本批發業受僱人數與薪資（2018-2022年）

單位：萬人；千日圓；%

項目 \ 年度	2018年	2019年	2020年	2021年	2022年
受僱員工人數總計（萬人）	326	323	323	328	311
受僱員工人數變動（%）	-1.51	-0.92	0.00	1.55	-5.18
每人每月薪資（千日圓）	361.70	372.70	361.90	361.70	351.40
每人每月薪資變動（%）	0.67	3.04	-2.90	-0.06	-2.85

資料來源：整理自日本總務省《勞動力調查》與厚生勞動省《基本工資結構統計調查》，2018-2022。
說　　明：1. 表格中的每人每月薪資項目最低計算基準值為企業聘僱人數達10人以上之企業。
2. 上述表格數據會產生部分計算偏誤，係因四捨五入與資料長度取捨所致，但並不影響數據分析結果。

（三）中國大陸

1. 銷售額

根據中國大陸國家統計局的數據顯示（如表3-11），2021年中國大陸整體批發業銷售額為156兆7,915.92億元人民幣，較2020年成長31.91%。

從細業別來看，以礦產品、建材及化工產品批發產業之占比37.29%最高，銷售額達58兆4,658.92億元人民幣，較前一年度成長39.15%。而金屬及金屬礦的銷售額28兆8,213.95億元人民幣居次，年增率為37.35%，占比為18.38%。

表3-11 中國大陸批發業細業別之銷售額與年增率（2017-2021年）

單位：億元人民幣、%

細業別＼年度		2017年	2018年	2019年	2020年	2021年
批發業	銷售額（億元人民幣）	825,012.05	922,225.90	1,059,289.68	1,188,637.41	1,567,915.92
	年增率（%）	18.57	11.78	14.86	12.21	31.91
礦產品、建材及化工產品	銷售額（億元人民幣）	282,417.27	318,151.00	369,584.10	420,168.12	584,658.92
	年增率（%）	24.50	12.65	16.17	13.69	39.15
金屬及金屬礦	銷售額（億元人民幣）	118,490.99	135,370.60	171,634.35	209,836.34	288,213.95
	年增率（%）	29.61	14.25	26.79	22.26	37.35
機械設備、五金交電及電子產品	銷售額（億元人民幣）	77,802.79	87,623.40	95,811.78	106,329.86	124,675.59
	年增率（%）	12.97	12.62	9.34	10.98	17.25
石油及製品	銷售額（億元人民幣）	69,832.65	76,655.60	72,056.42	66,143.78	88,128.34
	年增率（%）	23.80	9.77	-6.00	-8.21	33.24
煤炭及製品	銷售額（億元人民幣）	29,855.16	33,368.30	40,453.64	44,479.65	72,782.13
	年增率（%）	16.52	11.77	21.23	9.95	63.63
食品、飲料製品	銷售額（億元人民幣）	45,356.87	47,801.40	54,371.41	60,797.61	72,216.95
	年增率（%）	1.42	5.39	13.74	11.82	18.78
紡織、服裝及日用品	銷售額（億元人民幣）	40,821.42	46,947.80	53,637.87	56,340.70	67,734.58
	年增率（%）	11.60	15.01	14.25	5.04	20.22
醫藥及醫療器材	銷售額（億元人民幣）	27,133.32	29,856.40	35,431.39	37,287.87	42,889.18
	年增率（%）	16.93	10.04	18.67	5.24	15.02

細業別 \ 年度		2017年	2018年	2019年	2020年	2021年
汽車、摩托車及零配件	銷售額（億元人民幣）	28,503.89	34,684.50	36,122.98	37,647.94	41,652.81
	年增率（%）	11.26	21.68	4.15	4.22	10.64
建材	銷售額（億元人民幣）	14,347.46	17,653.10	23,095.36	27,243.53	34,889.02
	年增率（%）	12.85	23.04	30.83	17.96	28.06
農、林、牧產品	銷售額（億元人民幣）	9,372.52	10,754.90	13,905.88	18,854.34	24,997.46
	年增率（%）	4.75	14.75	29.30	35.59	32.58
煙草製品	銷售額（億元人民幣）	17,530.10	18,363.90	18,957.86	19,756.97	20,503.82
	年增率（%）	2.45	4.76	3.23	4.22	3.78
其他批發商品	銷售額（億元人民幣）	8,443.82	8,789.00	11,425.08	14,320.55	18,555.23
	年增率（%）	1.28	4.09	29.99	25.34	29.57
文化、體育用品及器材	銷售額（億元人民幣）	9,958.13	11,431.40	12,540.31	13,489.56	17,296.74
	年增率（%）	14.34	14.79	9.70	7.57	28.22
家用電器	銷售額（億元人民幣）	13,617.22	11,737.20	13,327.95	13,960.56	16,627.63
	年增率（%）	25.36	-13.81	13.55	4.75	19.10
電腦、軟體及輔助設備	銷售額（億元人民幣）	6,345.36	7,611.80	7,934.18	11,446.20	15,237.21
	年增率（%）	18.44	19.96	4.24	44.26	33.12
米、麵製品及食用油	銷售額（億元人民幣）	6,702.03	7,035.20	8,483.43	9,895.66	12,287.16
	年增率（%）	9.53	4.97	20.59	16.65	24.17
服裝	銷售額（億元人民幣）	8,086.13	8,747.20	9,458.11	9,153.43	10,862.41
	年增率（%）	3.00	8.18	8.13	-3.22	18.67
化肥	銷售額（億元人民幣）	4,605.08	4,824.20	5,601.26	5,800.57	7,096.24
	年增率（%）	2.99	4.76	16.11	3.56	22.34
貿易經紀與代理商品	銷售額（億元人民幣）	5,789.84	4,819.00	5,456.32	5,684.17	6,610.55
	年增率（%）	-4.39	-16.77	13.23	4.18	16.30

資料來源：整理自中國大陸國家統計局，2017-2021。

資料擷取：2023年6月

說　明：1. 上述表格數據會產生部分計算偏誤，係因四捨五入與資料長度取捨所致，但並不影響數據分析結果。

2. 截至2023年6月底，中國大陸公布的批發業最新資料僅到2021年，請參閱以下網站：中國大陸國家統計局https://data.stats.gov.cn/easyquery.htm?cn=C01。

而「農、林、牧產品」、「食品、飲料製品」、「煙草製品」、「米、麵製品及食用油」、「紡織、服裝及日用品」、「文化、體育用品及器材」、「醫藥及醫療器材」、「機械設備、五金交電及電子產品」與「汽車、摩托車及零配件」等民生相關用品批發產業，其銷售額在過去5年間都呈現每年成長的趨勢，顯示在中國大陸內需的帶動下，推動相關產業之穩健成長。

2. 受僱人數與薪資

中國大陸批發業2021年受僱人數為635.4萬人，較2020年成長6.66%；在受僱人員薪資上，批發業2021年每人每年薪資約為107,735元人民幣，相對於2020年增加11.62%（如表3-12）。

表3-12 中國大陸批發業受僱人員數與薪資（2017-2021年）

單位：萬人、人民幣、%

項目＼年度	2017年	2018年	2019年	2020年	2021年
受僱員工人數總計（萬人）	506.3	526.9	568.5	595.7	635.4
受僱員工人數變動（%）	2.10	4.07	7.90	4.79	6.66
每人每年薪資（人民幣）	71,201	80,551	89,047	96,521	107,735
每人每年薪資變動（%）	9.44	13.13	10.55	8.39	11.62

資料來源：整理自中國大陸國家統計局，2017-2021。
資料擷取：2023年6月
說　明：1. 表格中的每人每年薪資為批發業與零售業合計數。
2. 上述表格數據會產生部分計算偏誤，係因四捨五入與資料長度取捨所致，但並不影響數據分析結果。
3. 截至2023年6月底，中國大陸公布的批發業最新資料僅到2021年，請參閱以下網站：中國大陸國家統計局https://data.stats.gov.cn/easyquery.htm?cn=C01。

二、國外批發業發展案例：C&S Wholesale Grocers, Inc.

C&S Wholesale Grocers, Inc.（以下簡稱為C&S）成立於1918年，為美國最大的雜貨批發供應商，也是產業供應鏈創新的領導者，透過收購拓展業務及市場，旗下有多間子公司，目前擁有超過7,700家超市、連鎖店，提供13萬種不同的商品，包括農產品、肉類、乳製品、熟食產品、新鮮或冷凍烘焙食品、健康和美容用品及煙草等；同時也是美國許多大型連鎖商店的供應商，例如Target、Stop & Shop、Giant Food（Landover）等。

隨著C&S業務版圖的擴展，為了降低營運成本，除了多次針對配送流程進行改進，亦使用自動倉儲系統（Automated Storage and Retrieval System, ASRS或AS/RS），以自動化管理庫存及降低勞動力成本。近年來，面對產業永續淨零發展趨勢，以及受終端需求放緩，致使客戶去化庫存等因素，驅使C&S積極進行數位轉型。首先，C&S開發資料庫倉儲解決方案，利用Oracle雲端資料庫及商業智慧資料視覺化的軟體進行預測，並於營運的35個倉庫使用先進的自動化及機器人技術，惟可規模性是一個限制因素，為實現將資料分析、自動化及人工智慧（Artificial Intelligence, AI）技術的使用提升至最高水準，促使C&S於2022年底與印度資訊服務顧問公司Tata Consultancy Services（以下簡稱為TCS）合作，於Google雲端建立一個新的營運平臺，整合當前使用的系統，目標為減少碳足跡及提升客戶體驗。

此外，新的營運平臺藉由人工智慧與機器學習（Machine Learing, ML）有助於C&S解決營運所面臨的問題及實現企業永續性：第一，預測分析與掌握供應鏈動態，以助於管理庫存，依照季節性需求，確保按時供應最需要的產品，以減少食物的浪費；第二，透過物流車上的感測器，建立物聯網（Internet of Things, IoT）平臺，從裝載到配送交貨過程皆能取得數據，再者，更進一步使用人工智慧與機器學習監控交通模式，制定最佳配送路線，進而提高燃油效率；第三，將自助服務解決方案導入資訊及客戶服務接觸點，以提升客戶體驗，更能長期拓展業務。此外，新的營運平臺有助於簡化營運，將原本會排放許多二氧化碳，超過100個伺服器的數據中心遷移至Google雲端的碳中和基礎設施，進而減少C&S的碳足跡。

C&S透過這次與TCS合作，執行一場綠色革命的數位轉型，應用人工智慧與機器學習及數據分析等創新技術，以實現其擴展分銷的網絡及業務，更進一步達成企業的永續性。

第四節　結語與建議

一、批發業轉型契機與挑戰

伴隨著疫後全球經濟逐漸回復穩定成長的趨勢，全球批發業也逐漸復甦，不過疫情對於經營環境造成的影響仍持續發酵，對於批發業造成衝擊。批發業面臨的主要挑戰包括日益激烈的市場競爭環境，不僅有新的競爭者加入產業，如前言所述，去中介化的直接面對消費者（D2C）銷售模式，使得批發業者面臨與自己客戶競爭的情況，造成利潤縮減；此外，面對產品和服務的複雜性，若維持原有的傳統流程，導致效率下降，必須不斷地創新及運用新技術。對此，批發業應運用科技以降低營運的不確定性，以及提供其他產業所無法提供之服務與差異性。

二、對企業的建議

本研究就批發業轉型契機與挑戰，提出以下建議作為企業提高競爭力及提升產業發展能量之參考，分述如下。

（一）增加技術方面投資，落實數位科技應用

面對使用數位科技的競爭者逐漸增加、客戶期許不斷改變、產品定價不斷提高以及效率課題日益增長，使批發業不得不重視這些問題並找出解決方案。數位技術可協助業者簡化營運流程，例如運用於庫存管理，以瞭解存貨量及減少勞動力，提升盈利能力及效率。

根據行政院主計總處之「各業固定資本形成毛額」統計顯示，2021年批發業及零售業於固定資本投資僅占整體產業的4.02%，遠低於製造業占整體產業的48.81%。[5]不過，批發業及零售業於「機器及設備」的投資比重日漸增加，自2018年的新臺幣4.54億元至2021年的新臺幣5.29億元，成長16.52%，顯示批發業對於技術方面的投資越來越重視，因此，批發業者應儘快落實數位科技之應用並整合金流與物流等資訊，以降低營運成本、提升客戶體驗，才能保有競爭優勢。

（二）導入及提升數位人力資源

驅使批發業推動數位轉型的因素來自於疫情、少子化趨勢、勞動人口急速下滑，以及供應鏈重組帶來的影響，根據資誠（Pricewaterhouse Coopers, PwC）2022年發布之《2021臺灣中小企業數位轉型現況及需求調查報告》發現，有81%中小企業在進行數位轉型的時候遭遇最主要的挑戰為缺乏數位技能和人才，因此，在數位轉型的過程中，「人」會是最大的關鍵，由於數位轉型須具備跨領域的人才，因此批發業解決數位人才短缺的問題，除了從內部訓練及拔擢優秀人才外，也可藉用政府資源及產學合作等補充知識技能等人力。

---

[5] 行政院主計總處，2023，各業固定資本形成毛額，取自https://nstatdb.dgbas.gov.tw/dgbasAll/webMain.aspx?sys=210&funid=A018402010，最後瀏覽日期：2023/06/15。

附表 批發業定義與行業範疇

根據行政院主計總處《行業統計分類（第11次修正）》之定義，凡從事有形商品批發、仲介批發買賣或代理批發拍賣之行業，其銷售對象為機構或產業（如中盤批發商、零售商、工廠、公司行號、進出口商等），皆屬批發業。批發業各細類定義及範疇如下表所示。

表 行政院主計總處《行業統計分類（第11次修正）》定義之批發業

批發業小類別	定義	涵蓋範疇（細類）
商品批發經紀業	以按次計費或依合約計酬方式，從事有形商品之仲介批發買賣或代理批發拍賣之行業，如商品批發掮客及代理毛豬、魚貨、花卉、蔬果等批發拍賣活動。	商品批發經紀業
綜合商品批發業	以非特定專賣形式從事多種系列商品批發之行業。	綜合商品批發業
農產原料及活動物批發業	從事未經加工處理之農業初級產品及活動物批發之行業，如穀類、種子、含油子實、花卉、植物、菸葉、生皮、生毛皮、農產原料之廢料、殘渣與副產品等農業初級產品，以及禽、畜、寵物、魚苗、貝介苗及觀賞水生動物等活動物批發。	穀類及豆類批發業 花卉批發業 活動物批發業 其他農產原料批發業
食品、飲料及菸草製品批發業	從事食品、飲料及菸草製品批發之行業，如蔬果、肉品、水產品等不須加工處理即可販售給零售商轉賣之農產品及冷凍調理食品、食用油脂、菸酒、非酒精飲料、茶葉等加工食品批發；動物飼品批發亦歸入本類。	蔬果批發業 肉品批發業 水產品批發業 冷凍調理食品批發業 乳製品、蛋及食用油脂批發業 菸酒批發業 非酒精飲料批發業 咖啡、茶葉及辛香料批發業 其他食品批發業
布疋及服飾品批發業	從事布疋及服飾品批發之行業，如成衣、鞋類、服飾配件等批發；行李箱（袋）及縫紉用品批發亦歸入本類。	布疋批發業 服裝及其配件批發業 鞋類批發業 其他服飾品批發業

批發業小類別	定義	涵蓋範疇（細類）
家用器具及用品批發業	從事家用器具及用品批發之行業，如家用電器、家具、家飾品、家用攝影器材與光學產品、鐘錶、眼鏡、珠寶、清潔用品等批發。	家用電器批發業 家具批發業 家飾品批發業 家用攝影器材及光學產品批發業 鐘錶及眼鏡批發業 珠寶及貴金屬製品批發業 清潔用品批發業 其他家用器具及用品批發業
藥品、醫療用品及化粧品批發業	從事藥品、醫療用品及化妝品批發之行業。	藥品及醫療用品批發業 化粧品批發業
文教育樂用品批發業	從事文教、育樂用品批發之行業，如書籍、文具、運動用品、玩具及娛樂用品等批發。	書籍及文具批發業 運動用品及器材批發業 玩具及娛樂用品批發業
建材批發業	從事建材批發之行業。	木製建材批發業 磚瓦、砂石、水泥及其製品批發業 瓷磚、貼面石材及衛浴設備批發業 漆料及塗料批發業 金屬建材批發業 其他建材批發業
化學原材料及其製品批發業	從事藥品、化粧品、清潔用品、漆料、塗料以外之化學原材料及其製品批發之行業，如化學原材料、肥料、塑膠及合成橡膠原料、人造纖維、農藥、顏料、染料、著色劑、化學溶劑、界面活性劑、工業添加劑、油墨、非食用動植物油脂等批發。	化學原材料及其製品批發
燃料及相關產品批發業	從事燃料及相關產品批發之行業。	液體、氣體燃料及相關產品批發業 其他燃料批發業
機械器具批發業	從事電腦、電子、通訊與電力設備、產業與辦公用機械及其零配件、用品批發之行業。	電腦及其周邊設備、軟體批發業 電子、通訊設備及其零組件批發業 農用及工業用機械設備批發業 辦公用機械器具批發業 其他機械器具批發業
汽機車及其零配件、用品批發業	從事汽機車及其零件、配備、用品批發之行業。	汽車批發業 機車批發業 汽機車零配件及用品批發業
其他專賣批發業	從事453至465小類以外單一系列商品專賣批發之行業。	回收物料批發業 未分類其他專賣批發業

資料來源：行政院主計總處，《行業統計分類（第11次修正）》，2023。

零售業現況分析與發展趨勢

商研院商業發展與策略研究所　陳世憲 研究員

關鍵數字看產業　零售業

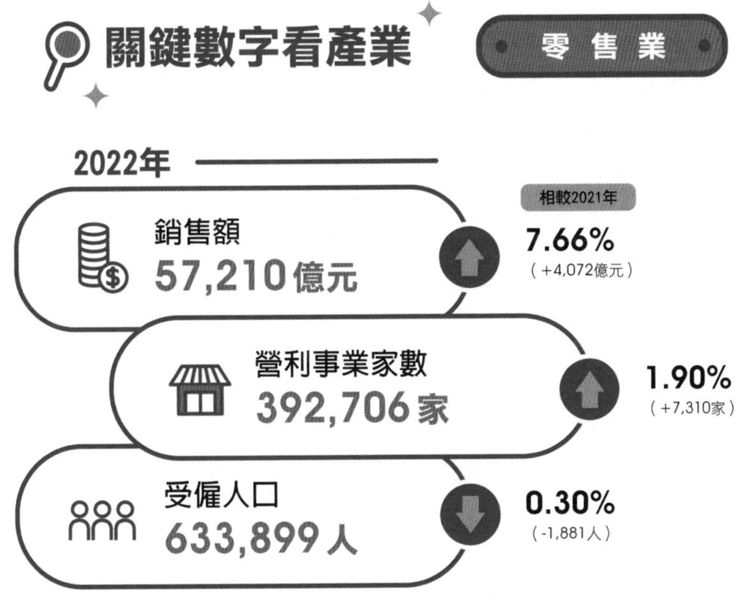

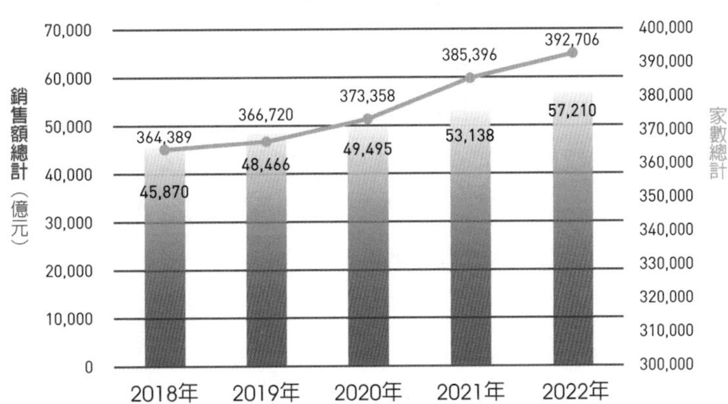

資料來源：整理自財政部統計資料庫，「營利事業家數及銷售額第8次修訂（6碼）及地區別」，2018-2022。

說　　明：上述數據會產生部分計算偏誤係因四捨五入與資料長度取捨所致，但並不影響分析結果。

第一節 前言

2020年的COVID-19疫情席捲全球，衝擊各國的經濟發展，為防止疫情擴散，多國政府紛紛祭出停工、封城與維持社交距離等措施，不僅影響人類健康、衝擊全球經濟、波及產業活動，更改變了民眾的生活與消費習慣。防疫措施的限制促使消費者加速轉換購物習慣朝向線上移轉，也催化零售實體通路與品牌加速往電商發展。根據經濟部統計處的調查數據顯示，我國零售業網路銷售額2020年為3,639億元，2022年則為4,930億元，反映疫情帶動消費者轉向線上消費，進而推升零售業網路銷售額。

隨著疫苗施打逐漸普及，全球進入後疫情時代，各國逐步解除防疫禁令，過去幾年受惠於疫情的線上零售雖然持續成長，但占整體零售業營業額比重卻已經下降，顯示越來越多消費者重返實體店面消費。同樣根據經濟部統計處的調查數據，零售業網路銷售額占零售業整體銷售額的比率從2020年的9.43%增加至2022年的11.51%，不過在2023年第1季網路銷售額占整體零售業營業額比率卻降至10.65%，主要是因為消費者重返實體店購物，拉高實體門市營收規模所致。

在經過疫情洗禮後，消費者已越來越習慣線上購物模式，縱使在後疫情時代消費者自線上通路重返線下店面，但零售業者已無法再用過往傳統的經營模式滿足消費者的需求。因此，如何透過整合線上資源與線下通路虛實融合的全通路策略，提供消費者個人化購物體驗，已然成為零售業者在疫情後的新零售時代勝出之關鍵。

緣此，本章將從零售業之家數、營業額國內外之發展現況與趨勢進行分析，並佐以業者案例，最後針對零售業的未來發展提出相關建言，內容安排如下：首先透過前言說明，第二節進行我國零售業發展現況分析，產業別部分為整體零售業與其細項產業，經營現況則針對銷售額、營利事業家數、受僱人員與薪資、政策與趨勢案例等內容進行說明，據以瞭解我國零售業目前產業經營現況；第三節為國際零售業發展情勢與展望，掌握國際零售業發展現況，以及創新企業之案例分析，提供我國零售業者經營創新之啟發與思考；第四節為結論與建議，將此篇之內容進行結論統整，針對我國零售業該如何因應疫後之發展趨勢提出建言。

第二節 我國零售業發展現況分析

根據行政院主計總處2021年所公布之《行業統計分類（第11次修正）》，中類47-48為零售業，其定義為「從事透過商店、攤販及其他非店面如網際網路等向家庭或民眾銷售全新及中古有形商品之行業」。零售業屬於流通服務業之最下游，扮演批發業與消費者之間商品與資訊的集散角色，可以提高商品配銷的效率，降低消費者的搜尋成本。若再依據產品類別與銷售類型，可以再將零售業細分為13小類，分別為：471綜合商品零售業、472食品、飲料及菸草製品零售業、474家用器具及用品零售業、475藥品、醫療用品及化粧品零售業、476文教育樂用品零售業、481建材零售業、482燃料及相關產品零售業、483資訊及通訊設備零售業、484汽機車及其零配件、用品零售業、485其他專賣零售業、486零售攤販、487其他非店面零售業等13項。

一、零售業發展現況

（一）銷售額

自COVID-19疫情發生以來，國內在部分時點爆發本土疫情，包括2020年3月、2021年5月與2022年4月等，對於內需產業造成較大的衝擊。不過隨著零售業者迎合消費者習慣改變，積極轉向網路銷售發展，加上政府推動相關振興及補助措施，帶動零售業銷售額持續成長。根據財政部統計調查顯示，2020年與2021年零售業全年銷售額分別較前一年度成長2.11%與7.36%。而隨著疫苗施打普及率提高，國人逐漸習慣與病毒共存，防疫管制措施也逐步放寬，根據經濟部統計處的調查結果發現，即便零售業網路銷售持續成長，但消費者已經逐漸重返實體門店購物，也帶動了實體門市營收規模。因此，2022年在網路銷售與實體門店銷售同步成長下，整體零售業的銷售額來到新臺幣5兆7,210億元，較2021年成長7.66%。2023年因疫情陰霾遠離，消費動能強勁帶動零售業銷售額持續成長，2023年1-7月累計銷售額2兆7,626億元，較2022年同期成長3.08%。

（二）營利事業家數

在營利事業家數方面，2022年我國零售業較2021年增加7,310家至392,706家，年增率1.90%，為近5年的次高水準。在2018年至2022年的5年間，我國零售業營利事業家數共增加28,317家，平均年增率為1.89%，顯示雖然受到疫情衝擊，但持續有新的

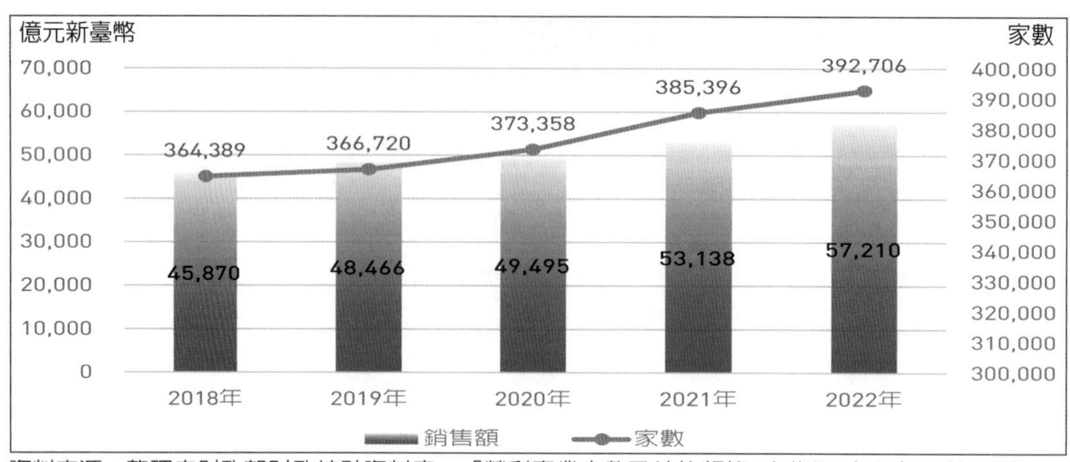

資料來源：整理自財政部財政統計資料庫，「營利事業家數及銷售額第8次修訂（6碼）及地區別」，2018-2022。
資料擷取：2023年6月
說　　明：上述表格數據會產生部分計算偏誤係因四捨五入與資料長度取捨所致，但並不影響分析結果。

圖4-1　我國零售業銷售額與營利事業家數（2018-2022年）

業者投入零售業，使得整體零售業家數呈現穩定成長（圖4-1）。2023年內需消費動能強勁帶動零售業營利事業家數持續成長，2023年7月零售業營利事業家數為399,477家，較2022年同期增加2.54%。

（三）受僱人數與薪資

在整體零售業的受僱人數方面，2022年我國零售業受僱人數為633,899人，較2021年減少1,881人，年增率為-0.30%，為近5年的最低紀錄。由於疫後經濟復甦，對於勞動需求增加，加上高齡少子化的人口趨勢減少勞動供給，使得缺工成為各產業普遍面臨之問題，許多產業透過提高待遇爭取勞動力。在勞動力短缺與磁吸效應下，使得整體零售業的受僱人數連續兩年出現負成長。2023年則因為疫後消費動能持續帶動零售業成長，也帶動本業之勞動需求，2023年7月受僱員工人數為635,525人，較前一年同期增加0.15%。在受僱人員的性別方面，零售業受僱人員中，2022年男性受僱人數為328,430人，女性受僱人數則為305,469人，分別較2021年成長-1.97%與1.57%，顯示2022年整體零售業的受僱人數負成長，主要受到男性受僱人數減少所致。

在薪資方面，2022年整體零售業受僱人員之平均總月薪為45,420元，年增率為0.86%。綜觀近5年整體零售業受僱人員平均總月薪變化，從2018年至2022年雖然增加2,137元，但年增率卻呈現減少態勢，甚至在2021年出現-0.38%的負成長，顯示整體零售業受僱人員薪資成長趨於停滯。2023年則因為內需消費帶動零售業成長，對於人力需求殷切，為了與其他產業爭搶勞動力，也推升整體零售業的薪資水準，2023年1-7月零售業受僱人員之平均總月薪為49,777元，較2022年同期增加8.14%。在受僱人員的薪資與性別方面，近5年零售業男性受僱人員平均總月薪以2020年的46,281元最高，但其後連續兩年出現負成長，2022年男性受僱人員平均總月薪為45,847元，較2021年減少0.31%；而女性受僱人員平均總月薪方面，除了2021年出現負成長外，大體而言呈現逐年成長之態勢，2022年女性受僱人員平均總月薪為44,960元，較2021年成長2.25%。值得注意的是，零售業男性與女性受僱人員平均總月薪的差距正在逐步拉近中，近5年來，兩者平均總月薪之差距以2020年的2,284元最大，隨後差距縮小，2022年時差距887元為近5年最小（表4-1）。

表4-1　我國零售業銷售額、家數、受僱人數及每人每月總薪資統計（2018-2023年7月）

單位：億元新臺幣；家；人；元新臺幣；%

項目 ＼ 年度		2018年	2019年	2020年	2021年	2022年	2023年7月
銷售額	總計（億元）	45,870.25	48,465.88	49,495.21	53,138.21	57,210.47	27,626.87
	年增率（%）	6.41	5.67	2.11	7.36	7.66	3.08
家數	總計（家）	364,389	366,720	373,358	385,396	392,706	399,477
	年增率（%）	0.11	0.64	1.81	3.22	1.90	2.54
受僱員工人數	總計（人）	627,187	637,316	637,566	635,780	633,899	635,525
	年增率（%）	1.97	1.61	0.04	-0.28	-0.30	0.15
	男性（人）	326,815	333,612	337,312	335,025	328,430	331,733
	年增率（%）	2.39	2.08	1.11	-0.68	-1.97	1.10
	女性（人）	300,372	303,704	300,254	300,755	305,469	303,792
	年增率（%）	1.51	1.11	-1.14	0.17	1.57	-0.87
每人每月總薪資	平均（元）	43,283	44,035	45,206	45,033	45,420	49,777
	年增率（%）	7.76	1.74	2.66	-0.38	0.86	8.14
	男性（元）	44,126	44,955	46,281	45,989	45,847	50,570
	年增率（%）	9.11	1.88	2.95	-0.63	-0.31	7.60
	女性（元）	42,366	43,023	43,997	43,969	44,960	48,910
	年增率（%）	6.26	1.55	2.26	-0.06	2.25	8.71

資料來源：銷售額及家數整理自財政部財政統計資料庫，「營利事業家數及銷售額第8次、第9次修訂（6碼）及地區別」；受僱員工人數及每人每月薪資整理自行政院主計總處「薪情平臺」，2018-2023。

資料擷取：2023年10月

說　　明：1. 上述表格數據會產生部分計算偏誤係因四捨五入與資料長度取捨所致，但並不影響分析結果。

2. 銷售額為2023年1-7月累計值；家數為2023年7月數值；受僱員工數與每人每月總薪資為2023年1-7月平均值；年增率則為各數值與去（2022）年同期相較。

二、零售業之細業別發展現況

（一）綜合商品零售業發展現況

1. 銷售額

綜合商品零售業為零售業之大宗，2022年我國綜合商品零售業銷售額為14,803.12億元，較2021年成長12.87%，占整體零售業銷售額25.87%，為近5年之高點。再依其各細業別2022年銷售額占綜合商品零售業銷售額比重由大至小排序，分別為：百貨公司業（29.48%）、連鎖式便利商店業（28.79%）、超級市場業（22.72%）、其他綜合商品零售業（9.58%），以及零售式量販業（9.44%）。[1]整體而言，綜合商品零售業下之各細項產業2022年的銷售額皆較2021年增加，其中又以百貨公司業年增24.92%為最高，其銷售額占比也取代連鎖式便利商店業，成為綜合商品零售業細項行業之首位，顯示百貨公司業已擺脫疫情干擾（表4-2）。2023年綜合商品零售業持續前一年的成長動能，累計1-7月銷售額為7,546.88億元，較2022年同期成長10.89%。至於在綜合商品零售業細項產業方面，百貨公司業與零售式量販店業2023年1-7月累計營收亦分別較2022年同期成長26.96%與12.57%最為突出。

表4-2 零售業暨綜合商品零售業銷售額與年增率（2018-2023年7月）

單位：億元新臺幣；%

細業別 \ 年度		2018年	2019年	2020年	2021年	2022年	2023年7月
零售業總計	銷售額（億元）	45,870.25	48,465.88	49,495.21	53,138.21	57,210.47	27,626.87
	年增率（%）	6.41	5.66	2.12	7.36	7.66	3.08
綜合商品零售業	銷售額（億元）	11,373.73	11,818.64	12,662.60	13,115.51	14,803.12	7,546.88
	年增率（%）	5.15	3.91	7.14	3.58	12.87	10.89
百貨公司業	銷售額（億元）	3,255.16	3,419.88	3,478.64	3,492.67	4,363.19	2,302.78
	年增率（%）	5.02	5.06	1.72	0.40	24.92	26.96
	銷售額占比（%）	28.62	28.94	27.47	26.63	29.48	30.51
超級市場業	銷售額（億元）	2,399.35	2,549.66	2,830.12	3,136.79	3,362.66	1,615.76
	年增率（%）	5.50	6.26	11.00	10.84	7.20	0.27
	銷售額占比（%）	21.10	21.57	22.35	23.92	22.72	21.41
連鎖式便利商店業	銷售額（億元）	3,605.79	3,646.67	3,984.55	4,029.30	4,261.42	2,188.29
	年增率（%）	7.85	1.13	9.27	1.12	5.76	7.45
	銷售額占比（%）	31.70	30.86	31.47	30.72	28.79	29.00

[1] 本研究所統計之連鎖式便利商店業包含4711-12直營連鎖式便利商店、4711-13加盟連鎖式便利商店、4711-14加盟連鎖式便利商店（無商品進、銷貨行為）；其他綜合商品零售包含4719-13雜貨店、4719-14消費合作社、4719-15綜合商品拍賣、4719-99未分類其他綜合商品零售。

細業別＼年度		2018年	2019年	2020年	2021年	2022年	2023年7月
零售式量販店業	銷售額（億元）	1,066.54	1,088.52	1,162.23	1,196.09	1,397.43	734.47
	年增率（%）	1.13	2.06	6.77	2.91	16.83	12.57
	銷售額占比（%）	9.38	9.21	9.18	9.12	9.44	9.73
其他綜合商品零售	銷售額（億元）	1,046.89	1,113.77	1,206.77	1,260.51	1,417.88	705.58
	年增率（%）	0.24	6.39	8.35	4.45	12.48	2.09
	銷售額占比（%）	9.20	9.42	9.53	9.61	9.58	9.35

資料來源：整理自財政部財政統計資料庫，「營利事業家數及銷售額第8次、第9次修訂（6碼）及地區別」，2018-2023。

資料擷取：2023年10月

說　　明：1. 上述表格數據會產生部分計算偏誤係因四捨五入與資料長度取捨所致，但並不影響分析結果。

2. 銷售額為2023年1-7月累計值；年增率則為與去（2022）年同期相較。

2. 營利事業家數

在營利事業家數方面，我國綜合商品零售業家數，自2018年31,268家增加至2022年的36,344家。2022年家數最多之細業別為連鎖式便利商店業21,971家，其次依序為其他綜合商品零售業10,645家、超級市場2,275家、零售式量販業781家，家數最少之業別為百貨公司業，家數為672家。2023年綜合商品零售業家數持續增加，2023年7月為37,036家，較2022年增加3.84%。

觀察綜合商品零售業家數成長情形，在年增率方面，2022年家數成長最高業別為連鎖式便利商店業，年增率為5.74%，其次為零售式量販業5.68%，第三為其他綜合商品零售業1.77%，第四為超級市場業0.53%；而百貨公司業則呈現負成長，年增率為-1.90%（表4-3）。2023年則仍以其他綜合商品零售業、零售式量販業與連鎖式便利商店業之營利事業家數有顯著成長，2023年7月分別有11,001家、798家與22,307家，各較2022年同期成長5.14%、4.72%與3.85%。

（二）無店面零售業發展現況

依據行政院主計總處公布之《行業統計分類（第11次修正）》，無店面零售業歸類在分類編號細類487的其他非店面零售業，分類編號細類包括：4871電子購物及郵購業、4872直銷業及487未分類其他非店面零售業等3項。

1. 銷售額

2022年我國無店面零售業銷售額為2,480.67億元，較2021年增加18.98%，占整體零售業比率約為4.34%。近5年來，我國無店面零售業銷售額年增率皆呈現成長趨勢，其中近4年更是呈現雙位數的強勁成長；從2018年至2022年，年增率分別為8.81%、17.85%、17.07%、36.23%及18.98%。不過2023年由於疫情趨緩，民眾逐漸回歸正常生活，也逐步回歸實體門店消費，導致其他無店面零售業的成長動能趨緩，累計2023年1-7月其他無店面零售業銷售額為1,296.01億元，較2022年成長8.63%。再從無店面零售業的細項產業來看，除了經營郵購之外，其餘細項產業2022年的銷售額均較2018年有所成長，其中又以經營網路購物成長最為顯著，近5年的銷售額年增率都在雙位數以上，其銷售額占比更在2020年取代經營電視購物、電臺購物，成為無店面零售業細項產業之首位，也充分反映出疫情衝擊下，消費者加速轉向線上購物的趨勢（表4-4）。

表4-3 綜合商品零售業營利事業家數與年增率（2018-2023年7月）

單位：家；%

業別		2018年	2019年	2020年	2021年	2022年	2023年7月
零售業總計	家數	364,389	366,720	373,358	385,396	392,706	399,477
	年增率（%）	0.11	0.64	1.81	3.22	1.90	2.54
綜合商品零售業總計	家數	31,268	32,233	33,297	34,926	36,344	37,036
	年增率（%）	2.47	3.09	3.30	4.89	4.06	3.84
	占零售業比重（%）	8.58	8.79	8.92	9.06	9.25	9.27
百貨公司業	家數	794	744	707	685	672	666
	年增率（%）	-3.40	-6.30	-4.97	-3.11	-1.90	-3.48
	占綜合商品零售比重（%）	2.54	2.31	2.12	1.96	1.85	1.80
超級市場業	家數	2,199	2,214	2,227	2,263	2,275	2,264
	年增率（%）	1.80	0.68	0.59	1.62	0.53	-0.26
	占綜合商品零售比重（%）	7.03	6.87	6.69	6.48	6.26	6.11
連鎖式便利商店業	家數	18,175	19,024	19,817	20,779	21,971	22,307
	年增率（%）	3.30	4.67	4.17	4.85	5.74	3.85
	占綜合商品零售比重（%）	58.13	59.02	59.52	59.49	60.45	60.23
零售式量販業	家數	661	673	690	739	781	798
	年增率（%）	3.44	1.82	2.53	7.10	5.68	4.72
	占綜合商品零售比重（%）	2.11	2.09	2.07	2.12	2.15	2.15
其他綜合商品零售業	家數	9,439	9,578	9,856	10,460	10,645	11,001
	年增率（%）	1.51	1.47	2.90	6.13	1.77	5.14
	占綜合商品零售比重（%）	30.19	29.71	29.60	29.95	29.29	29.70

資料來源：整理自財政部財政統計資料庫，「營利事業家數及銷售額第8次、第9次修訂（6碼）及地區別」，2018-2023。

資料擷取：2023年10月

說　　明：1. 上述表格數據會產生部分計算偏誤係因四捨五入與資料長度取捨所致，但並不影響分析結果。

2. 家數為2023年7月數值；年增率則為與去（2022）年同期相較。

表4-4 其他無店面零售業銷售額統計（2018-2023年7月）

單位：億元新臺幣；%

業別		2018年	2019年	2020年	2021年	2022年	2023年7月
零售業總計	銷售額	45,870.25	48,465.88	49,495.21	53,138.21	57,210.47	27,626.87
	年增率（%）	6.41	5.66	2.12	7.36	7.66	3.08
其他無店面零售業總計	銷售額	1,109.31	1,307.27	1,530.38	2,084.89	2480.67	1,296.01
	年增率（%）	8.81	17.85	17.07	36.23	18.98	8.63
	占零售業比重（%）	2.42	2.70	3.09	3.92	4.34	4.69
經營郵購（原郵購）	銷售額	0.60	0.48	0.27	0.59	0.47	0.30
	年增率（%）	15.38	-19.61	-42.62	116.41	-20.42	-
	占無店面零售比重（%）	0.05	0.04	0.02	0.03	0.02	0.02
經營電視購物、電台購物（原電視購物、網路購物）	銷售額	455.59	550.65	533.92	741.41	777.01	319.52
	年增率（%）	-26.77	20.87	-3.04	38.86	4.80	-
	占無店面零售比重（%）	41.07	42.12	34.89	35.56	31.32	24.65
經營網路購物（原網際網路拍賣）	銷售額	427.33	523.48	756.82	1072.46	1434.87	854.40
	年增率（%）	133.81	22.50	44.57	41.71	33.79	-
	占無店面零售比重（%）	38.52	40.04	49.45	51.44	57.84	65.93
單層直銷（有形商品）	銷售額	9.58	8.24	12.89	17.39	13.57	3.47
	年增率（%）	5.39	-13.96	56.46	34.91	-22.00	-61.82
	占無店面零售比重（%）	0.86	0.63	0.84	0.83	0.55	0.27
多層次傳銷（商品銷貨收入）	銷售額	83.81	88.19	90.28	99.96	112.54	54.28
	年增率（%）	-0.18	5.22	2.38	10.72	12.58	0.10
	占無店面零售比（%）	7.56	6.75	5.90	4.79	4.54	4.19
多層次傳銷（佣金收入）	銷售額	18.51	18.29	18.40	23.05	25.87	13.80
	年增率（%）	22.91	-1.18	0.62	25.28	12.21	23.16
	占無店面零售比重（%）	1.67	1.40	1.20	1.11	1.04	1.06
以自動販賣機零售商品	銷售額	5.58	4.90	5.06	5.80	7.30	3.94
	年增率（%）	16.25	-12.13	3.24	14.62	25.77	10.27
	占無店面零售比重（%）	0.50	0.37	0.33	0.28	0.29	0.30
無店面零售代理	銷售額	108.32	113.04	112.72	124.22	109.05	46.30
	年增率（%）	7.02	4.36	-0.28	10.20	-12.21	-24.70
	占無店面零售比重（%）	9.76	8.65	7.37	5.96	4.40	3.57

資料來源：整理自財政部財政統計資料庫，「營利事業家數及銷售額第8次、第9次修訂（6碼）及地區別」，2018-2023。

資料擷取：2023年10月

說　　明：1. 上述表格數據會產生部分計算偏誤係因四捨五入與資料長度取捨所致，但並不影響分析結果。

2. 銷售額為2023年1-7月累計值；年增率則為與去（2022）年同期相較。

2. 因財政部2023年稅務行業標準分類第9次修訂針對4871電子購物及郵購業進行子類調整，與2022年的分類有所不同，比較基礎不同，故不計算「經營郵購」、「經營電視購物、電台購物」與「經營網路購物」等細項業別之成長率。

2. 營利事業家數

在無店面零售業家數方面，近5年的無店面零售業營利事業家數持續增加，年增率都在雙位數以上，2022年無店面零售業共計43,394家，較2021年成長17.90%，占整體零售業比率11.26%，為近5年新高。2023年其他無店面零售業的家數持續成長，2023年7月共有49,202家，較2022年同期成長21.01%。再從細項產業類別來看，其中以網路購物家數達38,974家為最多，占無店面零售業家數89.81%；其次為非店面零售代理的1,265家，占無店面零售業家數2.92%；其餘細項行業家數均未達千家。觀察營業家數消長情形，近5年除了電視購物、電臺購物、非店面零售代理與單層直銷（有形商品）之家數減少外，其餘細項行業2022年的家數都較2018年有所成長，尤其是經營網路購物在2018年至2022年間增加22,504家為最多；其次分別為多層次傳銷（佣金收入）增加333家與多層次傳銷（商品銷貨收入）增加188家（表4-5）。

表4-5　其他無店面零售業家數統計（2018-2023年7月）

單位：家；%

業別		2018年	2019年	2020年	2021年	2022年	2023年7月
零售業總計	家數	364,389	366,720	373,358	385,396	392,706	399,477
	年增率（%）	0.11	0.64	1.81	3.22	1.90	2.54
其他無店面零售業總計	家數	20,819	23,488	29,215	36,806	43,394	49,202
	年增率（%）	18.02	12.82	24.38	25.98	17.90	21.01
	占零售業比重（%）	5.71	6.4	7.83	9.55	11.26	12.32
經營郵購（原郵購）	家數	16	14	14	13	18	33
	年增率（%）	6.67	-12.50	0.00	-7.14	38.46	-
	占其他無店面比重（%）	0.08	0.06	0.05	0.04	0.04	0.07
經營電視購物、電台購物（原電視購物、網路購物）	家數	960	853	752	690	628	577
	年增率（%）	-74.09	-11.15	-11.84	-8.24	-8.99	-
	占其他無店面比重（%）	4.61	3.63	2.57	1.87	1.45	1.17
經營網路購物（原網際網路拍賣）	家數	16,470	19,338	24,990	32,435	38,974	44,658
	年增率（%）	54.79	17.41	29.23	29.79	20.16	-
	占其他無店面比重（%）	79.11	82.33	85.54	88.12	89.81	90.76
單層直銷（有形商品）	家數	225	249	255	245	226	230
	年增率（%）	-3.43	10.67	2.41	-3.92	-7.76	-1.29
	占其他無店面比重（%）	1.08	1.06	0.87	0.67	0.52	0.47

業別		2018年	2019年	2020年	2021年	2022年	2023年7月
多層次傳銷（商品銷貨收入）	家數	766	797	861	907	954	1,001
	年增率（%）	0.66	4.05	8.03	5.34	5.18	8.10
	占其他無店面比重（%）	3.68	3.39	2.95	2.46	2.20	2.03
多層次傳銷（佣金收入）	家數	487	530	643	731	820	893
	年增率（%）	12.21	8.83	21.32	13.69	12.18	15.23
	占其他無店面比重（%）	2.34	2.26	2.20	1.99	1.89	1.81
以自動販賣機零售商品	家數	542	392	425	476	509	551
	年增率（%）	11.75	-27.68	8.42	12.00	6.93	11.31
	占其他無店面比重（%）	2.60	1.67	1.45	1.29	1.17	1.12
無店面零售代理	家數	1,353	1,315	1,275	1,309	1,265	1,259
	年增率（%）	-0.95	-2.81	-3.04	2.67	-3.36	-3.75
	占其他無店面比重（%）	6.50	5.60	4.36	3.56	2.92	2.56

資料來源：整理自財政部財政統計資料庫，「營利事業家數及銷售額第8次、第9次修訂（6碼）及地區別」，2018-2023。

資料擷取：2023年10月

說　　明：1. 上述表格數據會產生部分計算偏誤係因四捨五入與資料長度取捨所致，但並不影響分析結果。

2. 家數為2023年7月數值；年增率則為與去（2022）年同期相較。

3. 因財政部2023年稅務行業標準分類第9次修訂針對4871電子購物及郵購業進行子類調整，與2022年的分類有所不同，比較基礎不同，故不計算「經營郵購」、「經營電視購物、電台購物」與「經營網路購物」等細項業別之成長率。

三、零售業政策與趨勢

近年來，受疫情影響，大眾的生活、工作與消費模式和習慣都出現了巨大的改變；在防疫零接觸、居家上班上課等需求帶動下，消費者對於數位服務的接受程度大幅提高。隨著疫情逐漸走向輕症化，民眾生活雖慢慢回歸正軌，但數位科技已經悄然融入於民眾各項日常活動之中，當消費者從線上消費回到實體門店時，零售業者無法再用以往傳統的經營模式滿足消費者的需求。因此，為了爭取消費者持續青睞，如何運用數位科技更聰明、更有效率地與顧客互動，以及提供更好的服務體驗，成為零售業升級轉型的重點方向之一。

（一）國內發展政策

為推動國內的商業服務業創新發展，經濟部主要產業發展策略為智慧化與數位化。其中，智慧化的部分是透過自主開發或補助業者開發智慧科技方案及新商業服務模式，以提升便利性與營運效率，並擴大在國內的應用規模與海外輸出；而數位化的部分則是協助零售業者使用雲端解決方案等數位工具蒐集及共享數據，並運用數據回饋驅動中小型零售業者數位轉型，以發展新商業模式、拓展新市場。

1. 智慧化

協助業者應用人工智慧（Artificial Intelligence, AI）及物聯網（Internet of Things, IoT）等科技發展創新商業服務方案及模式，布局疫後消費新生態商機。2022年補助7案創新服務模式，並且透過以大帶小或整合共享模式，擴大智慧科技應用規模，共促成5,414個營業據點導入創新營運服務，新增新臺幣12.6億元商品銷售與服務營收。

此外，2022年亦協助Tina廚房、詩肯柚木家具、NATURALLY JOJO服飾、基隆陽明文化藝術館、大溪形象商圈、大成鋼隆美、國道蘇澳服務區全家便利商店等7家品牌業者，運用全景影像技術，整合數位優惠券、商品互動模組等數位方案，發展虛擬門市服務，提升全通路行銷與線上線下的導客能力，強化顧客對於品牌的印象，提升國內零售業者的全通路行銷與引客導流能力。

2. 數位化

2022年遴選九大類別、508個雲端解決方案，包含428個單項方案、80個組合方案，提供給中小型數位能力較弱之店家依其轉型需求選用，帶動3,793家（4,198家次）中小型零售、餐飲、休憩服務、生活服務業業者上雲使用數位服務，提升其數位營運力。同時亦透過關懷會議、補助案期中、期末審查會等方式，提供業者營運和數位能力缺口的細緻化諮詢輔導，針對轉型過程遇到的問題提供解決方案建議或資源媒合。

此外，亦針對中大型數位能力較高之業者，由主導業者帶動區域店家，或是透過連鎖經營業者連結中下游、門店及合作夥伴，透過數位工具共享數據來發展新商業模式。2022年共推動52案數位轉型個案，其中以零售業32案為最多，整體帶動15,914家合作業者，增加2,951位就業人數，並促成消費金額逾117.24億元，增加業者營收成長達93.82億元，及22.66億元的投資。

（二）趨勢與案例

1. 綜合商品零售業發展趨勢

公平交易委員會於2022年7月15日審核後附帶條件通過全聯福利中心收購大潤

發；另於2023年5月5日在附加部分負擔後，通過統一併購家樂福一案。以上兩案的通過將使統一與全聯零售雙雄囊括超級市場、便利商店與量販店等零售產業全通路，顯示我國的綜合商品零售業發展將走向「大者恆大」。

（1）百貨公司業

百貨公司業在新冠疫情期間嚴重受創，經濟部統計處的調查顯示，在2020年至2021年間，百貨公司業的營業額年增率為-0.32%與-3.24%，營收規模也首次被便利商店超越。2022年隨著疫情趨緩，百貨公司周年慶活動陸續登場，累積的報復性消費量能帶動百貨公司業業績成長，同樣根據經濟部統計處的數據，2022年的百貨公司業營業額成長15.19%，不但大幅超越疫情前，營業額占比也重返綜合商品零售業之首位。

面對疫情帶來的消費者習慣改變，還有疫後強調客戶體驗的趨勢，百貨公司業近年來朝向數位轉型以及主題式購物商場的方向發展。在數位轉型方面，主要透過發展會員經濟、鞏固會員消費黏著度、加強網路社群經營與推播以及串接線上購物與實體樓館等方式，強化消費者的購買動能，維持業績的持續成長。此外，Outlet（暢貨中心）為近年興起的新百貨模式，由於同時滿足消費者購物、美食、休閒、娛樂與觀光之複合型需求，加上寬廣的占地面積與國外街道的設計感，成為國人假日喜愛遊逛的去處，Outlet市場的營業額亦有高度的成長。

（2）超級市場業

2020年至2021年疫情期間，因疫情管制實施居家上班上課與保持安全社交距離等措施，民眾減少外出用餐，增加自煮的頻率，提高對於居家備品與民生物資的需求，使得超級市場業的業績提升。經濟部統計處的調查數據顯示，2020年與2021年超級市場業的營業額創新高，年增率分別為10.67%與7.95%。不過因疫情逐漸趨於平緩，民眾生活採買的數量與頻率回歸常態，囤積居家備品與民生物資的需求下滑，也抑制了超級市場業的業績成長，2022年超級市場業的營業額2,547.93億元雖然續創新高，但年增率僅2.66%，為近10年來之低點。

我國超級市場業前三大業者的店數占整體超級市場業之8成以上，根據流通快訊超市店數的統計數據，2022年超級市場業店數占比最高者為全聯福利中心（42.92%），其次為美廉社（30.79%），家樂福超市（9.39%）則位居第三。我國超級市場業產業集中度相當高，各領導廠商的發展策略卻有所差異。其中，全聯福利中心持續積極展店，為提供消費者更好的零售服務體驗，以推展大型、旗艦店面為主；

而美廉社則是朝向小型門店發展，將主力放在既有門店的商品品類優化，並期望透過異業結合提升消費者體驗，展店速度相對全聯福利中心而言較不積極。

（3）連鎖式便利商店業

走過疫情衝擊，隨著防疫管制措施放寬，便利商店門市恢復內用座席，吸引實體人潮的回流，也帶動連鎖式便利商店業的業績持續成長。經濟部統計處的調查數據顯示，2022年連鎖式便利商店業的營業額續創新高達3,820.74億元，年增率為5.71%。

疫後民眾逐漸回歸生活常軌，對於甜點、鮮食與熱食的外食需求也逐漸增加；對此，便利商店業者透過與知名美食業者聯名的策略，擴大推出聯名鮮食商品，滿足民眾嘗鮮需求。因連鎖式便利商店業者快速展店，門店密度過高導致人潮分流，過去透過增加門市帶動業績成長的策略效果越來越小。除了陸續推出聯名商品保持消費者新鮮感，開設跨業合作的各種複合式門店，以期能同時滿足消費者的不同消費需求，已經成為便利商店業者重要發展方向。例如7-ELEVEN推出美妝、書籍、現打啤酒等多種複合型態；全家除了與大樹醫藥合作開設複合型藥局，在2022年也推出「FamiSuper超市店」，提供包括生鮮蔬果、冷凍肉品與即食調理品等商品，以滿足民眾對於生鮮食品之需求。

（4）零售式量販業

在疫情期間，疫情管制措施增加民眾居家備品與民生物資的需求，使得零售式量販業業績提升，經濟部統計處的調查數據顯示，2020年與2021年零售式量販業營業額的年增率明顯高於疫情前，分別為8.86%與6.64%。不過疫後民眾居家備品與民生物資囤積需求減少，抑制零售式量販業成長速度，2022年營業額2,490.99億元雖然續創新高，但年增率僅2.11%，為2014年以來之低點。

近年來零售業各業態之間的界線越來越模糊，統一超商與全聯福利中心透過併購方式布局量販通路，其中超市龍頭全聯福利中心自身又以大型門店作為布局主力，透過增加產品品項與種類以滿足消費者的各種民生需求，使得量販與超市之間的差異更加模糊，也讓其他零售式量販業者競爭壓力越發沉重。此外，零售式量販業門店所需面積大，尋址展店相對不易，加上原物料價格上漲，以及國內缺工問題越發嚴重，使本業門店數量拓展面臨瓶頸，成長動能也相對受限。

2. 無店面零售業發展趨勢

過去幾年受到疫情影響，消費者的購物習慣朝向線上轉移，加上智慧型手機普及，民眾愈來愈習慣網路購物，也帶動電子商務加速發展。根據財政部的統計數據，在2020年至2022年間，無店面零售業的業績快速成長，年增率都在雙位數以上。

不過因民眾自主防疫觀念強，且隨著疫苗接種普及率逐漸提高，2022年下半年起，與疫情共存成為社會常態，消費者陸續回歸實體場域活動，加上政府為提振內需推出的國旅補助方案，抑制了疫情期間因宅經濟所帶動的線上消費動能。此外，疫情期間為因應消費者轉往線上消費的趨勢，實體零售業者積極轉型開拓電商業務，也瓜分了原屬無店面零售業的市場需求。經濟部統計處的調查結果顯示，2020年至2021年其他非店面零售業營業額的年增率分別為12.21%與13.97%，2022年降至8.26%，到了2023年第1季則進一步降至1.07%，顯示在疫後民眾回歸實體消費，無店面零售業市場規模成長動能開始趨緩。

3. 案例分析

隨著疫情的爆發，消費者的購物習慣與模式從線下轉移到線上，雖然在疫情逐步平息後，又從線上慢慢回流到實體，但消費者的生活模式、工作型態和消費習慣卻已改變而無法完全回到過往，傳統的零售業經營模式已不能滿足消費者的需求。因此，透過線上線下通路的整併，提供消費者在虛實融合全通路之間，不受限制且不間斷的消費體驗，成為在疫情後零售業者勝出之關鍵。

（1）誠品「全通路生活品牌生態圈」

誠品以24小時經營的書店聞名，過去在門店拓展上以大型店為主力，相較於一般區域型書店，銷售商品除了最為核心的書籍外，還廣泛地納入特殊風格的生活用品、文具、設計家居與餐飲等品項，透過多元的業態與服務增加消費者的黏著度。不過隨著行動裝置的普及與數位科技的發展，消費者閱讀與購物的習慣有所改變。多元的電子書閱讀工具削減了消費者對於實體書籍的需求，線上購物的比重也逐漸提高，加上疫情推波助瀾，實體店面的經營受到嚴峻的挑戰與影響。

對此，誠品在疫情前即規劃推出新的全通路計畫，並於2020年推出自行設計與經營的線上電商平臺「誠品線上eslite.com」，提供包括書籍、獨特風格文具、生活用品以及米麵衛生清潔等民生用品在內的百萬種商品，搭配新擴建的倉儲型物流系統以及既有超過2百萬的實體店會員，串連起實體門店與線上通路，建構以閱讀及生活為主的內容型生態圈，搶攻線上線下虛實整合商機。

走過疫情，消費者的消費行為發生劇變，由於在網路上就能購足所需的不同商品，降低了消費者耗費交通時間至實體門店消費的意願。「山不向我走來，我便向山走去」，既然消費者不來，誠品就走進社區貼近消費者，採取「大小並進」的展店策略，一方面持續開展數百坪的大型門店，另一方面也與建商合作拓展百坪以下的中小型社區門店。

除了走進社區主動靠近消費者，誠品生活時光還在服務內容上做出差異化，創造吸引消費者進入門店的誘因。誠品生活時光社區門店不同於過往大型門店展店所採用之「連鎖不複製」的模式，為了能夠快速展店，採用服務模組化的規劃，除了維持誠品原有的書籍外，另外還加入了餐飲、生鮮食材、日常用品與展演等元素，提供更為貼近消費者日常生活的消費體驗。

在書籍的部分，由於門店規模不如大型店，因此會依據整體銷售數據陳列推薦新書、暢銷或長銷書籍，且不以書脊而是以封面作陳列，讓書櫃不因受限門店坪數而出現空虛的感覺。而在餐飲部分，為了增加消費者停留駐足的時間，也設立「TEA ROOM」美味廚房全天候提供餐食，除了三餐也有午茶點心，為社區消費者提供更多的用餐選擇。此外，為了便利社區消費者生活所需，誠品生活時光提供從文具、購物包、香水、小布偶到個人清潔用品的精選百貨，以及產地直送的小農生鮮蔬菜與奶蛋等。最後，誠品生活時光也會安排規劃如讀書會、藝文作品展覽等展演活動，加強與社區消費者之連結。

綜觀誠品近年的發展以建立線上線下虛實整合的「全通路文化生活生態圈」為發展目標，透過線上銷售平臺與手機App串連既有的書店、文具店、食材店、畫廊、酒窖、旅館、展演空間等實體通路，擴展與消費者的接觸點。不過疫情前誠品以大型門店為拓展主力，疫情後則是為了能夠主動深入民眾生活，改以可模組化複製的方式開展小型社區店，並且利用所建構的線上銷售平臺與物流配送系統，讓消費者可以連接到上百萬種商品，突破社區門店因面積小而限制陳列品項的問題。透過大小門店同步拓展，並且配合「誠品線上」銷售平臺達到線上線下相互引流，進而達到線上線下虛實整合全通路的目標。

（2）新光三越「異業結合，擴大零售生態圈內容」

自2020年新冠疫情爆發後，政府為了防疫推動實聯制、出入口管制、人流管控降載等措施，加上民眾自主防疫減少出入公共場所，使得百貨公司成為疫情影響的重災區。對此，新光三越除了加強落實防疫，也加速推動數位轉型，包括協助美食街廠商外送服務、擴展自有店商平臺的品類與品項，以及開發「專櫃即時推薦系統」讓櫃臺人員可以串聯會員資料，針對熟客進行客製化的產品推薦等。透過這些因應疫情的數位轉型措施，讓新光三越的營運重心從線下轉為線上線下並存的虛實整合模式，多通路之間的消費者交互導流，使得新光三越能夠迅速因應疫情帶來的衝擊。

2022年疫情逐漸平息後，新光三越以「新體驗」、「新消費」與「新永續」等三大方向作為營運方針。其中，在「新體驗」方面，在高雄設立「SKM Park Outlets 高雄草衙」，集合Outlet商場、鈴鹿賽道樂園、美食街、保齡球場、大魯閣棒壘球打擊場、VR虛擬實境樂園等吃喝玩樂全方位設施，加上模仿歐洲大街的環境造景，提供結合娛樂、多元生活業態設施的消費體驗。「新永續」方面則是持續推動使用環保的餐具與包裝，並強化食品安全。

至於在「新消費」的部分，為了讓消費者有更好的消費體驗，新光三越持續發展數位服務，打造「開放式會員生態圈」。新光三越疫情前即有深厚的會員制度基礎，疫情間加速數位轉型建置線上零售通路，2022年結合新光三越App與旗下行動支付skm pay，開發全新點數制度「skm points」。為了活絡會員使用意願，新光三越透過與旅遊、展覽展演、美食等異業結合，讓會員除了在實體門店購買精品與飲食外，也能有更多線上消費的可能性，例如導入展演售票服務，或是與旅行社及時尚媒體等外部平臺合作，提供旅遊行程和時尚商品之推薦選購等服務。透過建構多元的會員生態圈，讓消費者使用新光三越App與「skm points」時，可以一次滿足食衣住行育樂各面向的需求，進而提升消費體驗與黏著度。

第三節 國際零售業發展情勢與展望

一、全球零售業發展現況

2020年爆發的新冠疫情對於全球零售業造成嚴重衝擊，也讓全球零售業銷售額出現負成長。隨著電子商務急速擴張與疫苗研發施打，根據國際市場調查機構eMarketer的統計數據，2021年至2022年全球零售業銷售額分別較前一年成長12.50%與6.82%。2023年雖然疫情影響逐漸消退，但全球零售業面臨到如地緣政治、美中貿易摩擦、物價上漲等更多的外部挑戰，抑制了本業的成長動能，因此，eMarketer預測2023年全球零售業銷售額僅將較2022年成長3.90%。

根據勤業眾信（Deloitte）所發布之「2023零售力量與趨勢展望」報告，評選出

2021會計年度（2021年7月1日至2022年6月30日）全球前250大零售業，從產品類別來看，在前250大零售企業中，以販售個人清潔用品、食品、家庭清潔用品、菸酒等商品的快速消費品零售商最多，家數為136家，營收合計占前250大零售企業的63.8%；其次為消費性電子與娛樂商品零售商的57家，營收占比21.4%；再其次為服飾與配件類別、多角化企業，分別有38家與19家，營收占比為9.3%與5.4%。

若從不同產品類別零售商的營收成長率來看，根據勤業眾信的調查顯示，2021會計年度中營收成長最快的類別為服飾與配件類零售商，較前一會計年度成長31.3%；其次為多角化零售商的15.6%。此兩類產品類別零售商受益於全球疫情趨緩，各國放寬相關防疫限制，消費者開始外出消費與旅遊，並且恢復至實體門店消費，進而帶動服飾與配件等需求。至於在2020會計年度中，因疫情爆發迫使民眾減少外出，帶動消費性電子與娛樂商品需求，也使得該類別零售商營收較2019會計年度增加14.5%。不過在2021會計年度因全球疫情已經逐漸趨緩，民眾生活逐漸回到常軌，此類商品之零售商營收年增率下滑至9.3%。

二、國外零售業發展現況

（一）Amazon「智慧服飾店Amazon Style」

邁入疫後時代，原本在疫情期間轉向線上的消費者逐漸回到實體門店，不過消費習慣與模式已然改變，對於客製化購物體驗的期望也愈來愈高。因此，如何整合如人工智慧、虛擬實境（VR）與大數據分析等科技，提供便利且具個人化的獨特沉浸式購物體驗，成為零售業者掌握疫後消費商機的關鍵。

美國電商龍頭Amazon以線上書店起家，2015年起陸續開設實體書店，2017年則是收購有機食品連鎖店「全食超市」（Whole Foods Market），不僅跨通路地將線上通路拓展到實體商店，也針對跨產業領域進行整合。2022年將觸角延伸到服飾品，有鑑於傳統服飾店的商品陳列雜亂，消費者不易找到合適的衣物，加上試衣空間不足，難有良好購物體驗，為改善此問題，2022年Amazon啟用首間新型態實體服飾百貨店「Amazon Style」，透過大量科技的應用來優化消費者購衣體驗。

不同於傳統服飾店會將服飾的各種尺寸放於架上，讓消費者自行挑選後帶至試衣間試穿，「Amazon Style」在商品陳列上，衣桿上單一樣式服飾只會有一種尺寸樣衣，消費者只需使用手機App掃描架上QR Code，即可查詢該樣式服飾在店內的尺寸、顏色與庫存量，若要試穿該樣式，消費者只需在手機App上選擇尺寸與顏色，系統便會協助安排試衣間，同時也會由店員協助將欲試穿之衣物送至試衣間。如此一來，店面便可透過充裕的空間陳列更多款式服飾，並可設置更多試衣間，讓消費者不用拎著許多衣物排隊試穿。若消費者有試穿更多衣物的需求，試衣間內亦設置有平板，消費者只需點選品項，即有專人送至試衣間。

此外，「Amazon Style」也導入AI演算法來提升消費者體驗。透過串連「Amazon Style」的手機App，可以記錄消費者的身形尺碼以及過往消費購買衣物的風格，App將運用演算法推薦消費者可能有興趣的服飾樣式，更精準地進行客製化的商品行銷。

除了上述特色，「Amazon Style」也極力整合線上線下通路，提供消費者更加多元的全通路消費體驗。消費者可以在網路上找尋喜歡的服裝樣式，然後在Amazon Style實體店面親自試穿、購買；同時，消費者也可以在「Amazon Style」實體店面進行試穿後，轉往線上通路購買。

（二）Nike「Nike Refurbished」

當前眾多國際組織發表之研究報告顯示，消費者行為的改變是關乎減碳成效的重要關鍵之一；隨著淨零排放成為全球性的議題，消費者對於購買永續性商品的意願越來越高，且認知到快時尚商品對環境帶來重大的負面影響，因此對於二手商品的接受程度日益提升。再者，全球原物料價格受到地緣政治、美中貿易摩擦等因素影響而不斷上漲，導致新品價格越來越高，平價二手商品逐漸受到消費者的青睞。根據勤業眾信的《全球2022節慶假期零售調查》（Global's 2022 Holiday Retail Survey），有32%的美國消費者為了省錢願意在節慶假期購買二手商品，其中尤以服飾、玩具與休閒嗜好商品更為熱門。因此，也有越來越多零售業者開始進軍二手商品市場。

運動用品巨頭Nike在2021年啟動「Nike Refurbished」計畫，針對球鞋制定回收計畫。由於消費者穿過的鞋子難免因時間遞移而產生磨損與沾染髒汙，因此Nike將使用過的鞋子回收並絞碎後，作為運動場地舖面的材料。但是Nike發現這些被消費者退回的鞋子中，有許多仍接近於全新狀態，若透過翻新可以賦予鞋子的新價值，因此，在「Nike Refurbished」計畫中，消費者可以在購買後的60天內將球鞋退回，交由Nike各地門店回收，經過人員進行清洗、消毒、修復與翻新後，依據鞋子的情況區分成「幾近全新」、「輕微磨損」或「瑕不掩瑜」等3個等級，並且標上新的價格後再次販售。「Nike Refurbished」計畫啟動後至2022年，已經翻新超過20萬雙球鞋，同時並以折扣價格重新回到門店架上進行販售，除了創造出鞋子的延伸價值，也達成企業永續經營目標。

第四節 結語與建議

一、零售業轉型契機與挑戰

零售業在過去3年籠罩於疫情下造成莫大衝擊，線上購物的便利性正好符合防疫期間低接觸之需求，消費者的購物行為加速往線上轉移，電子商務遂成為零售業中擴張速度最快的部分，也帶動實體業者紛紛開拓線上通路。然而，隨著疫情逐漸消退，消費者開始回到實體門店消費，線上零售規模雖然還在成長，但已經出現明顯的減速，主要歸因於實體通路購物所帶給消費者的體驗感，是目前線上通路購物難以完全取代的。

隨著疫情起伏消退，消費者購物行為從線下快速轉移到線上，爾後又邁步回到線下，這段看似只是回歸正常的過程中，其實消費者的購物行為已悄然改變。隨著消費者對購物體驗日漸重視，提供個人化、客製化，以及兼具網路購物便利性、實體門店體驗感的服務，已是新零售時代零售業者勝出的重要關鍵，而數位科技的應用更是不可或缺。

首先，須先掌握個別消費者生活習慣與消費模式，才能提供個人化與客製化服務，因此運用數位工具蒐集分析消費者的相關資訊，做到瞭解消費者進而提出精準的行銷與服務，成為零售業者經營模式必須改變與突破之處。再者，經過疫情洗禮，消費者的消費破碎化，在線上線下間自由轉換，不再限定於單一通路作為主要購物管道。零售業者必須加速朝向線上線下整合的虛實整合模式發展，且能同時極大化地滿足消費者對於不同產品與業態的需求，才能在新零售通路下的戰國時代吸引消費者的青睞。

綜而言之，疫後新消費模式浮現，對於各零售通路業者來說是開拓市場的重要契機，而要抓住新的消費商機，應用新興科技、整合線上線下通路以及建構消費生態圈，則是零售業者轉型的重要挑戰。

二、對企業的建議

不論在疫情前或疫情後，商品是否符合需求、價格是否可以接受，以及取得商品的便利程度，均為消費者進行消費決策時最核心的考量因素。但在疫情消退之後，除了前面3個因素，消費者購物時也開始重視消費過程中的個人化與服務體驗，這也是新零售時代促成交易的重要關鍵因素。對此，提出以下建議作為零售業優化經營模式及提高競爭力之參考，分述如下。

（一）利用數位工具加強顧客經營

要提供個人化與客製化的服務，必須對消費者的生活、消費模式與習慣有充分的掌握，才能據以進行精準行銷。因此，建議零售業者應持續加強顧客之關係管理，透過數位工具建構會員制度、消費紅利集點機制等，蒐集並累積線上線下的消費者個人特徵、消費習慣與偏好等資訊，並使用大數據分析、人工智慧等新興科技釐清消費者輪廓與需求，針對不同顧客族群提供各種量身訂製的行銷活動與產品推薦，進而提升消費者體驗。

（二）針對消費者需求建構零售生態圈

建構能滿足消費者對不同產品、服務與業態需求的零售生活圈，將有助於提升消費體驗與黏著度，惟應注意，在顧客需求導向之前提下，以消費者生活為中心乃建構零售生活圈的不二心法。從前文描述之誠品生活與新光三越的案例可以知道，必須著眼於目標客群的需求，進行不同產品、服務和業態的組合與經營，才能產生綜合效益並提升消費體驗。

附表 零售業定義與行業範疇

根據行政院主計總處《行業統計分類（第11次修正）》之定義，零售業為從事透過商店、攤販及其他非店面如網際網路等向家庭或民眾銷售全新及中古有形商品之行業。零售業各細類定義及範疇如下表所示。

表 行政院主計總處《行業統計分類（第11次修正）》定義之零售業

零售業小類別	定義	涵蓋範疇（細類）
綜合商品零售業	從事以非特定專賣形式銷售多種系列商品之零售店，如連鎖便利商店、百貨公司及超級市場等。	連鎖便利商店 百貨公司 其他綜合商品零售業
食品、飲料及菸草製品零售業	從事食品、飲料、菸草製品專賣之零售店，如蔬果、肉品、水產品、米糧、蛋類、飲料、酒類、麵包、糖果、茶葉等零售店。	蔬果零售業 肉品零售業 水產品零售業 其他食品、飲料及菸草製品零售業
布疋及服飾品零售業	從事布疋及服飾品專賣之零售店，如成衣、鞋類、服飾配件等零售店；行李箱（袋）及縫紉用品零售店亦歸入本類。	布疋零售業 服裝及其配件零售業 鞋類零售業 其他服飾品零售業
家用器具及用品零售業	從事家用器具及用品專賣之零售店，如家用電器、家具、家飾品、鐘錶、眼鏡、珠寶、家用攝影器材與光學產品、清潔用品等零售店。	家用電器零售業 家具零售業 家飾品零售業 鐘錶及眼鏡零售業 珠寶及貴金屬製品零售業 其他家用器具及用品零售業
藥品、醫療用品及化妝品零售業	從事藥品、醫療用品及化妝品專賣之零售店。	藥品及醫療用品零售業 化妝品零售業
文教育樂用品零售業	從事文教、育樂用品專賣之零售店，如書籍、文具、運動用品、玩具及娛樂用品、樂器等零售店。	書籍及文具零售業 運動用品及器材零售業 玩具及娛樂用品零售業 影音光碟零售業
建材零售業	從事漆料、塗料及居家修繕等建材、工具、用品專賣之零售店。	
燃料及相關產品零售業	從事汽油、柴油、液化石油氣、木炭、桶裝瓦斯、機油等燃料及相關產品專賣之零售店。	加油及加氣站 其他燃料及相關產品零售業

零售業小類別	定義	涵蓋範疇（細類）
資訊及通訊設備零售業	從事資訊及通訊設備專賣之零售店，如電腦及其週邊設備、通訊設備、視聽設備等零售店。	電腦及其週邊設備、軟體零售業 通訊設備零售業 視聽設備零售業
汽機車及其零配件、用品零售業	從事全新與中古汽機車及其零件、配備、用品專賣之零售店。	汽車零售業 機車零售業 汽機車零配件及用品零售業
其他專賣零售業	從事472至484小類以外單一系列商品專賣之零售店。	花卉零售業 其他全新商品零售業 中古商品零售業
零售攤販	從事商品零售之固定或流動攤販。	食品、飲料及菸草製品之零售攤販 紡織品、服裝及鞋類之零售攤販 其他零售攤販
其他非店面零售業	從事486小類以外非店面零售之行業，如透過網際網路、郵購、逐戶拜訪及自動販賣機等方式零售商品。	電子購物及郵購業 直銷業 未分類其他非店面零售業

資料來源：行政院主計總處，2021，《行業統計分類（第11次修正）》。

餐飲業現況分析與發展趨勢

商研院商業發展與策略研究所　李曉雲 前研究員

關鍵數字看產業　餐飲業

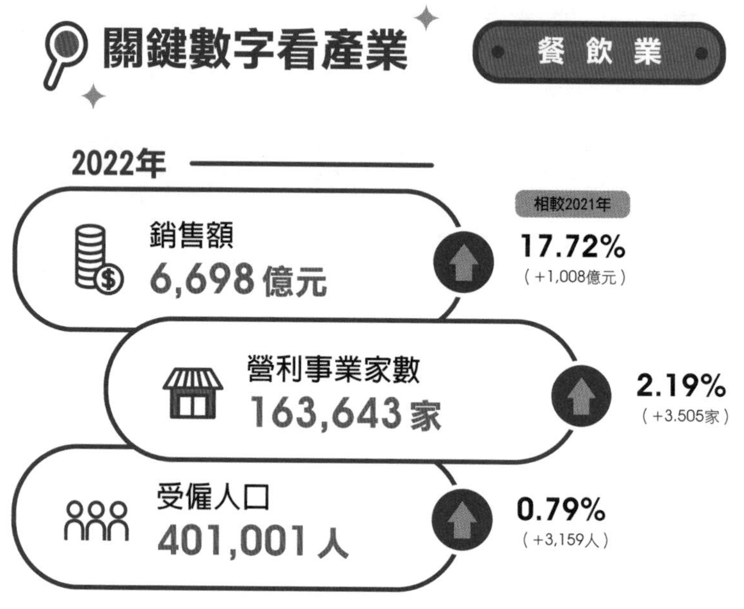

2018-2022年銷售額與營利事業家數趨勢

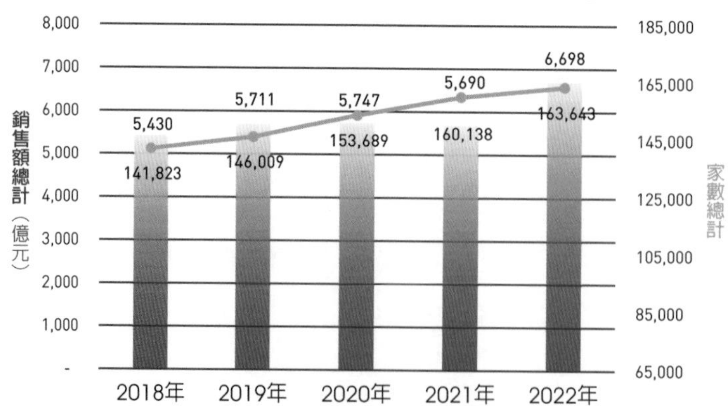

資料來源：整理自財政部統計資料庫，「營利事業家數及銷售額第8次修訂（6碼）及地區別」，2018-2022。

說　　明：上述數據會產生部分計算偏誤係因四捨五入與資料長度取捨所致，但並不影響分析結果。

第一節 前言

餐飲業是與民眾接觸最為頻繁且最重要的產業，對於我國這個以美食聞名的國家尤甚。根據行政院主計總處《110年家庭收支調查報告》統計，我國餐廳及旅館之家庭消費支出占比從2012年的10.58%，提升至2021年的12.77%，10年來上漲了2.19%。因生活型態轉變，外食成為現代人生活的一部分，不論是增進情感的親友聚餐，或是為了節省時間的快餐飲食，都推動我國餐飲業朝多面向發展。

持續3年多的COVID-19疫情，改變了我們的生活習慣，也改變了我們的飲食習慣，原本是因應疫情而衍生的外帶外送乃至冷凍餐食配送服務，現今已成為新常態。根據經濟部統計處統計，提供宅配及外送（含外送平臺）的餐飲業家數占比，2019年4月時為43.3%，隨著疫情爆發，2020年4月增至56.0%，2021年6月更因三級警戒攀升至67.0%，2022年5月疫情影響雖已趨緩，但占比仍舊高於2020年4月，來到64.6%。

據Coherent Market Insights的報告，餐飲業低接觸市場在COVID-19大流行期間快速成長，2021年全球市場規模達到123億1,650萬美元，預計到2030年將達到369億2,905億美元。[1]另外，聯合國糧食及農業組織（Food and Agriculture Organization of the United Nations, FAO）2021年發布的研究指出，全球糧食體系占全球人為溫室氣體排放量的三分之一以上，因此愈來愈多的餐飲業者開始關注永續食材的使用。[2]綜上所言，即使疫情趨緩，「低接觸市場」的需求仍將不減反增，再加上全球暖化議題持續發酵，餐飲業者投資「低接觸市場」，例如網路訂餐、無人智能販賣機等，或是「低碳飲食」，包括使用有機食材、當地食材和季節性食材，減少對化學肥料和遠距離運輸的需求，對餐飲業而言仍舊有其必要性。

隨著政府開始放寬防疫規範，為協助餐飲業者因應消費習慣改變，並鼓勵民眾消費，經濟部於2022年5月推出「餐飲業者行銷補助方案」，業者最高可享有10萬元的行銷經費補助。此外，許多餐飲業者在疫情後開始積極往海外拓展，經濟部的「推動餐飲業優質成長計畫」及「臺灣餐飲服務輸出拓展計畫」，即是針對有興趣將餐飲科技化、品牌優化、產品輸出及海外展店等業者，透過餐飲輔導、行銷展會等相關資

---

1 資訊來源：GCoherent Market Insights, 2021, “Contactless Payments Market Analysis”, retrieved June 14, 2023, from https://www.coherentmarketinsights.com/market-insight/contactless-payments-market-4190

2 資料來源：聯合國，2021，《糧食體系在全球溫室氣體排放量中占比超過三分之一》，取自https://news.un.org/zh/story/2021/03/1079852，最後瀏覽日期：2023/06/14。

源，協助餐飲業者進軍國際市場。

為洞悉餐飲業發展現況與趨勢，本章第二節將介紹我國餐飲業發展現況，依餐飲業（中業別、細業別）近年來營運概況、受僱概況之變化趨勢進行分析，並闡述我國餐飲業發展政策與趨勢，輔以實際案例說明；第三節說明主要國家（例如美國、中國大陸、日本等）餐飲業發展情勢與展望，第四節將彙整上述趨勢分析與相關案例，並歸納可能影響餐飲業的關鍵議題，據此提出對於我國餐飲業之建議，以供我國餐飲業者參考。

第二節 我國餐飲業發展現況分析

行政院主計總處於2021年1月完成我國《行業統計分類（第11次修正）》，將服務業範圍劃分為13大類。[3]餐飲業屬於I類「住宿及餐飲業」中之細項，係指從事調理餐食或飲料供立即食用或飲用之行業，另餐飲外帶外送、餐飲承包等亦歸入本類；其涵蓋類別包含餐食業（餐館、餐食攤販）、外燴及團膳承包業、飲料店業（飲料店、飲料攤販）。其中，餐食業係指從事調理餐食，並供立即食用之商店及攤販。外燴及團膳承包業係指從事承包客戶於指定地點舉辦運動會、會議及婚宴等類似活動之外燴餐飲服務，或是專為學校、醫院、工廠、公司企業等團體提供餐飲服務之行業，而承包飛機或火車等運輸工具上之餐飲服務亦歸入本類。

一、餐飲業發展現況

（一）銷售額

依據財政部公布之資料顯示（參見表5-1），2022年餐飲業銷售額約為新臺幣6,698億元，隨著疫情趨緩、國境解封，餐飲業年成長率大幅度上揚至17.72%，創下歷史新高。觀察2018年至2022年的銷售額變化，從5,430億元逐年攀升至6,698億元，銷售

[3] 服務業範圍劃分為13大類：G類「批發及零售業」、H類「運輸及倉儲業」、I類「住宿及餐飲業」、J類「出版影音及資通訊業」、K類「金融及保險業」、L類「不動產業」、M類「專業、科學及技術服務業」、N類「支援服務業」、O類「公共行政及國防；強制性社會安全」、P類「教育業」、Q類「醫療保健及社會工作服務業」、R類「藝術、娛樂及休閒服務業」、S類「其他服務業」。

額年成長率介在-0.98%~17.72%之間，年複合成長率為5.39%。受到疫情影響，2020年成長率偏低，2021年為期2個多月的全臺三級警戒，更使得銷售額直接掉落至-0.98%，2020年至2021年的COVID-19疫情，對於民眾餐飲消費之衝擊顯而易見。2023年因疫情趨緩，回歸常態生活，民眾聚餐、宴席、空廚餐點等需求回溫，2023年1-7月餐飲業累計銷售額為3,989億元，相較於2022年同期成長23.75%（參見圖5-1、表5-1）。

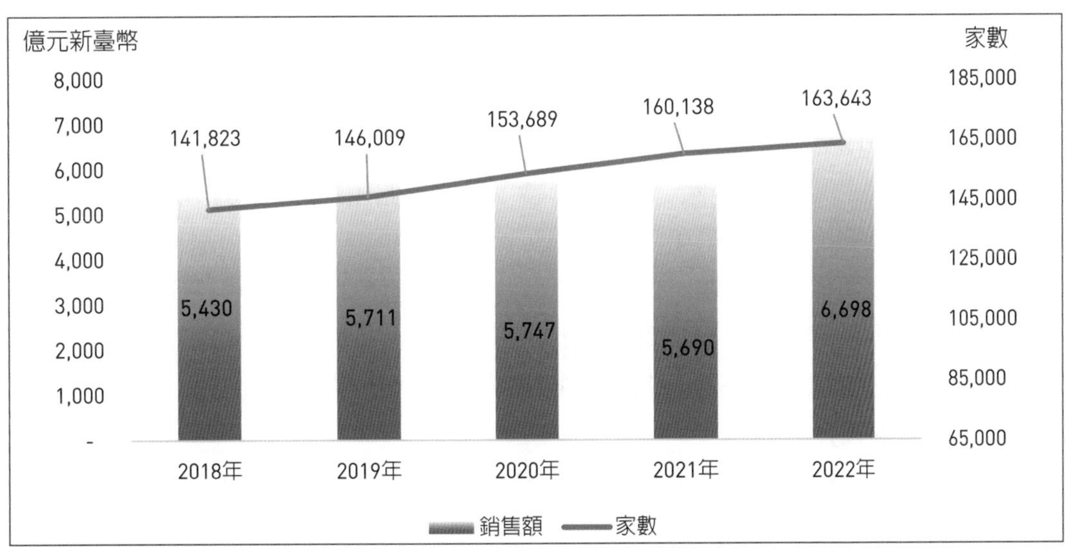

資料來源：整理自財政部統計資料庫，「營利事業家數及銷售額第8次修訂（6碼）及地區別」，2018-2022。

資料擷取：2023年6月

說　　明：上述數據會產生部分計算偏誤係因四捨五入與資料長度取捨所致，但並不影響分析結果。

圖5-1　餐飲業銷售額與營利事業家數趨勢

（二）營利事業家數

在營利事業家數方面，2022年底共計163,643家，相較於2021年增加了3,505家，年增率回歸至2.19%，低於2020年至2021年疫情期間的家數成長率。因應疫情出現了許多新型態餐廳，例如虛擬餐廳、街邊店，2年的經營型態轉變，也提升了2020年至2021年的營業家數，為餐飲業注入不同的元素，2022年則是回到穩定發展。觀察2018至2022年家數的變化，從2018年的141,823家逐年成長，每年成長率落在2.19%~5.26%之間，如上述，以2020年增幅最大，達5.26%。2023年內需消費力道強勁，帶動餐飲業營利事業家數持續成長，2023年7月餐飲業營利事業家數為166,199家，相較於2022年同期增加2.80%（參見圖5-1、表5-1）。

（三）受僱人數與薪資

2022年餐飲業之受僱員工為401,001人，較2021年略為成長0.79%，再次突破40萬人。近5年中，以2018年的年增率最高，達3.05%，之後則逐年遞減至2020年的-4.65%，是餐飲業20年來首次出現衰減的一年，所幸2021年開始緩慢回升。而2023年7月受僱員工人數為407,272人，相較於2022年同期增加1.72%。在性別方面，如同往年，女性受僱員工人數多於男性，以年增率來看，男性在2019年時為近5年來最高，為4.01%，然2020年遇到疫情衰退了5.33%，這也是男性自2002年來首度僱用人數衰減的一年，直到2022年都尚未回升到疫情前2019年的受僱人數；女性僱用人數近5年來呈現停滯狀態，2018年為成長率最高的一年，尤其是2020年，受疫情影響，餐飲業僱用女性人數下降至22.3萬人，年增率為-4.13%，2022年雖然女性僱用人數來到22.4萬人，但年增率卻為-0.33%。

為改善疫後產業缺工問題，勞動部勞動力發展署已於2023年5月1日開始推動「疫後改善缺工擴大就業方案」至2024年6月30日，針對缺工產業辦理專案媒合，經推介專案職缺就業，提供就業獎勵每月最高1.3萬元，鼓勵失業勞工積極投入缺工工作，以協助業者儘速補實人力。

其中針對餐飲業缺工，除由勞動力發展署於勞工端提供勞工就業獎勵，鼓勵勞工投入缺工行業外，雇主端部分，經濟部也持續推動協助餐飲業優質成長之相關計畫，協助餐飲業者導入智能點餐、送餐桌邊服務、智能語音或雲端訂位系統等智慧科技應用，同時透過數據分析進行精準行銷，大幅提升現場人力的安排配置、服務效率化，有效配置人力，提升獲利與競爭力，降低缺工影響。

在薪資方面，2022年平均薪資為新臺幣35,831元，是近8年來成長幅度最高的一年，年增率為3.72%，隨著疫情常態化，餐飲人潮回流，餐飲業人力需求大幅度提升；在歷年成長率方面，2018年至2022年雖然每年皆有正向成長，然而2020年和2021年受疫情衝擊，薪資成長率皆不到1.00%，因此2022與2018年的33,413元相比，5年來餐飲業薪資上漲2,418元，年複合成長率為1.76%。隨著全球解封，旅遊開始活絡，餐飲業人力需求增加，不少企業提高薪資以留才或招聘新員工，也因此2023年1-7月餐飲業受僱人員之平均薪資達38,795元，相較於2022年同期成長6.55%。

從薪資與性別方面來看，男性與女性總薪資差異幅度以2022年的3,130元最高，這與2019年前差距逐年縮小的狀況迥然不同，疫情似乎打亂了餐飲業既有的員工聘任標準，在疫情期間，以較平均薪資低的女性受僱員工取代部分男性離職者，因此不僅拉低2020年和2021年的整體平均薪資，也造成在2020年餐飲業女性平均薪資再次出現

表5-1　餐飲業銷售額、營利事業家數、受僱員工數與每人每月總薪資統計（2018-2023年7月）

單位：億元新臺幣；家；人；元新臺幣；%

項目	年度	2018年	2019年	2020年	2021年	2022年	2023年7月
銷售額	總計（億元）	5,429.90	5,710.91	5,746.96	5,690.36	6,697.54	3,988.60
	年增率（%）	5.23	5.18	0.63	-0.98	17.70	23.75
家數	總計（家）	141,823	146,009	153,689	160,138	163,643	166,199
	年增率（%）	3.59	2.95	5.26	4.20	2.19	2.80
受僱員工人數	總計（人）	403,605	412,725	393,515	397,842	401,001	407,272
	年增率（%）	3.05	2.26	-4.65	1.10	0.79	1.72
	男性（人）	173,163	180,111	170,503	173,065	176,963	178,944
	年增率（%）	2.46	4.01	-5.33	1.50	2.25	1.10
	女性（人）	230,442	232,614	223,012	224,777	224,038	228,328
	年增率（%）	3.50	0.94	-4.13	0.79	-0.33	2.21
每人每月總薪資	總計（元）	33,413	34,146	34,425	34,546	35,831	38,795
	年增率（%）	2.90	2.19	0.82	0.35	3.72	6.55
	男性（元）	34,742	35,350	36,032	36,232	37,580	40,147
	年增率（%）	2.43	1.75	1.93	0.56	3.72	4.68
	女性（元）	32,415	33,213	33,197	33,248	34,450	37,735
	年增率（%）	3.31	2.46	-0.05	0.15	3.62	8.22

資料來源：整理自財政部財政統計資料庫「營利事業家數及銷售額第8次、第9次修訂（6碼）及地區別」；行政院主計總處「薪情平臺」，2018-2023。

資料擷取：2023年10月

說　　明：1. 上述統計數值可能會與過去年度數字有些許差異，係因主管機關進行數據校正所致。

2. 銷售額為2023年1-7月累計值；家數為2023年7月數值；受僱員工數與每人每月總薪資為2023年1-7月平均值；年增率則為各數值與去（2022）年同期相較。

負成長（上次於2004年），雖然2022年已有所改善，但卻也產生男女總薪資差異擴大的現象（參見表5-1）。

二、餐飲業之細業別發展現況

（一）銷售額

由表5-2可看出，2022年餐飲業中的細項產業為餐館業、飲料店業、餐飲攤販業以及其他餐飲業。「餐館業」的銷售額占比明顯高於其他細項業別，約占8成左右，疫情帶給業者衝擊，也為業者帶來契機，經營模式轉變、數位化作業，再加上疫後復甦，使得餐館業2022年之銷售額年增率高達19.54%，優於其他細項產業表現。

「飲料店業」是年增率居第二的業別，由於飲料店本來就以外帶或外送居多，因此該細項業別受到COVID-19疫情衝擊程度相對輕微，2018年至2021年之年增率皆維持在3.00%以上，2022年由於「悠遊國旅」推波助瀾，各景點人潮湧現，手搖飲料店、冰果店和咖啡館業績增溫，銷售額成長率因此達11.01%，來到919.33億元。

「餐飲攤販業」是疫情下少數受惠的細項業別，民眾消費習慣改變，餐點改以外帶外送方式，讓營運模式本屬外帶的「餐飲攤販業」逆勢成長，2020年和2021年銷售額成長率皆突破1.00%，分別為1.29%和1.56%，是餐飲業中唯一年增率不減反增的細項產業。2022年，除了疫後商機外，經濟部加碼在傳統市場與夜市舉辦「半價銅板購」活動，進一步推升「餐飲攤販業」銷售，年增率達6.19%。

表5-2 餐飲業銷售額與年增率（2018-2023年7月）

單位：億元新臺幣；%

項目 \ 年度		2018年	2019年	2020年	2021年	2022年	2023年7月
餐飲業總計	銷售額（億元）	5,429.90	5,710.91	5,746.96	5,690.36	6,697.54	3,988.60
	年增率（%）	5.23	5.18	0.63	-0.98	17.70	23.75
餐館業	銷售額（億元）	4,380.09	4,620.00	4,642.69	4,553.99	5,443.68	3,295.87
	年增率（%）	5.64	5.48	0.49	-1.91	19.54	26.76
	銷售額占比（%）	80.67	80.90	80.79	80.03	81.28	82.63
飲料店業	銷售額（億元）	734.25	770.31	795.51	828.13	919.33	493.69
	年增率（%）	3.88	4.91	3.27	4.10	11.01	9.99
	銷售額占比（%）	13.52	13.49	13.84	14.55	13.73	12.38
餐飲攤販業	銷售額（億元）	88.79	88.98	90.14	91.54	97.21	58.21
	年增率（%）	0.55	0.22	1.29	1.56	6.19	4.98
	銷售額占比（%）	1.64	1.56	1.57	1.61	1.45	1.46
其他餐飲業	銷售額（億元）	226.78	231.61	218.63	216.71	237.32	140.83
	年增率（%）	3.84	2.13	-5.61	-0.88	9.51	18.65
	銷售額占比（%）	4.18	4.06	3.80	3.81	3.54	3.53

資料來源：整理自財政部財政統計資料庫「營利事業家數及銷售額第8次、第9次修訂（6碼）及地區別」，2018-2023。

資料擷取：2023年10月

說　明：1. 上述表格數據會產生部分計算偏誤，係因四捨五入與資料長度取捨所致，但並不影響分析結果。

2. 銷售額為2023年1-7月累計值；年增率則為與去（2022）年同期相較。

「其他餐飲業」主要包括了外燴及團膳承包、學校營養午餐供應。鑒於國境開放，來臺人次增加，學生回歸校園正常生活，及農委會擴大國產食材補助經費等利多因素，2022年銷售額年增率達9.51%，擺脫了2020年至2021年的疫情陰霾。

綜觀2023年1-7月餐飲業細項產業之銷售額，分別為餐館業3,295.87億元、飲料店業493.69億元、餐飲攤販業58.21億元、其他餐飲業140.83億元。若將上述銷售額與2022年同期銷售額相較，以餐館業之成長幅度（26.76%）最大，其次則為其他餐飲業（18.65%）、飲料店業（9.99%）、餐飲攤販業（4.98%）。

（二）營利事業家數

在營利事業家數方面，雖然經歷疫情的衝擊，但整體餐飲業2018年至2022年仍舊呈現逐年遞增趨勢。其中，「餐館業」的家數明顯高於其他細項產業，近5年來餐館類家數呈現逐年增加的趨勢，整體增幅為15.05%，年複合成長率為3.57%，有趣的是2020年疫情期間的「餐館業」家數成長幅度竟較2018年的3.87%和2019年的3.37%來得高，疫情推動「餐館業」轉型，也推動新型態餐廳出現，例如雲端廚房、虛擬餐廳、街邊店等。2022年，看好疫後國內消費力恢復，王品、瓦城泰統、漢來美食、築間餐飲等知名餐飲集團擴大展店計畫，因此2022年較2021年新增2,654家店，年增率為2.18%。

而「飲料店業」的部分，與「餐館業」相似，家數呈現逐年成長。由於該業受疫情衝擊力道較小，再加上進入門檻不高，甚至吸引到藝人、網紅與YouTuber等投資開設手搖飲料店，因此疫情期間家數成長幅度較「餐館業」更加顯著，2020年家數年增率為7.54%，2021年為7.11%，屬餐飲業細項產業當中，家數年增率最高的業別。2022年在疫情解封商機及振興政策等助力之下，2022年「飲料店業」店數來到27,415家，較2021年增加726家，年增率為2.72%。

至於「餐飲攤販業」，店家數原本逐年下降，2019年時已經低於9,000家，然而疫情改變了民眾的消費習慣，使得位於室外或路邊且以外帶、外送為主的「餐飲攤販業」，2020年店家數逆勢成長，年增率跳升至5.60%，數據重回9,000家以上，來到9,410家。2022年國境開放，來臺人次增加，商圈、夜市人潮湧現，再加上國旅補助、餐飲行銷補助和半價銅板購等措施陸續推出，2022年該業店數持續增加至9,779家，年增率為1.85%。

另外，「其他餐飲業」，雖然來臺觀光客增加，但觀光型態已有所轉變（例如個人化旅遊、體驗型旅遊），此外，企業為降低染疫風險，仍舊減少大型聚餐活動，疫後需求尚無法支撐所有業者正常營運，部分業者選擇持續退出市場，故2022年該業家數年增率為-2.35%，降至2,202家。若將2023年7月餐飲業細項業別的家數，與2022年同期比較，除了其他餐飲業降為2,196家，年增率為-0.72%之外，餐館業、飲料店業、餐飲攤販業等細項業別的家數皆持續成長，分別來到126,379家、27,615家、10,009家，年增率則分別為3.37%、0.29%、2.44%（參見表5-3）。

表5-3　餐飲業營利事業家數與年增率（2018-2023年7月）

單位：家；%

項目 \ 年度		2018年	2019年	2020年	2021年	2022年	2023年7月
餐飲業總計	家數（家）	141,823	146,009	153,689	160,138	163,643	166,199
	年增率（%）	3.59	2.95	5.26	4.20	2.19	2.80
餐館業	家數（家）	107,991	111,630	117,089	121,593	124,247	126,379
	年增率（%）	3.87	3.37	4.89	3.85	2.18	3.37
飲料店業	家數（家）	22,464	23,169	24,917	26,689	27,415	27,615
	年增率（%）	5.24	3.14	7.54	7.11	2.72	0.29
餐飲攤販業	家數（家）	9,020	8,911	9,410	9,601	9,779	10,009
	年增率（%）	-1.32	-1.21	5.60	2.03	1.85	2.44
其他餐飲業	家數（家）	2,348	2,299	2,273	2,255	2,202	2,196
	年增率（%）	-4.16	-2.09	-1.13	-0.79	-2.35	-0.72

資料來源：整理自財政部財政統計資料庫「營利事業家數及銷售額第8次、第9次修訂（6碼）及地區別」，2018-2023。

資料擷取：2023年10月

說　　明：1. 上述表格數據會產生部分計算偏誤，係因四捨五入與資料長度取捨所致，但並不影響分析結果。

2. 家數為2023年7月數值；年增率則為與去（2022）年同期相較。

三、餐飲業政策與趨勢

（一）國內發展政策

2022年隨著疫情輕症化，政府開始分階段放寬防疫規範，並鬆綁國境，2022年10月甚至開放入出境團體旅遊。為了讓疫情受創較重的餐飲業能夠盡快恢復，增強民眾消費動能，經濟部於2022年推出多項振興方案，與餐飲業相關的政策，可區分為科技化、國際化、市場拓銷等面向，以下將針對此三大面向來進行說明。

1. 科技化

經由這次疫情，業者認知到可利用科技降低衝擊，提升營運與行銷效能，故配合2021年10月推出的「五倍券」，經濟部自2021年11月1日起至2022年2月28日補助小店家於五倍券期間使用行動支付，以協助店家提升數位競爭力。此外，政府於2022年3-4月推出相關輔導，以協助我國餐飲業者導入智慧化科技應用，加強數位行銷能力，進而升級轉型。2022年經濟部協助了6家連鎖餐飲業者透過整合科技工具蒐集會員數據、分析，掌握門店營運狀況及會員習性、喜好，提升品牌競爭力，帶動超過2億元的營業額，並輔導了9家業者導入品牌優化、環境改造與清真認證等輔導，提升店家高值化服務。

2. 國際化

經濟部以「優質餐飲、系統轉型，海外媒合、國際對接」策略，並以「行銷臺灣特色美食，促進海外輸出落地，進軍國際市場」為目標，期望協助我國餐飲業進軍國際市場。於9月帶領11家品牌業者辦理「2022馬來西亞餐飲商機媒合活動」，成功促成6件合作案簽署；於9月在加拿大多倫多辦理「臺灣餐飲國際布局商務交流會」，共有11家餐飲業者及12家臺商企業參與，促成3家業者簽訂合作意向書；於10月辦理「2022臺灣美食國際商談媒合會」，邀集8國16家買主與24家我國飲業者，成功媒合6家業者簽訂合作意向書。

3. 市場拓銷之主題活動

經濟部除了自2022年5月辦理「餐飲業者行銷補助方案」，依業者行銷方案所需經費提供50%補助外，亦舉辦了多形態行銷主題活動，以下將針對這些主題活動進行簡要介紹。

（1）臺灣美食行動GO

「臺灣美食行動GO」自2018年舉辦至今已有5年之久，受到疫情影響，過往集結全臺特色美食，舉辦一系列主題性美食的實體活動取消。然而與平臺業者GOMAJI夠麻吉公司合作的線上「2022臺灣美食行動GO」，仍舊如火如荼地舉辦，除了讓民眾享有多項業者提供的好康優惠外，活動期間只要在GOMAJI App單筆消費滿額，即可以依序號享用折抵。此次邀集了712家餐飲業者、560個品牌參與，推廣民眾透過網路購物，享受美食並振興消費，該活動帶動餐飲產業整體營業額提升將近3億元。

（2）臺菜餐廳徵選

政府推動「臺菜餐廳徵選」活動，已經邁入第三年，2022年則是以山海臺菜為主軸，徵選出69家山海臺菜餐廳，再從中選出10大代表性餐廳，並於10月舉辦「山海臺菜餐廳頒獎活動暨佳餚宴」活動，現場讓餐飲職人們品嚐來自我國各地山海物產的豐富滋味，透過主題式行銷活動帶動餐飲業營業額成長，估計整體帶動金額超過7,000萬元。

（3）經濟部盒餐徵選

經濟部2022年所舉辦的「盒餐徵選」活動，以「米食」為主軸，鼓勵餐飲業者以我國米食及在地食材來製作優質盒餐，本次共徵選出98家盒餐業者，其中20家為精選盒餐，78家為優選盒餐，並於2022年下半年辦理北中南3場次「2022經濟部米食盒餐節」的頒獎暨展售活動，推廣全臺最優質、美味的盒餐，共吸引逾8.7萬人次，帶動盒餐業者整體營業額近1,500萬元。

（4）餐飲新食代產業沙龍

「餐飲新食代產業沙龍」於2022年12月辦理，邀請米其林綠星餐廳陽明春天江孝儒副總經理、EMBERS郭庭瑋主廚及國立高雄餐旅大學李怡君副教授擔任講師，分享他們在餐飲產業中的經驗和見解，並搭配網路直播，擴大活動效益，整體觸及人數約300人次。

（5）臺灣好食徵選

「臺灣好食徵選」活動主要是鼓勵廠商推出優秀的我國特色美食產品，提供消費者品嚐及認識我國在地美食的機會，增進國內外消費者對我國在地美食的認識。2022年徵選的重點為「臺灣農漁特產及伴手禮」、「臺灣素食及特殊飲食需求」、「臺灣原住民傳統美食」、「臺灣有機食品及環保包材」、「臺灣風味調味料及調酒飲品」、「臺灣在地創新美食」等六大類別，共選出36家業者及47個品項，並於10月舉辦相關行銷推廣活動，活動期間完成了350筆以上的訂單，活動專區超過3萬瀏覽人次。

（二）趨勢與案例

1. 我國餐飲業競爭態勢分析

歷經2年多的COVID-19疫情肆虐，餐飲業者2020年至2021年有多家老店或連鎖名店停業或退出我國市場，例如「老上海菜館」、「頂上魚翅」、「鄉香西餐廳」、「成吉思汗蒙古烤肉」、「麻布茶房」、「布列德麵包」、「孔陵一隻雞」、「赤から鍋Akakara」等。所幸2022年國內外疫情趨緩，政府開放邊境管制，看好民眾終於逐漸走向正常生活，許多餐飲集團加速展店並成立新品牌，以擴大營運，吸引新客源，例如王品2022年我國的總店數突破300家，看好2023年解封商機，預計於我國再新開50家店。此外，2022年我國亦成立了嚮辣、來滋烤鴨、最肉、初瓦、阪前和牛鐵板燒等5個新品牌；瓦城泰統2022年展店8家，總店數來到140家，並規劃3年內將展店60家；築間餐飲2022年總店家已達到139家，擴店速度較2021年成長約50%。新設立品牌為「絵馬別邸えまべってい」、「NAKAMA肉匠屋ステーキ」，其中加盟比例約30%、直營70%，2023年預計展店數將達到180家。

許多國外業者當然也看到此商機，選擇跨足我國餐飲市場，其中以餐館、咖啡店和速食店等類型居多。2022年持續在我國展店的有日本埼玉的薩莉亞（2022年1月八德家樂福店、2022年3月中壢站前店、2022年6月桃園愛買店、2022年9月信義ATT店）、泰國曼谷的帕泰家Baan Phadthai（2022年4月新竹巨城購物中心、2022年7月南紡購物中心）、日本的すき家（2022年5月桃園中山路店、2022年6月林口長庚醫院店、2022年9月大里國光店）、韓國的bb.q CHICKEN（2022年5月高雄民裕店、2022年6月鳳山青年店、2022年8月天母高島屋店）、韓國的起家雞（2022年6月三峽復興店和逢甲店、2022年8月高雄三多林森店）等，使我國餐飲業面對的競爭壓力持續提升。

至於廣受民眾歡迎的手搖飲，由於受到COVID-19疫情衝擊程度較為輕微，再加上開業容易，吸引不少藝人、網紅和YouTuber投資，例如藝人Lulu黃路梓茵與小樂吳思賢開設的「COFFEE.TEA.OR」、網紅君君和古承頤等人合資的「WooTea五桐號」、YouTuber欸你這週要幹嘛的「有飲Youin」等。其中「COFFEE.TEA.OR」於2022年6月與全家便利商店合作，聯名推出「蜜曬紅、蜜柚金鳳」兩款茶飲，有效帶動市場話題；至於「WooTea五桐號」、「有飲Youin」、「再睡5分鐘」、「Nine tea九茶」、「黛黛茶DailyDae」和「春陽茶事」等帶有名人光環的品牌，2022年則持續擴增門市數量。

2. 我國餐飲業發展趨勢

根據2022年餐飲業發展現況，本章提出了4項我國餐飲業營運模式之轉變，藉此說明未來餐飲業的發展趨勢。

（1）外送外帶量能提升，百貨商場營運動線配置改變

根據經濟部2022年11月發布的「當前經濟情勢概況」，餐飲業外送（含外送平臺）或宅配服務之家數占比，自疫情爆發前2019年4月的43.3%，上漲至疫情爆發後2020年4月的57.0%，雖然期間2021年5月上漲至64.8%，然而在疫情趨緩後，於2022年5月仍舊高達64.6%，與2019年相比，整整增加了21.3%。疫情催生餐飲業者提供外帶外送服務，且此趨勢已然不可逆。

營運模式的轉變，使得外帶外送甚至餐點宅配成為餐飲業者必須具備的服務項目，除了評估本身餐點外帶外送的可能性外，調整動線配置和作業流程亦成為業者提升外帶外送能力的關鍵要素。遠東百貨即表示，分散在各樓層的餐飲店並不方便消費者或外送人員取餐，因此配置了位於1樓的「速利便」取貨取餐專區服務，「外帶外送取餐區」已成為商場外送外帶量能提升的必要配備。

（2）餐飲多店品牌化，以發揮規模經濟

面對國際原物料、糧價、運費以及薪資成本上漲的壓力，使得餐飲業的生產成本攀高，如何減輕營運成本壓力，議價能力成為重點，透過餐飲多店品牌化，甚至集團化，可提高營運綜效，發揮規模經濟。資廚管理顧問股份有限公司（iCHEF）針對2022年第4季的預測調查，發現多店品牌對未來營業額或獲利力都較單店品牌更為樂觀，且多店品牌的樂觀程度為單店品牌的2倍左右，而多店品牌計畫於2023年展店的比例也是單店品牌的3.5倍。其實餐飲多店品牌化不僅議價能力較佳，對於資金取得、人才招募，甚至會員經營都能有較佳的表現。[4]

（3）科技多面向應用，縮小人力缺口

經濟部統計處2022年10月《批發、零售及餐飲業經營實況調查結果》指出，2022年5月餐飲業提供的服務項目中，以「POS系統」占比最高，比重為73.1%，較2019年4月的69.9%增加了3.2個百分點。在數位服務項目方面，2022年5月則以「經營網路社群或Line」最高，比重67.0%；其次為「行動支付」，占比55.5%；「線上點餐系統」及「線上訂位服務」同屬第三，占比皆為34.8%。較2019年4月的調查結果，「線上點餐系統」增加了18.6個百分點，「行動支付」增加了11.4個百分點，顯示疫情確實驅

[4] 資料來源：iCHEF，2022，《攀上新高：多店優勢展現，協助小餐廳集團化（上）｜iCHEF Day 2022.秋》，iCHEF部落格，取自https://blog.ichefpos.com/ichef-day-202209-1/，最後瀏覽日期：2023/06/14。

使餐飲業者加快數位化應用，提供更多相關服務。

科技多面向應用，不只降低疫情帶來的衝擊，亦可降低人力短缺造成的影響。POS系統、行動支付、線上點餐及線上訂位等數位應用服務，甚至是自動點餐機、QR Code點餐、機器人輔助送餐，不僅是迎合現代人消費轉變，這些科技應用更是應對餐飲業人手不足的好幫手，例如麥當勞導入互動式資訊服務站（Interactive kiosk）點餐機、築間鍋物推出送餐機器人「築小間」、藏壽司導入「手機點餐自動結帳」系統等，皆是透過引進科技工具來降低人力需求。

（4）永續飲食，低碳蔬食

餐飲業者是否減量包裝、節能減碳、友善環境，這些與永續相關作法已經日益受到消費者重視。米其林指南於2022年推出名為「綠星」（Green Star）的新評級，這也是米其林首次推出的全球綠色環保評級，旨在表彰於烹飪過程中注重永續性、使用當地食材和推廣綠色環保理念的餐廳。

從過去推動減量包裝、節能減碳，到近期關注永續飲食、低碳蔬食，我國餐飲業已經逐漸進展到使用當地的有機食材、減少浪費和碳足跡、將廚餘轉化為肥料等方式，來減少對環境的影響。例如連續4年拿下我國米其林一星的山海樓從農田出發，食材挑選以自然方式養殖，並烹調我國原生品種與季節作物，減少運輸距離和碳足跡。疫情促使消費者更加關心食材來源、製作過程與環境友善，朝向永續減碳努力，是餐飲業者不得不面對的趨勢。

除此之外，為減少各類免洗餐具使用，擴大減塑，環境部（前身為環保署）公告修正「免洗餐具限制使用對象及實施方式」，自2022年8月1日開始，公部門、公私立學校、百貨公司及購物中心、量販店、超級市場、連鎖便利商店、連鎖速食店、有店面餐飲業等8大類場所，不得提供生物可分解塑膠（Polylactic acid, PLA）材質的杯、碗、盤、碟、餐盒、餐盒內盤等免洗餐具，這也是業者們需注意的。

3. 案例分析

（1）王品集團——外帶成為新店特色

王品集團於2021年成立首間純外帶品牌「來滋烤鴨」，提供純外帶服務，除了讓顧客能夠不用在店內用餐的情況下，品嚐到道地的烤鴨美味，還能節省租金和人力成本。「來滋烤鴨」亦運用線上訂餐系統，開放線上預約和線上付款，當然也有配合優食（Uber Eats）等外送平臺，是標準的低接觸營運代表。

此外，2022年王品旗下的「石二鍋」推出了一種新的店型，主打生食外帶。這種新店型的特色在於不再提供石鍋燒烤等需要現場加熱的菜品，而是將重心放在了生食上，消費者可以在店內挑選自己喜歡的生食材料，例如生魚片、生蝦、生牛肉等，再帶回家自行加工食用。據「石二鍋」相關負責人表示，這種新店型是為了迎合現代人快節奏的生活方式，為消費者提供更加方便快捷的用餐體驗。此外，生食外帶還可以避免食品在運輸過程中，因加熱不足或保溫不當而產生的品質問題。

（2）臺灣麥當勞——青銀共融

雖然疫後復甦帶來商機，餐飲業者卻也面臨缺工問題，除了上述「科技多面向應用，縮小人力缺口」外，科技配合「鼓勵中高齡者重返職場」亦成為業者們嘗試的新管道。根據國家發展委員會「2021年主要國家勞動力參與率」資料可知（參見表5-4），我國50-54歲、55-59歲、60-64歲勞動力參與率顯著低於其他國家，在老齡化、少子化問題之下，若能善用50歲以上的中高齡者，確實有助紓緩缺工壓力。然而受限中高齡者體能狀況，調整工作流程，利用科技工具來輔助中高齡員工有其必要性。

表5-4　2021年主要國家勞動力參與率

單位：%

項目別		中華民國	韓國	新加坡[1]	香港	日本	美國	德國
總計		59.00	62.80	70.50	59.40	62.10	61.70[2]	60.60
年齡	15-19歲	8.90	8.10	15.70	7.20	19.00	36.20[3]	29.10
	20-24歲	58.90	47.10	62.40	57.40	75.30	70.80	71.80
	25-29歲	91.50	73.90	90.40	89.80	91.00	81.50	84.30
	30-34歲	91.80	79.40	93.40	87.50	87.60	82.30	86.70
	35-39歲	89.60	76.40	91.20	84.40	87.00	82.10	87.80
	40-44歲	85.50	78.30	90.60	82.90	88.10	82.00	88.60
	45-49歲	84.40	79.90	88.30	81.30	88.50	82.20	89.00
	50-54歲	75.40	79.30	84.80	78.10	87.50	79.20	87.70
	55-59歲	58.90	74.80	77.70	69.10	84.20	72.20	83.30
	60-64歲	38.60	62.20	65.90	48.00	73.80	57.00	63.30
	65歲以上	9.20	36.30	32.90	12.50	25.60	18.90	7.50

資料來源：國家發展委員會，《2021年主要國家勞動力參與率》，取自https://www.ndc.gov.tw/Content_List.aspx?n=798ADD7B17A1A2CB

資料擷取：2023年6月

說　　明：1. 新加坡為每年6月定居居民勞動力參與率。
2. 16歲以上之勞動力參與率。
3. 16-19歲之勞動力參與率。

基於此，臺灣麥當勞於2021年起新職缺「正職服務員」招募，歡迎中高齡、退休及二度就業的求職者。為配合這些中高齡新進員工，麥當勞將收銀機鍵盤與廚房影像系統螢幕放大，並設計輕巧之手持料理器具，使中高齡員工在閱讀與操作上能夠更加省力。除了科技和工具調整外，麥當勞還為其規劃「充電時間」，即依其學習能力調整訓練進度。麥當勞人力資源部長官表示，全臺2.2萬名員工中，45歲以上占比約17%，超過3,800人，其中即有1成以上年齡已經超過60歲。

（3）陽明春天——我國首屆米其林綠星

陽明春天於2021、2022年連續兩屆榮獲我國米其林綠星，其「低碳蔬食」減少碳排放的具體作法包括：

①減少肉類消耗：肉類是碳排放量最高的食物之一，陽明春天減少肉類消耗，並停止使用雞蛋、牛奶、蜂蜜等食材，轉為以蔬菜、豆類、穀物等為主的純植物飲食；

②選擇在地和季節性食材：選擇當地和季節性食材，以減少能源消耗和運輸排放，同時支持在地農民；

③節約能源：在烹飪過程中，使用高效節能的烤箱、煮飯器、電磁爐等器具，節約能源和減少碳排放；

④採用低碳蔬食的作法：例如蒸、煮、涼拌、沙拉等低碳蔬食作法，減少能源消耗和碳排放。陽明春天透過這些作法，在不損害環境和健康的情況下，減少碳排放，實現永續飲食和低碳蔬食。

第三節　國際餐飲業發展情勢與展望

本節針對全球餐飲產業概況進行分析，第一部分探討主要國家餐飲業現況，第二部分探討主要國家餐飲業發展趨勢與案例。

一、全球餐飲業發展現況

根據英國市場研究公司The Business Research Company《2023年餐飲服務和餐飲

承包商全球市場報告》（*Catering Services and Food Contractors Global Market Report 2023*）指出，全球餐飲服務和餐飲承包商市場從2022年的2,691.9億美元成長到2023年的2,814.9億美元，年增率為4.57%。[5]俄烏戰爭導致多個國家受到經濟制裁，大宗商品價格飆升，供應鏈中斷，商品和服務價格都高漲，影響全球諸多市場。全球餐飲服務和餐飲承包商市場到2027年預計將成長為3,309.8億美元，年複合成長率為4.1%。

英國TechNavio市調公司則預測，2022年到2027年全球餐飲服務市場（Global Catering Services Market）規模將成長1,032.8億美元，以5.46%的年複合成長率成長，其中47%的成長為亞太地區所貢獻。以下將針對全球餐飲業主要國家美國、中國大陸和日本的概況進行簡要說明。

（一）美國

疫情嚴重影響到美國的餐飲業，所幸2022年隨著解封而逐漸復甦，據全美餐飲業協會（National Restaurant Association）的報告，2022年美國餐飲業的總銷售額預計將達到8,990億美元，較2021年成長12.4%，預計美國的人均餐飲支出將增加3.5%，達到3,010美元。而美國普查局（United States Census Bureau）的資料則指出（參見表5-5），美國餐飲業銷售額2020年雖受疫情影響跌破7,000億美元，然而2021年即迅速回升，2022年已超過9,500億美元，來到9,759.18億美元，年增率為15.68%。

雖然美國2022年的餐廳數量仍然低於2019年的水準，但據全美餐飲業協會所發布的《2023年餐飲業狀況》（*2023 State of the Restaurant Industry*）指出，2023年至2030年期間，餐飲服務業預計平均每年將增加約15萬個工作機會，到2030年，員工人數預計可達1,650萬人。根據美國勞工統計局（U.S. Bureau of Labor Statistics）的資料顯示（參見表5-6），餐飲業受僱員工人數自2016年的1,157.73萬人，每年以平均2%左右的速度成長至2019年的1,221.43萬人，然而於2020年跌至1,000萬人以下，來到973.17萬人，年增率為-20.33%，跌至2011年（979.21萬人）時的就業人數。2021年餐飲業增加了近190多萬個工作，總數達到1,136.98萬個工作，但是許多餐廳仍然面臨人手不足的問題。2022年，餐飲業再增加130多萬個工作機會，受僱員工人數達到1,207.19萬。

---

[5] 資料來源：The Business Research Company, 2023, “Catering Services and Food Contractors Global Market Report 2023,” retrieved June 14, 2023, from https://www.thebusinessresearchcompany.com/report/catering-services-and-food-contractors-global-market-report

表5-5 美國餐飲業銷售額與年增率（2018-2022年）

單位：億美元；%

年度 項目	2018年	2019年	2020年	2021年	2022年
銷售額（億美元）	7,314.81	7,725.28	6,512.70	8,436.05	9,759.18
年增率（%）	5.61	5.61	-15.70	29.53	15.68

資料來源：United States Census Bureau, "Monthly Retail Trade Annual Revision Reports," 2018-2022, retrieved from https://www.census.gov/retail/mrts/historic_releases.html
資料擷取：2023年6月
說　　明：上述統計數值可能會與過去年度數字有些許差異，係因主管機關進行數據校正所致。

表5-6 美國餐飲業員工僱用人數與年增率（2018-2022年）

單位：千人；%

年度 項目	2018年	2019年	2020年	2021年	2022年
受僱員工人數總計（千人）	11,968.10	12,214.30	9,731.70	11,369.80	12,071.90
受僱員工人數變動（%）	1.28	2.06	-20.33	16.83	6.18

資料來源：U.S. Bureau of Labor Statistics, "Employment, Hours, and Earnings from the Current Employment Statistics survey (National)," 2018-2022, retrieved from https://data.bls.gov/timeseries/CES7072200001?amp%253bdata_tool=XGtable&output_view=data&include_graphs=true
資料擷取：2023年6月
說　　明：上述統計數值可能會與過去年度數字有些許差異，係因主管機關進行數據校正所致。

除了人力短缺問題，成本上升和供應鏈中斷問題同樣影響美國餐飲業。由於食材供應鏈的延誤或短缺，業者菜單已精簡，提供的品項比COVID-19疫情之前來得少。尋找解決勞動力短缺、供應鏈中斷和價格上漲的方法，成為美國餐飲業者的首要任務。

（二）中國大陸

中國大陸餐飲收入約占其社會消費品零售總額10%左右，2022年在各大城市嚴格防疫措施下，中國大陸社會消費品零售總額較2021年下降0.2%，而屬於接觸性和聚集性的餐飲業下降幅度更大，據中國大陸國家統計局的資料顯示，2022年餐飲業營業收入退回至2018年的水準，為43,941億元人民幣，下降了6.30%，僅較2018年略增2.87%（參見圖5-2）。

防疫政策使2022年的中國大陸餐飲業面臨更多挑戰，營業額下降、來客人數減少、人事成本和租金費用上漲等，再加上消費者對於食材、衛生和服務的要求提升，中國大陸企查查網站之數據指出，2022年初至2022年11月28日，中國大陸至少有495,457家餐飲相關企業已經註銷或吊銷。所幸2022年12月7日中國大陸國務院公布「關於進一步優化落實新冠肺炎疫情防控措施的通知」，鬆綁動態清零，人員流動性得到釋放，2022年12月26日鬆綁邊境管制，預估中國大陸餐飲業2023年將有亮眼的表現。

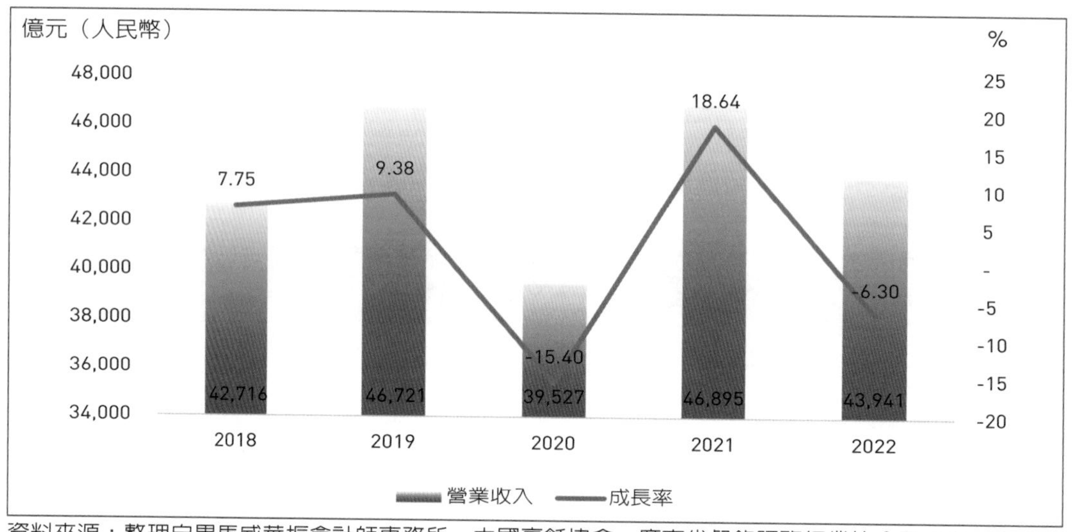

資料來源：整理自畢馬威華振會計師事務所、中國烹飪協會、廣東省餐飲服務行業協會及深圳市烹飪協會，《2022年中國餐飲企業發展報告》，2023。

說　　明：上述統計數值可能會與過去年度數字有些許差異，係因主管機關進行數據校正所致。

圖5-2 中國大陸餐飲業營業收入及年增率（2018-2022年）

（三）日本

根據日本食品服務協會（一般社団法人日本フードサービス協会, JF）發布的《2022年餐飲業市場趨勢調查》（外食産業市場動向調査 令和4年〔2022年〕年間結果報告），餐飲業整體銷售額較2021年成長13.3%，自2022年3月解除部分防疫措施，並全面解除口罩令後，日本的餐廳營業不再受到限制，但與COVID-19疫情前相比，只有快餐（108.6%）恢復到2019年時的水準，其他業別都還沒有恢復，特別是以酒類為主的酒館和居酒屋的銷售額，僅達49.2%。從日本統計網（e-Stat）的資料可知（參見表5-7），2022年飲食店銷售額為13,742.91億日圓，較2021年成長12.82%，然而卻只有恢復到2019年銷售額的81.16%，外賣／外送銷售額則因政策鬆綁，2022年反較2021年疫情期間略為下降0.21%。

《服務業動向調查》（サービス産業動向調査）的資料顯示（參見表5-8），飲食店從業人員2022年為371.77萬人，僅較2021年略為成長0.99%，約3.64萬人，卻遠低於2019年的429.79萬人；而外賣／外送從業人員57.70萬人，較2021年疫情高峰期間略為減少2.27%，仍維持在50萬人以上。在薪資方面，根據厚生勞動省《工資結構基本調查》（賃金構造基本統計調查）得知，2022年飲食店的平均每月工資為29.06萬日圓，較2021年上漲3.20%；相反地，外賣／外送的平均每月工資為25.33萬日圓，較2021年衰減4.16%，由於日本外賣送餐員非全職人力，因此勞動需求和工資水準較易受需求變動而波動（參見表5-9）。

表5-7　日本餐飲業銷售額與年增率（2018-2022年）

單位：億日圓；%

項目＼年度	2018年	2019年	2020年	2021年	2022年
飲食店銷售額（億日圓）	16,069.43	16,933.04	12,405.31	12,181.62	13,742.91
年增率（%）	-0.18	5.37	-26.74	-1.80	12.82
外賣／外送銷售額（億日圓）	2,062.65	2,336.25	2,076.23	2,346.16	2,341.26
年增率（%）	0.32	13.26	-11.13	13.00	-0.21

資料來源：総務省統計局，《サービス産業動向調査》，2018-2022，取自https://www.e-stat.go.jp/stat-search/files?page=1&layout=datalist&toukei=00200544&tstat=000001033747&cycle=7&tclass1=000001059028&tclass2=000001059029&tclass3=000001059030&tclass4val=0

說　　明：上述統計數值可能會與過去年度數字有些許差異，係因主管機關進行數據校正所致。

表5-8　日本餐飲業從業人員與年增率（2018-2022年）

單位：萬人；%

項目＼年度	2018年	2019年	2020年	2021年	2022年
飲食店從業人員（萬人）	438.20	429.79	402.44	368.13	371.77
年增率（%）	-0.27	-1.92	-6.36	-8.53	0.99
外賣／外送從業人員（萬人）	50.74	50.79	51.90	59.04	57.70
年增率（%）	-1.05	0.10	2.19	13.76	-2.27

資料來源：総務省統計局，《サービス産業動向調査》，2018-2022，取自https://www.e-stat.go.jp/stat-search/files?page=1&layout=datalist&toukei=00200544&tstat=000001033747&cycle=7&tclass1=000001059028&tclass2=000001059029&tclass3=000001059030&tclass4val=0

說　　明：上述統計數值可能會與過去年度數字有些許差異，係因主管機關進行數據校正所致。

表5-9　日本餐飲業每月工資與年增率（2018-2022年）

單位：萬日圓；%

項目＼年度	2018年	2019年	2020年	2021年	2022年
飲食店每月工資（萬日圓）	28.61	28.85	27.32	28.16	29.06
年增率（%）	1.35	0.84	-5.30	3.07	3.20
外賣/外送每月工資（萬日圓）	24.52	24.37	24.99	26.43	25.33
年增率（%）	2.90	-0.61	2.54	5.76	-4.16

資料來源：厚生労働省，《賃金構造基本統計調査》，2018-2022，取自https://www.e-stat.go.jp/stat-search/files?page=1&toukei=00450091&tstat=000001011429

說　　明：上述表格數據會產生部分計算偏誤係因四捨五入與資料長度取捨所致，但並不影響分析結果。

二、國外餐飲業發展趨勢與案例

（一）趨勢

1.餐飲業低接觸將持續發展

據市場調查機構Grand View Research的《2030年線上食物類外送服務市場報告》（*Online Food Delivery Services Market Share Report, 2030*）報告顯示，2021年全球線上食物類外送服務市場規模為507億美元，預計2022年至2030年的年複合成長率為18.7%。[6]Research and Markets市調公司於2020年的報告《2019-2025年美國低接觸支付市場》（*US Contactless Payment Market 2019-2025*）指出，美國2020年餐飲業低接觸市場的年增率為17.2%，預計到2025年市場規模將達到435億美元。

餐飲業低接觸市場係指採用低接觸方式提供餐飲服務的市場，在這種模式下，消費者可以使用手機應用程式或其他電子設備進行點餐、支付和配送，無需與服務員或其他工作人員互動。Brandessence market research 的《2022-2028年低接觸餐飲市場全球機遇分析及產業預測》（*Contactless Dining Market Global Opportunity Analysis and Industry Forecast 2022-2028*）報告顯示，全球餐飲業未來幾年將會採用越來越多的低接觸技術，其中自助點餐機、無人機送餐、虛擬廚房等技術將成為主要趨勢。[7]

---

6 資料來源：Grand View Research, 2021, “Online Food Delivery Services Market Size, Share & Trends Analysis Report By Channel Type (Mobile Application, Websites/Desktop), By Payment Method (COD, Online), By Type, By Region, And Segment Forecasts, 2022 - 2030,” Grand View Research, retrieved June 14, 2023, from https://www.grandviewresearch.com/industry-analysis/online-food-delivery-services-market

7 資料來源：Brandessence market research, 2022, “Contactless Dining Market Global Opportunity Analysis

2. 個人化餐點需求將增加

美國PSFK公司2019年的報告指出，消費者希望餐廳能夠提供類似於Uber和Airbnb的個人化服務體驗，79%的消費者有興趣或非常有興趣接收到以過去訂單為基礎的個人化菜單推薦。[8]近年來消費者對於個人化餐飲的需求不斷增加，許多人希望量身訂做餐點以滿足他們的特殊飲食需求，例如素食、無麩質飲食、無乳製品飲食、無堅果飲食等。

此外，科技的發展也推動了個人化餐點的趨勢，許多餐廳使用智慧訂單系統、手機應用程式和網路訂購等技術來收集消費者的個人化需求和喜好，從而提供更貼近顧客口味的餐點。大部分的消費者亦表示，他們願意支付額外費用以獲得更符合他們個人需求的餐點，因此量身訂做個人化餐點成為餐飲業的一個重要趨勢。

3. 對食安與健康食材的重視

消費者越來越關注自己的健康狀況，而食品安全直接關係到他們的餐飲品質和身體健康。近期日本知名迴轉壽司店「壽司郎」爆出青少年不衛生舉動事件，也引發消費者再度關注食安議題。餐飲業者為遏止類似事件再度發生，祭出許多對策因應以保障民眾的飲食衛生安全，例如「藏壽司」導入AI監控系統，利用偵測轉盤上不尋常的開闔動作來加強食安管理；「餃子的王將」撤去原本擺放於桌上的餃子沾醬、辣油等，改由店員遞送調味料；「一蘭」拉麵也表示，將不再讓顧客自行拿取杯子，改由店員提供。

除了食安外，Progressive Grocer的一份報告指稱，27%的人選擇少吃肉，且對於健康替代品有高度的興趣。根據Good Food Institute（GFI）2022年3月發布的數據，植物性食品的銷售額成長速度是整體食品的3倍。而資誠（PwC）、荷蘭合作銀行（Rabobank）及淡馬錫控股（Temasek Holdings）2021年聯合發表的報告指出，有90%的中國大陸、69%的印尼、68%的緬甸消費者願意為了吃得更健康而付出更高的價格。選擇素食或蔬食飲食方式的消費者亦日益增加，餐飲業因此紛紛提供更多素食和蔬食選擇，這些食材不僅提供豐富的營養價值，也有助於減少對動物產品的依賴。

---

and Industry Forecast 2022-2028," retrieved from https://www.linkedin.com/pulse/contactless-dining-market-global-opportunity-analysis-supriya-koshti

8 資料來源：Kelso, A., 2019, "79% of diners interested in personalized menu recommendations, report finds," retrieved June 14, 2023, from https://www.restaurantdive.com/news/diners-want-personalized-on-demand-service-report-finds/557636/

（二）案例

1.美國麥當勞——全自動化得來速（Drive-thru）

美國NPD Group市場調查公司曾調查2020年4至6月疫情期間美國消費者使用車道點餐的頻率，發現造訪量增加了26%，且在許多餐廳重新營運的2020年7月，車道點餐的造訪量仍然成長了13%，再次突顯疫情改變了消費者的行為。

漢堡王於2021年在邁阿密、加勒比海以及拉丁美洲推出命名為「明日餐廳」（Restaurant of Tomorrow）的無接觸式店型，有快速取餐的漢堡櫃以及3個得來速車道。繼漢堡王之後，麥當勞於2022年12月開始在美國德州沃斯堡（Fort Worth）測試第一家全自動化得來速（Drive-thru），此為全美第一家無人餐廳，從訂餐到出餐結帳都不用與店員接觸，完全由機器服務，且消費者還可以提前用手機訂餐，再直接到窗口取餐，節省排隊點餐的時間，為美國速食業開啟新的篇章。

2.美國索迪斯和HelloFresh——校園餐飲計畫[9]

美國為學校提供餐食的食品、餐飲公司正在結盟。美國餐飲服務和設備管理公司索迪斯（Sodexho USA）於2021年3月宣布與美國最大的餐盒配送公司HelloFresh合作，為美國300多所高校的學生提供HelloFresh和EveryPlate的餐盒配送服務。學生可以使用索迪斯開發的BiteU應用程式預先選擇、訂購和安排餐盒配送，無論學生是素食主義者、低熱量飲食者，HelloFresh都能夠滿足他們，提供量身定制的食物選擇，讓學生從多樣且不斷變化的每週菜單中選擇餐點；而EveryPlate則是提供不斷變化的菜單，包含簡單、美味且實惠的廚師精選食譜，以滿足每位學生的需求。

3.日本Da Terra義大利餐廳——日本奈良米其林綠星

Da Terra義大利餐廳位於日本奈良，是第一次入選2023年米其林一星及綠星的義大利餐廳。「Da Terra」在義大利語中代表來自大地，主廚Hirokazu Nakai先生以自家種植的新鮮蔬菜為主軸，再搭配嚴選的海鮮和肉類進行料理，製作成全套菜餚，故被人稱為「擁有自己菜園的餐廳」。Da Terra的農田利用堆肥和回收資源等自然方式栽培，充分利用自家菜園的蔬菜，不僅提供給消費者新鮮、健康的食材，亦因此減少了運輸過程中的二氧化碳排放量，故榮獲2023年日本米其林綠星獎。

---

[9] 資料來源：Sodexo, 2021, “Sodexo and HelloFresh Partner to Launch Its First On-Campus Meal Kit Delivery Service,” retrieved June 14, 2023, from https://us.sodexo.com/media/news-releases/hellofresh-on-campus-meals.html。

第四節 結語與建議

一、餐飲業轉型契機與挑戰

影響餐飲業長達3年的COVID-19疫情，終於在2023年劃下句點，隨著各國疫情解封，餐飲業也終於迎來疫後復甦，然而因疫情帶來的重大衝擊和快速轉變仍舊牽引著人們，並非自此歸零。首先，人們在疫情期間被迫養成的外帶、外送習慣，雖然在疫後需求會較之前略為減少，但只是逐步調整至一般需求水準。與過去相較，消費者的習慣已然養成，外送、外帶的需求量不可能回落至疫情前。因此，國內外之外送平臺於2022年營收雖然有所減少，但僅是「新常態」的調整。再者，線上點餐和線上購物已經普及，這為餐飲業提供了一個新的銷售管道，業者可以透過這些平臺擴大顧客群、提高銷售量。

然而，餐飲業亦面臨了諸多挑戰。環境部（前身為環保署）訂定了《一次用飲料杯限制使用對象及實施方式》，要求飲料店、連鎖飲料店及連鎖速食店應提供消費者自備非一次用飲料杯至少5元以上的優惠價差，並授權地方政府在2024年12月31日前提報飲料店限用塑膠一次用飲料杯實施時程。此外，國際原物料價格上漲、運輸費用增加以及勞動力短缺，導致餐飲業的生產成本攀升，如何調漲餐點或飲品售價以減輕營運成本，同時又不致於讓消費者反彈，將是餐飲業者必須面對的課題。

二、對企業的建議

綜觀上文，我國餐飲業者面臨著多變的市場環境，除了疫情造成的跳躍式影響，民眾消費模式也隨著科技而產生變化，再加上原物料上漲和勞動力短缺問題持續影響，使得餐飲業者在經營模式上必須有所調整，才能在這個競爭激烈的市場中占有一席之地，茲列述以下建議供企業參酌。

（一）運用科技，緩解人手不足

少子化、高齡化問題日益加劇，再加上COVID-19疫情影響，臺灣勞動力市場緊繃。為緩解人手不足的問題，建議業者可以運用科技來縮減人力缺口，提高效率和服務品質。以下是一些餐飲業常見的科技應用，提供給各位業者參考。

1. 點餐系統：使用自助點餐系統或App，讓客人可以直接在桌上或手機上點餐，以減少服務人員的工作量，並提高點餐的效率。

2. 自動化廚房設備：使用自動化的廚房設備如自動煮飯機、烤箱和蒸氣烘烤爐等，可以減少廚房人員的工作量，並提高出菜的一致性和品質。
3. 電子支付系統：使用電子支付系統如Apple Pay、LINE Pay、台灣Pay、街口支付、全盈+Pay或信用卡終端機等，可以減少對現金的依賴、提高結帳效率，同時減少人工處理時間。
4. 訂單管理系統：使用訂單管理系統可以更好地組織和管理訂單，使廚房人員和服務人員能夠更有效地協調工作。
5. 數據分析和預測：利用訂單管理所收集到的數據進行分析或預測，以更加瞭解顧客的需求和偏好，並根據預測調整菜單和供應鏈。
6. AI機器人：使用AI機器人作為服務人員，由它們來提供基本的服務，如遞送食物、清理桌面等，以減輕人力需求。

科技可以幫助餐飲業提高效率、節省成本並提供更好的服務，但仍需要人力來管理和監督這些科技應用。人力短缺可能不會完全消失，但科技可以用來填充、補足這些缺口。

（二）健康餐點、低碳飲食，為顯見趨勢

COVID-19疫情讓人們意識到飲食對身體和環境的影響，並開始選擇營養、健康且符合永續性的食物。根據外送平臺Foodpanda於2022年3月發布的〈疫後關鍵報告〉指出，解封後「健康餐點」的訂單量竟較疫情期間成長超過3成，上架平臺的店家數量也較疫情前成長超過4成。疫情促使民眾開始關注少油、少鹽、低熱量的餐點，例如高蛋白營養餐、低脂健康餐，建議業者可提供類似餐點，或選擇具有抗氧化及提升免疫力的食材入菜。

此外，現今社會日益重視永續發展，「低碳飲食」亦成為一種越來越受歡迎的餐飲文化。為減少食物生產和消費所產生的溫室氣體排放，降低對環境的負面影響，建議業者可以減少使用紅肉、加工食品，增加植物性食物入菜，並選擇有機食品、非基因改造食品和海洋永續認證的魚類，以履行環境友善的社會責任。

附表 餐飲業定義與行業範疇

根據行政院主計總處所頒訂之《行業統計分類（第11次修正）》，「餐飲業」之定義為從事調理餐食或飲料供立即食用或飲用之行業，餐飲外帶外送、餐飲承包等亦歸入本類。餐飲業依其營運項目不同，範圍可細分如下表。

表 行政院主計總處《行業統計分類（第11次修正）》定義之餐飲業

餐飲業小類別	定義	涵蓋範疇（細類）
餐食業	從事調理餐食供立即食用之商店及攤販。	餐館、餐食攤販
外燴及團膳承包業	從事承包客戶於指定地點辦理運動會、會議及婚宴等類似活動之外燴餐飲服務；或專為學校、醫院、工廠、公司企業等團體提供餐飲服務之行業；承包飛機或火車等運輸工具上之餐飲服務亦歸入本類。	外燴及團膳承包業
飲料業	從事調理飲料供立即飲用之商店及攤販。	飲料店、飲料攤販

資料來源：行政院主計總處，《行業統計分類（第11次修正）》，2021。

物流業現況分析與發展趨勢

龍華科技大學工業管理系副教授
中華民國物流協會顧問
梅明德

關鍵數字看產業　物流業

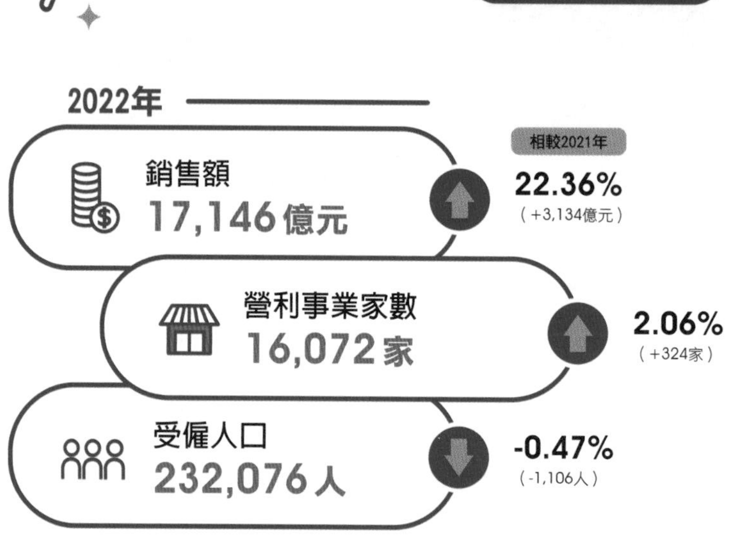

2018-2022年銷售額與營利事業家數趨勢

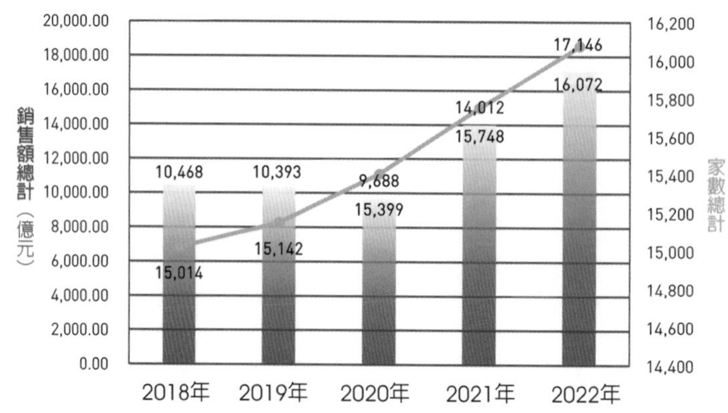

資料來源：整理自財政部統計資料庫，「營利事業家數及銷售額第8次修訂（6碼）及地區別」，2018-2022。

說　　明：上述數據會產生部分計算偏誤係因四捨五入與資料長度取捨所致，但並不影響分析結果。

第一節 前言

在COVID-19疫情延燒全球之後，2022年成為疫情分水嶺，各國開放邊境恢復正常生活模式，雖有烏俄戰爭、通膨惡化與國際金融升息等大環境風險考驗，但是撥雲見日的喜悅，仍使得全球經濟發展在2022下半年之後至今出現許多新的契機。相對於疫情之前，如今各種意外發展皆已顯得不再讓人意外，如何具備應對突發異變的能力和未雨綢繆的智慧，乃是企業的當務之急，因此追求永續與韌性成為企業新顯學，使得ESG、人工智慧（Artificial Intelligence, AI）、數位轉型、淨零排碳等議題持續發燒。近期，人們對於人工智慧發展的不確定性尤其充滿憂慮，物流與供應鏈相關產業應如何因應，亟需政府與企業合力尋求積極運用的契機。

緣此，本年度年鑑之物流篇將從供應鏈韌性與物流永續的角度，彙整各項公營部門主計與統計報告，提供物流產業之總體數據分析，包含陸、海、空貨運運輸與倉儲營運業者家數、營業額與國內外之發展現況與趨勢進行分析，並針對物流產業在疫後回歸常態的發展提出相關建言，內容安排如下：

第二節針對物流產業經營現況進行分析與評估。首先對銷售額、營利事業家數、受僱人員與薪資等總體數據進行分析；其次為物流產業中陸、海、空等不同業種與國際物流業等細項產業之個別數據分析；第三部分針對國內年度物流相關政策、趨勢與亮點案例等內容進行彙整，以瞭解我國物流業目前產業經營現況；最後針對全球產業與經濟供需變化對於物流產業之影響，以及後疫情時代的可能因應策略，彙整現有物流業者作法，並加以評估分析。

第三節介紹主要國家之物流業發展現況，並分析各國物流創新企業之案例，提供我國物流業者經營創新之啟發與思考。參考世界三大信貸評級機構之一惠譽（Fitch Group）旗下子公司惠譽解決方案（Fitch Solutions）最新物流與貨運報告所顯示各國的物流風險指數，以及睽違多年終於更新的世界銀行物流績效指標（Logistics Performance Index, LPI）報告，藉以瞭解各國物流業營運績效及風險現況，同時可以觀察我國的排名與相關鄰近國家的比較。

第四節將此篇之內容進行結論統整，針對我國物流業該如何因應疫情後經濟供需反轉帶來之趨勢變化及回歸常態之後的短、中、長期競爭策略提出建言。

第二節　我國物流業發展現況分析

依據我國行政院主計總處《行業統計分類》，歷年歷次修訂並無單獨區分物流業，而就實際提供服務的行業分類而言，H大類的運輸及倉儲業最為符合，詳見本章附錄之說明。中華民國物流協會依據物流實務，將提供專業物流服務的第三方業者通稱為物流業，並將提供物流服務的主要構成企業，區分為（一）物流基礎服務業：包含貨物運輸業、倉儲業、基礎設施服務業（空海港碼頭貨棧、物流園區等）、貨物裝卸業、快遞與宅配遞送服務業及租賃服務業等；（二）物流中介服務業：包含貨運承攬業、船務代理業及報關業等。因此，本報告依據上述行業統計分類，並參考中華民國物流協會對於物流業的定義，依照物流業實務特性歸納為兩大部分整理各項細類統計資料。

一、物流業發展現況

（一）銷售額

根據財政部與交通部的統計，我國近5年物流業營利事業銷售額受部分細類產業景氣波動影響，故銷售額呈現較大之波動（圖6-1）。相較於2021年在疫情之下破紀錄逆勢成長44.63%，2022年我國物流業之銷售額約1兆7,146億元，維持22.36%的顯著成長，仍與海洋水運業的高度成長有關，可以說是疫情紅利的餘韻，但檢視表6-1之2023年7月銷售額，已較2022年同期衰退22.78%，物流業者的挑戰已然開始。

（二）營利事業家數

我國物流業近5年的營利事業家數持續成長，根據財政部的統計資料，雖然疫情衝擊整體經濟環境，但物流業者相對未受到負面影響，且隨著下半年疫情解封，市場需求持續增加，2022年整體物流產業家數為16,072家，仍較2021年增加324家，年增率為2.06%，惟逐年持續成長的趨勢稍趨緩和。

（三）受僱人數與薪資

在物流業受僱人數的部分，根據行政院主計總處薪資及生產力統計歷年資料顯示，整體受僱人數均在23萬人以上，在2020年受到疫情影響，由原本微幅增加，轉而出現人數減少的情況，但至2022年減幅已縮小至0.47%。2022年物流業受僱員工每人每月總薪資平均為6萬3,112元，為歷年新高，較2021年增加5,116元（8.82%），其中女性平均薪資年增率10.51%，高於男性平均薪資年增率8.12%，女性受僱員工人數增幅亦持續上升。參考交通部統計處於2023年4月公布的《運輸及倉儲業之生產與受僱員工概況》資料，上述物流業每人每月總薪資平均為整體工業及服務業受僱員工每人每月平均總薪資（57,728元）的1.09倍（見表6-1）。

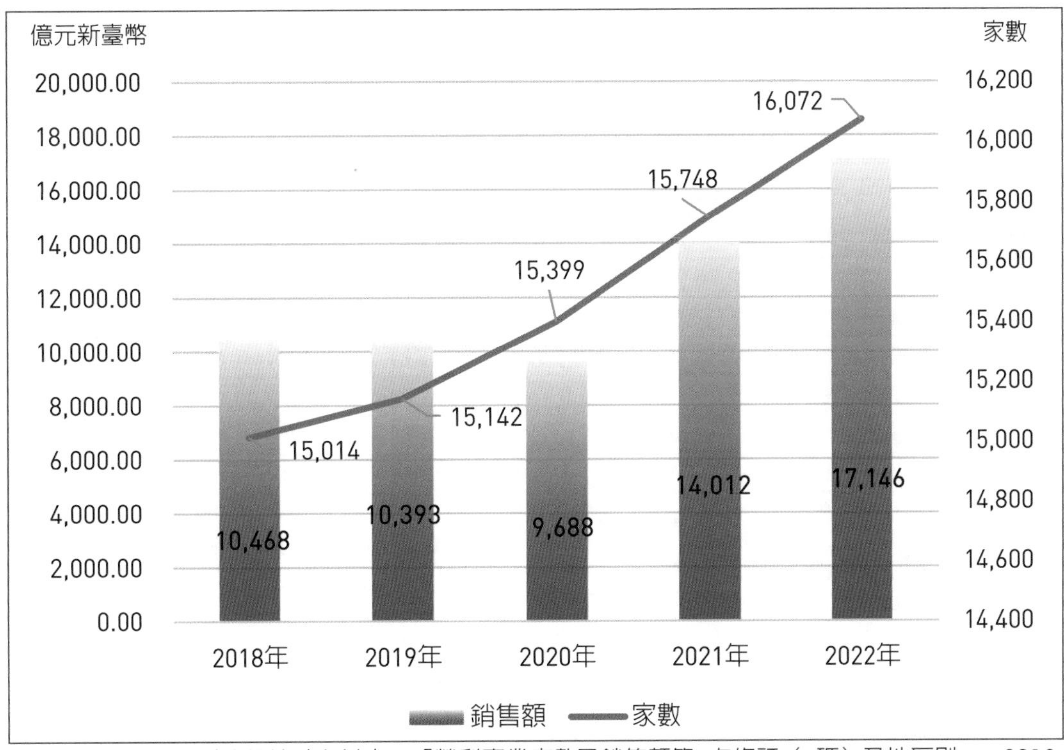

資料來源：整理自財政部統計資料庫，「營利事業家數及銷售額第8次修訂（6碼）及地區別」，2018-2022。

資料擷取：2023年5月

說　　明：上述表格數據會產生部分計算偏誤係因四捨五入與資料長度取捨所致，但並不影響分析結果。

圖6-1　我國物流業家數、銷售額（2018-2022年）

整體而言，2022年度物流業的營收與業者家數皆有增加，仍延續疫情期間整體物流產業逆勢成長的優異表現，但是從業人員人數則仍呈微幅下降。面對疫情解封與後疫情時代各行業復甦的需求帶動，2022-2023年的物流需求成長仍屬可期，但是也受到整體缺工問題影響，而市場供需亦將逐漸回到疫情之前的態勢，不再出現顯著的成長動能，因此，如何加強人力配置效率與調度彈性，勢必成為短期最迫切的課題。

表6-1 我國物流業銷售額、家數、受僱人數及每人每月總薪資統計（2018-2023年7月）

單位：家；億元新臺幣；人；%；元新臺幣

		2018年	2019年	2020年	2021年	2022年	2023年7月
銷售額	總計（億元）	10,467.64	10,393.18	9,688.21	14,011.93	17,145.57	8,011.49
	年增率（%）	4.50	-0.71	-6.78	44.63	22.36	-22.78
家數	總計（家）	15,014	15,142	15,399	15,748	16,072	16,256
	年增率（%）	1.25	0.85	1.70	2.27	2.06	1.77
受僱員工人數	總計（人）	238,180	238,858	234,649	233,182	232,076	231,506
	年增率（%）	0.65	0.28	-1.76	-0.63	-0.47	-0.30
	男性（人）	149,581	149,437	146,863	144,983	142,776	142,266
	年增率（%）	0.93	-0.10	-1.72	-1.28	-1.52	-0.37
	女性（人）	88,599	89,421	87,786	88,199	89,300	89,240
	年增率（%）	0.19	0.93	-1.83	0.47	1.25	-0.18
每人每月薪資	總計（元）	55,032	55,648	54,803	57,996	63,112	61,836
	年增率（%）	2.48	1.12	-1.52	5.83	8.82	1.11
	男性（元）	57,692	58,231	58,101	61,762	66,777	65,076
	年增率（%）	2.25	0.94	-0.22	6.30	8.12	0.03
	女性（元）	50,543	51,329	49,285	51,805	57,252	56,671
	年增率（%）	2.86	1.56	-3.98	5.11	10.51	3.15

資料來源：銷售額及家數整理自財政部財政統計資料庫，2018-2022，《營利事業家數及銷售額第8次修訂》，以及2023年1-7月，《營利事業家數及銷售額第9次修訂》；受僱員工人數及每人每月薪資整理自行政院主計總處「薪情平臺」，2018-2023年7月。每人每月薪資係以資料庫中各細類受僱人數為加權平均計算之結果。

資料擷取：2023年10月

說　　明：1. 上述統計數值可能會與過去年度數字有些許差異，除係因主管機關進行數據校正所致外，並排除與物流較無關聯的部分運輸行業別，詳細分類範圍請參閱本章節附錄；表格數據會產生部分小數點尾數加總誤差，係因資料長度取捨與四捨五入所致，但並不影響資料正確性。

2. 2023年7月該欄位資料中，銷售額為2023年1-7月累計值，家數為2023年7月數值；受僱員工人數與每人每月總薪資為2023年1-7月平均值，年增率則為各數值與去（2022）年同期相較。

二、物流業之細業別發展現況

（一）銷售額

表6-2以物流行業特性分類，依據中華民國物流協會之物流業分類方式，分為物流基礎服務業與物流中介服務業兩大類。物流基礎服務業者具備實體物流產能，直接提供物流服務，其整體營收可反映我國物流產業的整體量能與獲利能力。由統計結果可見，2022年度銷售額不但擺脫了2020年之前連續兩年的衰退，更連續兩年成長，年增率還超

越2021年，達到31.32%，營收亦突破1兆元新臺幣，達到1兆1,704.71億元。相對地，物流中介服務業，以專業管理能力促進貨運業與託運企業之間的順利運作，第一線面對廣大的企業物流需求，協助排除供應鏈各環節阻礙，完成訂單達交流程，亦反映出我國整體商業交易的消長；2021年整體物流中介服務業創下營收年增率85.40%，及占比36.39%的雙重歷史紀錄後，2022年度銷售金額雖仍維持高檔，但是年增率回到歷年均值6.70%，占比亦下降至31.73%，2023年7月與去年同期比較，更已出現-55.39%之衰退情況，占比則與2018年度相近，顯示運價及運量應該皆已逐步回歸疫情前的水準。

表6-2　物流業行業特性類別銷售額、年增率與占比（2018-2023年7月）

單位：億元新臺幣；%

業別	年度	2018年	2019年	2020年	2021年	2022年	2023年7月
物流業	總計	10,467.64	10,393.18	9,688.21	14,011.93	17,145.57	6,186.68
物流基礎服務	貨物運輸業	6,180.72	5,951.93	4,934.29	6,605.34	9,295.15	3,692.51
	倉儲業	963.84	978.68	1,040.42	1,192.63	1,270.35	550.67
	宅配快遞	202.05	196.83	201.78	208.01	230.59	117.03
	租賃業	37.45	39.61	43.47	75.54	86.15	45.61
	基礎設施服務業	507.04	521.25	590.00	686.83	658.96	271.94
	貨物裝卸業	121.49	128.95	127.99	144.54	163.52	81.46
	小計	8,012.60	7,817.24	6,937.96	8,912.88	11,704.71	4,759.22
	年增率（%）	3.95	-2.44	-11.25	28.47	31.32	-1.09
	銷售額占比（%）	76.55	75.22	71.61	63.61	68.27	76.93
物流中介服務	貨運承攬	1,356.92	1,349.48	1,551.95	2,731.67	3,056.63	800.29
	船務代理	656.18	708.30	728.40	1,681.44	1,749.38	410.54
	報關服務	441.94	518.16	469.91	685.94	634.85	216.63
	小計	2,455.03	2,575.94	2,750.26	5,099.05	5,440.86	1,427.46
	年增率（%）	6.32	4.92	6.77	85.40	6.70	-55.39
	銷售額占比（%）	23.45	24.78	28.39	36.39	31.73	23.07

資料來源：銷售額整理自財政部財政統計資料庫，2018-2022，《營利事業家數及銷售額第8次修訂》，以及2023年1-7月，《營利事業家數及銷售額第9次修訂》。
資料擷取：2023年10月
說　　明：1. 上述表格數據會產生部分小數點尾數加總誤差，係因資料長度取捨與四捨五入所致，但並不影響資料正確性。
2. 2023年7月該欄位資料中，銷售額為2023年1-7月累計值；年增率則為各數值與去（2022）年同期（1-7月累計值）相較。

在表6-3物流業的各細項產業銷售額方面，產業特性分類占比最大的為貨物運輸業，2022年的銷售額為9,295.15億元，約占整體物流業的54.21%，年增率為40.72%，較之2021年度仍有顯著成長；其中年度成長最大的細業別仍是海洋水運業，年增率雖低於2021年度的180.6%，但仍高達123.27%，為全體物流業之最。而倉儲業及宅配快遞業2022年的銷售額分別為新臺幣1,270.35及230.59億元，其中宅配遞送服務業53.59億元，更較2021年成長79.31%，為僅次於海洋水運業的物流細類。銷售額占比第二的細類其他汽車貨運業，2022年亦達到2,989.13億元，年增率8.70%，較前一年度之16.5%，則已趨緩。

表6-3 物流細業別銷售額、年增率與銷售額占比（2022年）

單位：億元新臺幣；%

分類	子類編號	銷售額（億元）	年增率（%）	占比（%）
貨物運輸業	4910-00鐵路運輸	488.62	19.66	2.85
	4940-11汽車貨櫃貨運	533.63	14.28	3.11
	4940-12搬家運送服務	24.05	10.71	0.14
	4940-99其他汽車貨運	2,989.13	8.70	17.43
	5010-11海洋水運	3,624.42	123.27	21.14
	5100-00航空運輸	1,635.29	22.48	9.54
	小計	9,295.15	40.72	54.21
倉儲業	5301-00普通倉儲經營	783.17	6.74	4.57
	5302-00冷凍冷藏倉儲經營	487.18	6.15	2.84
	小計	1,270.35	6.52	7.41
宅配快遞	5410-00郵政業務服務	149.42	-1.98	0.87
	5420-11宅配遞送服務	53.59	79.31	0.31
	5420-99其他快遞服務業	27.58	7.33	0.16
	小計	230.59	10.85	1.34
租賃業	7719-11貨櫃出租	86.15	14.05	0.50
	小計	86.15	14.05	0.50
基礎設施服務業	5290-11運輸公證服務	17.39	-5.81	0.10
	5290-12貨櫃及貨物集散站經營	471.96	-7.67	2.75
	5290-13代計噸位	0.88	10.38	0.01
	5290-99未分類其他運輸輔助	168.73	7.89	0.98
	小計	658.96	-4.06	3.84
貨物裝卸業	5259-12船上貨物裝卸	124.66	8.18	0.73
	5259-13船舶理貨	38.86	32.60	0.23
	小計	163.52	13.13	0.95

分類	子類編號	銷售額（億元）	年增率（%）	占比（%）
報關服務業	5210-00報關服務	634.85	-7.45	3.70
	小計	634.85	-7.45	3.70
船務代理業	5220-00船務代理	1,749.38	4.04	10.20
	小計	1,749.38	4.04	10.20
貨運承攬業	5231-11鐵路、陸路貨運承攬	70.56	2.29	0.41
	5231-12陸上行李包裹託運	14.95	-12.42	0.09
	5232-00海洋貨運承攬	1,647.81	16.95	9.61
	5233-00航空貨運承攬	1,323.31	7.01	7.72
	小計	3,056.63	11.90	17.83
總計		17,145.57	22.36	100.00

資料來源：整理自財政部財政統計資料庫，「營利事業家數及銷售額第8次修訂（6碼）及地區別」，2022。

資料擷取：2023年5月

說　　明：上述表格數據會產生部分小數點尾數加總誤差，係因資料長度取捨與四捨五入所致，但並不影響資料正確性。

（二）營利事業家數

2022年整體物流產業家數為16,072家，參考表6-4物流業行業特性類別營利事業家數統計表，其中物流基礎服務業者家數占比穩定超過8成，達到80.06%，其中以貨物運輸業家數最多，達到8,161家，占比超過整體物流業一半，若再比對表6-5則可以發現占比最高的子類別為「其他汽車貨運業」，達到6,690家，亦為占比最高的子類別。其次則為基礎設施服務業的2,234家，其中「未分類其他運輸輔助」包含貨物集散站經營、貨櫃集散站經營、貨物運輸打包服務、船舶除外之貨物運輸理貨服務等為最大宗，達到1,897家，占比11.80%，為家數占比第二高的細業子類別。

三、物流業政策與趨勢

（一）國內發展政策

物流業之營運特性包含貨物運輸與倉儲兩大範疇，其中貨物運輸因為具有高度民生、國防及社會影響性，故有多數營運內容長期受到行政與立法的高度管制與規範，行政管理部分主要隸屬交通部的權限，並規劃及推動相關基礎設施建置；另一方面，物流服務與整體經濟發展密不可分，兩者相輔相成，缺一不可。

表6-4 物流業行業特性類別營利事業家數、年增率與家數占比（2018-2023年7月）

單位：家；%

類別	年度	2018年	2019年	2020年	2021年	2022年	2023年7月
物流基礎服務	貨物運輸業	7,644	7,713	7,827	7,970	8,161	8,264
	倉儲業	929	939	976	1,020	1,030	1,047
	宅配快遞	823	822	835	849	895	901
	租賃業	55	56	60	64	64	65
	基礎設施服務業	1,873	1,913	2,008	2,145	2,234	2,296
	貨物裝卸業	461	473	490	483	483	485
	小計	11,785	11,916	12,196	12,531	12,867	13,058
	年增率（%）	1.73	1.11	2.35	2.75	2.68	2.36
	家數占比（%）	78.49	78.70	79.20	79.57	80.06	80.33
物流中介服務	貨運承攬	1,686	1,688	1,677	1,703	1,698	1,696
	船務代理	338	339	335	334	328	326
	報關服務	1,205	1,199	1,191	1,180	1,179	1,176
	小計	3,229	3,226	3,203	3,217	3,205	3,198
	年增率（%）	-0.43	-0.09	-0.71	0.44	-0.37	-0.59
	家數占比（%）	21.51	21.30	20.80	20.43	19.94	19.67
總計		15,014	15,142	15,399	15,748	16,072	16,256

資料來源：整理自財政部財政統計資料庫，2022，《營利事業家數及銷售額第8次修訂》，以及2023年1-7月，《營利事業家數及銷售額第9次修訂》。

資料擷取：2023年10月

說　　明：1. 上述表格數據會產生部分計算偏誤係因四捨五入與資料長度取捨所致，但並不影響分析結果。

2. 2023年7月該欄位資料中，家數為2023年7月數值，年增率則為各數值與去（2022）年同期相較。

表6-5 物流細業別營業家數、年增率與占比（2022年）

單位：家；%

細業別	子類編號	家數（家）	年增率（%）	占比（%）
貨物運輸業	4910-00鐵路運輸	67	0.00	0.42
	4940-11汽車貨櫃貨運	764	4.09	4.75
	4940-12搬家運送服務	214	18.89	1.33
	4940-99其他汽車貨運	6,690	1.94	41.63
	5010-11海洋水運	280	0.36	1.74
	5100-00航空運輸	146	-0.68	0.91
	小計	8,161	2.40	50.78

細業別	子類編號	家數（家）	年增率（%）	占比（%）
倉儲業	5301-00普通倉儲經營	818	1.11	5.09
	5302-00冷凍冷藏倉儲經營	212	0.47	1.32
	小計	1,030	0.98	6.41
宅配快遞	5410-00郵政業務服務	564	0.18	3.51
	5420-11宅配遞送服務	132	48.31	0.82
	5420-99其他快遞服務業	199	1.02	1.24
	小計	895	5.42	5.57
租賃業	7719-11貨櫃出租	64	0.00	0.40
	小計	64	0.00	0.40
基礎設施服務業	5290-11運輸公證服務	149	-3.87	0.93
	5290-12貨櫃及貨物集散站經營	106	-2.75	0.66
	5290-13代計噸位	82	0.00	0.51
	5290-99未分類其他運輸輔助	1,897	5.45	11.80
	小計	2,234	4.15	13.90
貨物裝卸業	5259-12船上貨物裝卸	280	2.19	1.74
	5259-13船舶理貨	203	-2.87	1.26
	小計	483	0.00	3.01
報關服務	5210-00報關服務	1,179	-0.08	7.34
	小計	1,179	-0.08	7.34
船務代理	5220-00船務代理	328	-1.80	2.04
	小計	328	-1.80	2.04
貨運承攬	5231-11鐵路、陸路貨運承攬	268	-1.47	1.67
	5231-12陸上行李包裹託運	200	-5.66	1.24
	5232-00海洋貨運承攬	637	2.74	3.96
	5233-00航空貨運承攬	593	-1.00	3.69
	小計	1,698	-0.29	10.56
總計		16,072	2.06	100.00

資料來源：整理自財政部財政統計資料庫，「營利事業家數及銷售額第8次修訂（6碼）及地區別」，2022。

資料擷取：2023年5月

說　　明：上述表格數據會產生部分計算偏誤係因四捨五入與資料長度取捨所致，但並不影響分析結果。

參考經濟部的2022年度施政計畫，其中推動物流發展部分，運用科技協助物流業者提升集運、儲配等作業效率或品質，以支援溫控及電商商品之快速流通，並開拓國際市場；推動物流作業單據數位化方案，提高流程資訊分享、串接與流通速度，並升級物流業資安防護。而物流基礎設施與重要交通建設皆與物流業營運效率息息相關，參考交通部年度施政報告（2023年3月22日立法院會議交通部業務報告），政策包含海空港埠設施建設、物流智慧園區啟用及外送員安全管理等。國內物流發展政策彙整如下。

1.提升電商通路物流效率與服務品質

以國內及跨境電商物流為主要推動範疇，應用人工智慧及物聯網（Artificial Intelligence of Things, AIoT）、自動化等科技，輔導我國倉儲業、貨運承攬業、汽車貨運業及遞送服務等業別之中小型企業朝向智慧物流發展，提升電商物流產業效率與服務品質，建構具國際競爭力之電商物流產業，立基國內市場及助攻產品出口國際主要電商市場。

其主要年度推動成果包含：（1）發展電商物流多功型示範倉建置，並應用智慧揀理貨技術，提高電商倉儲出貨效率；（2）利用跨境物流資訊整合、跨企業協調運作或媒合供需雙方合作等方式，推動便利商店集貨、海外中轉分倉等服務模式；（3）整合宅配、區域運輸業者及中華郵政服務資源，促成區域快速發貨或增加電商配送服務範圍，提升包裹配送效率或降低整體配送時間。

2.強化溫控物流服務自動化與智慧化技術發展

應用人工智慧及物聯網、自動化等科技技術，發展支援餐飲、生鮮電商等產業之快速供貨與遞送服務模式，推動符合國際規範之溫控服務，並聯合協會與業者，共同拓展海外溫控市場。打造智慧溫控物流支援產業多元供銷，拓展連結東南亞等國際市場。

其主要年度推動成果包含：（1）發展溫控品外送物流服務模式，結合人工智慧及物聯網進行提送貨排程優化、商流與物流流程整合與冷熱食跨溫管理；（2）建立最後一哩溫控物流服務模式示範體系；（3）發展溫控儲運技術與管理系統，發展溫控檢核管理系統，協助物流業者建立ISO 23412:2020自主檢核機制，開發蓄熱片與冷熱食共配保溫容器，以維持產品外送的溫度需求，發展自動化溫控儲運技術，降低低溫嚴苛環境之作業瓶頸；（4）推動進出口集運管理優化與海外擴散，協助物流業者評估物流容器、包材等資源回收與再利用機會，設計進出口物流包裝資材之處理機制，與協會、業者合作，共同推動溫控物流服務、技術或設備輸出。

3. 無人機整合示範計畫

辦理「無人機整合示範計畫（Ⅱ）－物流運送之深化應用」，選定桃園市復興區偏遠山區緊急災害運補為示範場域及主題，於2022年11月18日完成場域驗證活動，透過物流運送路線操作試飛，累積營運路線飛行經驗，成果將做為中華郵政公司提升郵遞服務效率的參據。

4. 打造國際貨櫃轉運樞紐港埠

提升高雄港國際貨櫃轉口競爭力，已於2022年6月完成高雄港第七貨櫃中心第一期工程，同時核可自由貿易港區營運許可，並交付長榮海運公司後續營運，將可停靠2.4萬TEU貨櫃輪。

5. 持續提升港埠貨運服務能量

預計2024年初完成高雄港第七貨櫃中心第二期工程，配合七櫃營運啟動聯外貨櫃車專用道工程，並將於2023年推動高雄港第五貨櫃中心營運配置、臺北港物流倉儲區及花蓮港冷鏈物流招商，以提升貨櫃運輸效率及服務能量，營造港口優質營運環境。

6. 中華郵政A7物流智慧園區竣工落成

中華郵政公司建置郵政物流園區，提供倉儲空間及處理全臺70%郵件量，是支援電商產業發展最佳後盾，並可結合臺北港、桃園機場海空運優勢，創造海空郵聯運國際商機。物流中心於2022年7月5日竣工、12月2日落成，以倉儲和郵務作業環節的垂直整合，提供一條龍式郵政物流完善服務，提升物流業務效能。

7. 外送員安全監理革新

為持續強化餐飲及物流業外送員安全管理，交通部與勞動部合作，藉由合理派單、第三人責任險、教育訓練及聯合稽查等四大面向，對業者及外送員訂定相關指引並予以稽核，以落實遵循指引規定。2022年3月至12月外送員於上線時間發生事故（A1+A2）件數5,397件，較2021年同期9,518件減少4,121件，降幅達45%。

（二）趨勢與案例

1. 海洋水運業獨占鰲頭，國際物流業者營收成長趨緩

如前表6-3物流細業別銷售額、年增率與銷售額占比統計資料及相關企業財報所示，2021年因全球海空貨運景氣熱絡，其中漲幅最驚人的海洋水運業，營業額年增180.6%，雖然至2022年度下半年出現供需反轉的變化，但是海洋水運業仍以年增123.27%，在全體物流業中拔得頭籌。依據未來流通研究所之2022臺灣消費與生活產業成長率排行，海洋水運業亦在Top 40排名中，高居全國第二名。然而與海洋水運相關的服務業別，如船務代理業、海空貨運承攬業、報關服務業、及船舶理貨業之營收則不似2021年的同創佳績，其中報關服務業為-7.45%，海、空貨運承攬亦分別僅有16.95%及7.01%之成長，顯示實際貨運需求應已自2021年的高峰逐漸回復至疫前的水準。

2. 強化冷鏈物流設施，建構環島冷鏈

揀理貨為低溫倉儲作業中最耗時費力部分，作業人員需長時間在低溫環境下工作，易影響健康，而造成工作準確性及效率下降等現象。全日大林冷鏈股份有限公司結合物聯網（Internet of Things, IoT）與資料分析技術，提升自動化分揀設備之效能，降低人員在低溫環境的作業時間，並發展下列冷鏈技術。

（1）應用主線混合分揀模式，食材依訂單分揀裝箱

應用主線混合貨品投入控制技術，各個投入站可同時將各自負責的貨品投入於主線上，貨品依照訂單需求分撥至各流道中，以快速匯集訂單商品進行包裝。

（2）應用動態分揀控制技術，貨箱依送貨區域分揀

利用脈波量測原理計數，並換算貨物實際長度，再驅動控制系統調變速度，縮短前後商品之間隔距離，不僅加速作業，亦可節省建置成本。

3. 多元化與規模化物流與商業生態圈模式

參考前述表6-3物流細業別銷售額數據，2022年度郵政業務服務銷售額雖達到149.42億元，但卻持續呈現微幅衰退-1.98%，其中雖已包含郵政包裹業務，但仍與郵政公司以外的宅配遞送服務業79.31%的高度成長有明顯差距。中華郵政公司自2016年

7月起陸續於各地郵局、交通樞紐、大專院校、辦公大樓、社區／活動中心等人潮匯聚處布建「i郵箱」，截至2022年12月底止，已布建達2,408座。2022年度「i郵箱」取寄郵件量達469萬件，讓「i郵箱」就像是一般大眾的物流ATM，提供24小時全年無休自助取／寄郵件包裹服務。除了無人自助式的「i郵箱」，中華郵政公司運用策略聯盟方式，利用超商24小時營業時間與眾多門市據點，增加便利包收寄據點及延長收寄時間。自2022年3月起與統一超商、萊爾富擴大合作3號便利包「店寄宅」及「i郵箱取件」服務，並將持續推展國內包裹郵件「超商收件，郵政投遞」（店到宅）及「超商收件，i郵箱取件」（店到箱）合作。

此外，在跨境電商部分，北部地區運用郵政物流園區，結合臺北港、桃園機場之地理區位及豐沛運能優勢，推展海、空、郵聯運，助益物流產業開拓跨境商機。南部地區則持續推展「貨轉郵」業務，已啟動「高雄港79號碼頭轉口倉」做為海運進口貨轉郵作業場地，並於桃園航郵中心設立進口貨棧，提供海轉空及空轉空之貨轉郵作業場域，緩解海空作業場地不足問題。截至2022年12月底止，跨境物流（貨轉郵）共收寄934公噸，營收逾1.99億元，並將配合貨轉郵業者需求優化資訊系統，主動更新貨況資訊供其回饋前端攬貨電商平臺，增加業務競爭力。

目前各國郵政公司亦多已具備強大的物流營運能力，因此，中華郵政公司從最具規模優勢的實體門市與配送車輛數量，至類似無人智取櫃的「i郵箱」，以及與24小時超商合作滿足顧客最後一哩需求的多元化模式，且建構跨境電商「海、空、郵聯運」攜手電商與物流業者，將競爭範圍擴至國際市場，可以看出中華郵政公司所布建的物流生態圈模式已漸成形。

4. ESG與淨零碳排

波士頓顧問公司（Boston Consulting Group, BCG）與世界經濟論壇（World Economy Forum）於2021年聯合發布*Net Zero Challenge: The Supply Chain Opportunity*，也就是《淨零挑戰：供應鏈機遇》報告書，舉出八大供應鏈之碳排放量，其中貨運物流部分雖然占比最少，但是報告中卻顯示貨運與其他供應鏈都有關聯，全球的其它供應鏈幾乎都需要貨運物流服務才能完成交易。國內在相關主管機關的推動下，分別在海、空港埠及郵政配送業務方面，採取對應淨零措施。

（1）國際商港空污防制

為降低港區營運行為對環境衝擊，港務公司積極宣導推動「船舶進出港減速」、

「擴大岸電設施使用」、「港區作業機具減污作為」等具體措施，2022年減碳量達9萬6,951公噸，相當於249座大安森林公園碳吸附量，細懸浮微粒（PM2.5）減量137公噸，二氧化硫（SO_2）減量898公噸，氮氧化物（NOx）減量1,512公噸，有效減輕空污排放。

（2）持續推動生態港認證更新

港務公司轄下7個國際商港全數取得歐洲生態港（EcoPorts）認證，2022年度由高雄港、花蓮港及臺北港持續辦理認證複評作業，以「智慧調撥水資源精進計畫」、「物流倉儲區生態潮池」等最佳實踐案例提出申請，業於2022年10月底取得複評認證。

（3）推動綠色環保機場

為落實綠色機場政策，桃園國際機場及高雄國際機場積極參與國際機場協會（Airports Council International, ACI）舉辦之機場碳認證計畫（Airport Carbon Accreditation, ACA），均獲得第三等級減碳最佳化之認證，成為亞太區少數獲取殊榮之機場。

（4）建立綠能物流車隊

為響應政府推動綠能產業及配合行政院「空氣污染防制行動方案」，中華郵政公司於2017年開始導入電動機車，並持續汰換汽油機車、大量採用電動機車，以建立綠能車隊。截至2022年12月底止，已採用3,241輛電動機車，以每輛郵遞汽油機車每年碳排放量約0.17公噸推估，每年可減少碳排放量約達551公噸，相當於1.4座大安森林公園面積林地每年產生之二氧化碳吸附量。

5. 智慧物流與運輸科技發展與應用

台灣準時達國際物流股份有限公司原本以B2B物流服務為主，大多是板進板出的作業，由人工方式處理輔以堆高機等簡易機械；近年跨足電子商務領域，如蝦皮、momo、Yahoo等電商平臺，面對少量多樣的精細型貨物處理，需要大量的揀理貨人力，存在人力短缺、薪資成本增加等風險。電商倉儲物流具有多品項、小批量、多批次、短週期等特點，以人工作業不僅費工耗時，亦容易發生人為失誤。該公司從流程優化與效率提升兩方向規劃自動化與無人化的作業方式，整合倉儲管理系統（Warehouse Management System, WMS）、倉儲通訊控制系統（Warehouse Control System, WCS）、可程式化控制器（Programmable Logic Controller, PLC）3項應用軟體，結合搬運機器人（Autonomous Mobile Robot, AMR）、電腦輔助揀貨系統（Computer Aided Picking System, CAPS）、自動材積重量辨識、動力滾筒、自動貼標、疊貨機器手臂等6種國產自動化設備，完成電商訂單從揀貨到出貨流程之人機協同作業模式。台灣準時達打造「以物就人」電商物流倉，電商訂單出貨環節轉換為人機協同作業方式，如搬運機器人減少揀貨員走動找貨、CAPS播種牆增加理貨正確率、系統量測包裹材積重量節省人力及避免失誤、機器黏貼託運面單並將包裹堆疊到籠車等，使得訂單揀貨至出貨的平均作業時間縮短，效率提升。

而展盛國際物流是一間成立於2012年的海空運承攬公司，在臺中港附近提供貨物報關、集運發貨和第三方物流的一站式服務。為能同步實現B2B企業客戶的大量出貨及B2C小型電商賣家的物流配送模式，於2022年導入德商甌圖軟體開發（Otto Group Solution Provider, OSP）的MOVEX WMS倉儲系統，記錄提單上的進口貨物並即時列印出包裹應繳納的關稅費用，讓送貨司機與收件者一目瞭然，銜接進口清關和最後一哩運送。配合跨境購物的發展潛力與電商物流的市場需求，展盛應用資訊系統結合供應鏈、電商通路與合作物流宅配公司的訂單、庫存、貨運配送等各方資料，逐步完成資訊整合。透過應用程式介面（Application Programming Interface, API）自動串接蝦皮訂單，支援進貨採購單匯入，讓貨物進出、揀貨包裝和配送管理作業更為完善，強化現有的倉儲運輸服務，使得展盛每個月的貨櫃處理量提高了33%。

第三節　國際物流業發展情勢與展望

一、全球物流業發展現況

2022下半年之後，各國開放邊境恢復正常生活模式，雖有烏俄戰爭、通膨惡化與國際金融升息等大環境風險考驗，全球經濟發展已開始出現許多新契機。全球物流相關的熱門關鍵字包含：供應鏈能見度、人員短缺與招募、自動化與無人化、永續物流、雲端計算與數位轉型、逆向物流及最後一哩服務等，紛紛回歸物流本質與疫情前已持續關注之核心議題，可知2023年的全球物流勢必更明確回歸正軌，物流企業必須以整體實力與服務能耐之競爭，在全球市場上維持獲利能力。

本節先以全球物流重要物流指標統計報告資訊，提供跨國之間的比較，包含世界三大信貸評級機構之一惠譽（Fitch Group）旗下子公司惠譽解決方案（Fitch Solutions）的物流風險指數，以及睽違多年終於更新的世界銀行物流績效指標（Logistics Performance Index, LPI）報告。兩者的結果雙雙顯示出2022-2023年各國整體的物流表現都有所精進，尤其我國的排名皆有顯著上升，此亦符合前述第二節中，我國各項物流統計數額成長趨勢，顯示疫情期間我國物流業者的表現相對優異，也突顯出我國物流整體競爭力已達世界一流水準，應當積極善用此優勢，並研擬持續維持之策略。

（一）各國物流風險指數比較

本節參考惠譽解決方案（Fitch Solutions）最新國家風險與產業研究，以及物流與貨運報告所顯示各國的物流風險指數，以瞭解各國物流業營運風險現況，同時觀察我國的排名並與美國、德國及相關鄰近國家比較。物流風險指數以交通運輸網路（Transport Network）、貿易程序及治理（Trade Procedures and Governance），以及公用事業網路（Utilities Network）各分項得分的平均值計算（見表6-6）。

1. 交通運輸網路

該指標評估一個國家的公路、鐵路、航空和水路等交通運輸網路的覆蓋範圍和品質，反映在全國各地運輸原材料和製成品的容量和能力。

2. 貿易程序及治理

該指標評估採用貨櫃進口及出口貨物在一個國家所需的時間和成本，評估特定市場進出口貨物的難易程度。此外，該國的海空運量以及與航線網路的連接，也用於衡量其作為航運或貨運樞紐的潛力。一個理想的市場應擁有強大的貨運聯繫和低程度的貿易官僚架構。

3. 公用事業網路

該指標評估電力和燃料的品質、供應及其成本，並考慮工業用水的供應，評估行動通訊的品質和覆蓋範圍，以及網際網路普及率，發達的公用事業有助供應鏈順利運作。

表6-6　2023年相關國家物流風險指數比較（依據2022年全球排名排序）

	2022年指數	2022年全球排名	2021年名次比較	2023 Q2分項指標與全球排名			
				交通運輸網路	貿易程序及治理	公用事業網路	排名
日本	86.5	1	+3	4	10	10	1
美國	86.1	2	-1	6	7	12	2
新加坡	84.7	4	-2	1	1	59	4
香港	82.6	8	-1	3	4	87	11
南韓	82.0	11	-2	7	19	21	6
臺灣	81.7	12	+0	24	18	2	5
德國	81.6	13	-3	9	2	56	10
馬來西亞	79.6	15	+2	20	27	8	16
中國大陸	76.2	25	+2	31	20	19	23
泰國	70.0	35	+1	55	34	27	34
越南	65.9	50	-2	71	42	11	45
印尼	64.3	52	-1	50	47	72	53
菲律賓	50.5	88	-7	94	68	117	87

資料來源：Fitch Solutions Group Limited, "Fitch Solutions Country Industry Reports-Logistics & Freight Transport Report (2022 Q4)," 2022; "Fitch Solutions Country Industry Reports-Logistics & Freight Transport Report (2023 Q2)," 2023.

說　　明：排名來自全球201個國家和地區，各國分別整理成冊，並依季度更新數據，其指數100=風險最低；0=風險最高

（二）世界銀行LPI各國物流績效指數比較

世界銀行於2023年4月發布了2023年度第七版的物流績效指數報告，年度重點強調韌性和可靠性對物流績效之重要性。此前3年，受新冠疫情衝擊，供應鏈出現前所未有的中斷，交貨時間大幅延長。2023年度物流績效指數報告距離上一版本的2018年度，已經過了5個年度，這期間全世界各國的物流發展都已有顯著的變化，更加強調衡量建立可靠供應鏈連接的難易程度以及支援供應鏈的結構性因素，如物流服務品質、與貿易和運輸相關的基礎設施以及邊境管制等。相對性的政策建議，包括改善清關流程、投資基礎設施、採用數位化資訊技術，以及推行低碳貨運模式和更節能的倉儲方式，以促進環境永續的物流業發展。

歷年世界銀行的物流績效指數包含6個分析指標：

1. 海關效率（Customs）：海關和邊境管理通關效率。

2. 基礎設施（Infrastructure）：貿易和運輸相關基礎設施的服務品質。
3. 國際運輸效率（International shipments）：易於安排價格具有競爭力的國際運輸。
4. 物流服務能力（Logistics competence and quality）：物流服務的品質與能力。
5. 時效性：貨物在排程或預期交貨時間內送達收貨人的頻率。
6. 貨況資訊：查詢和追蹤貨物的能力。

這些指標的選擇基於理論和實證研究以及參與國際貨運代理的物流專業人員的實務經驗匯集而成。表6-7為將2023年度的LPI排名前25名（今年度將總積分相同者並列）呈現6大指標的名次及年度總積分，並與第六版的排名進行比較。其中，我國的名次相較於2018年有大幅的進步，由27名躍升至與法國、日本、西班牙並列第13名，最主要的成長來自於國際運輸效率、時效性、貨況資訊三大指標，後兩者甚至排名位居全世界第3、4名，顯示出我國在跨境物流方面，能夠提供具有價格競爭力的國際運輸服務，並能夠在可靠度方面，提供貨主追蹤貨物的資訊，並如期交付貨品。相對而言，在海關效率部分，則是仍維持與2018年相同的名次。

二、國外物流業發展案例

如前所述，2022年度終於揮別疫情的影響，各國物流業者紛紛將焦點轉移至供應鏈能見度、自動化與無人化、永續物流、雲端計算與數位轉型及最後一哩服務等策略性議題，因此本節以國際物流數位轉型及永續物流兩大主題，介紹相關較具代表性的實際案例，作為國內推廣與發展之參考。

（一）數位貨運平臺（Digital freight platform）

依據Gartner於2022年2月發布之研究報告，全球貨運公司陸續面臨貨運司機短缺、運力緊張和貨運成本上升等挑戰，另一方面，市場需求增加更擴大了供應鏈優化和數位化轉型的緊迫性。數位貨運平臺的發展已日趨成熟，主要包括下列模式：

1. 數位經紀／仲介（Digital brokers）：運用人工智慧與機器學習技術，進行即時定價與優化貨載媒合。
2. 數位化貨運網絡（Digitized freight network）：改進承運人（貨運業者）網絡，以及承運人和託運人（貨主）之間的協同合作。這類網絡允許託運人使用兩種方式：較少數但已預先確認運能的承運人，或使用大型網絡的眾多外包承運人

表6-7 2023年各國物流績效指數（LPI）比較及最新排名變化

經濟體	海關效率	基礎設施	國際運輸效率	物流服務能力	時效性	貨況資訊	2023年LPI總積分	2023年LPI排名	2018年LPI排名	名次變化
新加坡	1	1	2	1	1	1	4.3	1	7	6
芬蘭	4	5	1	3	1	3	4.2	2	10	8
丹麥	2	9	14	9	10	2	4.1	3	8	5
德國	7	3	8	3	10	3	4.1	3	1	-2
荷蘭	7	5	8	3	17	3	4.1	3	6	3
瑞士	2	2	14	2	4	3	4.1	3	13	10
奧地利	14	16	4	11	1	3	4.0	7	4	-3
比利時	7	9	4	3	4	16	4.0	7	3	-4
加拿大	4	3	14	3	10	11	4.0	7	20	13
香港	12	14	2	11	10	3	4.0	7	12	5
瑞典	4	5	26	3	4	11	4.0	7	2	-5
阿拉伯聯合大公國	14	9	4	11	4	11	4.0	7	11	4
法國	14	19	8	20	10	16	3.9	13	16	3
日本	7	5	38	9	17	16	3.9	13	5	-8
西班牙	20	19	8	14	4	11	3.9	13	17	4
臺灣	22	19	8	14	4	3	3.9	13	27	14
南韓	7	9	26	20	25	23	3.8	17	25	8
美國	14	16	26	14	25	3	3.8	17	14	-3
澳大利亞	14	9	47	14	35	11	3.7	19	18	-1
中國大陸	31	14	14	20	30	23	3.7	19	26	7
希臘	37	25	4	20	21	20	3.7	19	44	25
義大利	24	19	26	20	21	20	3.7	19	19	0
挪威	12	16	57	20	17	29	3.7	19	21	2
南非	31	30	14	20	25	23	3.7	19	33	14
英國	22	25	22	28	30	16	3.7	19	9	-10

資料來源：The World Bank, "Connecting to Compete 2023: Trade Logistics in an Uncertain Global Economy-The Logistics Performance Index and Its Indicators," 2023, retrieved from https://lpi.worldbank.org/international/global

的可用運載能力。因此，主要適用於視品質和協作為重點的託運人。

3. 資產式數位化貨運網絡（Digitized freight network with assets）：提供整合貨運市場中的司機、企業資產（貨車、搬運設備）和策略性夥伴關係的端到端物流（end-to-end logistics）完整服務；服務範圍由長途公路運輸（Over the road, OTR）、短程拖運（drayage）、到倉儲作業（warehousing）。
4. 貨運加值資訊技術平臺（Freight insights technology platforms）：本身不提供中介服務，而是收集即時貨況資訊，提供給託運人、第三方物流業者、物流仲介商利用及掌握可用運量之決策情報。
5. 協作式運輸平臺（Collaborative transportation platforms）：協助分析託運人的訂單與運費資料，進而協助減少空載里程或提高回程使用率。
6. 承運商關係平臺（Carrier relationship platform）：這些平臺提供了承運人額外的解決方案和激勵措施，以幫助促進共同合作的承運人、第三方物流公司、經紀人和託運人之間的緊密聯繫。
7. 數位貨運平臺技術供應商（Technology provider with a digital freight platform）：由運輸管理系統（Transportation Management System, TMS）和電信服務等供應商將其用戶構建為一個具有眾多承運人的網絡，並用來提供運載容量來源，相對地，現有已使用TMS的託運人，即可以利用這些電信服務網路，引入及運用這些承運人的服務能量。
8. 第三方物流業者自建之數位貨運平臺（3PL with digital freight platform）：傳統的3PL業者已認知貨運數位化的必要性，並開始從傳統的運輸模式中，加入採用類似的數位交易平臺商業模式。

（二）數位貨運新創公司Flexport之雲端化與自動化交易平臺

路透社指出，2021年時全球已有近250家數位貨運新創公司，包括Uber的物流分公司Uber Freight（優步貨運）、Flexport（飛協博）、Convoy等。Flexport在2013年於美國舊金山成立，被稱為世界上第一家數位貨運承攬經紀公司，當時其創辦人發現大多數企業都依賴來回發送電子郵件、傳真、PDF文件等方式，進行貨物報關的溝通，因此開始將原本企業需用紙本報關的相關文件，進行數位化及自動化處理，大幅縮減企業處理這些紙本的時程，直接連結供應鏈中所有公司的企業資源規劃系統（Enterprise Resource Planning, ERP），並推出一個讓企業可以線上處理海關貨運代理問題的雲端平臺。作為一家物流SaaS（Software as a Service, 軟體即服務）公司，沒有輪船、飛機和火車，卻為客戶節省了平均208個小時物流作業時間、最多70%的物流成本，以及30萬噸以上的溫室氣體排放，2021年已成為此類跨太平洋航線貨艙的全球第七大買家，2022年的銷售額達到了50億美元，及52%的成長。在最新一輪融資中，獲得9.35億美元資金後，公司估值一舉飆升至80億美元，成為數位貨運領域最成功的新創獨角獸。

整體來說，客戶可以通過Flexport查看不同路線及其成本，預定貨船、卡車、飛機。供應鏈上的各階成員：貨主、陸海空貨運、倉庫、報關、保險等通過網頁、App、API介面連接後，運輸狀態、位置等資訊可以即時傳輸、自動導入在Flexport平臺。此外，Flexport可以自動產生貨運分析報告，方便客戶優化供應鏈、適配產能，並依據客戶資料大數據分析，設計客製化的最佳貨運模式與路線，將貨物盡量填滿整櫃運送。Flexport也提供客戶諮詢、供應鏈金融、碳交易等服務，進一步拉高了Flexport的平臺服務價值與規模。

2023年5月，Flexport宣布併購加拿大電商網站Shopify旗下物流處理事業部門，與美國電商平臺Deliverr，直接參與電子商務的最後一哩配送業務，並聘用Uber Freight前任執行長，負責建立Flexport自己的北美陸上卡車平臺業務，宣示該公司正計畫擴大卡車運輸和陸運服務，尋求創建「工廠到門」（factory-to-door）的全包式物流平臺。

（三）日本可持續物流政策與推動案例

2022年8月，由日本國土交通部、經濟產業部、農林水產部、衛生勞動部共同成立了「實現可持續物流研究小組」，以探討如何解決物流面臨的問題，並研擬實現可持續物流的措施，自同年9月召開第一次會議，至2023年6月已辦理11次的會議。迫使日本主管物流事業的相關部門設置專門研究小組並積極召開會議的原因，主要包含下列2點：

1. 日本物流行業配合勞動法規實施，從2024年度開始，卡車司機將適用加班上限，將導致當年度運量不足14.2%，並且還需要符合碳中和標準；
2. 國際間戰爭與地緣政治風險、通膨與物價上漲等外部環境變數，更加重上述問題的嚴重性。

可預見的是2024年度將可能因為物流供給減少及成本上升，導致無法運送對人們的生活和經濟活動至關重要的貨物，進而導致物流與經濟情勢處於危急狀態。而此研究小組成立的目的即為：

現在物流面臨著重大變革的壓力，包括收貨人、發貨人、與廣大消費者必須共同努力，從各自的立場重新考慮所應該扮演的角色，致力推動解決物流面臨的各種問題的舉措，以期實現可持續物流的目標。

2022年11月於「實現可持續物流研究小組」第三次審查會議中，日本通運（Nippon Express Co., Ltd., 簡稱日通）提出《物流成本和託運人負擔的可視化》報告，提出並非所有收貨方產生的費用都可以向託運人收取，因為寄件人看不到，而不願承擔成本，例如在目的地額外的堆高機或人工卸貨作業、棧板更換作業、等待的時間等等成本。相對地，因為新冠疫情、油價與物價上漲、產業需求波動加劇等外在因素導致之成本上升，則相對較容易獲得託運人理解及支持。

日通是日本最大的綜合物流業者，成立於1937年，原為整合日本國內通運業者而成的國營企業，1950年轉型為民營企業，目前物流網絡遍及500多個國家及地區。2022年導入控股公司制度，成立日通控股，同時使用「NX」做為新的集團品牌。臺灣日通國際物流為日本NX集團在我國投資所成立的子公司，最早於2002年時已居我國航空貨運市場進口量第一及出口量第四，並於2004年登上我國服務業500大企業之一。在上述報告中，日通提出在法制面、安全、及人才培訓與吸引年輕人留任等方面的因應策略，並強調這些策略都需要與託運人充分溝通與合作之下才能達成。因此在面對ESG永續發展的部分，日通於2023年3月推出了NX-GREEN Calculator（英文版網址：https://www.nipponexpress.com/service/transportation/solutions/it/nx-green.html），使用者只需輸入貨物的出發地和目的地、運輸貨物的數量和重量以及所涉及的運輸方式，就可以全球出發地和目的地、機場、港口和鐵路貨運站之間的距離，精確估計二氧化碳排放量。NX提供這款最新工具是為了鼓勵客戶加強ESG管理，支持他們利用可視化分析工具來減少國際運輸的二氧化碳排放。整體而言，日通在「實現可持續物流研究小組」的報告最後，提出必須與託運人建立關係及瞭解創建可持續物流系統的共識，協助託運人瞭解有關勞動力不足、工時限制、淨零排放、永續物流等議題，對應之解決措施與成本分擔的必要性，進而支持共同配送、共同基地管理、聯合運輸、二氧化碳排放量分析、運輸路網優化等永續物流策略。

2023年6月於「實現可持續物流研究小組」第11次審查會議中，彙整歷次會議成果，提出最終報告草案，其中主要的重點就是提出實現可持續物流的執行對策，彙整出如下之三大重點。

1. 改變託運人和消費者的心態

（1）建立託運公司和物流經營者的物流改進評估系統；

（2）鼓勵管理層改變意識的措施；

（3）實施鼓勵消費者行為改變的措施，例如減少重新交付、促進投遞交付和接受簡化包裝；

（4）加強物流相關公共關係。

2. 解決物流過程中的問題（修正效率不佳的業務慣例和商業結構，優化交易，並與託運人合作）

（1）研擬有助於減少物流人員工作時間的措施，如減少等待時間和裝卸時間、減少配送次數及延長交貨期限，以簡化物流的負擔；

（2）考慮有助於適當收取運費的措施，例如明確化運送合約條件和修正多重轉包的情況；

（3）考慮物流成本的可視化。將物流服務設定價格表，促進商業交易中物流成本的可視化；

（4）督促託運人落實貨車運輸事業法規，延長實施標準運價制度，確保託運人與卡車運營商之間的正常交易；

（5）改善環境提高卡車司機工資水準。

3. 營造促進物流標準化、高效化（節省勞動力、節能、減碳）的環境

（1）考慮聯合運輸和交付，並使用數位技術確保回程貨物；

（2）公私合作推動物流標準化。減少棧板轉換工作，並建立防止共用棧板遺失的操作規範；

（3）支持構建物流基地網絡等設施。鼓勵物流設施的資本投資，有助形成物流樞紐網絡，強化商業倉庫、卡車碼頭等作為供應鏈節點功能的配送設施，改革貨車司機工作方式，協助建設貨車司機休息設施；

（4）促進模式轉換（Model shift）的環境。促進使用鐵路貨運、國內渡輪和滾裝船（Roll on/Roll off ship, RO/RO）來提高運輸效率；

（5）促進車輛和設施節能脫碳的環境，支持大型車輛、曳引車、雙節式貨車及電動或混合動力車輛，以提高裝載與能源效率；

（6）採取其他提高物流生產力的措施：

①為了應對貨運量的波動，應建立企業內不同營業或路線部門之間的司機調度交換的機制（而非依路線別固定司機）；

②應考慮採取提高裝載效率的措施，如允許客貨混合裝載，或促進物流企業之間的合作（共同配送），提高幹線物流的運輸效率；

③促進新技術引入的方案（包括自動駕駛、氫能汽車和生物燃料汽車）；

④政府應考慮建立新制度，允許獨資經營者在採取必要的安全措施和賠償損失辦法後，共同使用車輛；

⑤為促進婦女、老年人等多元化人力資源的利用，應考慮引進有助於減輕裝卸負擔的設備，例如尾門升降機，並鼓勵取得堆高機操作許可證照。

第四節　結語與建議

一、物流業轉型契機與挑戰

（一）我國的物流競爭力不斷成長，邁向世界頂尖物流的最佳契機

對於我國的物流產業而言，相較於2022年的疫情分水嶺，2023年仍是充滿不確定與機會的狀態，原本預期疫情之後將逐漸回歸常態，但是整體大環境經濟需求消長的情勢，始終不容樂觀，首當其衝的就是與世界景氣循環關係密切的國際物流業者，勢必難以維持2022年銷售額倍增的成長幅度。但是觀察我國的物流風險指標，以及世界銀行的LPI排名變化，皆可發現大幅躍進的原因主要在於「貿易程序及治理」、「海空運量以及航線網路的連接」、「國際運輸效率」、「時效性」、「貨況資訊」等方面的顯著進步，而這些指標皆與國際物流業者的營運息息相關。因此，未來的發展課題在於如何善用我國優異的國際物流產業能力，並與國內物流產業相互合作，且持續強化海關效率與基礎設施建設，作為我國整體經濟環境及不同產業供應鏈營運發展的最佳後盾，並在強化國際經貿競爭力之餘，藉由經濟需求的成長，更加助力物流產業轉型與升級發展。

（二）物流產業2023年度展望

參考資誠聯合會計師事務所（PwC）2023年度供應鏈意見調查報告，收集305位產業經營管理者的意見，其中對於未來12-18月最關注的議題，最多回應為「提升效

率」（58%）與「管理或降低成本」（54%）。對於此趨勢，DHL在其2023年度《物流與交付》報告中，提出第五方物流（5PL）合作夥伴，已成為企業的寶貴資產。隨著供應鏈變得越來越複雜，5PL模式更能處理客戶的所有物流需求，然後規劃、執行和管理整個解決方案。簡而言之，5PL是一種全方位（all-in-one）的解決方案，能夠滿足所有物流需求並確保一切按時運行。隨著供應鏈面臨更多中斷，5PL的作用將比以往任何時候都更加重要。

二、對企業的建議

（一）併購活動將持續，第三方物流業者的危機與轉機

疫情前後，不論國內外的物流產業，皆已出現許多大型的併購案，但是目前面對整體供應鏈中斷相關的不確定性，許多公司考慮近岸外包（Nearshoring）模式或增加庫存，以獲得更多對其供應鏈的控制，導致相關物流運輸與倉儲設施成為私募基金或是大型企業整併的熱門對象。這樣的趨勢對於傳統第三方物流業者偏向被動性支援的角色定位，勢必造成劇烈影響，但是若能夠適時調整商業方式，主動擴大及創新服務項目或投資更多自動化與智慧化的設備，則能夠有機會滿足更多持續變化的客戶需求，進而增加長期的獲利能力。

（二）數位轉型刻不容緩

在PwC的《2023臺灣企業領袖調查》中，超過6成的臺灣企業領袖認為，必須在6年內完成數位轉型，其中接近4成認為必須在3年內轉型，顯示臺灣企業領袖認為未來挑戰會更加激烈，透過數位轉型才能脫胎換骨，重新找到獲利的新方向。但此同時，PwC Taiwan 2022年《臺灣中小企業數位轉型現況及需求調查報告》也顯示，超過9成的中小企業已投入數位轉型，但也因為學習成本與多處於試誤（Trial and Error）階段，普遍尚未有顯著的成果與改善。因此，如何縮短數位轉型的學習曲線，並能夠減少嘗試錯誤的過程，可能需要從人才培訓與外部資源的選擇等方面，加以審慎評估及強化，以達到事半功倍的效果。

（三）永續物流的思考與因應

少子化導致的人力不足問題，已經開始在各行各業顯現，未來10年我國的新就業人數都將呈現逐年減少的趨勢，參考日本對於可持續物流所提出的因應策略，國內的

物流產業可以及時展開工作環境、工作條件的改善措施，促進婦女、老年人等多元化人力資源的利用，引進有助於減輕裝卸負擔的設備，並應用自動化作業方式，以因應人力更加短缺的嚴厲考驗。

另一方面，美國調查公司笛卡爾（Descartes survey）在2022年底調查歐洲、美國和加拿大的消費者發現，如果訂單採取對環境較友善的可持續交付（sustainable delivery）方式，54%的人願意等待更長時間，而20%的人甚至願意支付更多費用。更多的公司將尋求交付選項的便利性和可持續性之間找到平衡，而消費者更願意從被認為更具可持續性的零售商，購買更多產品。企業端經由與對環境負責的物流供應商合作，可以使其品牌在最後一哩路的交付過程，符合可持續交付的特性，更能與具有環保意識的消費者之間保持一致。如此，經由不斷溝通物流兩端使用者的永續意識，永續物流的落實才能真正水到渠成。

附表 物流業定義與行業範疇

根據行政院主計處所頒訂之《行業統計分類（第11次修正）》的定義，H大類「運輸及倉儲業」稱凡從事以運輸工具提供客、貨運輸及其運輸輔助、倉儲、郵政及遞送服務之行業屬之，目前國內物流產學界亦以此為物流相關的行業分類。然而須注意：在H大類的行業分類中，運輸相關的行業可能完全以貨運為主要業務，例如汽車貨運業（小類編號494）或貨運承攬業（523）皆與物流行業明顯相關；但是也可能僅有客運業務，例如捷運運輸業（492）或汽車客運業（493），須排除在物流行業統計之外；比較不易區別的是同時提供客運或貨運服務的運輸行業，例如，鐵路運輸業（491）、海洋水運業（501）及航空運輸業（510），這3類的統計資料並未再區分為客貨運的細類，因此配合其他調查數據加以說明。

表　行政院主計總處《行業統計分類（第11次修正）》定義之物流業

中分類	小分類	定義	參考物流經濟活動
H.49陸上運輸業	4910-00鐵路運輸業	從事鐵路客貨運輸之行業。	鐵路貨運
	4940-00汽車貨運業	從事以汽車或聯結車運送貨物或貨櫃之行業；搬家運送服務亦歸入本類。	汽車貨運、汽車貨櫃貨運、汽車路線貨運、搬家運送服務
	4940-11汽車貨櫃貨運業		
	4940-12搬家運送服務業		
	4940-99其他汽車貨運業		
H.50水上運輸業	5010-11海洋水運業	從事海洋、內陸河川、及湖泊等船舶客貨運輸之行業。	海洋船舶貨運、內河船舶貨運、湖泊船舶貨運
	5010-99其他海洋水運業		
	5020-00內河及湖泊水運業		
H.51航空運輸業	5100-00航空運輸業	從事航空運輸服務之行業，如民用航空客貨運輸、附駕駛商務專機租賃等運輸服務；以熱氣球載客飛行服務亦歸入本類。	定期貨運班機經營、貨運包機經營
H.52運輸輔助業	5210-00報關服務業	受貨主委託，從事貨物進出口報關相關服務之行業。	報關服務

中分類	小分類	定義	參考物流經濟活動
	5220-00船務代理業	從事以委託人名義，在約定授權範圍內代為處理船舶客貨運送及其相關業務之行業，如代辦商港、航政、船舶檢修手續等服務。	船務代理、代辦航政手續、代辦商港手續、代辦船舶檢修手續
	5231-11鐵路、陸路貨運承攬業	從事鐵路、陸路貨運承攬服務之行業。	陸路貨運承攬、鐵路貨運承攬
	5232-00海洋貨運承攬業	從事以自己名義，為委託人處理船舶貨運業務之行業。	海洋貨運承攬
	5233-00航空貨運承攬業	從事以自己名義，為委託人處理航空貨運業務之行業。	航空貨運承攬
	5259其他水上運輸輔助業 5259-12船上貨物裝卸業 5259-13船舶理貨業	從事港埠業以外水上運輸輔助之行業。	船上貨物裝卸、船舶理貨
	5290其他運輸輔助業 5290-11運輸公證服務業 5290-12貨櫃及貨物集散站經營業 5290-13代計噸位業 5290-99未分類其他運輸輔助業	從事521至526小類以外運輸輔助之行業，如貨櫃及貨物集散站經營、與運輸有關之公證服務等。	貨物集散站經營、貨櫃集散站經營、貨物運輸打包服務、船舶除外之貨物運輸理貨服務
H.53倉儲業	5301-00普通倉儲業	從事提供倉儲設備，經營堆棧、倉庫、保稅倉庫等之行業。	倉庫經營、堆棧經營、保稅倉庫經營
	5302-00冷凍冷藏倉儲業	從事提供低溫裝置，經營冷凍冷藏倉庫之行業。	冷凍冷藏倉庫經營
H.54郵政及遞送服務業	5410-00郵政業	從事文件或物品等收取及遞送服務之郵政公司。	郵政業務服務
	5420遞送服務業	郵政公司以外從事文件或物品等收取及遞送服務之行業；到宅遞送及餐飲遞送服務亦歸入本類。	
	5420-11宅配遞送服務		到宅遞送服務、餐飲遞送服務
	5420-99其他快遞服務業		航空快遞服務

資料來源：整理自行政院主計總處《行業統計分類（第11次修正）》之分類定義與參考經濟活動，並配合財政部修訂之《中華民國稅務行業標準分類（第8次修訂）》之子類編號，藉以分類彙整財政統計資料庫《營利事業家數及銷售額-第8次修訂》資料之子類項目統計數據。

連鎖加盟產業現況分析與發展趨勢

商研院商業發展與策略研究所　李佳蔚、彭驛迪 研究員

第一節　前言

連鎖加盟，除跨足各重要產業之外，也是臺灣經濟發展重要動能，在臺灣商業服務業中扮演重要角色。勤業眾信（Deloitte）2023年3月發布的《2023全球零售力量》（*Global Powers of Retailing 2023*）年度報告表示，含括我國統一超商和全聯實業的全球前250大零售商，扣除11家電商，其餘皆為連鎖加盟商業模式，顯示連鎖加盟是大型零售企業的主要經營型態；其2022年零售總營收達到5.6兆美元，較2021年成長15.6%，平均每家企業營收為226億美元。

近年，我國受到COVID-19疫情影響，連鎖加盟產生汰弱留強之現象；到了2022年，COVID-19疫情逐漸趨緩以及防疫政策鬆綁，連鎖加盟開啟經濟防疫新型態，疫情後存續的品牌，開創更多元且複合之經營模式。

經過COVID-19疫情洗禮，全球防疫政策鬆綁的現在，正是協助我國連鎖加盟品牌前往海外市場尋求商機的好時刻。台灣連鎖加盟促進協會（ACFPT）於2022年10月組團前往韓國參與「2022連鎖加盟世界年會」（World Franchise Council），會中除了推廣臺灣連鎖加盟品牌之外，還與其他國際代表進行交流，彼此瞭解各國疫後連鎖加盟的發展情況。另外，從中華民國對外貿易發展協會舉辦的連鎖加盟海外相關活動可以發現，除了較集中於2022年下半年外，其組團前往的地區以東協國家居多，如越南、新加坡、菲律賓等。

政策方面，為因應疫情導致臺灣連鎖加盟品牌產生汰弱留強之效應，並加速品牌擴張，疫後我國政府以多元角度出發，並以強化競爭力和永續經營為目標，推出連鎖加盟國際發展計畫，協助品牌加速數位轉型、提升經營管理效能以及國際布局，使品牌具競爭力與擴大經營並走向國際。此外，疫情趨緩後，經濟部於2022年下半年帶領連鎖加盟品牌前往馬來西亞、越南與菲律賓，分別參與臺馬媒合交流會、越南連鎖加盟展和菲律賓亞洲連鎖加盟展，協助推廣我國連鎖加盟品牌形象。綜上所述，未來連鎖加盟產業量能有望在後疫情時代具有正向的發展。

本章將依據「2022年連鎖加盟調查」，於第二節說明、分析我國連鎖加盟業中業別和細業別發展之現況，包括主要收入來源、品牌成立時間、連鎖總部數與總店數、薪資以及就業情況等，說明我國連鎖加盟產業發展政策，並輔以實際案例以觀察和分析趨勢；同時針對防疫政策鬆綁對連鎖加盟產業產生的影響進行說明，並指出疫後業者調整之經營方向。第三節除了說明全球連鎖加盟產業發展趨勢外，也針對主要國家敘明情勢與展望。第四節綜整上述國內外連鎖加盟產業之發展現況與趨勢，歸納出對於連鎖加盟產業具有關鍵因素之建議，以供我國連鎖加盟業者參考。

第二節 我國連鎖加盟業發展現況分析

本章於2023年2至5月進行連鎖加盟調查，調查前一年度資料，即以2022年度全年情況為準，透過電話或電子郵件（E-mail）方式聯繫，再以網路問卷調查輔以傳真調查。本調查以台灣連鎖暨加盟協會《2022台灣連鎖店年鑑》及台灣連鎖加盟促進協會2022年之產業名錄為抽樣母體資料；同時以《台灣連鎖店年鑑》和2022年產業名錄中之連鎖加盟業者為調查對象，凡合法登記且符合連鎖加盟定義之連鎖加盟總部皆屬之，並以**調查品牌**狀況為主；訪問對象為受訪企業之管理（財務）部門、業務部門、行銷部門，負責經營、業務或投資等工作之主管人員。

根據行政院主計總處定義，並參考日本政府連鎖加盟調查、台灣連鎖暨加盟協會、台灣連鎖加盟促進協會以及專家學者的意見，本章將受訪企業之行業別分成四大類：零售業、餐飲業、生活服務、其他。細項類別則是參考協會行之有年的區分方式，如下列所示，以便未來調查結果能同時符合主計總處及協會之數據，並有利於調查結果之統計比對與分析；其中，購物中心與百貨公司因實際上較難區分且經專家學者建議，兩者合併為一細項類別行業。[1]

---

[1] 根據經濟部商業發展署（前身為商業司）之《105年度連鎖加盟業能量厚植暨發展計畫-連鎖加盟產業區域店長人才需求調查報告》指出，依行政院主計總處2016年《行業標準分類（第10次修訂）》，連

（一）零售業：包括購物中心和百貨公司、量販店、超級市場、便利商店、食品零售、流行時尚、服飾專賣、藥妝精品、家居修繕、數位科技，共計10類。

（二）餐飲業：包括速食店（含早餐店）、咖啡簡餐（含純咖啡店）、餐廳、休閒飲品等4類。

（三）生活服務：包括休閒娛樂、家居服務、美髮美容、補習教育、汽機車服務，共計5類。

（四）其他：非包括在零售業、餐飲業、生活服務之連鎖加盟業者，包括旅行社、飯店、醫學診所、寵物、花店、周邊產業等。

本調查之抽樣方法係採用分業分層隨機抽樣法，於2023年2至5月調查期間共發送1,768份問卷，回收問卷數為412份，為符合連鎖加盟的定義，本調查刪除僅有1家店、重覆填寫、2個以上品牌等問卷，最後有效問卷有372份。

一、連鎖加盟業發展現況

（一）主要收入來源

根據本調查，連鎖加盟業者2022年前三大主要收入來源為直營店營收、原物料銷售、網路銷售，分別為64.52%、23.12%以及5.65%（參見圖7-1）。值得注意的是，主要收入來源為網路銷售的比例不如各界想像的高。同時，經濟部統計處2023年2月調查表示，2022年我國零售業網路銷售金額達4,929億元、年增率為10.95%，相較2021年的22.09%下降許多，顯示2022年因應疫情復甦，業者逐漸恢復實體店面進行銷售的模式。

（二）品牌成立時間

2022年連鎖加盟品牌成立時間以1~10年內品牌居多，占比為32.80%，與2021年連鎖加盟調查相去不遠，其次，與2021年連鎖加盟調查相比，11~20年的品牌從26.66%微升至27.69%，21~30年的品牌從14.85%上升至至19.62%，超過30年的品牌則從23.64%下降至19.89%（參見圖7-2）。進一步以新創品牌分析，可以發現受訪品牌中1~5年的新創品牌占比為18.28%，尤以餐飲業占多數，比例高達69.12%，而零售業

鎖加盟業含括「連鎖便利商店」（4711）、「其他綜合商品零售業」（4719）、「其他食品、飲料及菸草製品零售業」（4729）、「服裝及其配件零售業」（4732）、「化妝品零售業」（4752）、「餐館」（5611）、「飲料店」（5631）、「美容美體業」（9622）、「其他個人服務業」（9690）。

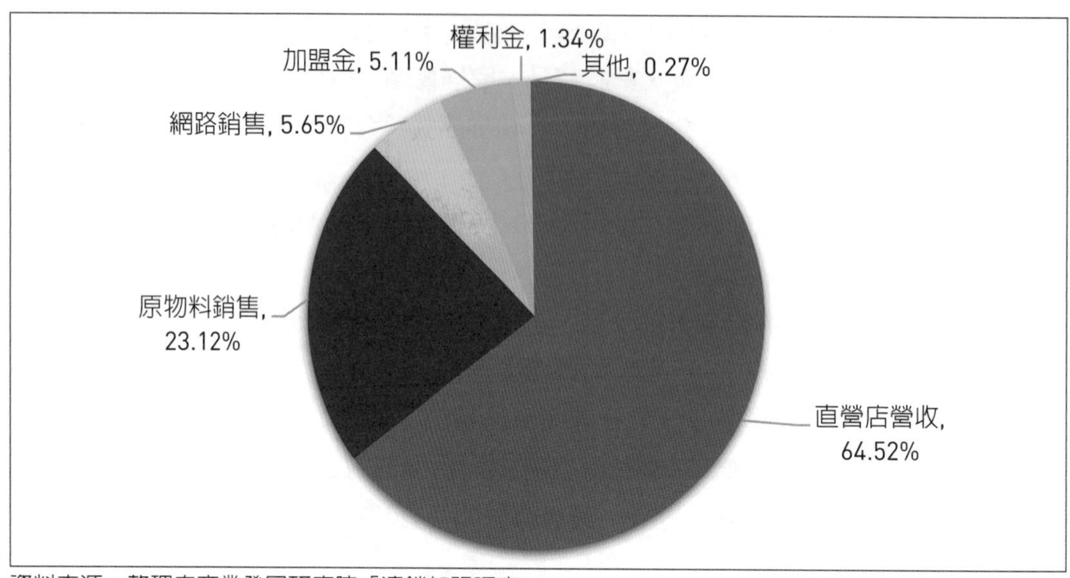

資料來源：整理自商業發展研究院「連鎖加盟調查」。

圖7-1 連鎖加盟業主要收入來源（2022年）

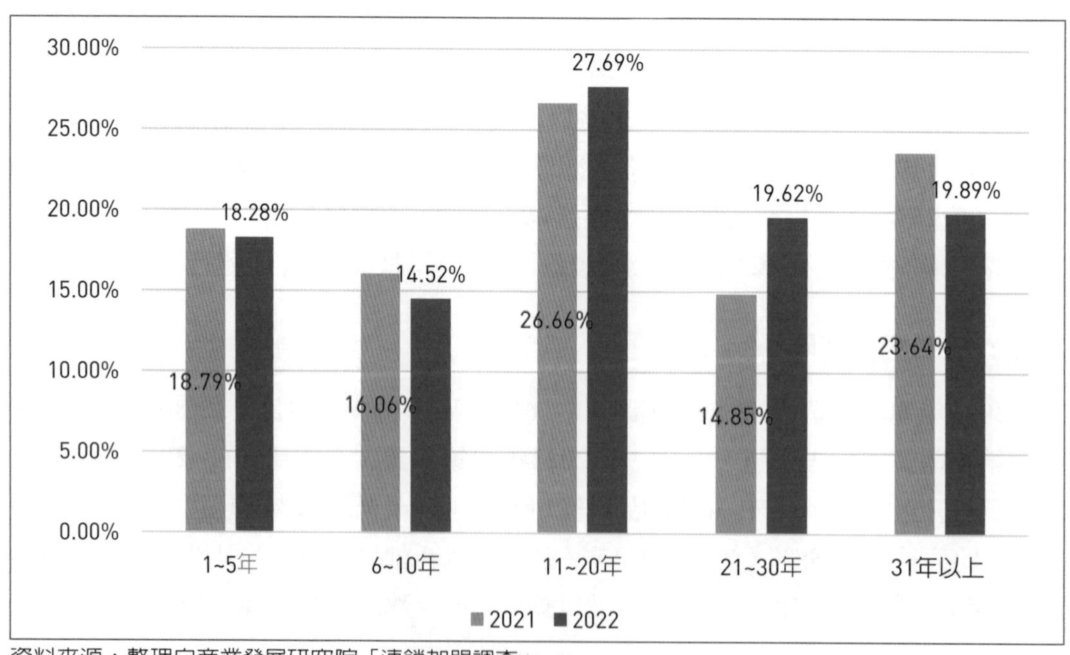

資料來源：整理自商業發展研究院「連鎖加盟調查」。

說　　明：上述統計數值可能會與過去年度數字有些許差異，係因主管機關進行數據校正所致。

圖7-2 連鎖加盟業品牌成立時間（2021-2022年）

則占22.06%，應與餐飲業進入門檻較低以及勞力密集相關。另外，阿甘創業加盟網於2022年4月調查指出，連鎖加盟創業排行榜前5名皆為餐飲業。[2]

（三）連鎖總部數與總店數

根據台灣連鎖暨加盟協會《台灣連鎖店年鑑》對於連鎖總部數與總店數的統計，2022年我國登載的連鎖總部為2,920家，與2021年的2,872家相比增加48家，上升幅度1.67%；而總店數由2021年的116,415店增加4,747店，來到121,162店，增幅為4.08%。由此可見，連鎖總部經過兩年多的疫情挑戰，不僅調整後的連鎖加盟品牌更具韌性，疫情趨緩後也造就了新的品牌誕生。

綜觀2018年至2022年連鎖總部數與總店數整體變化，連鎖總部數從2,880家歷經增減來到2,920家，這5年成長率變化落在-1.26%~3.56%之間；而總店數則從109,801店成長至121,162店，5年間的成長率變化落在-1.68%~4.81%之間（參見表7-1）。連鎖加盟品牌歷經疫情期間的市場考驗後，連鎖加盟總部和總店數於2022年皆恢復到正成長表現，雖然連鎖總部有遞減現象，不過總店數在疫情期間仍呈現增加的趨勢，除了顯示連鎖加盟品牌汰弱留強，更凸顯出品牌積極布局和拓展市場的情勢。

（四）薪資

2022年連鎖加盟業之平均薪資為新臺幣38,555元，比2021年增加3.59%，與2018年的36,221元相比，5年來成長幅度僅6.44%，薪資年複合成長率僅有1.57%，低於我國工業及服務業整體5年薪資年複合成長率2.72%；在歷年成長率方面，2018年至2022年皆為正向成長，僅2020年後受疫情衝擊造成年增率下降，從2019年的1.93%下降至2021年的0.73%；而2022年後疫情復甦，明顯地從2021年的0.73%成長至3.59%。[3]

薪資與性別方面來看，2018年至2022年男性的薪資皆高於女性，且男女薪資差異幅度逐年增加；2021年因疫情關係，導致受僱女性占比較高的餐飲及美髮美容美體業，其工作環境與薪資受到影響，男女薪資差異達4,008元。值得注意的是，2022

---

2 根據經濟部之《具創新能力之新創事業認定原則》所稱新創事業指實收資本額在新臺幣1億元以下，或經常僱用員工數未滿200人，且符合下列要件之一：（一）國內新創事業：依我國《公司法》或《商業登記法》辦理公司登記或商業登記，且設立未滿5年之事業。（二）國外新創事業：依外國法律組織登記，且設立未滿5年之事業。經中央目的事業主管機關認定者，不受前項設立未滿5年之限制。

3 2022年連鎖加盟業之平均薪資為本章根據經濟部商業發展署（前身為商業司）之《105年度連鎖加盟業能量厚植暨發展計畫——連鎖加盟產業區域店長人才需求調查報告》之產業調查範疇，查詢行政院主計總處資料庫薪情平臺之「零售業」、「餐館」、「其他餐飲業」、「美髮及美容美體業」及「其他個人服務業」之每人每月總薪資計算而得。

年疫情後復甦，連鎖加盟總部與總店數的員工需求大增，促使男女薪資差距縮減至2,804元（參見表7-1）。

表7-1 連鎖加盟業連鎖總部數、總店數與每人每月總薪資統計（2018-2022年）

單位：家；店；元；%

項目 \ 年度		2018年	2019年	2020年	2021年	2022年
連鎖總部數	總計（家）	2,880	2,925	2,888	2,872	2,920
	年增率（%）	3.56	1.56	-1.26	-0.55	1.67
總店數	總計（店）	109,801	107,960	113,158	116,415	121,162
	年增率（%）	4.61	-1.68	4.81	2.88	4.08
每人每月總薪資	平均（元）	36,221	36,919	36,950	37,220	38,555
	年增率（%）	3.95	1.93	0.08	0.73	3.59
	男性（元）	38,349	39,393	39,730	40,403	41,001
	年增率（%）	3.99	2.72	0.86	1.69	1.48
	女性（元）	35,763	36,256	36,097	36,395	38,197
	年增率（%）	3.80	1.38	-0.44	0.83	4.95

資料來源：整理自台灣連鎖暨加盟協會，2018-2022，《台灣連鎖店年鑑》；行政院主計總處「薪情平臺」，2018-2022。

說　　明：上述表格數據會產生部分偏誤，係因四捨五入與資料長度取捨所致，但並不影響分析結果

（五）品牌就業狀況

根據本調查整體來看，無論是2021年或是2022年的調查，女性員工的占比皆超過一半。2022年連鎖加盟產業女性員工比重平均為56.70%，全職女性員工比重為54.66%，兼職女性員工比重為61.19%，由此可見，女性仍為連鎖加盟產業主要之勞動力。另外，行政院主計總處於2023年發布《人力資源調查統計年報（民國111年）》時也指出，2022年從事服務業的女性占71.58%，男性則僅占50.58%。

而兼職員工方面，2022年占比31.26%，與2021年的調查不相上下，約占整體三分之一。至於連鎖加盟產業平均單店員工人數降為17人，主因為2022年疫情期間，連鎖加盟品牌業者有往小型態門市發展的趨勢，加上體質強健的品牌除了擴展店數外，亦透過虛實整合以因應疫情，使得平均單店員工人數從2021年的23人下降至2022年的17人（參見表7-2）。

表7-2　連鎖加盟業就業狀況（2021-2022年）

單位：%；人

調查年	女性員工比重（%）	全職女性員工比重（%）	兼職女性員工比重（%）	兼職員工比重（%）	平均單店員工人數（人）
2022	56.70	54.66	61.19	31.26	17
2021	62.19	60.17	66.10	34.10	23

資料來源：整理自商業發展研究院「連鎖加盟調查」。

二、連鎖加盟業之細業別發展現況

（一）主要收入來源

根據本調查，若細分業別來看，零售業主要收入來源為「直營店營收」，占比為70.00%，且營業額新臺幣1億元以上的業者比率高達54.05%；其次為「原物料銷售」和「網路銷售」；而占0.67%的其他收入來源為商標授權、設備租賃等。餐飲業則以占比53.19%的「直營店營收」為主；其次為「原物料銷售」和「加盟金」。

而生活服務以「直營店營收」為主要收入來源，比例為67.27%；其次為「原物料銷售」和「加盟金」，二者比重相差不遠，分別占比12.73%和10.91%，顯示兩者收入來源對於生活服務而言，重要性不相上下。至於其他連鎖加盟品牌業者，如飯店、旅行社、寵物店及周邊產業等，主要收入來源亦為直營店營收，占比高達88.46%；其次為「原物料銷售」和「網路銷售」（參見表7-3）。

表7-3　連鎖加盟業細業別主要收入來源（2022年）

單位：%

收入來源	整體	零售業	餐飲業	生活服務	其他連鎖加盟業
直營店營收	64.52	70.00	53.19	67.27	88.46
原物料銷售	23.12	17.33	36.17	12.73	7.69
網路銷售	5.65	11.33	1.42	1.82	3.85
加盟金	5.11	0.67	8.51	10.91	0.00
權利金	1.34	0.00	0.71	7.27	0.00
其他	0.27	0.67	0.00	0.00	0.00

資料來源：整理自商業發展研究院「連鎖加盟調查」。

（二）品牌成立時間

根據本調查，無論是5年內或10年內的品牌皆以餐飲業為主，其5年內的新創品牌，比例達69.12%，而10年內的品牌，則占比64.75%，也就是說100家10年內的品牌，約有65家為餐飲業。另外，本次調查其他連鎖加盟業受訪者中，以老牌的飯店和旅行社居多，所以5年內的品牌數明顯從23.80%下降至3.85%，而11年以上的其他連鎖加盟業者皆呈現成長的情形。

以零售業來說，10年內的品牌只占了16.00%，而超過30年的品牌則占比30.67%，對比餐飲業（10.64%）、生活服務（14.55%）以及其他連鎖加盟業（19.23%）都來的高，顯示出零售業的品牌存續年限較長，此與2021年調查相比情況相似。至於生活服務，以11~30年間的品牌居多，占比為58.18%。若進一步以2021、2022年的調查來看，整體以及各細業別21~30年的品牌皆呈現成長趨勢，尤其是零售業和其他連鎖加盟業的品牌，分別上升7.96%、12.63%。由此可見，疫情的挑戰使得連鎖加盟產業中基礎奠定較穩的業者才能存活，汰弱換強的情形更加明顯（表7-4）。

表7-4 連鎖加盟業細業別品牌成立時間（2021-2022年）

單位：%

成立時間	調查年度	整體	零售業	餐飲業	生活服務	其他連鎖加盟業
1~3年	2022	8.87	4.00	17.02	5.45	0.00
	2021	10.61	5.15	19.67	5.88	4.76
4~5年	2022	9.41	6.00	16.31	3.64	3.85
	2021	8.18	1.47	16.39	1.96	19.05
6~10年	2022	14.52	6.00	22.70	18.18	11.54
	2021	16.06	11.03	22.95	11.76	19.05
11~20年	2022	27.69	30.67	21.28	30.91	38.46
	2021	26.66	25.74	23.77	35.29	28.57
21~30年	2022	19.62	22.67	12.06	27.27	26.92
	2021	14.85	14.71	10.66	25.49	14.29
31年以上	2022	19.89	30.67	10.64	14.55	19.23
	2021	23.64	41.91	6.56	19.61	14.29

資料來源：整理自商業發展研究院「連鎖加盟調查」。

說　　明：上述表格數據會產生部分偏誤，係因四捨五入與資料長度取捨所致，但並不影響分析結果。

（三）連鎖總部數與總店數

2022年疫情逐漸復甦，各細業別的總部數與總店數皆呈現正成長。零售業的總部數僅成長1.04%，但總店數提升6.22%，顯示體質較為健康的品牌趁勢擴大規模，尤以家居修繕增加總部數和家數最多，蓋因疫情期間民眾待在家中的時間增加，對於居家環境品質的要求逐漸提高，同時修繕的剛性需求也提升不少，使得家居修繕店數大幅成長。

餐飲業總部數與總店數的表現剛好與零售業相反。2022年餐飲業總部數增加2.14%，總店數僅成長0.66%，新品牌總部數的成長高於總店數成長，顯示業者在擴張品牌的同時，仍謹慎評估市場競爭的形勢；而品牌的總部數與店數尤其以休閒飲品成長最多，由此可見，業者仍看好該市場潛力。

生活服務方面，2022年總部數成長0.68%，總店數增加3.63%；受疫情影響，民眾減少外出機會，連帶提升家居服務之需求，旗下的總店數亦跟著大幅增加。值得注意的是，補習教育的總部數和店數雖然在疫情期間衰退，但在2022年呈現上升趨勢。

至於其他連鎖加盟產業，如旅行社、寵物店、花店及周邊產業等，其總部數2019年至2021年皆呈現下滑趨勢，2022年因應疫情逐漸復甦，總部數和總店數達到正成長，而周邊新興產業的興起，對於其市場發展之潛力仍指日可待（參見表7-5）。

（四）品牌就業狀況

若以細業別來看僱用女性員工的情況，零售業為57.10%、餐飲業為59.28%、生活服務為54.16%，而其他連鎖加盟業僱用女性員工的比例高達61.81%。行政院主計總處《111年人力資源調查性別專題分析（含國際比較）》顯示，女性當中從事服務、銷售人員以及事務支援人員兩種職業者共占44.67%，符合本調查對於連鎖加盟產業僱用女性員工的觀察結果。

兼職員工部分，根據本調查除了餐飲業從37.49%增加至40.64%之外，零售業、生活服務以及其他連鎖加盟業的兼職員工比重呈現下降情形，分別為28.91%、16.24%以及8.65%。另外，在單店員工人數方面，以2021年與2022年的調查相比，零售業從45人下降至27人，此與變動快速的零售生態圈有關，除了購物中心和百貨公司、量販店外，部分零售業透過關鍵併購與策略結盟，精簡其人力需求。至於其他連鎖加盟業則從13人上升至24人，因本次調查的受訪品牌以飯店和旅行社居多，其對於人力需求本就比其他業別來的高；而餐飲業和生活服務則維持8人左右的單店員工人數（參見表7-6）。

表7-5　連鎖加盟細業別連鎖總部數與總店數及其年增率（2018-2022年）

單位：家；店；%

細業別	項目	2018年	2019年	2020年	2021年	2022年
連鎖加盟業總計	連鎖總部數（家）	2,880	2,925	2,888	2,872	2,920
	年增率（%）	3.56	1.56	-1.26	-0.55	1.67
	總店數家數（店）	109,801	107,960	113,158	116,415	121,162
	年增率（%）	4.61	-1.68	4.81	2.88	4.08
零售業	連鎖總部數（家）	1,230	1,229	1,254	1,245	1,258
	年增率（%）	6.49	-0.08	2.03	-0.72	1.04
	總店數家數（店）	45,931	45,171	48,880	49,922	53,026
	年增率（%）	5.30	-1.65	8.21	2.13	6.22
餐飲業	連鎖總部數（家）	998	1,044	980	980	1,001
	年增率（%）	2.89	4.61	-6.13	0.00	2.14
	總店數家數（店）	34,158	34,552	35,340	36,324	36,562
	年增率（%）	4.11	1.15	2.28	2.78	0.66
生活服務	連鎖總部數（家）	426	425	437	439	442
	年增率（%）	-1.39	-0.23	2.82	0.46	0.68
	總店數家數（店）	21,861	20,462	21,334	22,531	23,349
	年增率（%）	4.36	-6.40	4.26	5.61	3.63
其他連鎖加盟業	連鎖總部數（家）	226	225	217	208	209
	年增率（%）	0.89	-0.44	-3.56	-4.15	0.48
	總店數家數（店）	7,851	7,775	7,604	7,638	7,677
	年增率（%）	3.56	-0.97	-2.20	0.45	0.51

資料來源：整理自台灣連鎖暨加盟協會，2018-2022，《台灣連鎖店年鑑》。
說　　明：上述表格數據會產生部分計算偏誤，係因四捨五入與資料長度取捨所致，但並不影響分析結果。

表7-6　連鎖加盟業細業別就業狀況（2021-2022年）

單位：%；人

細業別	調查年度	女性員工比重（%）	全職女性員工比重（%）	兼職女性員工比重（%）	兼職員工比重（%）	平均單店員工人數（人）
連鎖加盟業總計	2022	56.70	54.66	61.19	31.26	17
	2021	62.19	60.17	66.10	34.10	23

細業別＼項目	調查年度	女性員工比重（%）	全職女性員工比重（%）	兼職女性員工比重（%）	兼職員工比重（%）	平均單店員工人數（人）
零售業	2022	57.10	56.18	61.67	28.91	27
	2021	63.06	60.35	67.76	36.62	45
餐飲業	2022	59.28	49.74	61.95	40.64	8
	2021	62.36	64.18	59.33	37.49	8
生活服務	2022	54.16	52.36	50.54	16.24	8
	2021	58.32	57.97	59.65	21.13	8
其他連鎖加盟業	2022	61.81	61.87	61.16	8.65	24
	2021	56.15	53.43	76.11	11.99	13

資料來源：整理自商業發展研究院「連鎖加盟調查」。

三、連鎖加盟業政策與趨勢

（一）國內發展政策

我國政府於2003年制定《公平交易委員會對於加盟業主經營行為案件之處理原則》，旨在維護連鎖加盟交易秩序，確保加盟事業的自由和公平競爭。然而，該原則僅限於揭露交易秩序相關資訊，並非連鎖加盟的行政管理和發展政策的依據。

為因應COVID-19疫情趨緩、國際情勢變動等影響，2023年經濟部提出相關政策和措施，以促進臺灣連鎖加盟業的發展。包括產業調查分析、研發計畫、拓展國際市場活動等措施，以協助連鎖加盟產業實現更進一步地發展。為了深入瞭解連鎖加盟業的全貌，掌握其經營動態和發展現況，經濟部長期以來一直進行調查分析，此調查旨在瞭解臺灣連鎖加盟業的特性和相關問題，並計畫每年針對不同特定議題進行調查，而調查結果將成為未來制定和執行相關法規時的重要參考資料。

再者，經濟部也積極輔導連鎖業者優化後勤管理機制、營運流程、商業模式和國際拓展策略，以奠定業者經營拓展的基礎能力。同時，透過辦理商機媒合活動和率領業者參與國外大型連鎖展會，經濟部協助企業推動全球市場布局，增加我國連鎖品牌的曝光度。這樣的策略有助於尋找優質的外國合作夥伴，進而促進連鎖企業於海外的落地經營。

此外，政府也積極推動連鎖加盟業的發展，提供了多項優惠措施，如場地租金補貼、貸款優惠、創業輔導和市場推廣等。一些例子包括經濟部商業發展署（前身為商業司）的「服務業創新研發計畫」、勞動部的「微型創業鳳凰貸款」、經濟部國際貿易署（前身為國際貿易局）的「補助公司或商號參加海外國際展覽計畫」以及各地方政府的青年創業貸款，這些支持措施有助於潛力業者實現其發展目標。

（二）趨勢與案例

1. 我國連鎖加盟產業因應COVID-19疫情防疫政策鬆綁之調整作法

根據本調查，連鎖加盟品牌業者為因應防疫政策鬆綁所採用的調整方式，最多的品牌業者選擇「加強員工培訓」，有51.08%的業者選擇此方式；其次為「開發或擴大網路銷售」，有47.85%的業者選擇此方式；而「研發新產品」，則有46.77%的品牌業者選擇此方式（參見圖7-3）。

由於疫情趨緩，品牌業者除了穩固網路銷售外，也逐漸恢復實體店面經營，所以連鎖加盟品牌業者所選擇的調整作法，主要為「加強員工培訓」、「開發或擴大網路銷售」以及推出新的產品。值得注意的是，2021年連鎖加盟調查中「與外送平臺合作」位列第4項，而根據2022年的調查已位居為第8項選擇。

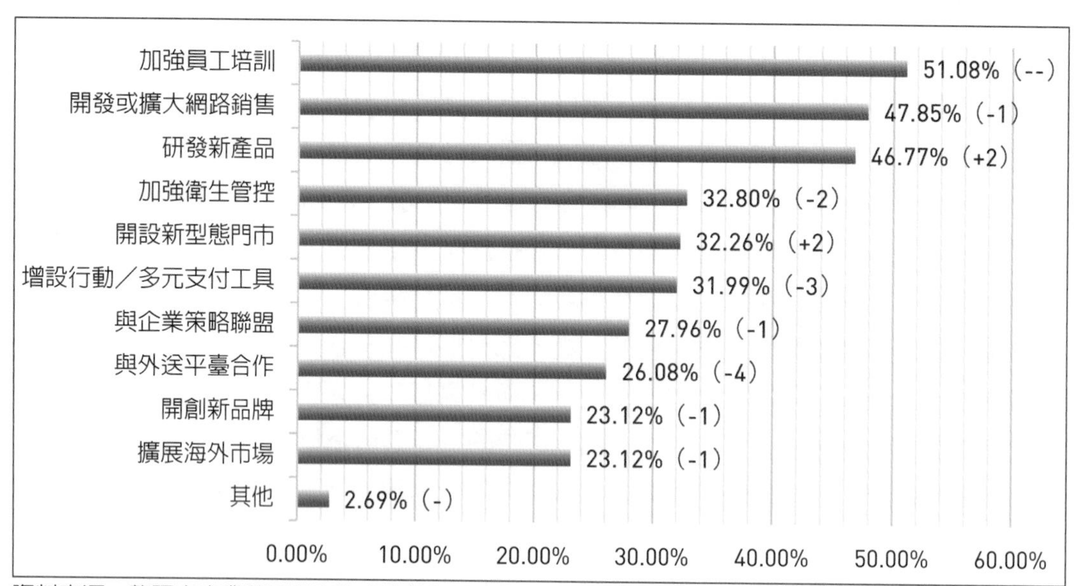

資料來源：整理自商業發展研究院「連鎖加盟調查」。

說　明：1. 該分布比例為占受訪業者比例。由於每位業者並非僅採用1種調整作法，因此百分比加總並非100%。

2.（ ）內表示與前一年度連鎖加盟調查的位居項次比較；（-）位居項次不變、（--）為新增項次。

圖7-3 連鎖加盟業因應疫情調整作法（2022年）

若進一步以各細業別來看，會發現各業別因特性不同，調整的經營方向和作法也有差異。零售業有56.67%的品牌業者選擇「開發或擴大網路銷售」，其次才是「加強員工培訓」以及「研發新產品」；而餐飲業的品牌業者則有58.87%採取「研發新產品」，其次為「加強員工培訓」和「與外送平臺合作」；另外，生活服務與整體情況類似，以「加強員工培訓」、「開發或擴大網路銷售」以及「研發新產品」為主要採取方法。至於其他連鎖加盟業者，除了「加強員工培訓」和「開發或擴大網路銷售」外，有42.31%的品牌業者還選擇「增設行動／多元支付工具」。

2. 我國連鎖加盟業發展趨勢

根據本調查，連鎖加盟品牌業者認為2023年至2024年最重要的三大趨勢，為「精準行銷」、「數位轉型」以及「異業合作」，分別為53.76%、48.92%和36.29%（參見圖7-4）。值得注意的是，「擴展海外市場」從2021年的調查本位列第9項，2022年的調查則躍居至第6項，凸顯出連鎖加盟品牌業者把握疫後復甦商機，積極拓展海外市場。

對於零售業而言，最為重要的三大趨勢分別是「精準行銷」、「數位轉型」以及「虛實整合」，「異業合作」反而位列第5項，顯示疫情影響，零售業的連鎖加盟品牌更看重「虛實整合」全通路的發展，藉此因應數位轉型時代的來臨。另外，零售業認為「社群網紅商機」與「異業合作」同樣重要，如品牌與適合的擴散者合作，並請KOL將自身體驗的過程或特色記錄下來，再透過沉浸式的分享，讓觀眾有如身歷其境，不僅可增強消費者的品牌意識，還能夠帶動消費者線上和線下之接觸。至於餐飲業，除了整體連鎖加盟產業的前三大趨勢外，也認為「擴展海外市場」重要。因應全球防疫政策鬆綁，正是我國連鎖加盟餐飲品牌前往海外市場尋求商機的好時刻。

生活服務業則認為「異業合作」與「虛實整合」的重要程度不相上下，如2022年橘子乾洗串聯其他微型店家推出多元家事雲服務，在網頁或LINE@可一站式預約各種不同類型的清潔，並整合物流配送通路，以利提供更快速且精準的服務；除此之外，橘子乾洗規劃推出無人自助洗衣店，透過線上線下來擴大服務範圍。至於其他連鎖加盟業者，則認為「行動／多元支付」比「異業合作」重要，例如LINE Pay與優質飯店合作，除了推出精選飯店立牌，消費者於指定飯店還可透過LINE Pay支付取得各種回饋。

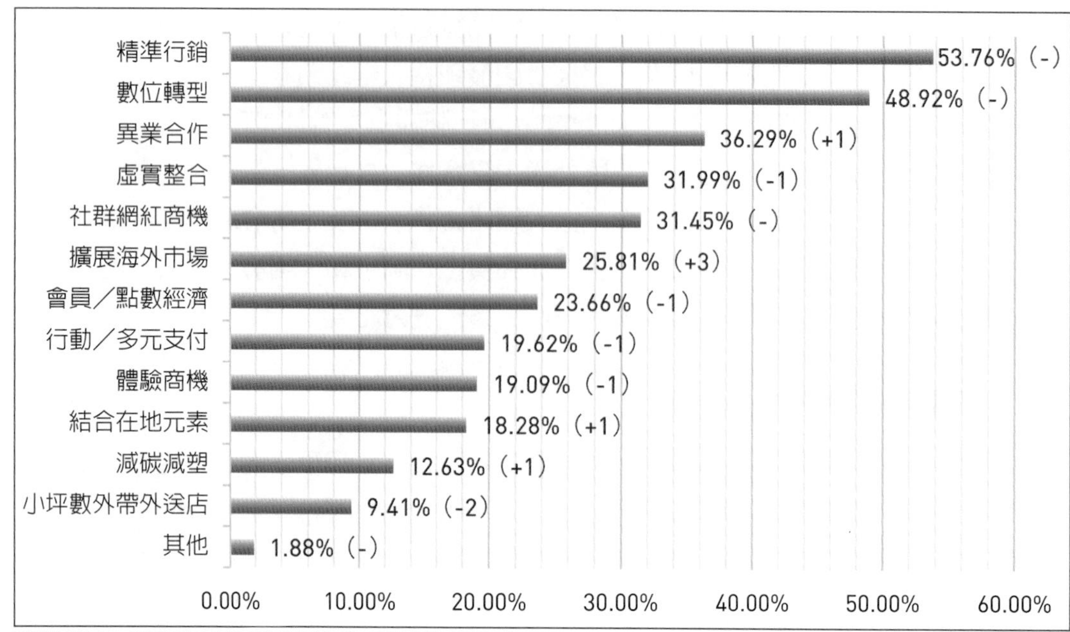

資料來源：整理自商業發展研究院「連鎖加盟調查」。

說　　明：1. 該分布比例為占受訪業者比例。由於每位業者並非僅採用1種調整作法，因此百分比加總並非100%。

2. （ ）內表示與前一年度連鎖加盟調查的位居項次比較：（-）位居項次不變、（--）為新增項次。

圖7-4　連鎖加盟產業之發展趨勢（2023-2024年）

因應疫情之影響，我國連鎖加盟調適出不同以往之商業模式，以下本章依照調查結果與市場現況，整理出三大連鎖加盟產業之發展趨勢。

（1）數位轉型與科技應用，提供優質消費體驗

Statista的數據顯示，至2022年數位轉型技術的支出將達到1.80兆美元（圖7-5）。面對新冠疫情及其對餐飲業帶來的挑戰，連鎖加盟業者紛紛開始重視數位轉型。許多品牌認知到數位化對企業的重要，並透過科技和數據分析來改善營運和服務，包括引入外送和外帶服務，擴大電商業務，以及提供線上訂購和多元支付等。透過數位轉型，連鎖加盟業者能夠提高效率、擴大市場範圍，並提供顧客更便利的消費體驗。

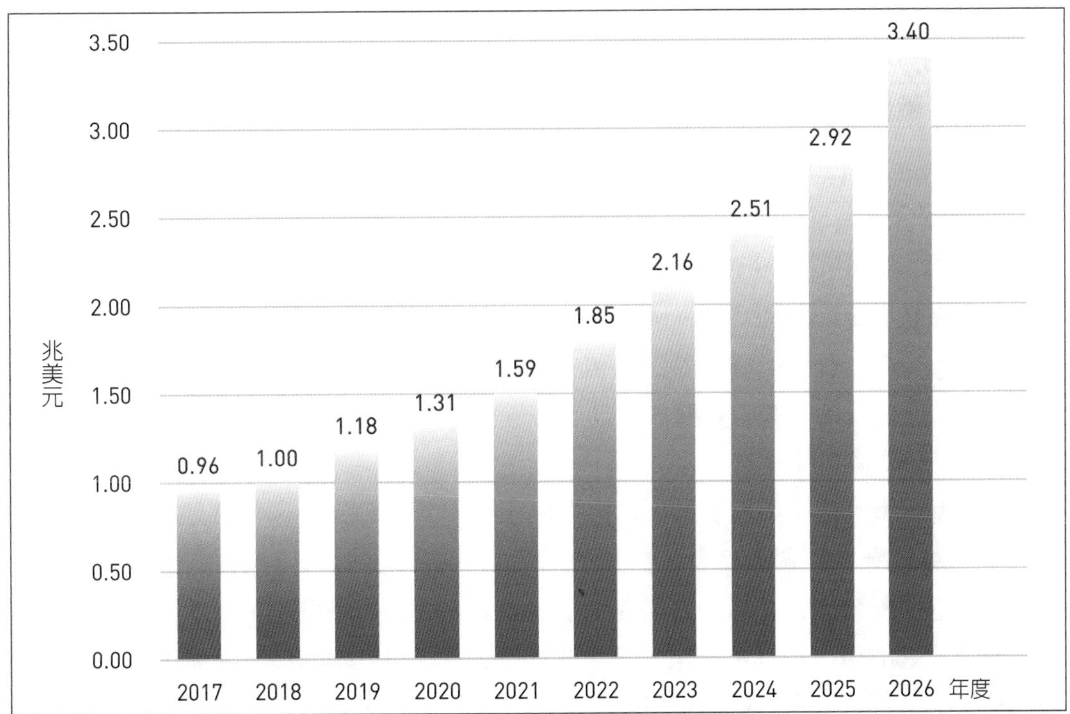

資料來源：整理自Statista Research Department, 2023, "Spending on digital transformation technologies and services worldwide from 2017 to 2026," Statista, retrieved from https://www.statista.com/statistics/870924/worldwide-digital-transformation-market-size/

圖7-5　全球數位轉型技術和服務支出（2017-2026年）

（2）創新多元化的服務，展現品牌獨有創造力

透過多元且個性化的服務，企業能夠跳脫既有的框架，使消費者的購物旅程更加有趣豐富。舉例來說，客製化服務讓消費者可以自由選擇及訂製專屬的產品，進而與品牌建立更深層的連結，提升對品牌的忠誠度，還能夠吸引更多不同族群的消費者，展現品牌獨有的創造力和活力。

（3）跨境合作拓展新市場

連鎖加盟業主透過與海外企業合作，得以尋求更多的市場拓展機會，並且充分利用當地資源和市場知識，滿足當地消費者的需求。同時，企業也能夠利用政府提供的資源，如商務媒合會、專家諮詢及海外展覽等，以取得更多資訊和曝光，提升品牌進軍國際市場的成功率。

3. 案例分析

(1) 數位轉型助力成長，Q Burger餐飲品牌的永續策略

Q Burger，自2010年由鄭瑞賓創立以來，已迅速擴展至全臺320家門市，每日服務約20萬顧客。其成功的關鍵在於持續進行品牌創新和數位轉型。面對2022年的疫情挑戰，當多數餐飲業受到衝擊時，Q Burger卻實現了33.2%的營收成長。導入企業資源規劃系統（Enterprise Resource Planning, ERP）以提高營運效率，並發展自家的Q Burger App，使消費者能夠輕鬆點餐和支付，大大提高了服務效率和顧客滿意度。此外，該App還能收集消費者數據，幫助品牌優化產品和服務。這些數位轉型的努力使Q Burger在餐飲業中脫穎而出。

Q Burger不僅注重業務發展，更致力於永續經營和跨界合作。該品牌參與了林務局的植護樹計畫，並實際參與植樹和護樹活動，展現其對環境保護的承諾。此外，Q Burger還積極參與公益活動，鼓勵消費者透過其App捐贈點數，並承諾捐出等值金額，支持我國的環境和社會事業。在人才培養方面，Q Burger與臺北城市科技大學合作，提供學生實習機會，並提供獎學金支持，旨在培養未來的餐飲業領袖。

(2) 從網店到實體門市，服飾品牌傳遞生活風格

知名的臺灣服飾品牌QUEEN SHOP以多元化的策略在市場上取得成功。QUEEN SHOP從網路起家，擴展至實體店面，他們在2022年推出的品牌概念店Life Store成為一個複合式購物空間的典範，結合花藝、咖啡和甜品，讓消費者能夠體驗生活的美好。QUEEN SHOP將服飾與生活方式相結合，展示對於品牌理念的堅持。此外，亦與網紅和插畫家進行聯名合作，其中一個成功的案例是取得了迪士尼授權推出的「奇奇蒂蒂」系列商品。這樣的策略不僅擴大品牌的市場觸角，也吸引更多年輕消費者的關注。QUEEN SHOP的成功經驗為其他服飾品牌提供參考，同時也展示我國服飾市場的創新力和活力。

(3) 掌握消費習性，連鎖咖啡展店國際

黑沃咖啡於2022年進入馬來西亞市場，成功開設15家店面，同時還計畫將業務擴展至其他東南亞國家。為了適應異國市場，與當地企業合作，充分利用在地資源和市場知識，以滿足當地消費者的需求。此外，黑沃咖啡注重在地特色，與馬來西亞的咖啡品牌合作，將當地的文化融入產品和服務中，打造出具有地方特色的精品咖啡。在掌握消費者習性方面，黑沃咖啡引入消費數據驅動精準研發（Consumer to

Manufacturer, C2M）模式，透過對市場數據的深入分析，有效進行產品研發和生產，並且推出符合消費者喜好的產品，進一步提高新產品的成功機率。而黑沃咖啡也非常重視人才培育，成立咖啡學院並培養咖啡師，提供更高品質的產品和服務，滿足國際消費者對於精品咖啡的需求。[4]

我國除了飲料品牌享譽國際，餐食類型的品牌也不落人後，例如四海遊龍、池上飯包等都在積極尋求市場的拓展。除了倚賴自身的人脈和資源，我國企業也能夠利用政府提供的資源，如商務媒合會、海外展覽或企業諮詢等活動，提升對市場的瞭解及敏感度。

第三節 國際連鎖加盟業發展情勢與展望

本節針對全球國際連鎖加盟產業概況進行分析，第一部分探討全球連鎖加盟業發展現況，第二部分探討國外連鎖加盟業發展趨勢與案例。

一、全球連鎖加盟業發展現況

（一）全球產業現況

全球連鎖加盟業正處於快速發展的階段，數位轉型、多元化經營以及新科技的應用，為行業帶來巨大的變革和機遇。根據環球電訊社（GlobeNewswire）於2022年9月發布的《2022~2029年全球連鎖加盟專業市場研究報告》，連鎖加盟市場預計在2028年達到數百萬美元的規模，且在未來的7年內，連鎖加盟市場收入之年複合成長率將呈大幅上升趨勢。

綜觀世界主要的連鎖加盟大國，美國約有4百萬家零售店，但在2023年由於受到國內GDP成長放緩影響，零售業的銷售額將受到抑制；而基於政府放寬人員流動限制的因素，2022年日本便利店的銷售額呈現引人矚目的成長，達到歷史新高的111,775億日圓，相比前一年成長3.70%；而中國大陸的電商零售市場正在蓬勃發展，其2022年的總零售額達13兆人民幣，與2021年相比較成長14.10%。

4 C2M新製造模式（Consumer to Manufacturer）：導入市場消費數據於供應鏈體系中，發展產品需求模型增進製造體系反應市場需求的速度，反饋於產品開發及修正，從而強化製造體系向前整合。

然而不論國別，零售企業正積極推動數位轉型，利用人工智慧、大數據分析、物聯網等新興技術來提升營運效率和客戶體驗。同時也積極進行多元化發展、異業結盟，不同產業間的合作增加，彼此共同開拓市場，提供更多元化的服務和體驗給消費者。

（二）美國

美國連鎖加盟業是全球最大且最多元化的市場之一，根據Statista統計，美國約有4百萬家零售店，到2026年美國的零售總額預計將達到7.89兆美元，高於2021年的6.58兆美元。然而，2023年美國國內生產毛額（Gross Domestic Product, GDP）成長率相較於2022年（2.00%）和2021年（5.90%），減緩至0.90%。經濟放緩抑制零售銷售的成長，通貨膨脹、勞工收入降低亦對消費需求及零售銷售量產生壓力（參見圖7-6）。

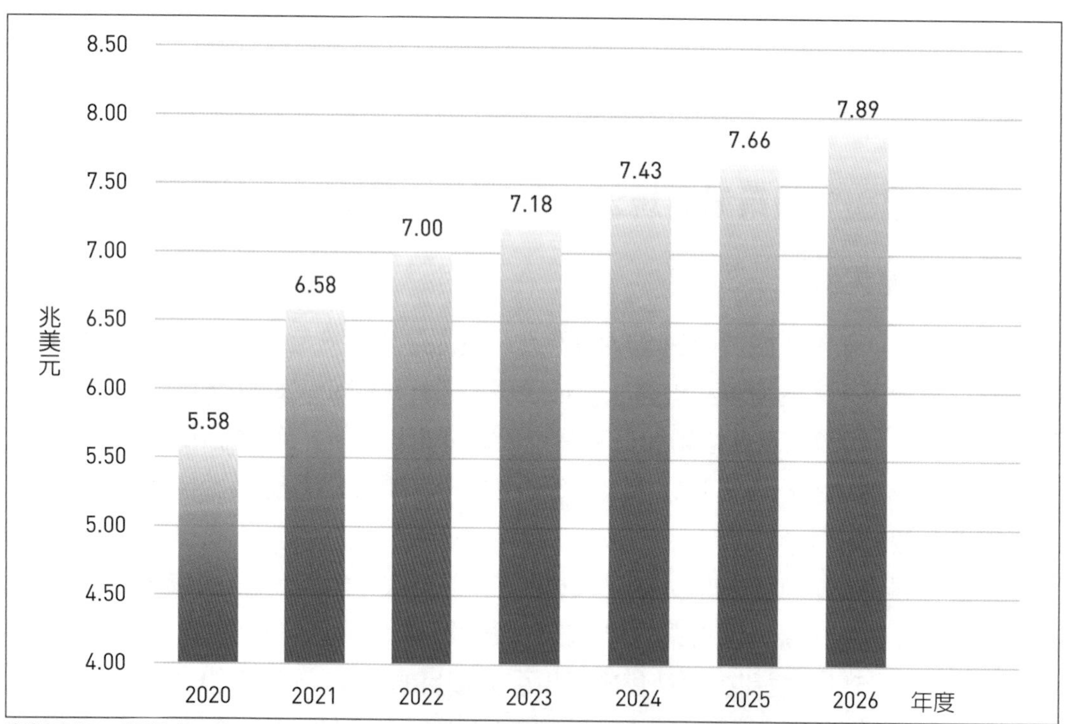

資料來源：整理自Sabanoglu, T., 2023, "Retail sales in the United States from 2020 to 2026," Statista, retrieved from https://www.statista.com/statistics/443495/total-us-retail-sales/

圖7-6 美國零售業銷售額（2020-2026年）

儘管如此，在疫情漸漸趨緩下，為彌補2020年至2022年錯過的機會，消費者對服務類產品的支出正在穩定增加，酒吧、餐廳、度假和體育活動等娛樂領域的生意回溫。然而，這種轉變將對消費品相關的零售企業產生壓力。根據Deloitte預測，2023年美國個人對消費品的支出預計將下降1.80%，而服務類的消費支出預計將成長3.60%。

（三）日本

根據路透社報導，日本2022年12月的零售額成長3.80%，超出市場預期的3.00%，這是日本零售額連續成長的第10個月。另外，根據日本特許加盟協會（Japan Franchise Association, JFA）的報告，由於政府放寬對人員流動的限制，2022年日本便利店的銷售額較前一年成長3.70%，達到歷史新高的111,775億日圓。與2021年相比，購物者人數增加0.60%，客單價亦提升2.80%，達到715日圓。值得一提的是，僅在該年度的12月分，同一店家的銷售額同比成長3.80%。此外，日本政府在2021年下旬所推出的旅遊補助，亦對民眾的消費行為有所刺激。而身為旅遊大國，觀光客前往日本旅遊是產業重要的收入來源，根據官方數據顯示，2023年4月份訪日遊客人數提升至近200萬人次，預估將為日本零售市場注入能量。

（四）中國大陸

根據中國大陸商務部的數據顯示，隨著一系列促進消費的政策開始生效，消費市場呈現穩定恢復的趨勢，中國大陸零售業景氣指數在2023年3月份達到50.60%，較上個月上升0.30%。另外，根據中國大陸國家統計局調查，2023年1月至2月期間，社會消費品零售總額達到77,067億人民幣，同比成長3.50%，而春節期間，快速消費品的銷售額甚至成長5.30%。另外在餐飲業方面，尼爾森IQ發布的《2023年中國零售市場復甦展望》顯示，預計從2023年開始，中國大陸餐飲的銷售額將實現6.80%的成長。網路零售方面，中國連鎖經營協會指出，中國大陸2022年的網路零售市場正在強勁成長，其總零售額達13兆人民幣，與前一年度同期相比成長14.10%，這顯示數位化和創新等經營模式，正在推動中國大陸網路零售市場的蓬勃發展。

二、國外連鎖加盟業發展趨勢與案例

（一）餐飲品牌電商化，購物更加安全及多元

餐飲是電子商務領域中，成長最快速的產業別之一。美國餐飲業2020年銷售額與前一年度同期相比成長達到58.50%。根據Statista的數據，該行業預計到2025年將帶來近476億美元的收入。在經歷封城及隔離的餐飲黑暗期，企業開始拓展新戰場，除了實體的通路，線上商城成為品牌新的販售戰區，亞洲名廚江振誠也加入此行列，其所成立的電商平臺「Raw Shop」推出包裝精緻的牛肉麵，剛上市便銷售一空。

除此之外，餐飲品牌的線上訂閱人數亦有顯著的增加，根據美國訂閱經濟（Subscription Economy）解決方案的供應商Ordergroove調查，2020年餐飲領域的訂閱註冊人數成長25%，而全美有6%的餐廳使用軟體公司Toast所提供的餐廳管理平臺。訂閱制取代單次的消費，讓品牌與顧客維持較長期且穩固的夥伴關係，顧客透過訂閱自己信賴的品牌，得以更安全可靠的購買食物。另一方面，網路購物能夠查閱到公開的產品成分、來源以及其他消費者的使用心得和評論，這也是民眾選擇電商作為餐飲購買管道的一大原因。

（二）異業合作拓展品牌新客群

異業合作能夠促使不同行業的專業知識和經驗相互交流，產生差異化及創新，並且進一步推動新產品及服務的開發。舉例來說，中國大陸的時尚零售商SHEIN與美國鄉村音樂藝術節Stagecoach Festival跨界合作，讓民眾享受鄉村音樂的同時，也能體驗時尚活動，例如製作專屬牛仔褲、時尚配件等，而這些聯名商品也可以在SHEIN的網站上購買。此外，通過與其他產業的合作，零售商能夠觸及更多元的客戶群，發展新的市場機會。

除此之外，影片串流平臺Netflix和Nike合作推出「Nike Training Club」計畫，該計畫在Netflix上提供46個運動訓練影片，其中包含不同的主題，如「10分鐘運動」、「20分鐘運動」、「體重燃燒」和「高強度訓練」等，共計30小時的課程，並以多種語言呈現，此合作計畫使Netflix用戶的健身機會增加，亦為品牌帶來新的客群。

（三）消費者參與，使顧客成為品牌的推廣者

消費者參與的目的是讓消費者成為品牌的共同創造者和推廣者，其可以參與品牌活動、分享使用經驗以及提供建議。這種參與不僅可以增加消費者對品牌的投入感和

歸屬感，還可以創造口碑效應，引起其他消費者的興趣和關注。創新的消費者參與方式包括：社群媒體互動、用戶生成內容、投票和抽獎活動、品牌大使計畫等。舉例來說，加拿大體育休閒服飾品牌Lululemon非常注重品牌與地方社區的連結，其擁有一群品牌大使，在社群媒體及實體活動上展現、推廣Lululemon的生活品味。Lululemon也透過贊助地方社區的活動，以及在實體店面開辦免費的瑜伽課程，吸引在地民眾，使品牌融入消費者的生活，和顧客建立緊密的關係。

傳統的行銷方式通常是單向地對消費者傳遞訊息和產品，消費者在此模式下僅扮演被動的接收者角色。然而，隨著社群媒體和數位科技的發展，消費者參與已成為一種強大的行銷工具。消費者不再被動接受品牌訊息，而是更加主動參與和互動，並成為品牌的忠實支持者及品牌推廣者。這種消費者參與的行銷模式為品牌帶來許多機會，使其能夠與消費者建立更深入的聯繫，增強品牌忠誠度並擴大品牌影響力。

（四）奢侈品牌的社群行銷，為市場注入新能量

根據中國商聯會奢侈品委員會及要客研究院最新公佈的《中國高質量消費報告》，2022年中國已首次躋身全球最大奢侈品市場之列，年總消費額達1465億美元，較去年同期成長18%，而全球社群媒體的使用者將在2024年突破50億人（參見圖7-7），因此各大奢侈品牌在中國大陸社群媒體上，紛紛採取創新的行銷方式，例如Burberry的短片《Under the Skin》以現代的手法展現傳統服裝製作的過程；Prada在抖音上發起#Prada Love Gift Challenge活動，用戶可以透過AR試戴配件，並且發布互動的短片；而Louis Vuitton則在WeChat上推出一款名為《麻jump》的3D遊戲，將中國元素融合入遊戲中，提供顧客有趣的互動體驗；Dior在小紅書發起「Dior and Art」的標籤，吸引年輕用戶參加線下展覽。透過短片、活動、遊戲和標籤等方式，品牌成功吸引社群用戶的關注和參與，提供顧客沉浸式的體驗。這些結合現代手法與中國元素的行銷策略，為中國大陸奢侈品市場注入嶄新的活力。

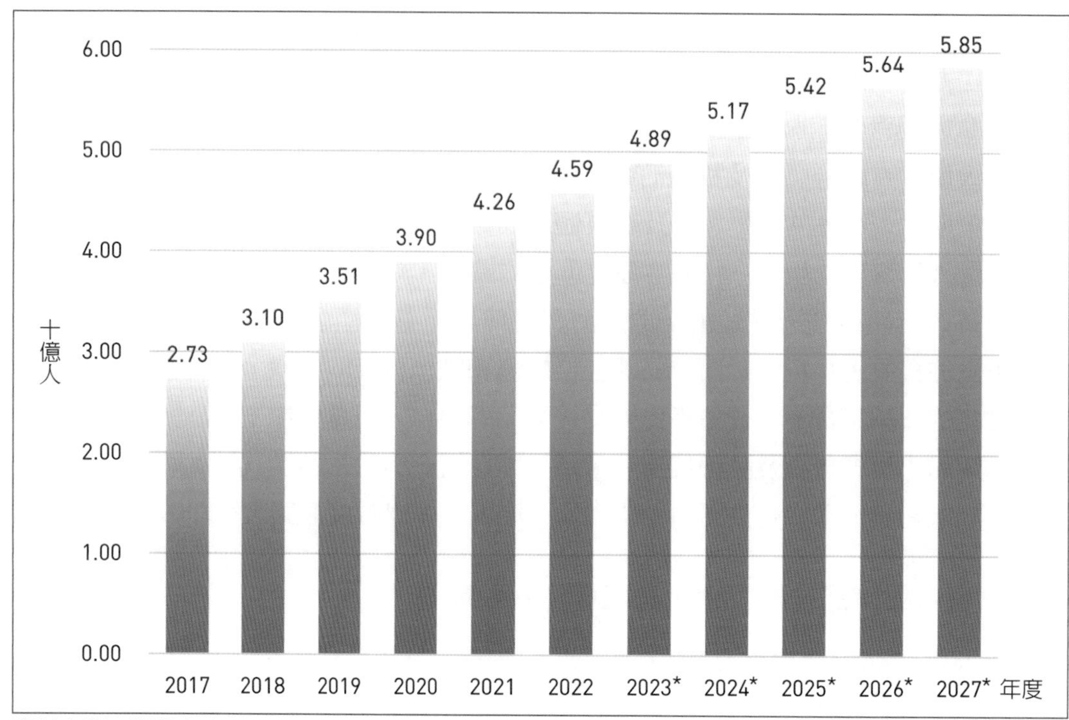

資料來源：整理自Stacy, D., 2023, "Number of social media users worldwide from 2017 to 2027," Statista, retrieved from https://www.statista.com/statistics/278414/number-of-worldwide-social-network-users/

說　　明：*表示預測值。

圖7-7　全球社群媒體用戶數（2017-2027年）

第四節　結語與建議

一、連鎖加盟業轉型契機與挑戰

隨著COVID-19疫情的變化，我國連鎖加盟產業在防疫政策鬆綁之後面臨著轉型的機會與挑戰。2022年的問卷調查結果顯示，許多品牌業者選擇加強員工培訓、開發或擴大網路銷售以及研發新產品等方式來應對市場變化。不同產業的業者也有各自的調整方向，例如零售業偏向開發網路銷售，餐飲業則注重研發新產品。而在國際趨勢方面，則可以看出全球連鎖加盟業正處於快速發展的階段，數位轉型、多元化經營以及新科技的應用為產業帶來巨大的變革和機遇，全球連鎖加盟業正展現強勁的發展潛力和趨勢。

二、對企業的建議

全球疫情不斷變化、科技進步改變消費模式、物料價格上漲和物流運輸成本增加等多變的市場因素，使連鎖加盟業的經營策略必須做出調整，才能在競爭激烈的環境中立足。因此，茲列以下建議供企業參酌。

（一）虛實整合與精準行銷，打造無縫購物體驗

透過線上與線下營銷的整合，連鎖加盟企業可以打造更加無縫的購物體驗，舉例來說，消費者在線上平臺瀏覽商品後，其可以到實體店面體驗產品，或進行實際的諮詢及購買。其次，企業可以透過資料分析和人工智慧等數位技術，根據消費者的購買歷史、偏好和行為進行精準行銷，針對個別客戶進行個性化的宣傳和促銷活動，提高銷售轉化率和客戶忠誠度。虛實整合和精準行銷的策略能夠提升連鎖加盟企業的競爭力，擴大市場份額，並有助建立良好的品牌形象。

（二）異業合作與資源整合，共同拓展新市場

通過與不同產業的合作，連鎖加盟企業能夠串聯不同的資源和經驗，提供更多元的服務和產品給消費者，同時，充分利用各個合作夥伴的優勢，提高效率和服務品質。此外，國際市場的拓展和合作也是連鎖加盟企業必須重視的策略。透過與海外夥伴的合作，企業能夠擴大市場版圖，並利用當地的知識及資源滿足消費者需求。政府提供許多與海外企業媒合對接的機會和活動，建議業者可以保持關注和參與，提升品牌成功進軍國際的機會。

（三）強化地方化研發，促進國際化

在推動國際化的過程中，我國的連鎖加盟業應注意到不同地區的文化和消費習慣的差異，地方化的研發是實現此目標的關鍵因素。透過對在地市場深入的了解和研究，業者應強化產品或服務的地方化特色，以更好地滿足當地消費者的需求和偏好。此外，積極創造產品和服務的差異化，不僅能夠提升品牌形象和市場地位，也能減少加盟主違規和解約的風險。

（四）積極設定上市目標，提升品牌國際化戰略

面對全球市場的競爭與機遇，設定公開發行或上市的目標可以讓企業從根本上檢

視和優化其經營模式和策略，從而加速國際化的步伐。上市不僅可以增強企業的資本結構，還可以提升品牌的認同度和影響力，吸引更多的合作夥伴和加盟主，並促成與在地供應商的合作。此外，上市企業會受到更多的市場和公眾的關注和監督，有助於提升企業的透明度和責任感，並進一步鞏固品牌形象和市場地位。

（五）消費者參與，強化品牌聯繫

透過社群媒體互動、用戶生成內容和投票活動，消費者不僅成為品牌的共同創造者和推廣者，也提升品牌的曝光和影響力。為了鼓勵消費者參與，連鎖加盟企業可以透過舉辦線上投票或互動式的行銷活動來讓消費者參與品牌發展。如此一來，消費者能夠感受到他們的聲音和意見被重視。此外，建立具有互動性的社群平臺（如線上討論區），能促進消費者之間的交流，進一步增強品牌與消費者之間的聯繫。消費者的參與不僅可以提升品牌形象和忠誠度，還能獲得有價值的市場反饋，為企業的持續發展提供實質的指引和方向。

附表　連鎖加盟業定義與行業範疇

「連鎖加盟調查」根據各國連鎖加盟定義、我國實務做法、訪談與「連鎖加盟調查規劃專家座談會」專家學者意見，將我國連鎖加盟業之範疇定義為：「成立1年以上，具2家以上相同品牌之直營或加盟店面之企業，其營運據點於商品、店面裝潢與布置，或是企業識別系統（CIS）、管理等方面，塑造共同、一致的特色，並進行市場銷售」。

此外，根據行政院主計總處，並參考台灣連鎖暨加盟協會、台灣連鎖加盟促進協會以及專家學者意見，將受訪企業主要分為四大類行業別。

表　連鎖加盟業四大行業別之細項類別行業對照表

行業別	細項類別行業	
零售業 （共計11類）	綜合零售	購物中心
		百貨公司
		量販店
		超級市場
		便利商店
	一般零售	食品零售
		流行時尚
		服飾專賣
		藥妝精品
		家居修繕
		數位科技
餐飲業 （共計4類）	速食店（含早餐店）	
	咖啡簡餐（含純咖啡店）	
	餐廳	
	休閒飲品	
生活服務 （共計5類）	休閒娛樂	
	家居服務	
	美髮美容	
	補習教育	
	汽機車服務	
其他：包括旅行社、飯店、醫學診所、寵物、花店、周邊產業等。		

資料來源：台灣連鎖暨加盟協會，2022，《台灣連鎖店年鑑》。

其中細項類別行業則是參考台灣連鎖暨加盟協會對於行業別行之有年的區分方式，以便於未來調查結果能同時符合行政院主計總處以及協會之數據，並有利於調查結果之統計比對與分析。

Part 03

專題篇

Special Topics

永續新時代：服務業ESG的挑戰與解決方案

遠東百貨股份有限公司　王明倫 協理

第一節　前言

新經濟浪潮中，ESG（Environmental [環境保護], Social [社會責任], Governance [公司治理]）成為提升企業競爭力，邁向企業永續經營的重要課題。根據哈佛大學的研究，一間ESG績效表現良好的企業，其財務報表上的每股盈餘（Earnings per share, 以下簡稱EPS）也明顯較高。此外，政府規範用電大戶條款以及提供節能成效獎勵等政策背景，也促使企業主動投入能源轉型相關永續行動，間接驅動企業獲利成果。因此，有越來越多投資人認為，一家具備一定ESG水準的企業，可以大幅提高企業價值與財務表現，投資一家重視ESG的公司，只有好處，沒有壞處。另外，根據《全球永續投資報告》（Global Sustainable Investment Review, GSIR）統計，世界主要永續投資管理資產規模已達到30.68兆美元，過去2年來規模更成長34%，顯示全球資產管理業積極投入永續投資的浪潮，預計在2030年之前，會有高達71%的機構投資者，將ESG納入其投資決策主要考量。[1]

因應資本市場環境變遷，亦為加速推動我國公司治理接軌國際化，金融監督管理委員會（以下簡稱金管會）持續強化我國公司治理藍圖，並於2020年發布「公司治理3.0－永續發展藍圖」，以3年為推動期，提出「強化董事會職能，提升企業永續價值」、「提高資訊透明度，促進永續經營」、「強化利害關係人溝通，營造良好互動管道」、「接軌國際規範，引導盡職治理」及「深化公司永續治理文化，提供多元化商品」等

[1] 本段引述的哈佛大學研究以及全球永續投資報告的統計數字係來自魏喬怡，2020a，《ESG做好，EPS表現比大盤高2倍？永續專家簡又新分析：為何台灣企業一定要重視ESG》，今周刊。

五大主軸方向，39項具體推動措施，期以具體的行動方案達到落實公司治理、提升企業永續發展、營造健全ESG生態體系和強化資本市場國際競爭力之核心願景。

隨著ESG受到重視，加上主管機關積極強化相關政策法令的推波助瀾，我國愈來愈多企業以永續發展為前提，結合企業核心價值，投入ESG行動，以實際的永續作為迎向蓬勃發展的永續浪潮並展現亮眼績效。根據《遠見雜誌》報導，我國企業的永續表現在亞太地區名列前茅，是項研究以我國、日本、中國大陸、香港、印度、新加坡、馬來西亞、泰國、韓國、澳洲等10個國家之前十大企業為對象，針對這些企業在ESG面向的10大項永續議題管理作為進行評比，結果顯示，我國企業的永續績效表現連續3年位居亞太地區前3名，並於今（2023）年重新奪回亞太地區評比的冠軍寶座。[2]

綜觀而言，ESG已成為評估企業永續經營的關鍵指標，企業在追求財務績效的過程中也要實踐ESG，才能真正提高企業長期價值，達到永續經營及永續發展的願景與目標。「EPS+ESG=企業競爭力」成為企業競爭力的新方程式，唯有讓ESG與EPS並進，成為驅動企業永續成長的雙E引擎，才是追求企業長治久安，並得以持續創造永續價值的核心關鍵。

本章從ESG角度出發，概述ESG對於服務業的重要性以及推動ESG可能面臨的挑戰，並嘗試提出建議方向與解決方案，同時以遠東百貨作為服務業推動ESG優良案例，介紹其ESG策略性思維以及永續管理方針與執行成效，期待能協助服務業推動ESG作為有效參考，最後是結論與展望。

第二節 ESG對於服務業之重要性及其挑戰

相較於製造業以生產產品為主，服務業，顧名思義，就是提供各種服務的產業，包括批發、零售、餐飲、運輸、倉儲、金融、保險、教育、不動產、資通訊、娛樂及休閒等性質的服務事業均屬於服務業範疇。

根據行政院主計總處統計資料，我國服務業就業人數比例自2001年以後逐年攀升，至2023年第1季，我國服務業就業人數占總就業人口比例已經突破60%。另外，

---

[2] 評比內容包括：公司治理、節能減碳、廢棄物管理、教育訓練、員工照顧、社會投入、人權、SDGs、水資源、生物多樣性等10大項永續議題。

服務業產值占國內生產毛額（Gross Domestic Product, 以下簡稱GDP）比例自2001年以後均約60%。前述2項數據顯示，服務業已成為我國經濟活動的主體，龐大規模的服務業體系在產業鏈中占有一定程度的重要地位，可以發揮的影響力廣泛深遠，自然無法成為ESG浪潮的局外人。

既然服務業推動ESG有其必要性，投入行動可以從哪些方向著手？會帶來哪些效益？又會面臨哪些困難？以下先說明ESG的意涵，讓企業得以瞭解推動ESG的範疇與指標，接著說明服務業推動ESG的效益以及可能面臨的挑戰。

一、ESG意涵：環境保護、社會責任、公司治理三大面向

根據《天下雜誌》「什麼是ESG？全面解析ESG核心定義、案例、檢測工具，一次讀懂ESG的行動指南」一文報導，ESG概念最初被提出，是在2004年聯合國當時發布一份Who Cares Wins報告，裡面提到ESG適用於企業在投資決策和風險管理流程的評估策略，並且從環境、社會與公司治理的面向中，關注具體能改善與優化的項目，包括：

環境保護（E）面向：ESG評估公司的環境影響和永續性，企業如何管理他們的溫室氣體排放、空氣品質、碳足跡、能源使用、燃料、水資源和廢棄物處理、生物多樣性、產品包裝與物流等服務營運問題。

社會責任（S）面向：ESG評估公司如何處理利害關係人的權益，包含管理他們的供應鏈、勞資關係、員工健康安全及舒適、多元職場、薪酬福利、招聘和職涯發展、人權、客戶隱私和安全等問題。

公司治理（G）面向：ESG評估公司的管理和透明度，例如董事會的組成和公司內部審計與監管政策、系統化風險管理、意外與安全管理、商業倫理、政治影響、競爭行為及供應鏈管理。

二、推動ESG的重要性：符合法規、管理氣候風險、提升治理能力、強化品牌知名度

如同前述，企業推動ESG可以落實環境保護、社會責任以及治理效率，在資本市場更容易受到投資者青睞，帶動公司各方面的營運表現維持穩健，展現永續經營的能力，強化企業長期價值。

《經理人月刊》報導也指出，ESG可以被視為評估一家企業的永續（Sustainability）發展指標，2008年金融危機爆發時，以美國市值前3,000大的公司為例，發現ESG評分愈高的公司，受到金融危機波及的程度愈低，主要原因在於這些ESG評分高的企業長期投入ESG行動，做好企業投資決策與風險管理，得到投資人的信任，也帶動公司績效維持在一定水準。

盱衡現況，服務業推動ESG的重要性主要展現在以下4點，包括：「符合法令規範，提高ESG透明度」、「管理氣候變遷，回應供應鏈管理」、「提升治理效率，健全企業體質」、及「強化品牌知名度，贏得消費者青睞」。

（一）符合法令規範，提高ESG透明度

依據金管會於2020年發布的「公司治理3.0－永續發展藍圖」目標與具體推動措施中提到，考量國際投資人及產業鏈日益重視ESG議題，企業必須加強ESG資訊揭露，以促進永續經營。我國證券交易所及證券櫃檯買賣中心於2022年9月也參考國際永續揭露相關準則，考量國內產業特性，修訂《上市公司編製與申報永續報告書作業辦法》、《上櫃公司編製與申報永續報告書作業辦法》，要求企業應參考全球報告倡議組織（Global Reporting Initiative, 以下簡稱GRI）發布之準則、永續會計委員會（Sustainability Accounting Standards Board, 以下簡稱SASB）準則、以及氣候相關財務揭露建議（Task-Force on Climate-related Financial Disclosures, 以下簡稱TCFD）準則，每年編製永續報告書，主動向利害關係人報告企業推動永續的努力和成果，以提高ESG資訊透明度。

（二）管理氣候變遷，回應供應鏈管理

面對全球暖化帶來熱浪、乾旱、暴雨等極端氣候，企業要生存就必須更加重視與管理氣候變遷對企業營運可能帶來的影響與衝擊，並提早擬定氣候治理策略與行動方案。金管會已於2022年3月發布《上市櫃公司永續發展路徑圖》，分階段推動全體上市櫃公司於2027年完成溫室氣體盤查，2029年完成溫室氣體盤查之查證，透過法規和要求，協助企業建構溫室氣體管理能力，營造健全永續發展（ESG）生態體系。

在全球淨零趨勢下，國際品牌大廠也紛紛提出減碳承諾以及達成碳中和或淨零目標的時間，歐盟亦制定「碳邊境調整機制」（Carbon Border Adjustment Mechanism, CBAM），針對進口至歐盟的產品碳含量明訂規範，若超過限額，必須被課徵碳關稅。因此，在全球供應鏈角色中有相關連結性的服務業，都必須進行綠色轉型，建立

低碳營運的模式，才能在國際減碳供應鏈中站穩腳步。

（三）提升治理效率，健全企業體質

良好的公司治理能力有助於強化企業經營體質，確保公司長期穩健發展與獲利成長，保障股東的權益並兼顧其他利害關係人的利益。重視ESG的企業更有主動意願參照國際ESG的標準與規範或是同業重視的永續議題等內容，在公司內部建立一套自我檢視治理能力的指標，透過定期自我評鑑，發掘問題，持續改善，確立有效且完整的公司治理架構與運作機制，使得企業的經營管理以及決策程序更加周延完整，提升公司治理效率以及內外部風險管理。

公司治理能力在企業推動ESG中占有重要地位，具備良好的治理能力，更能促使企業有效實踐環境保護與社會責任的目標。在《PwC 2022董事大調查》報告中亦顯示，65%的董事表示，ESG議題已被納入董事會的風險管理核心討論，透過ESG各項指標的盤點過程，得以更全面掌握企業營運所產生的風險與機會，提升企業永續經營的價值。

（四）強化品牌知名度，贏得消費者青睞

受到全球氣候變遷影響，環境議題日漸高升，消費者的綠色消費與永續意識也日益增長，企業投入ESG更能獲得消費者青睞，使消費者對其銷售的產品和提供的服務形象加分，增加品牌好感度，提高購買意願，讓企業能夠在市場競爭中脫穎而出，贏得消費者信任，成為永續贏家。

根據資誠《2023全球消費者洞察報告》（*2023 Global Consumer Insights Pulse Survey*）顯示，消費者青睞永續產品，有78%的消費者願意花費更高的價格購買在地生產或採購的產品，有77%的消費者願意支付更高的價格購買永續或環保類型的產品，以及有75%的消費者願意花費更多金錢購買具高道德聲望企業所生產的產品。

因此，企業可以在品牌核心價值中納入ESG永續行動，例如：強調環境永續的品牌可以使用環境友善的材料包裝商品，強調社會責任的品牌可以多舉辦敦親睦鄰、社會公益等活動，讓品牌和ESG彼此相輔相成，更能夠提升品牌辨識度，建立良好品牌形象。

三、推動ESG的挑戰：高階是否支持、專業人才不足、溝通整合困難

（一）缺乏高階支持，推動不易

高階主管的支持與領導向來是企業推動永續工作的關鍵力量。ESG涉及的範圍相

當廣泛，幾乎囊括企業內各個部門的權責業務，若僅依賴單一部門，缺乏高階支持，部門之間的橫向溝通聯繫不容易建立，相關資訊的傳遞與資源整合也增添困難。一旦高階主管能親自領軍，給予參與式支持，各部門較易摒棄本位思考，將所有的資源、人力快速凝聚起來，一致往共同的永續目標前進。因此，企業推動ESG過程中，若企業高階主管能夠定期進修ESG課程，具備相當程度的ESG認知並融入管理領導價值當中，由高階主管率領團隊擬訂永續策略，制定永續制度和行動計畫，將發揮事半功倍的效果。

（二）缺乏專業人才，資訊不足

永續議題基本上都涉及跨領域的特性，推動永續的人才因此需要具備跨領域的專業及整合能力。尤其近來氣候變遷議題涉及的氫能、碳捕捉、智慧節能、能源儲存等氣候科技專業與技術，當中涉及許多新興知識，企業要找到適合的人並不容易，缺乏專業人才，容易使得ESG推動產生困難。

根據勤業眾信聯合會計師事務所發布的《2023 CxO調查：從財務長角度看企業永續發展》調查報告也顯示，企業缺乏決策資訊及人才是推動永續發展最主要的挑戰。是項調查報告指出，企業財務長具備有效整合內部資源的關鍵角色，最適合協助企業推動永續發展。然而財務長在推動永續發展上面臨的最大2項挑戰分別為：「缺乏資料或準確完整的資訊以助管理層做出決策」以及「缺乏具備氣候變遷素養的人才」。因此若企業可以加強對ESG資料和數據的整合、揭露及管理，以及得到公司支持招募更多具備「氣候變遷素養」的人才，可以有效減少企業推動ESG的困難。

（三）議題範圍廣泛，溝通不易

永續議題涉及的範圍相當廣泛，不同的部門與人員容易對於同一個議題產生不同的見解與觀點，看見不同的風險與機會，造成溝通以及認知上的落差，增加目標與共識建立的困難度。以能源管理議題為例，是否需要開發新能源？多少的開發比例才是公司最佳化的利益？節能方向要優先從更換硬體設備著手，還是先從制定管理辦法做起？合理的節能範圍在那裡？會不會因為不夠舒適的溫度環境而影響業績？凡此種種，都是推動永續議題過程中會面臨的討論與聲浪，需要內部充分溝通，整合意見，才能順利推動各項永續行動計畫。

第三節　服務業ESG永續發展解決方案

金管會於2023年3月發布《上市櫃公司永續發展行動方案》，指出為推動企業積極實踐永續發展，以「治理」、「透明」、「數位」、「創新」四大主軸，建構五大面向，包括：「引領企業淨零」、「深化企業永續治理文化」、「精進永續資訊揭露」、「強化利害關係人溝通」、以及「推動ESG評鑑及數位化」等，協助上市櫃公司達成永續發展目標，提升國際競爭力。

為積極回應全球永續發展行動，政府主管機關陸續修訂相關政策法令，企業可以配合政府法令腳步，定期檢視公司內部ESG政策與各項推動措施，除了確保公司行為符合法規遵循之外，亦得以藉由法規要求事項進行自我盤點，建立有效的ESG管理機制，精進永續發展，強化企業營運韌性，善盡企業社會責任。

除了配合政府政策進行自我盤點，提出ESG推動方向之外，針對前文提及的推動ESG可能面臨的挑戰，筆者以為可以從組織面、人才面、管理面三大方向著手，建立推動永續的機制、人員與關鍵指標，降低推動ESG的困難度，並特別呼籲淨零轉型的重要性。

一、組織面：設立專責單位，整合資源業務

企業推動永續解決方案需要設置專責單位，由專責人員負責訂立與提出相關政策或策略，並持續不斷在內部進行溝通、協調與整合，確保各方意見與觀點可以獲得充分討論以獲致具體的推動共識與結論，進而建立良好的實施機制與執行架構，確保各項ESG方案能夠有效落實。

二、人才面：加速人員培訓，提升永續認知

員工是否具充分的永續認知，攸關ESG是否可以落實到實際管理以及日常營運流程當中。透過外送人員進修或內部教育訓練，企業可以加速培育具備永續職能的人才，另外也可以藉由定期會議宣導或發行電子報等方式，向全體員工教育永續觀念，凝聚推動永續目標的共識，型塑共同的永續價值觀與企業文化，藉此提升企業永續量能與ESG各項推動表現。

三、管理面：設立永續指標，建立評估基準

永續目標的實現有賴制訂具體的推動指標並擁有可量化的評估基準，才能讓權責單位有所遵循方向並明確知道要交出何種程度的永續成績單。永續指標訂立後並非一成不變，而是需要隨著內外環境變化，定期檢視修正，才能逐步朝向永續目標前進。永續指標的落實成效若能結合績效管理，定期評估、考核、追蹤並連結薪酬，將有助於提升永續績效表現。

四、議題面：重視環境永續，首重節能減碳

第27屆聯合國氣候變遷大會（Conference of the Parties 27, COP27）2022年11月於埃及落幕，近200個國家持續達成共識，設法要在本世紀末將全球氣溫增幅控制在攝氏1.5度內，以減緩全球暖化的速度。面對氣候變遷衝擊，國際間政府、組織與企業紛紛宣示淨零承諾。

另外，根據台灣指標民調《大型企業ESG調查報告》顯示，民眾認為大型企業「減少環境影響達到永續發展」的重要度高達91.7%，由此可知，國人普遍意識到企業對於環境永續發展的重要性與影響力。而談到民眾對於大型企業的期待時，「節能減碳減少環境負擔」獲得最高關注程度（33.3%），其次才是「創造就業機會」（28.0%）以及「促進經濟成長」（20.0%），突顯「節能減碳」對於環境永續的重要性。

我國於2022年3月正式公布「臺灣2050淨零排放路徑及策略總說明」，以「能源轉型」、「產業轉型」、「生活轉型」、「社會轉型」等四大轉型，及「科技研發」、「氣候法制」兩大治理基礎，輔以「12項關鍵戰略」，包括：風電／光電、氫能、前瞻能源、電力系統儲能、節能、碳捕捉利用封存、運具電動化無碳化、資源循環零廢棄、自然碳匯、淨零綠生活、綠色金融、公正轉型等12項關鍵戰略，制定行動計畫，落實淨零轉型目標。

根據媒體報導，在這12項關鍵戰略中，國家發展委員會尤其重視節能的推動，認為它將是2030年前我國減碳重要關鍵。經濟部亦於2022年10月發布「商業部門2030年淨零轉型路徑」，提出商業部門可行的減碳作法，協助加速服務業減碳，建構綠色商業型態。

依據《經濟部發布商業部門2030年淨零轉型路徑　提供產業減碳淨零指引》新聞稿指出，商業部門的碳排放量有87%來自於電力排放、13%來自於非電力排放，因

此為降低碳排放，針對服務業提出：「設備或操作行為改善」、「使用低碳能源」、「商業模式低碳轉型」、「綠建築」等四大策略，並從環境端加強政府管制輔導，以及企業端引導業者自願減量等兩方面進行推動，藉由優化法規制度及協助企業落實節約用電（降低電力排放），雙管齊下，達成減碳目標。

服務業可依據經濟部發布的商業部門2030年淨零轉型路徑，並參考遠東百貨的作法，分階段、有計畫、有步驟的推動「節能減碳」行動，逐步朝向低碳轉型的綠色零售（表8-1）。

表8-1 服務業淨零轉型四大策略、10項措施

<table>
<tr><th rowspan="2">四大策略</th><th rowspan="2">10項措施</th><th colspan="2">執行內容</th><th rowspan="2">遠東百貨的作法</th></tr>
<tr><th>環境端（法制）</th><th>企業端（行動）</th></tr>
<tr><td rowspan="3">設備或操作行為改善</td><td>空調及冷藏設備能源效率提高</td><td rowspan="3">・規劃逐年調整營業場設備之最低容許耗用能源、能源效率分級標示及節能標章等政策
・優化能源效率管理機制，依企業契約容量規模設定階梯式節電率目標</td><td rowspan="3">・優先採購具節能標章或能源效率1級之產品
・調整設備操作行為，例如：室內冷氣溫度不低於26度C
・導入能源管理系統，監管能源使用情況</td><td>・導入ISO 50001能源管理系統，目前已導入3個據點，未來計劃再新增3個據點
・優先採購節能標章產品，辦公室用品95%為環保標章品項
・冷氣溫度設定，落實日常節能</td></tr>
<tr><td>空調系統最佳化</td><td>更換變頻空調主機，2022年購入4臺變頻空調主機，未來計畫再更新6臺</td></tr>
<tr><td>採用LED燈和高效能燈具</td><td>・採用能效較高的LED及光源，各分公司分階段汰換</td></tr>
<tr><td rowspan="3">使用
低碳能源</td><td>運具電動化</td><td rowspan="3">・提高再生能源使用占比，契約容量達5,000kW之用戶應於5年內設置契約容量10%之再生能源
・要求新建、增建或改建建築物，達一定規模以上者，應設置一定容量以上之太陽光電發電設備</td><td rowspan="3">・裝設太陽能板，提高再生能源使用量
・規劃建置公共充電樁，提升電動車使用意願
・將燃油車汰換為電動車
・將燃油鍋爐，更換為燃氣鍋爐或熱泵</td><td>・逐步將公務用車汰換為電動車，2022年已規劃汰換14輛公務車為新型環保車輛
・10間分公司建置充電樁54個</td></tr>
<tr><td>轉換為燃氣與高效能鍋爐</td><td>無</td></tr>
<tr><td>能源大用戶使用綠電</td><td>・提高再生能源使用量，於花蓮、臺東建置太陽能發電，預計年產114萬度綠電</td></tr>
</table>

四大策略	10項措施	執行內容		遠東百貨的作法
		環境端（法制）	企業端（行動）	
商業模式低碳轉型	運用智慧科技	‧於消費端，透過回饋機制推動綠色消費	‧協助導入智慧科技（如AI、IoT）及運用數據分析，以調整經營管理決策或營運／服務提供模式，並藉由示範案例之建立，促使同業效仿	‧運用智慧科技，調整營運決策，導入CRM顧客關係管理系統、新型POS機，運用大數據分析，進行精準行銷
	導入智能設備			‧導入智能停車系統服務，減少5倍停等時間，降低車輛碳排放
	推廣綠色消費			‧培養消費者綠色消費習慣，推動綠色採購
綠建築	新型建築外殼隔熱，既有老舊建築加強外殼隔熱	‧新建建築物依照建築技術規則綠建築基準專章之建築物節約能源法規及相關技術規範設計新建 ‧公部門帶頭做起，鼓勵民間建築業界跟進，形成綠建築產業市場機制及環境，加速公私有商業類建築物進行綠建築設計	‧加強外牆隔熱（如：使用隔熱建材、外牆種植樹木或爬藤植物） ‧選擇具有綠建築標章之場域作為營業據點 ‧取得綠建築標章	‧響應政府綠建築規範，取得綠建築標章，擁有5座以綠建築概念打造的百貨及大樓

資料來源：經濟部，2022，《商業部門2030減碳路徑規劃產業溝通座談會》簡報。「遠東百貨的作法」為作者整理。

第四節　遠東百貨ESG推動情形說明

遠東百貨創立於1967年，是我國連鎖百貨中，營業據點最廣、經營時間最久且穩健成長的百貨公司。走過超越半世紀的經營，遠東百貨不斷與時俱進，創新成長，由內而外創造企業永續價值，打造環境、社會、經濟多贏的永續成長模式，成為我國最永續的百貨公司，建立百貨業永續發展典範，2022年更榮獲世界百貨公司聯盟（Intercontinental Group of Department Stores, IGDS）頒發全球最永續的百貨公司TOP 10，躍居全球十大永續百貨行列，成為我國首家獲此殊榮的百貨公司。[3]

[3] 世界百貨公司聯盟（Intercontinental Group of Department Stores, IGDS）是全球最大的百貨協會，成立

一、建立回饋為價值的永續文化

遠東百貨以「回饋」作為企業永續發展的基本價值，在追求企業成長的過程中，也重視發揮企業核心能力，搭建利害關係人對話平臺。遠東百貨從「思考全球化，行為在地化」（Thinking Globally, Acting Locally）出發，聚焦響應9項聯合國永續發展目標（Sustainable Development Goals, SDGs）以及涵蓋4個面向的我國永續發展目標，連結國內外的永續新思維，落實各項永續在地化行動，希冀透過具體的永續實踐成效，打造企業永續成長新模式，為環境、社會、經濟的永續發展貢獻力量（表8-2）。[4]

表8-2　遠東百貨以回饋作為企業經營基本價值

展現回饋的永續價值	回饋股東	提高企業獲利能力，創造股東價值
	回饋顧客	打造數位化商場，豐富顧客消費體驗
	回饋員工	提供優於同業的薪酬福利，建立永續共融職場
	回饋社會	關懷社會，投入公益活動
	回饋同業	發揮影響力，領導溝通交流

資料來源：整理自2022年《遠東百貨永續報告書》（未公開資料）。

為深化遠東百貨的企業永續文化，鼓勵每一位員工認同「永續」的精神及理念，並且能夠主動將「永續」融入日常工作，實踐在營運過程與服務管理之中。遠東百貨於企業總部大樓辦公室設置企業永續形象牆，展示遠東百貨的ESG行動及管理成果。企業永續形象牆搭配綠意蔓延的植栽設計，呈現出清新美好、活力永續的環境氛圍，提醒員工時時善用永續思維，落實遠東百貨永續營運及永續成長，達成「永續創造美好生活」（Sustain for a Good Life）的永續願景（圖8-1）。

於1946年，由歐洲8家百貨公司在瑞士創立，目前於全球36個國家，擁有45個會員，遠東百貨於1988年加入IGDS，成為第一個加入IGDS的亞洲百貨。

4 遠東百貨運用核心能力，2022年聚焦響應9個「聯合國永續發展目標」，包括：SDGs2、SDGs3、SDGs5、SDGs7、SDGs8、SDGs9、SDGs12、SDGs13、SDGs17；及涵蓋環境面、社會面、經濟面及全球夥伴關係4個面向的我國永續發展目標。

資料來源：遠東百貨提供。

圖8-1 遠東百貨設立企業永續形象牆，內化員工永續思維

二、成立企業永續委員會，驅動永續

遠東百貨於2015年就已經成立企業永續委員會，擘劃企業永續發展的願景及策略並追蹤實踐績效。企業永續委員會由總經理擔任主任委員，管理本部副總經理暨財務長擔任執行長，各部室主管為當然委員，共同提出企業永續發展政策、制度或管理方針，並透過董事會、審計委員會、薪酬委員會向獨立董事定期溝通及報告。

企業永續委員會另設有執行辦公室負責溝通及統整永續工作，使得攸關企業永續發展的重大性議題能夠進行持續性管理，確保涵蓋環境保護（E）、社會責任（S）、公司治理（G）的ESG永續行動被有效落實，為遠東百貨永續營運挹注發展能量，帶動遠東百貨永續成長，也驅動我國社會永續績效。

執行辦公室同時負責定期編製《永續報告書》與利害關係人溝通遠東百貨的永續行動內容與具體實踐績效。《永續報告書》參照GRI發布之永續性報告準則進行編製，同時也參考聯合國全球盟約（The United Nations Global Compact, UNGC）、TCFD、SASB準則、我國證券交易所《上市公司編製與申報永續報告書作業辦法》、以及整合性報告書（Integrated Report, IR）框架精神等永續標準規範進行編製。

除了企業永續委員會，遠東百貨也透過每週定期高階會議討論營運服務、商場安全、商品管理、人員管理、資訊安全、能源環保等永續議題，適時調整永續計畫與行動方向，以持續創造並實踐永續價值，讓遠東百貨在永續經營的道路上，穩健前行。

零售就是細節（Retail is Detail），為在百貨日常營運細節中做好永續管理，遠東百貨自2018年開始研擬相關方案，逐步建立ESG各面向管理績效指標。2022年建立53項ESG管理關鍵績效指標（Key Performance Indicators, KPI），透過每月管理會議定期追蹤各項指標執行成效，並於年度終了依據公司未來業務發展方向修訂或調整管理指標內容。過去5年來，遠東百貨ESG管理KPI數量從29個增加到53個，數量成長83%。透過健全的永續績效管理機制，遠東百貨建立持續改善永續績效的正向循環，提升遠東百貨創造永續價值的能力。

三、創建百貨標竿，領航永續發展

遠東百貨以「永續創造美好生活」（Sustain for a Good Life）為願景，善用企業核心能力，回應9個聯合國永續發展目標（SDGs），亦從夥伴關係（Partnership）呼應政府18項永續發展目標，致力落實環境保護（E）、社會責任（S）、公司治理（G）等永續行動，為利害關係人及社會創造永續價值，奠定企業永續經營的良好基礎，創建百貨永續營運卓越標竿。

以下就環境保護（E）、社會責任（S）、公司治理（G）三大面向，說明遠東百貨十大永續亮點績效。

（一）節能減碳，百貨環保領頭羊

邁向環境永續目標，遠東百貨將「節能減碳」視為首要任務。自2015年起，能源管理團隊便推行各項節能規劃與管理行動，並且以「製造業的思維管理服務業的能源效率」，訂立能源績效指標，每月追蹤成效。2022年，遠東百貨創造1元營業額的用電量比2015年前減少16%，碳排放密集度減少18%。

為降低能源耗用，遠東百貨於2017年領先百貨同業，導入ISO 50001能源管理系統，期望藉由系統化管理過程，提升能源使用效率，2022年全面導入ISO 14064-1碳排放盤查，藉以鑑別組織內部能源耗用及碳排放量，以進一步管控大宗耗能及碳排項目。全臺各分公司每年亦同步推行節能專案，過去5年來累積推動「空調節能、照明節能、電梯節能、電力系統節能」等四大類別計132件節能專案，累計節電效益達10,411,064度。遠東百貨透過節能專案持續優化能源使用，展開更有效率的節能行動，降低碳排放（表8-3）。

表8-3 遠東百貨節能專案推動情況（2018-2022年）

單位：件；千元新臺幣；度

年度	2018	2019	2020	2021	2022
節能專案數（件）	19	35	27	27	24
投入金額（千元新臺幣）	4,218	6,057	34,199	36,941	24,418
節約能源量（度）	1,455,459	2,155,100	2,022,393	3,140,111	1,638,001

資料來源：作者整理。

（二）布局綠電，邁向2050淨零目標

響應政府能源轉型政策，遠東百貨提早布局綠色能源，已於2011年開幕的臺中大遠百以及2019年開幕的遠百信義A13設置太陽能發電系統。為擴大綠色能源使用，遠東百貨2021年底成立「綠電小組」，2022年正式啟動「綠電計畫」，於花蓮店、臺東自有土地增加裝設太陽能發電系統，提高遠東百貨太陽能裝置容量至1,600瓩，透過增加綠色能源比例，達到2030年較2017年減碳30%的目標。

（三）商場減廢，減少環境廢棄

遠東百貨將日常營運產生的「垃圾、廚餘、廢食用油」視為商場廢棄物管理重點，在辦公場所及營運商場均落實分類制度，將垃圾分類為一般垃圾與資源回收，透過強化分類管理，達到廢棄減量目標。所有商場廢棄物均依法完成清運，並委由合格廠商分別進行回收或焚化；廢油煙排放、廢（汙）水排放亦都符合環保法規；同時，也配合政府政策推動減塑措施，包含：限用塑膠袋、塑膠吸管、一次性餐具等，減少塑膠垃圾對環境的危害。

遠東百貨持續推動綠色消費，希望攜手顧客降低消費行為對環境的影響，提升資源永續利用，用消費力改變世界。遠東百貨長期展開下列服務行動：

1. **責任零售：**銷售環境友善商品，透過「友善小農、友善環境、友善消費者」三大原則，實踐責任零售。
2. **農產市集：**鼓勵「在地生產，在地消費」，善用遠東百貨的通路資源，行銷在地優質農產品，方便民眾就近購買，縮短產地至餐桌距離。

3. **智能停車：**導入智能停車服務，開車前來購物的民眾，利用車牌辨識直接進入停車場，節省5倍停等時間，降低行車碳排放。
4. **環保紙袋：**購物紙袋100%符合環保法令，且採用環保油墨印刷。
5. **包裝減量：**提倡綠色包裝，減少包材使用，已連續6年達到包裝減量目標。
6. **印刷減量：**強化數位行銷，利用遠百App、官網EDM等數位管道，向消費者傳遞商品與活動訊息，減少紙本DM廣宣品印刷量。
7. **綠色採購：**優先選擇低耗能、低汙染等符合環保精神的綠色產品，2022年綠色採購品項較前一年度成長60%，綠色採購占比99.8%，卓越成效已連續6年榮獲新北市政府頒發「綠色採購績優企業」肯定。
8. **環保制服：**守護員工健康，減少製衣過程可能伴隨的汙染。自2016年起，遠東百貨自營人員制服逐步改用符合環保標章認證的布料製成，2022年共製發5,557件環保制服。
9. **綠地維護：**綠美化環境，每年投入經費認養商場周邊人行道樹與公園綠地，定時派員綠化、美化及清潔環境，目前認養總面積達3,430坪。

（四）綠建築，永續城市新地標

遠東百貨開百貨風氣之先，將綠建築理念融入百貨商場設計之中，以「生態、節能、減廢、健康」四大主軸，打造新式環保的百貨商場，讓百貨不只是百貨，也成為城市的美麗地標。遠東百貨目前有5座以綠建築概念打造的百貨及大樓，2015年啟用的企業總部大樓獲得「銀級」綠建築標章，成為我國最環保的百貨企業總部，2022年1月試營運的遠百竹北店更取得「黃金級」綠建築認證資格，除了是百貨業最高等級的綠建築之外，建築頂層打造350坪「多層次景觀生態綠化屋頂」，豐富生物多樣性的同時也能吸收二氧化碳，降低環境衝擊。

（五）水資源管理，用水效率優於產業表現

因應氣候變遷可能導致的缺水危機，遠東百貨推行節水管理，訂立水資源管理指標，每月追蹤管理分公司用水績效，並以遠百桃園店為示範店導入ISO 14046水足跡盤查，透過分析水資源數據，提升分公司節水管理表現。

在節水措施方面，各分公司除了全面裝設省水設備與器材、進行管線漏水檢測，也透過調整散熱水塔電導度，降低空調水塔用水量。遠東百貨也在企業總部大樓以及全臺4間分公司設置雨水回收系統，設備容量合計3,220公秉，提升節水效益。透過各

項水資源管理行動，遠東百貨用水量值7.91（單位樓地板用水量）較百貨業整體平均9.84低，用水效率優於產業表現20%。[5]

（六）幸福員工，建立多元包容職場

遠東百貨尊重每位員工的差異性，並推動性別平等、同工同酬、杜絕歧視、健康職場等管理措施與教育訓練，為員工營造平等、多元與包容的職場環境，讓員工可以在支持性的環境中安心工作，將正向積極的態度帶進業務活動，展現最佳的服務品質與工作效率。

體認到「員工健康，企業才能永續發展」，遠東百貨已連續4年推動「員工健康UP」計畫，執行十大健康促進行動方案（表8-4），關懷員工身心健康，讓每一位遠百人都能在溫暖、和諧的環境中Work Hard & Work Happy！

（七）社會公益，志工服務愛串連

遠東百貨深入全臺各地展店，目前在10個城市中有12個營運據點，遠東百貨善用通路資源及力量，讓各分公司成為在地的「公益平臺」，串聯地方政府、公益團體、專櫃廠商等各界資源，關注婦幼、環保、偏鄉兒童等五大議題，過去5年來累計已舉辦近2,700場公益活動，善盡企業對社會的承諾與關懷。2022年各分公司合計舉辦783場公益活動，成為公益活動最多的百貨。

每年遠東百貨的員工也自發性組成志工隊，投入陪伴兒童、探視長者、響應環保等一日志工服務，熱情走入社會，服務人群。目前，員工志工服務累計達142場，參與人次2,209人，服務總時數3,175小時，遠百人身體力行做公益，用愛串連美好生活。

（八）永續供應鏈，落實ESG

遠東百貨的商業夥伴除了專櫃廠商之外，還有協助營運的工程、事務、資訊、廣宣、勞務等5大類供應商。遠東百貨透過供應商管理與評鑑制度，確保供應商不只符合法令之外，也和遠東百貨一起重視「勞工人權、環境、健康安全、道德規範」四大面向，32項具體推動指標的永續承諾。

凡與遠東百貨簽訂承攬或採購合約的供應商均須簽署《供應商社會責任承諾書》，自2017年推動迄今，累計已簽署1,117件《供應商社會責任承諾書》，累計採購金額新臺幣（以下同）90.8億元。

---

[5] 百貨業用水量值為《經濟部水利署表揚節約用水績優單位及節水達人實施要點》之用水量建議值。

（九）數位轉型，擁抱新零售

面對科技革新以及消費者行為的轉變，遠東百貨於2018年成立數位轉型辦公室，加速推動數位轉型，運用數位科技為消費者打造更便利、更豐富、更有趣的購物體驗，建立虛實整合的全通路購物旅程，同時以數位營運聚焦精準行銷，以數位體驗提供個人化服務，與時俱進創新百貨商場樣貌，攜手顧客走向智慧零售美好生活（表8-5）。

表8-4　遠東百貨員工健康UP計畫十大行動

序號	健康行動	主要推動內容
1	重視員工健康管理	提供優於法令規定頻率的員工健康檢查計畫，後續公司聘僱的專任職護人員也將針對檢查結果主動關懷追蹤員工健康
2	舉辦員工健康講座	邀請專業講師到場，分享疾病預防、養身保健、常見意外事件處理等多元主題
3	安排臨場醫護關懷	為預防職業病發生，針對員工健康狀況進行分級管理，特約合格醫護人員定期至公司提供臨場醫師諮詢服務。
4	推行健康促進比賽	舉辦健康餐盤、健康減重等競賽，搭配營養師專業指導，鼓勵員工「健康飲食、健康瘦身」
5	推動健康集點活動	鼓勵員工投入路跑、健走、騎單車等健康運動，並可以獲得健康點數，健康點數可以再兌換抽獎券，參加遠百禮券抽獎
6	推廣員工運動社團	開辦瑜珈、有氧、桌球、保齡球等社團，培養員工定期運動習慣
7	設置健康溫馨小站	布置辦公室溫馨小站，備有急救箱、體脂計、酒精等15項物品，提供有需要的員工使用
8	施打流感疫苗服務	因應流感季節報到，方便員工接種並提升免疫力，與衛生單位合作，邀請其至公司為員工施打疫苗
9	發送熱門健康訊息	充實員工健康知識，透過公司內部網站發送防疫、慢性病預防、生活保健等各類健康訊息
10	進行員工健康調查	依「勞工健康保護計畫」進行員工健康調查，並優先為高風險員工安排臨場醫師諮詢，追蹤健康情況

資料來源：作者整理。

表8-5　遠東百貨數位轉型三大方向

數位遠百體驗精采	數位營運	運用數位科技，了解消費軌跡，聚焦個人化行銷
	數位體驗	建立更便利的購物新旅程（Customer Journey）
	數位管理	建置數位化管理系統，提升營運及服務效率

資料來源：作者整理。

（十）永續治理，營運績效締佳績

百貨零售市場2022年在疫情趨緩、人潮回流的帶動下，營業額擺脫連續2年負成長。遠東百貨在活絡的市場氛圍下，也把握商機，展現強勁的營運動能，業績更登上公司自1967年成立以來新高峰，營業額570億元，營業利益24.3億元，雙雙創下歷史新高紀錄，EPS 1.37元亦成長59%，交出一份亮眼的經營成績單，為股東創造優異的報酬。

第五節 結論與展望

企業經營面對來自各層面的挑戰，但只要找對方向，就能走得更遠。愈來愈多的投資人、消費者、政府主管機關都將ESG視為評估企業永續經營的關鍵績效指標，因此一家追求卓越的企業，除了要有優異的EPS表現，也必須在企業營運核心納入ESG策略，建立永續為導向的營運模式，在企業經營過程中也發揮對環境、社會與經濟的正面影響力，才能在企業永續發展路徑上，創造永續價值，展現永續經營實力，「EPS+ESG」成為打造企業永續競爭力的方程式。

在ESG三大面向中，超過9成的民眾認為企業最需要重視的是環境議題，其中，「節能減碳」更是受到民眾期盼、希望企業能夠持續投入的永續發展目標。服務業是我國經濟活動的主體，不論是就業人數還是產值占GDP規模均約有6成，在產業價值鏈中占有一定程度的重要地位，自當精進減碳措施，加速減碳腳步，建構低碳轉型的商業模式，發揮永續影響力。此外，致力推動永續作為的服務業也可以強化品牌辨識度，獲得消費者信任，成為品牌競爭中的永續贏家。

面對蓬勃發展的數位科技，數位轉型將有效協助企業進行資源管理和服務優化，達成企業永續經營的目標。遠東百貨善用數位科技，聚焦「數位營運、數位體驗、數位管理」三大方向，將其應用到消費旅程各個階段，滿足消費者需求，打造便利、舒適、有特色的數位化商場，提升營運效率和競爭力。未來，數位科技對於ESG管理的重要性將與日俱增，企業需要強化碳排放、用水量、電力能源等ESG資料和數據的蒐集、分析、整合、揭露及管理，以協助高層充分掌握資訊，即時做出決策，降低營運風險。

最後，公私協力是最好的良方，政府部門與企業攜手並進，是落實ESG、實踐永續最好的合作模式。政府部門扮演領頭羊，制訂完善的政策支持，引導民眾、企業及投資人重視ESG議題，促成消費、產業及投資市場追求永續發展的良性循環，同時，持續投入資源，培育永續人才，協助企業解決人才缺乏的困境。在健全的政策法令以及穩定的經營環境之雙雙帶動下，促使企業更有意願加速推動永續轉型，打造經濟、環境、社會三贏的永續成長新模式。

企業因應之道

台灣綜合研究院　陳建緯 副院長

在全球推動2050年淨零之趨勢下，政府之政策、商業活動與社會行動，已聚焦在低碳環境、淨零轉型、永續發展等議題上，服務業亦為全球產業供應鏈之一環。對於企業而言，透過採行ESG的三大面項評估指標，不僅可將企業社會責任、永續發展目標融入經營策略，提升企業競爭力，亦可向投資人揭露轉型成長潛力訊息，並向消費者展現品牌正面形象。

根據經濟部中小及新創企業署（前身為中小企業處）統計資料顯示，2021年我國服務業家數共有129萬家，而超過9成為中小企業，且服務業的中小企業就業人數占總就業人數近50%，為追求台灣未來經濟永續發展，中小企業將扮演重要關鍵角色。

中小企業除可借鏡與學習大企業ESG推動作法，成立專責單位專職落實ESG相關事務，以及採購與使用友善環境、低碳，甚至脫碳之原材料、產品、能源外；另一關鍵作法則為善用政府資源、與政府合作、督促政府實施各項配套措施，並追蹤政府政策基本動向，瞭解並遵循相關法規要求，透過政府提供之工具與平台管道建立自我ESG策略。例如密切關注我國「氣候變遷因應法」頒布後，預計規劃建立碳管理機制等一連串措施，參與公民對話；另可根據環境部（前身為環保署）「建立供應商溫室氣體排放數據」關鍵行動與發佈之「溫室氣體排放量盤查作業指引」，熟悉碳盤查作業；更可利用經濟部相關碳盤查輔導與人力培訓計畫、試算網頁，掌握企業排放量等。

事實上，與大企業相比，中小企業可能較無法以規模化、量化方式降低額外投入ESG單位營運成本，但也正因為中小企業規模組織相對於大企業扁平，得以有效協調與整合及執行ESG決策，明確化公司永續發展主軸並可迅速執行與落實各項行動。

人機協作：服務業生成式AI應用

工業技術研究院　蘇孟宗 資深副總暨協理

工業技術研究院產業科技國際策略發展所　陳右怡 資深研究經理

王允中 副研究員

第一節　前言

根據工業技術研究院產業科技國際策略發展所（以下簡稱工研院產科國際所）觀測全球人工智慧（Artificial Intelligence, 以下簡稱AI）發展歷程，2014年AI已擴大至商業應用場域，此時「商用AI」以金融保險、教育學習、零售電商、倉儲物流等為常見導入之應用。依據技術生命週期理論，AI在2020年至2030年進入市場擴增期，而從2020年到2022年歷經新冠疫情、氣候變遷、國際政治經濟及戰爭的動盪下，AI更加速物聯網（Internet of Things, IoT）普及、加速海量資料處理分析以及雲端運算服務的成熟等，而AI技術本身也持續進化，工研院產科國際所預測未來2至3年AI三大發展方向是（圖9-1）：

一、分散式AI（Distributed AI）：因全球疫情之故，讓全球性的企業營運部分中斷，為確保不因員工確診隔離或管制，因此產生分散式運作的架構，達到即時、可靠、穩定、安全之AI運算、處理與分析，在邊緣端完成所有任務，以強化企業營運韌性為目標。

二、生成式AI（Generative AI）：從2022年上半年AI算圖做到「以文轉圖」成為生成式AI應用大熱門（如Midjourney），2022年下半年Open AI釋出聊天生成預訓練轉換器（Chat Generative Pre-Trained Transformer, ChatGPT），開放使用5天內達到100萬註冊使用者，1個月內達到1億使用者，讓很多專家認為AI奇點也將提早來臨。而「生成式AI」乃根據現有數據或模式生成各種新內容，包括文本、圖像、聲音等，可運用於語言、影像、藝術、生醫等方面，有時也需要大型語言模型（Large Language Model, LLM）來支持。

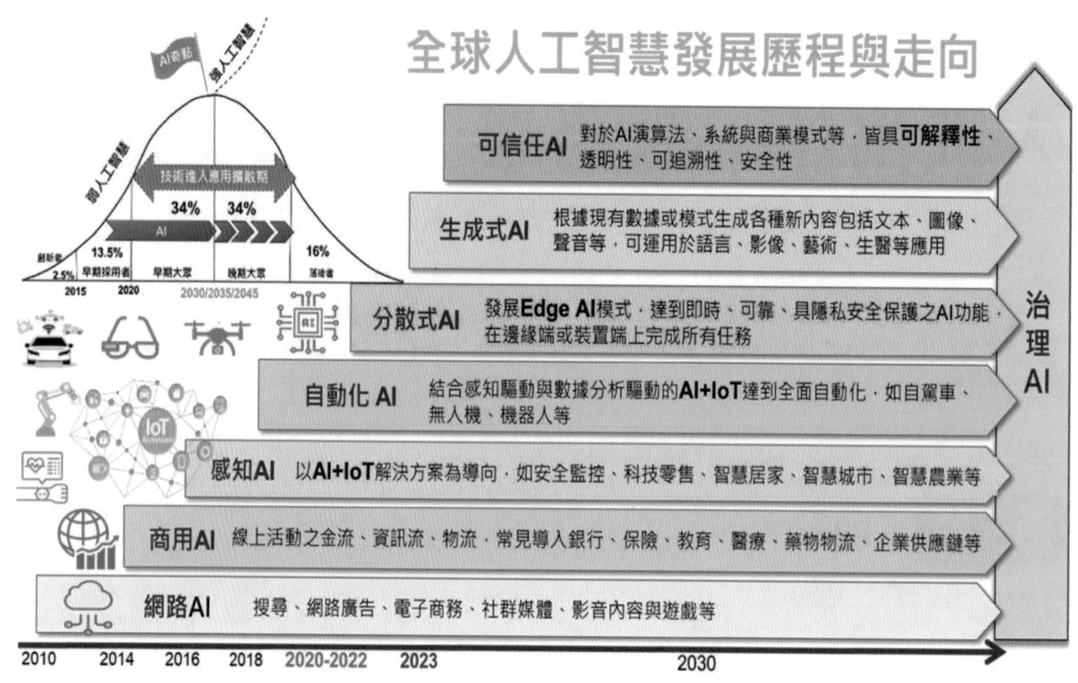

資料來源：本文整理。

圖9-1 全球AI發展歷程與走向

三、可信任AI（Trustworthy AI）：「生成式AI」熱潮，帶來各種深偽（Deepfake）技術應用等亂象，也將促使「可信任AI」的發展，譬如如何確保開發AI、應用AI或使用AI的過程中，從數據、演算法、系統與商業模式等，皆具可解釋性、透明性、可追溯性、安全性。

根據IDC研究，全球AI相關產業支出規模（涵蓋軟體、硬體、系統服務），預估2023年達1,540億美元，到2026年AI相關產業支出規模超過3,000億美元，2022年到2026年的年複合成長率（Compound Annual Growth Rate, CAGR）將達27%。另外，依據高盛研究指出，「生成式AI」將在全球淘汰約3億個工作，將影響現有工作至少19%，而在已開發國家如美國更達25%、歐元區則達24%。為了因應AI新時代來臨，全球將面臨人才轉型，著重培育AI素養與技能，與AI達到人機協作的新工作境界。

而「生成式AI」可將文字、語音、聲音、圖像、音樂、視訊、生理感測等類型的資料，進行資料的生成或合成，可提升企業效率、重塑商業模式、創造新典範。「生成式AI」工具從2022年迄今百花齊放，此處歸納「生成式AI」主要的五大功能應用如下（圖9-2）：

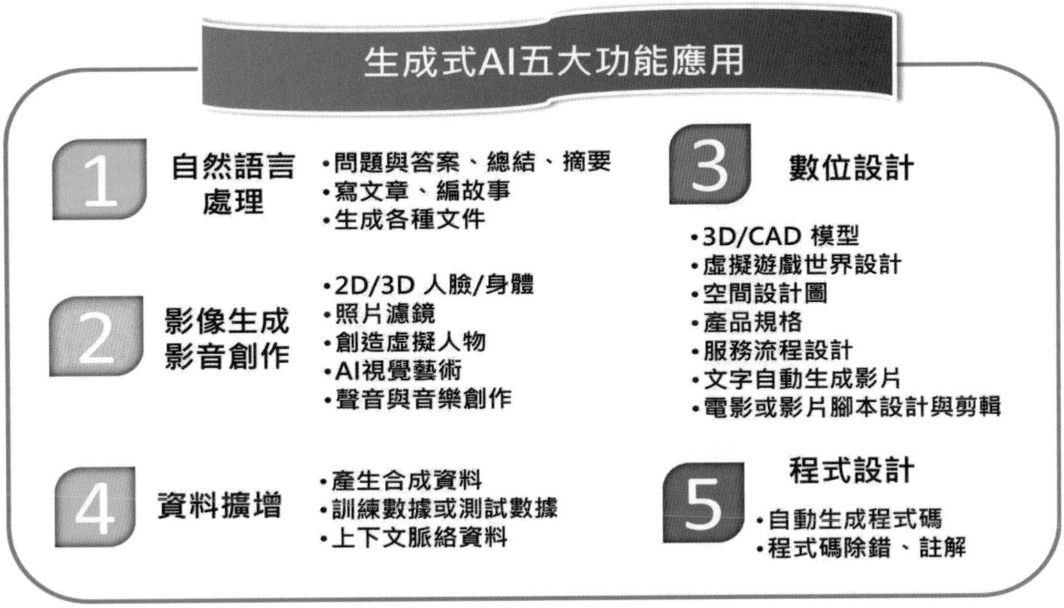

生成式AI五大功能應用

1 自然語言處理
- 問題與答案、總結、摘要
- 寫文章、編故事
- 生成各種文件

2 影像生成 影音創作
- 2D/3D 人臉/身體
- 照片濾鏡
- 創造虛擬人物
- AI視覺藝術
- 聲音與音樂創作

3 數位設計
- 3D/CAD 模型
- 虛擬遊戲世界設計
- 空間設計圖
- 產品規格
- 服務流程設計
- 文字自動生成影片
- 電影或影片腳本設計與剪輯

4 資料擴增
- 產生合成資料
- 訓練數據或測試數據
- 上下文脈絡資料

5 程式設計
- 自動生成程式碼
- 程式碼除錯、註解

資料來源：本文整理。

圖9-2 生成式AI五大功能應用

一、自然語言處理：研擬問題與答案、進行文章總結或摘要、撰寫文章、編寫故事、自動生成各種所需的辦公文件等。

二、影音創作：AI可以進行各種影像、聲音及音樂的創作，例如製作2D／3D人臉或身體、創造虛擬人物、拍照濾鏡效果、套用不同畫風的AI視覺藝術、模仿各種人聲、創作各種音樂曲目等。

三、數位設計：AI能協助建構3D／CAD模型、虛擬遊戲世界中所需要的物件，室內或戶外空間設計圖、實體或虛擬產品規格等，甚至可以幫忙設計服務流程、或僅運用文字來生成影片、協助電影或影片腳本撰寫、影片剪輯等。

四、資料擴增：AI能依據場域、情境或需求產生所需要的合成資料、作為訓練數據或測試數據、以及產生各種上下文脈絡資料等。

五、程式設計：整合自然語言處理，依據使用者或開發者需求，自動生成各種程式碼、標註、除錯等。

第二節 生成式AI對服務業轉型升級的重要性

在新冠肺炎疫情之前，我國服務業就已經受到全球科技浪潮的衝擊，雖然整體服務業占GDP及就業人數逾6成，但因較無大型企業的雄厚財務和人才，長期處於創新動能不足、較難吸引科技人才的狀態，面臨轉型升級與價值提升等挑戰。

經過3年全球疫情肆虐，隨著世界衛生組織（World Health Organization, WHO）於2023年5月5日宣布新冠肺炎不再構成「國際關注突發公共事件」（Public Health Emergency of International Concern, PHEIC），美國疾病控制及預防中心（Centers for Disease Control and Prevention, CDC）也在5月11日結束了公共衛生緊急狀態，不再統計每日確診數字。我國中央流行疫情指揮中心也自5月1日起調降防疫等級，將COVID-19降為第四類傳染病。

我國服務業原本期待迎接報復性的擴大消費，包含餐飲、娛樂、觀光等，但是反而看到一小波的倒閉潮，一些餐飲店在此時關門或轉手。最主要原因是持續的疫情已經讓部分生活習慣改變，例如習慣用App叫外送的飲食模式持續發酵，有些餐廳原本苦苦熬過疫情，以為舊顧客即將回流，不料等到疫期結束、生活解封，客潮並沒有回到原來的水平，也有些顧客改用App叫外送。餐廳經營模式已改變，不再是完全以實體店面的面積來考量，於是看到街頭的商店反而在疫情結束時發生小規模的倒閉潮。

服務業在這一波疫情衝擊下，導入新科技來適應生活習慣與經營模式帶來的變化，以ChatGPT為代表的生成式AI技術能夠提供即時且精準的自然語言處理和回答，已經鋪天蓋地影響了服務業，包含金融界、餐飲業、零售業、旅遊業、物流業等。這些不同的服務業有一些共通性的需求，非常適合使用ChatGPT提供客戶解決方案，或是幫助中小企業本身進行轉型升級，以下簡述ChatGPT提供自然語言界面如何輔助企業營運功能：

一、客戶服務和支援：處理大量的客戶查詢，提供即時且準確的回答，並解決常見的問題。這可以減輕人工客服的負擔，提高客戶滿意度和體驗。

二、擬人助理和聊天機器人：提供客戶24小時全年無休的即時支援，回答問題、提供訊息和解決疑慮，從而改善客戶服務的效率和可及性。

三、自動化流程和任務：處理服務業複雜的排程、預約和訂單，從而節省時間和人力資源。

四、組織流程優化：幫助組織自動化常規任務，讓員工專注於更高價值的工作。

綜上所述，類似ChatGPT的生成式AI對服務業而言，將是當前協助數位轉型最重要的工具。企業可透過正在飛速進化的AI技術提升客戶體驗、提高服務效率，這將有助於企業創造新的服務模式和更高的商業價值。反之，若是無法善用生成式AI，就很可能在競爭激烈的市場中被淘汰。

第三節 服務業生成式AI應用案例

生成式AI與大型語言模型的發展，讓AI可生成更多元且有「溫度」的人性化回應，生成式AI提供便於交流的自然語言界面，其「開箱即用」（Out-of-the-box accessibility）的使用性，降低使用者及開發者的進入門檻，任何年齡或教育水平的民眾，只要透過網路都能在任何地點進行許多應用。生成式AI也將技術推向了一個被認為是人類思維獨有的「創造力」（Creativity）領域，讓服務開始有人的創意思維，使提供個性化服務有更大的想像空間。本章就餐飲旅宿、物流倉儲、電商零售、金融保險以及教育學習等領域，闡述目前生成式AI於服務業的應用。

一、餐飲旅宿

目前餐飲業應用生成式AI大多聚焦於訂位與點餐應用，例如美國連鎖速食店Wendy's將採用Google聊天機器人代替得來速為顧客點餐；我國益欣資訊與鬍鬚張合作，在2023 Computex活動展出支援多國語音的自助點餐機櫃臺，於點餐機串接生成式AI的自然語意系統，以語音點餐的對話式互動，可推薦個人化餐點。另外，也有餐飲業者嘗試將生成式AI應用於菜單生成，ChatGPT可根據用戶描述的餐廳風格特色或食材內容，自動生成餐點描述或發想新菜式，也可使用Midjourney以文字描述生成精美的菜色圖片或發想擺盤的可能性。在旅宿業應用方面，大多聚焦於行程規劃，根據旅客偏好提供旅遊建議、資訊和預訂服務，導入AI聊天機器人介面，以大型語言模型為技術基礎可生成更多元且有溫度的交流答覆，提供個性化顧客體驗。例如Expedia、Kayak、Trip.com和奧丁丁體驗等旅遊業者開始採用ChatGPT提供使用者行程建議以及簡化預定流程。本章以我國犀動智能「小美犀」飯店智慧音箱服務，以及日本美食評價網站「食べログ（Tabelog）」搜尋餐廳空位的功能為例，闡述目前AI於餐飲旅宿的應用。

（一）犀動智能

我國的犀動智能是2019年成立的AI新創公司，為飯店業者提供AI語音平臺服務，其智慧音箱「小美犀」AI語音助理已導入超過1萬間飯店房間，客戶涵蓋我國超過50家飯店業者，並拓展至日本、新加坡、馬來西亞與泰國等海外市場。2021年國內新冠肺炎疫情趨緩，帶動國內旅遊市場復甦，加上飯店餐飲業的勞力短缺影響，AI語音助理有效幫助飯店業者減少部分繁瑣流程，而飯店追求數位化也成為犀動智能成長的契機。

「小美犀」具備自動語音識別技術，能自動將語音轉換為文字，結合自然語意理解技術將文字的語意轉化成機器理解的內容，進行推薦、問答、搜索等互動任務，再以語音合成技術向使用者流暢對答。犀動智能取得OpenAI授權後，為「小美犀」導入GPT-3.5模型，讓AI語音助理的功能提升，可實現更人性化的回應，也可回答過往小語言模型無法應對的天馬行空的問題，例如詢問「我可以跟我的兩個小孩在這下午做什麼呢？」語音助理能理解對話內容並推薦飯店附近合適的景點。與舊有版本的語音助理比較，舊版語音助理僅能回覆預設固定的簡短答案，導入大型語言模型後，雖然回覆速度較慢，但可生成更多元且有溫度的答案，提供個性化顧客體驗。「小美犀」保留新舊模型，可判別旅客的問題再決定使用哪個模型生成回覆，以小模型回覆簡單且意圖明確的答案，或使用GPT-3.5花費時間生成人性化的長篇答案，兼顧成本與對話體驗。

大型語言模型的導入也加速飯店業者訓練語音助理，以往要花1至3個月「教導」語音助理各種規則與回答，現在業者只要提供相關文檔，即可在短時間內完成訓練。以200多間客房的飯店為例，每天大約有兩三千通客服電話，導入「小美犀」後可減少6成詢問電話，約可節省20至30小時的工作處理時數，搭配數位化管理後臺服務系統，可記錄客人提出的客訴留言與客房服務需求，並記錄請求時間與服務人員等相關資訊，提升飯店客服管理效率與人員調配（圖9-4）。

（二）日本食べログ

日本美食評價網站「食べログ（Tabelog）」提供餐廳搜索和訂位服務，用戶可依照不同檢索條件（如料理種類、用餐目的或場景情境）搜索心儀的餐廳以及瀏覽美食介紹文章。Tabelog根據用戶發布的評分，運用算法評估不同條件的影響因素，諸如意見領袖、各地人流、用戶飲食習慣（常評分拉麵類而未發表過甜點類評分的用戶，其

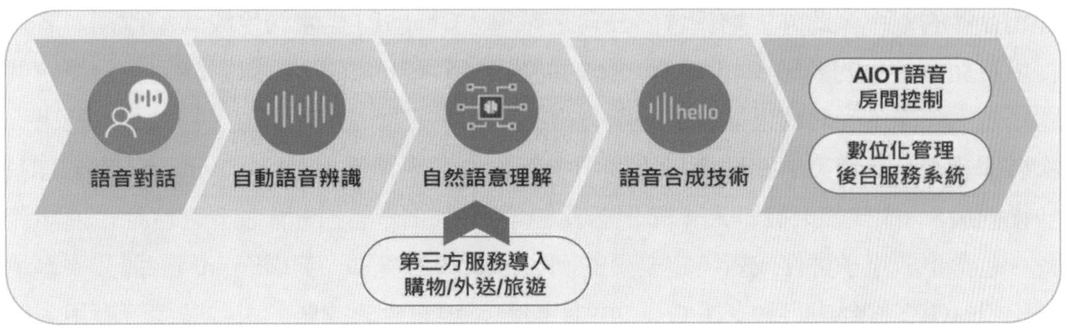

資料來源：本文整理。

圖9-4　犀動智能「小美犀」AI語音助理

評分對兩類餐廳的得分影響不同）等，為每家餐廳排名、綜合評分，其評分機制與美食介紹文章讓對吃什麼有選擇障礙的使用者有更多參考依據來挑選喜歡的餐廳。

2023年3月OpenAI發布功能擴展工具「ChatGPT plugins」，可導入外部服務加強ChatGPT開發更多元的功能，Tabelog也與OpenAI合作推出其功能擴展工具，將Tabelog網站中列出的餐廳資訊與ChatGPT鏈接，用戶可以使用ChatGPT在對話中詢問地點的情況，或提出偏好的料理和預定的時間人數需求，ChatGPT會主動推薦合適的餐廳，並列出餐廳照片與文字說明，使用者可瞭解餐廳特色與最新空位資訊。有別於以列表呈現餐廳分類，ChatGPT自然語言介面讓用戶以聊天的方式選擇吃哪家餐廳並完成訂位，讓服務流程更加人性化。

二、物流倉儲

在物流倉儲行業，需求預測和庫存管理對於確保高效運營和滿足客戶需求至關重要。生成式AI可對未來需求進行準確預測，並據此優化庫存水準和生產調度，透過自動生成物流報告或倉儲盤點，減少人工錯誤和提高效率。生成式AI可應用於自動生成客服對話或回覆提升客戶滿意度和忠誠度；自動生成物流方案或倉儲布局，優化資源分配和成本控制；自動生成物流預測或倉儲需求，以增加市場競爭力和靈活性。生成式AI也可協助識別潛在的供應鏈中斷危機（例如天氣事件或運輸延誤），通過即時預測和洞察分析幫助企業在潛在危機發生前主動採取緩解措施。如美國商業預測系統公司（BFS）推出Forecast Pro Quick Tour，使用機器學習算法分析歷史數據並生成對未來需求的準確預測，提供倉庫和配送中心管理以AI生成優化的倉庫布局，提高產品處理和存儲的效率。此外，物流倉儲公司嘗試導入ChatGPT相關的生成式AI應用為客戶提供更加個性化的體驗，如美國project44推出Movement GPT，以對話回答供應鏈問題，包括：顯示受北歐天氣影響的所有貨物、這些貨物的庫存價值、目的地以及下一次裝運是否有更可靠的路線選擇等問題。新加坡海事情報平台Greywing則基於GPT-4技術開發SeaGPT聊天機器人，簡化船員經理和港口代理之間溝通，可自動化通訊流程，包含生成電子郵件或對特定船員的回覆提取基本資訊。英國FrontM海運業平臺也推出ChatGPT整合功能，支援船員的遠距醫療、視訊會議或船舶跟蹤監控等應用，輔助海上日常勤務和關心船員身心健康。本章以我國工研院AI立體式智慧倉儲系統，以及美國Microsoft（微軟）供應鏈平臺新增的Copilot功能為例，闡述目前AI於物流倉儲的應用。

（一）工研院

我國工業技術研究院開發「AI立體式智慧倉儲系統」協助物流業者管理倉儲，運用AI預測訂單需求，從下單、揀貨、包裝到出貨最快10分鐘完成。新冠肺炎疫情影響迄今，人們逐漸習慣數位化生活，並帶動線上購物習慣。線上通路興起也影響物流倉儲經營策略的改變，諸如實現訂單的快速到貨，以及面對電商訂單少量多樣的特色，如何有效管理上百萬件體積重量各異的商品，並運用有限的空間儲放。同時，缺工問題也是勞力密集的物流業面臨的考驗，尤其在購物節的促銷活動時期。

為改善廠商痛點，工研院整合系統串接AI軟體技術，與漢錸科技和新竹物流合作自動化設備建置和倉庫營運，為Yahoo!奇摩購物中心打造AI立體化物流中心。透過AI預測熱門商品先行調度入庫，下單後依訂單關聯性建立模型，實現最佳化揀貨順序，減少3成人力需求，並讓商品出庫時間減少60%。由AI在高達14層的立體式貨架空間配置商品最佳儲位，並規劃揀貨的最短時間與最短距離，讓存貨出貨效率提高2倍、降低電力15%，減少移動25%。結合入庫動態材積辨識技術，系統會自動測量進入倉庫的商品大小，安排合適的儲放空間，並記錄存放位置。出貨時，揀貨員只需要依照AI Picker數位助理的揀貨智慧引導進行作業，大幅簡化人工作業流程與難度（圖9-5）。

（二）美國Microsoft

2022年11月Microsoft推出供應鏈平臺，提供供應鏈數據資產管理、供需洞察以及供應鏈合作夥伴管理服務，協助企業整合分布在遺留系統、企業資源規劃系統、供應鏈管理或單點解決方案中的大量數據，利用Azure AI模型模擬預測缺貨、庫存過剩或

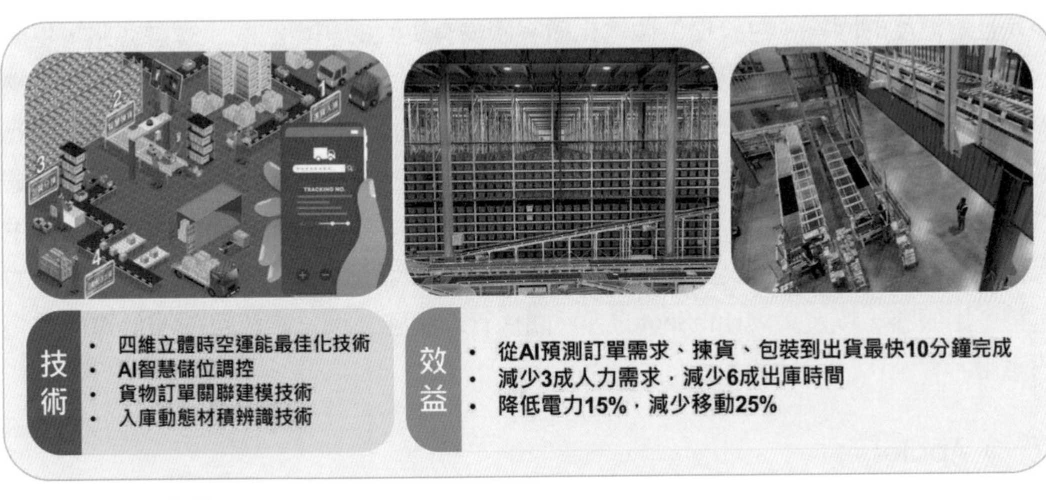

資料來源：本文整理。

圖9-5 AI立體式智慧倉儲系統

遺漏訂單，還可結合智慧新聞洞察，提供可能影響產品需求變化的相關外部事件提醒供企業決策參考，並同步分享資訊給供應鏈合作夥伴。

近年在新冠肺炎疫情、美中貿易戰與俄烏戰爭的影響下，牽動國際經濟及貿易政策，也對全球供應鏈造成衝擊，斷鏈與斷料風險高漲，加速國際產業重組分工，以及製造基地遷徙等影響。掌握國際趨勢與外部環境變化，維持企業運作與迅速恢復的韌性，成為企業在供應鏈管理的重點。2023年3月Microsoft宣布將OpenAI的自然語言處理功能導入供應鏈平臺成為AI助手「Copilot」，將強化智慧新聞洞察功能，可主動識別並標記可能影響關鍵供應鏈流程的外部問題，例如天氣、金融和地緣政治新聞。Copilot將自動生成電子郵件，列出所有受生產延遲影響的採購訂單，並根據已識別的中斷事件重新安排採購訂單的建議方案，提供計畫人員評估替代方案，將計畫人員的工作量從幾小時減少到幾分鐘，透過對事件進行主動管理，提高供應鏈的敏捷性，縮短恢復時間，減輕客戶影響，維護客戶關係和提高客戶滿意度。

三、電商零售

AI已成為數位行銷領域中日益普及的主流技術，應用範疇涵蓋行銷自動化、廣告支出最佳化、全通路管理、顧客互動、顧客關係管理與聊天機器人等。隨著生成式AI與大型語言模型的發展，AI可生成更精美的商品型錄、更流暢的內容文案、更多元且有溫度的回答，對於提供個性化顧客體驗有更大的想像空間。智慧客服、生成內容行銷素材、市場調查以及客戶關係管理等應用是目前主要的發展方向，例如美國Walmart使用大型語言模型GPT-4提升Text to Shop功能；我國AI轉型解決方案供應商iKala在其智慧雲端維運平台iKala AIOps嵌入CloudGPT讓用戶可直接向AI提問；我國91APP、Ranking AI SEO、圈圈科技、潮網行銷科技等公司皆有提供品牌客戶快速生成個人化行銷與商品敘述文案相關應用案例。本章以我國沛星互動科技（Appier）的行銷應用服務，以及美國HubSpot的客戶關係管理服務為例，闡述目前AI於電商零售的應用。

（一）Appier

Appier為提供一站式AI解決方案的AI科技服務公司，協助業者在行銷的過程中，瞭解顧客偏好並透過AI預測顧客行動，從接觸潛在顧客與互動體驗到引導線上轉單，實現全通路行銷與顧客流程管理，打造顧客的個人化體驗，提升顧客留存率及回購率。Appier持續探索行銷科技與AI技術，整合自家的生成式AI演算法與ChatGPT的功能，提升其行銷文案自動生成功能、廣告投放工具以及聊天機器人等3項行銷領域應用服務。

AIQUA機器學習行銷平臺提供行銷文案自動生成功能，行銷人員只需要輸入簡單的指令與文案大綱，AI助理即可生成不同語氣的文案和多種語言的版本，縮短文案發想與撰寫不同測試版本的時間，行銷人員可將精力投入行銷管道經營或規劃行銷策略等任務。

AIXPERT廣告投放自動化平臺可分析顧客瀏覽廣告的行為與興趣傾向，找出可帶來最多轉換率的關鍵字，並自動生成更多元的目標參數與關鍵字，協助行銷人員描繪出更豐富顧客輪廓，更有效率地進行廣告活動。

BotBonnie聊天機器人可透過對話中的關鍵字或點擊行為，將使用者貼上標籤來評估興趣偏好，藉此生成個人化回覆或推薦特定產品，達到精準行銷成果。客服人員也可透過輸入對話指令讓AI提供回答的改寫建議，可針對不同情境修飾語氣或調整內容長短。Appier將生成式AI技術整合至數位行銷服務升級解決方案，協助行銷人員為品牌創造更大的價值（圖9-3）。

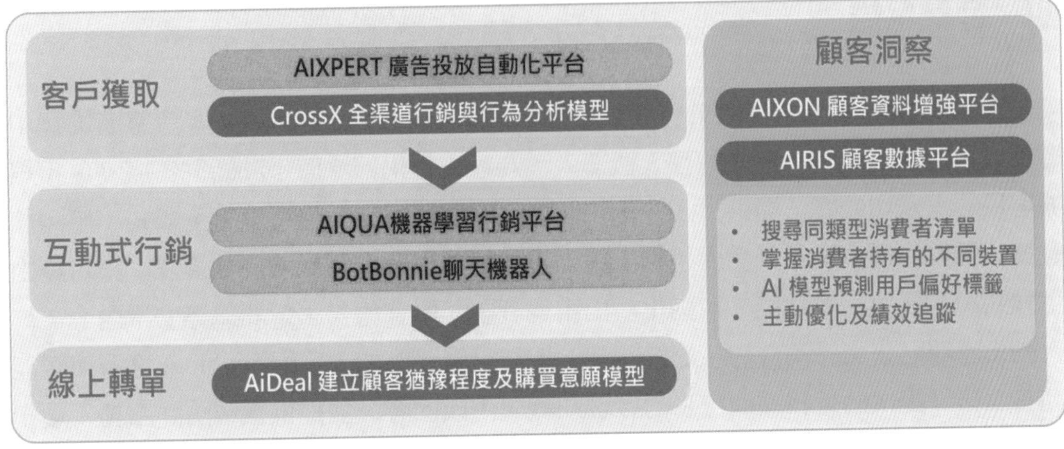

資料來源：本文整理。

圖9-3 Appier提供一站式AI解決方案的商業決策平臺

（二）美國HubSpot

美國HubSpot發展一站式客戶關係管理解決方案，其服務平臺包含：提供營銷自動化軟體的整合營銷中心、提供客戶關係管理軟體的銷售中心、提供客戶服務軟體的服務中心、內容管理系統中心以及運營中心，藉由社群媒體營銷、內容管理與生成、潛在客戶探索、網站分析、搜索引擎優化、實時聊天和客戶支持等服務，關注顧客與品牌互動的每個環節，達成客戶關係管理。一站式的服務大幅縮短企業內部溝通與資料交接的時間，讓企業集中精力在創意發想、客戶開發與客戶經營。2023年3月HubSpot將大型語言模型GPT-4與ChatGPT導入其客戶關係管理平臺，推出ChatSpot.ai聊天機器人，讓企業可透過易於使用的聊天介面，以自然語言提出問題和請求內容，諸如：提供帳戶中的數據摘要、創建一份上季度新增公司的報告並按國家排序、根據描述生成圖像或生成特定主題的文章內容，將原本需要執行數小時才能完成的任務以AI自動生成，企業可以為其他關鍵業務活動騰出寶貴的時間。為了讓ChatSpot.ai的交流過程更流暢無誤，在聊天介面提供企業建議使用的指令（prompt），幫助企業瞭解如何較精確的提出問題和請求內容。整體來說，ChatSpot.ai將大幅改善企業日常工作流程，提升工作效率。

四、金融保險

金融保險領域可在多種業務場景中應用生成式AI技術，例如於客戶服務支援中導入以大型語言模型為基礎的聊天機器人，為客戶提供24小時不間斷問答服務，可根據客戶的需求和偏好，提供更人性化和個性化的服務建議。也可以將生成式AI應用於數據分析與預測金融市場發展趨勢，提出投資建議以及進行風險評估管理，亦可藉由生成式AI的內容生成功能，自動化產出市場評論、財務報告、新聞稿等文本內容，或自動化處理財務文件和合約，提供即時支援和反饋。例如，我國Gogolook打造AI智能問答服務，提供貼近我國消費者的金融知識與生成內容，並提供數位防詐服務；瑞士Helvetia數位助理Clara使用ChatGPT回答客戶保險和養老金問題；美國Morgan Stanley借助大型語言模型GPT-4結合全球金融資訊與公司內部的財富管理知識，打造AI財富管理顧問系統服務。本章以我國玉山商業銀行採用ChatGPT處理客戶開戶調查，以及美國Bloomberg研發金融領域聊天機器人BloombergGPT為例，闡述目前AI於金融保險的應用。

（一）玉山商業銀行

玉山商業銀行長期投入金融科技創新，大量導入AI應用於行銷與客戶服務、營運流程管理以及風險控管等領域，至今已開發上百個AI模型，改變銀行資訊蒐集與資料管理的方式，並加速流程自動化與金融業務的智能化。「認識你的客戶」（Know Your Customer, KYC）是金融機構在提供服務前，確認客戶身分的重要程序，進行客戶盡職調查審查客戶資訊，防止洗錢與進行風險評估。KYC同時也是創造精準行銷的基礎，瞭解客戶的消費習慣與投資偏好，以提供符合個人需求的金融商品或理財建議。

以往收集客戶的資料，從負面新聞查詢、與客戶互動到資料庫建檔皆需仰賴人工，玉山商業銀行自2017年與國立臺灣大學自然語言處理實驗室研究團隊合作，利用機器學習技術開發個人標籤系統，以標示金融情境或日常活動中的顧客行為和意圖，結合使用者意圖分析和情感分析建立預測模型，打造客戶資料庫與內部搜尋引擎，成為KYC系統的基礎。

2023年3月OpenAI聊天機器人服務ChatGPT公布應用程式開發介面（API），玉山商業銀行經評估透過微軟訂閱方案將ChatGPT運用於KYC調查，大大幫助業務人員查找客戶背景的作業流程。ChatGPT將內部搜尋引擎查詢到的客戶資料與相關負面新聞連結先進行重點整理與摘要，作業人員閱讀資料與評估的時間，從30分鐘縮短至數分鐘，也節省客戶開戶的等待時間，提升服務效率。未來玉山商業銀行考慮擴大ChatGPT的應用範圍，評估導入玉山Chatbot聊天機器人，探索ChatGPT於金融客戶服務發揮更大價值的可能性。

（二）美國Bloomberg

美國Bloomberg是全球金融資訊及商業新聞提供商，主要專業服務為「Bloomberg Terminal」解決方案，該終端機搜尋引擎彙集各市場的即時資料、新聞快報與深度研究報告，也提供投資組合與風險分析、外匯電子交易及下單管理等資訊與功能，透過強大的動態網絡，結合資訊、人物及觀點，引領企業決策者掌握關鍵優勢。

Bloomberg持續探索金融科技與AI技術，優化龐大的金融資料分析與管理，2023年3月Bloomberg發布其開發的金融領域大型語言模型BloombergGPT的研究成果。有別於應用於通用領域的ChatGPT，金融領域涵蓋專業術語及複雜的財務操作，是以有必要發展金融領域專屬模型，提升特定金融任務的表現能力。Bloomberg將其終端機40年間收集和整理的金融語言文件和廣泛的財務資料檔案添加到資料集中，創建超過7,000億個標記的大型訓練語料庫，訓練出500億參數規模的BloombergGPT模型，這將改進金融領域的自然語言處理任務，例如情感分析、命名實體識別（識別文本中具有特定意義的專有名詞）、金融新聞分類和問答等AI表現能力。經測試，BloombergGPT在財經新聞的語句情感分類任務、預測財經新聞標題中的情緒或隱含的資訊、財務資料表格的數字推理對話問答等任務中，表現比Meta OPT、GPT-NeoX、BLOOM等通用領域的大型語言模型更佳。未來BloombergGPT可能應用在其終端機搜尋引擎的使用者問答、偏好功能、為新聞文章生成具有特定風格的標題，或執行更加多元的金融領域任務，優化使用者體驗。

五、教育學習

2023年3月OpenAI 執行長Sam Altman於訪問中談及AI將對教育帶來改變，指出個人化學習的發展趨勢，每個人的口袋都可以擁有一位AI教育助手，協助制定學習計畫、提供醫療建議、作為創意工具解決新問題或作為協助編寫程式碼的副駕駛，加速新知吸收並提高生活水準。近年教育領域接連面對緊迫的挑戰，新冠肺炎疫情影響學校停課，迫使全球教育進入數位化轉型，教育工作者和學校機構不得不轉向線上遠距教學或混合課程。未待疫情趨緩，ChatGPT服務再度在教育界掀起波瀾，學生運用於完成家庭作業或心得作文，學術界也面臨論文研究的原創和剽竊議題，AI輔助撰寫的適當性引發討論。由於AI生成的內容無法保證「一定正確」或是「一定不正確」，而是「不一定正確」，此特性也讓人擔憂運用於教育可能誤導學習錯誤知識。教育工作者開始嘗試將生成式AI應用導入教學之中，例如將ChatGPT作為智慧搜索引擎與組織生成資訊的助教，省去蒐集資料的瑣碎任務，將教學專注於探討資訊素養、研究方法或溝通訓練。同時也應用於設計教學內容，生成適合不同年級和科目的教材，或做為學習助手輔導學生。本章以我國網奕資訊的AI智慧學校解決方案，以及美國可汗學院（Khan Academy）的AI學習助手輔助功能為例，闡述目前AI於教育學習的應用。

（一）網奕資訊

網奕資訊發展「醍摩豆（TEAM Model）」AI智慧學校解決方案，結合教室端智慧教學系統、學生終端智慧學習服務與雲端分析管理平臺，透過視訊會議系統進行線上同步課堂的遠距教學方式，為偏鄉教育提供跨校資源共享與交流機會，也在新冠肺炎疫情影響學校停課的期間，保障教學品質與效能，讓教育不停歇。

在教室端智慧教學系統方面，由AI智慧終端協助網路攝影機錄製處理視訊影音，具備移動偵測、人臉辨識或畫面變化等自動追蹤影像功能。課後AI影片服務自動生成影片，記錄課堂互動與學生意見，並智慧標記影片對應時間點，AI自動生成以視覺化圖表呈現的教學分析報告，做為教師自我精進的總結參考。

在學生終端智慧學習服務方面，教師端準備好教材或多媒體內容，可自動同步到學生的手機、平板或電腦的應用程式中，透過任務、測驗、同儕互評等方式與學生互動，也可依照學生的學習情況與反饋，即時推送差異化教材給不同的學生，達成同步差異化教學的目標。在蒐集學生反饋時，AI文句分析功能可輔助教師迅速分析學生端大量湧入的文字資料，提供關鍵詞類統計或利用文字雲呈現，讓教師可以快速回應與點評。透過AI智慧學校解決方案的協助，讓教師可以更省力、更直覺、更科學、更高效地進行遠距授課活動，提升教學品質和效果。

（二）美國Khan Academy

可汗學院（Khan Academy）是一個非營利的線上學習平臺，提供數學、科學、程式語言、歷史、藝術史和經濟學等課程，學生可依照自己的學習步調觀看課程，並可透過討論區與他人交流問題。平臺會記錄學生的學習歷程，包含練習時間、答題點數、每一題的思考時間、曾經寫過的答案等，讓使用平臺的教師掌握學生的學習狀態，可因材施教安排每位學生個別的引導。可汗學院展現數位時代「個人化學習」的可能性，以科技輔助教學的混合式學習，在新冠肺炎疫情導致學校停課的期間與500多所學校達成合作。

可汗學院持續以新科技改良平臺功能，2023年3月宣布與OpenAI的合作成果，將GPT-4模型導入平臺，推出「Khanmigo」AI學習助手功能，有別於僅能聽懂有限問題並回覆預設固定的簡短答案的聊天機器人，GPT-4能理解形式彈性的問題和對話，並生成更多元的答案，向每位學生提出個性化的問題以促進更深入的學習。例如，學生詢問數學問題時，AI不會直接給出答案，而是向學生提問開放式問題，讓學生在來回問答中思考，確保學生不僅瞭解如何解決問題，也真正瞭解其背後的概念。「Khanmigo」還可作為辯論對手，或扮演特定角色的語氣和學生進行交流，例如模擬採訪埃及豔后，為學生打造個人化學習體驗。在教學方面，「Khanmigo」則可協助編寫教案、提供詳解或完成耗時的管理任務，扮演教學助理減輕教育工作者的負擔。

第四節　我國服務業數位轉型挑戰與生成式AI應用機會

我國的服務業長期處於創新動能不足，較難吸引科技人才的狀態，且產業長期面臨低薪、人才外流、高齡少子化等問題，未來將可能陷入轉型升級困難、價值無法提升的窘境。數位轉型是商業服務業面臨的重大挑戰與機會之一，「科技服務業」能有效加速企業數位轉型，協助企業導入軟體服務，並運用生成式AI等新興科技解決人才與勞動力不足的相關需求。同時，生成式AI快速走入應用服務，其表現令人驚豔，然而資訊安全、生成內容的正確性與其是否侵權等相關問題，也是企業與使用者須謹慎評估應用新科技的風險。本章從科技服務業與人才招募培育的角度切入，重新檢視新興數位科技所帶來的衝擊和可將科技善用於經營的機會，以及我國服務業如何運用生成式AI解決人才與勞動力不足的相關需求，也避免生成式AI應用可能產生的風險。

一、科技服務業

我國必須透過「科技服務業」來協助眾多的服務業升級轉型，駕馭新興科技的浪潮，讓產業脫胎換骨。「科技服務業」的內涵，是以協助中小規模的服務業運用新興科技為基礎，透過專業的服務諮詢、規劃與科技應用導入，使我國產業轉向藍海航行，甚至有機會翱翔國際。

隨著ChatGPT的興起，這些「科技服務業」可以持續投入與產業相關的科技研發，並與有規模的國際競爭者互相競爭或是互補，協助一般中小型服務業者達到翻轉產業與經濟的幾個目標：（一）幫助服務業升級轉型；（二）結合數位生活與我國文化的在地體驗；（三）活絡新創動能、激勵青年創業；（四）促進產業人才升級，進軍國際市場。

「科技服務業」可以分為五大類別，其中ChatGPT將會扮演的各種關鍵角色如下（圖9-6）。

資料來源：整理自工業技術研究院產業科技國際策略發展所，2019，《IEKTopics研究 創生態：科技加值 服務匯流》。

圖9-6 科技服務業可以善用生成式AI協助中小型服務業翻轉產業與經濟

（一）軟體開發服務（Software Development Service）

軟體開發服務主要是提供客戶其應用環境所需的客製化軟體，從系統分析到開發應用皆涵蓋其中，也包含後臺管理系統及軟體系統之維護升級。我國Appier和91APP兩家本土新創公司，原本都擁有自家的AI演算法，但是因為ChatGPT有強大的生成式功能，他們各自迅速將兩者串接整合，提供品牌客戶更好的數位行銷解決方案（如個人化行銷文案、廣告投放工具、聊天機器人等），協助行銷人員幫公司創造更高的品牌價值。

（二）系統整合服務（System Integration Service）

傳統系統整合服務著重於軟體、硬體、網路等之整合方案，而新一代的系統整合服務運用新興科技，並且整合雲端技術資源，協助客戶整合開發多項新科技系統。如我國犀動智能科技原本為飯店業者提供AI語音平臺服務，有效幫助飯店業者減少部分繁瑣流程，在取得OpenAI的授權後，為「小美犀」導入大型語言模型，大幅提升語音助理的人性化功能和對話能力，並兼顧成本與對話體驗，提升飯店客服管理效率與客戶滿意度。

（三）科技平臺服務（Technology Platform Service）

科技平臺服務透過網路平臺，提供客戶各類共通性或可客製化之專業服務。此類平臺服務衍生多種商業模式，成功降低中小企業與傳統服務業的科技應用障礙，加速進行數位轉型。我國數位發展部為協助中小企業進行數位轉型、善用數位科技及發展創新商業模式，建構「臺灣雲市集」雲端服務平臺，遴選超過400種經過認證合格的資訊服務解決方案，鼓勵中小微型企業、社會創新組織，透過點數補助機制，採購及使用上架的雲端解決方案。不但能協助中小企業實現數位轉型，也能一起帶動資訊服務業者找到潛在的客戶，創造更多的商機。未來ChatGPT可以協助中小企業進行產品搜尋和推薦、產品比較等，快速找到他們所需的雲端資服產品。也可以由資訊服務業者，融入ChatGPT技術，提供中小企業更客製化的雲端資服產品。

（四）研發測試服務（R&D and Testing Service）

研發測試委外服務是指具備產品或技術研發能量的公司或研發單位，提供客戶完善的研發服務與測試環境，讓客戶免除研發設備與相關研發資源之投資，可更聚焦於企業本身核心競爭活動。其中代表性機構如工研院，工研院率先取得溫室氣體查證機構認證資格，可以提供國內產業進行碳盤查第三方查證服務。工研院善用ChatGPT提升回答客戶關於碳盤查基本問題的準確度和互動性、協助指導碳足跡計算，還可以支援碳盤查工具開發，提供有關功能、界面設計、數據分析等建議。

（五）科技顧問服務（Technology Consulting Service）

科技顧問服務可以透過科技應用之專業能量，提供客戶科技應用規劃、商業模式設計評估、服務流程設計、營運效率提升等之顧問服務。過去在我國的科技顧問服務公司主要為外商IBM、Accenture等顧問公司，近年來我國也有些新創公司，像是承襲日本母公司集團的deBit TECG，透過質化研究與GAI加值之量化分析，提供客戶經營顧問服務及策略。

二、人才招募與培育

勞動力不足是近年服務業面臨的困境，少子化是核心原因，部分大專院校因招生不足遭遇倒閉危機，私立學校首當其衝，有很多老牌私校缺額創下歷年新高。產業結構的改變也加速缺工現象。網路新興產業讓年輕人有更多元的賺錢機會（如Youtuber或陪玩師），平易近人的服務業工作（如餐廳服務員）不再是打工首選，年輕人不願意投入耗體力的服務工作，而選擇在家上班的網路工作。104人力銀行統計2023年第1季我國整體產業的求供比（每一位求職者的工作機會）約為1.8，而餐飲業、零售業、批發業、住宿服務業、運動及旅遊休閒等服務業的求供比高達8.0，每一個求職者有8個工作機會可供選擇，求才難度是整體市場4.4倍。疫情期間興起的外送平臺服務也改變勞動力傾向，外送員的門檻低加上排班彈性，吸引各行各業轉職投入，根據勞動部統計，2019年我國外送員人數只有4.5萬人，2022年上升至14.5萬人。另外，製造業出現鮭魚返鄉的熱潮，也加入搶畢業生的行列，在服務業薪資的競爭力不及製造業的情況之下，更不利於服務業徵才留才。

面對勞動人口的減少與轉移，我國服務業亟需思考如何運用科技手段減少勞動力需求，提升人才招募成功機率，以及加速人才培育時間與提升人才培育品質。缺工現象也讓服務業接納老年就業者的意願提高，根據主計總處調查，2022年銀髮（60歲以上）就業者人數突破百萬人，占整體就業人數約1成，中高齡二度就業成為趨勢。服務業可以思考如何善用生成式AI，協助高齡工作者及已退休者提升工作效益。

另外，服務業也可以利用生成式AI，協助剛進職場的年輕畢業生快速掌握服務職場的專業知識，降低學習門檻、加速學習曲線；也可以讓年輕人利用生成式AI，協助在下班時間學習，以更有智慧地回答客戶問題。總而言之，服務業必須善用生成式AI，幫助解決人才招募問題，並滿足提升人均生產力的需求。

（一）人才招募：協助簡歷分析與篩選、技能評估、自動視訊面談、預測入職表現或預防招聘偏見等應用，幫助瞭解應徵業務人員對於服務客戶的態度和能力。

（二）教育訓練：如透過美國可汗學院的「Khanmigo」工具，企業可以生成個人化學習內容、對話式學習、識別新興技能、虛擬實境與擴增實境應用、訓練任務自動化如追蹤反饋和評估進度等應用。

（三）人才管理：個人化職涯規劃、識別隱藏技能、組建跨學科團隊等應用。同時，應對生成式AI的應用可能產生的風險，企業可以發布「可信任AI指南」降低AI使用風險，諸如使用倫理、資訊隱私、生成資訊應用指引，管理與指導員工妥善應用生成式AI工具。

（四）績效評估：分析員工成果、識別技能和差距、追踪進度和成果、分析同行和客戶反饋等應用。

（五）員工福利：分析員工反饋、預防倦怠、健康數據分析、及早發現心理健康問題、個人化福利、福祉計畫的投資回報率或改善企業文化等應用。

第五節　結論與展望

綜上所述，預測未來2至3年內，AI三大發展方向是分散式AI、生成式AI、可信任AI。其中，生成式AI技術目前以ChatGPT為代表，已經逐漸能提供即時且精準的自然語言處理和回答，對於服務業的影響特別巨大，包含金融業、餐飲業、零售業、旅遊業、物流業等，可以在客戶服務和支援、擬人助理和聊天機器人、自動化流程和任務機器人、組織流程優化等方面提升客戶體驗及服務效率，甚至創造新的服務模式和商業價值。

雖然服務業生成式AI的進展迅速且影響廣泛，據研究顯示生成式AI將會影響現有工作19~25%。但是，服務業反而可以藉由生成式AI培育AI素養與技能，進而促進人與AI以人機協作的方式提升工作效率。因為服務業是與「人」密切關聯的產業，服務的對象是人；接觸不同的客人，就會產生不同的服務細節。我國企業應該要運用科技輔助對人的理解，提供更精確細緻的服務品質。隨著生成式AI與大型語言模型的發展，AI可生成更多元且有「溫度」的人性化回應，對於提供個性化服務，有更大的想像與創新空間。

最後，我國產業需要盡快掌握生成式AI帶來的產業變革與機會，但是有些主流價值還是不會太快被改變，例如：思考如何影響商業模式，維護企業與客戶的關係，為客戶創造價值，以及如何保護隱私及維護倫理等社會責任。最重要的是，如何維持「以人為本」的中心價值，運用數位科技協助人而非取代人，並達到共生、共享與共榮的新未來，這些都是我國服務業可以深入思考的議題。

企業因應之道

國家發展委員會產業發展處　詹方冠 處長

數位轉型及淨零排放是當前企業發展最主要的趨勢，而數位轉型又對淨零有正面影響，重要性不言可喻。中小企業推動數位化常面臨的兩大議題，即在於資源不足以及人力問題。2022年起生成式AI蔚為風潮，企業如能善用，應可以有效滿足轉型之需，值得重視。

在生成式AI的五大功能應用中，中小企業可就擴展業務、深化客戶體驗、降低成本或提高營運效率等面向，聚焦主要需求，並選擇較成熟的應用優先導入。例如，在加強行銷、拓展業務方面，企業可以透過自然語言處理或影音創作等AI功能，迅速就不同目標客戶生產相關文案、影片等；又如已導入客服機器人之業者，亦可納入生成式AI優化服務功能，加強客戶體驗等。這些應用在國內零售、餐飲、旅宿等領域都已有相關案例，中小企業應可以較小資源與時間，快速導入，提升競爭力。

由於生成式AI能較以往更快速、方便的產出內容，企業無需聘用專業數位人才，即可導入並執行，在人力運用上可以更有彈性。但另一方面，為免「答非所問」，員工如何下達有效的指令（prompt），讓生成式AI能發揮效果，這種技能則需要重視與培養。

最後要提醒的是，企業應用AI時需注意相關風險。由於生成式AI仍在蓬勃發展中，我們對其產生內容的資訊正確性、是否有侵權與隱私問題，以及避免使用時造成本身營業秘密外洩等，都宜注意，方能收事半功倍之效。

關鍵DNA：高齡少子化下服務業運用中高齡人力策略

一零四資訊科技股份有限公司策略長暨中高齡人力銀行總經理　吳麗雪、顧問團隊

第一節　前言

一、全球勞動力人口與就業趨勢

「世界所面臨最嚴峻的人口挑戰不再是人口快速增長，而是人口老化。」這是哈佛大學教授在國際貨幣基金組織（International Monetary Fund, IMF）網站發表文章中的一段話。若再進一步觀察高收入與中等收入國家，會發現出生人數下降、壽命延長、人口年齡中位數上升以及大量人群逐漸步入老年等現象，此均顯示人口老齡化已成為全球最普遍的人口趨勢（圖10-1）。

聯合國（United Nations, UN）的報告*World Population Prospects 2022*指出，這些年來全球人口結構發生了重大變化。全球平均壽命從1913年的34歲攀升至2023年的73.4歲，預期到2050年時平均壽命將來到77.2歲；與此同時，世界大多數國家的總生育率都在下降，1950年全球總生育率大約在5左右，到2023年只剩下2.3（圖10-2）。彭博社記者克魯克說：「現今德國企業已經面臨難以填補200萬個職缺的問題。」日本NHK主播說：「正當日本人口持續下降之際，普遍缺工成為嚴峻議題。」無論是少子化、人口老化，還是嬰兒潮世代退休，這些現象都在全球造成嚴重的缺工問題。

單位：人、歲

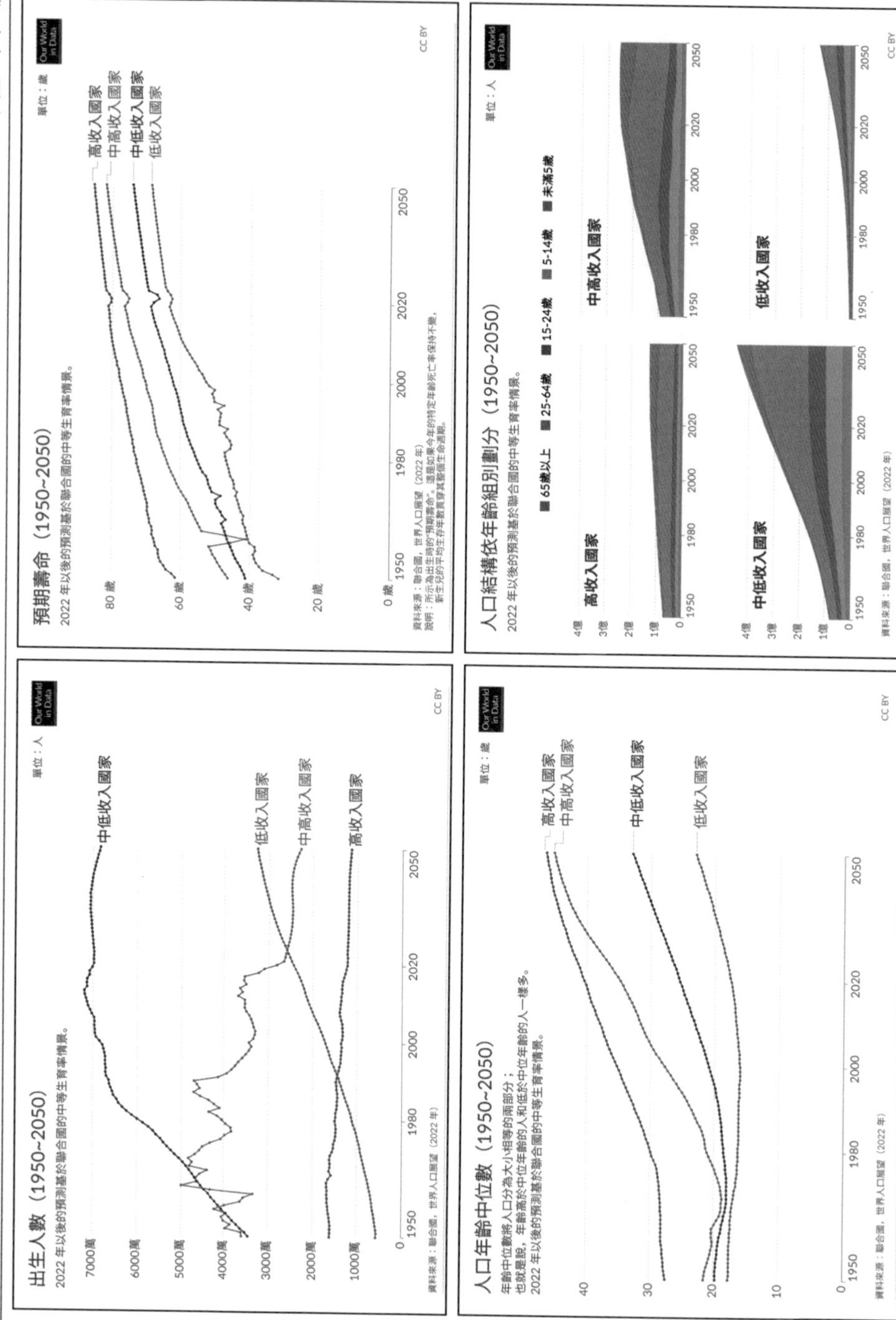

圖10-1 世界人口特徵

資料來源：整理自Our World in Data, World Population Prospects 2022.

單位：個、歲

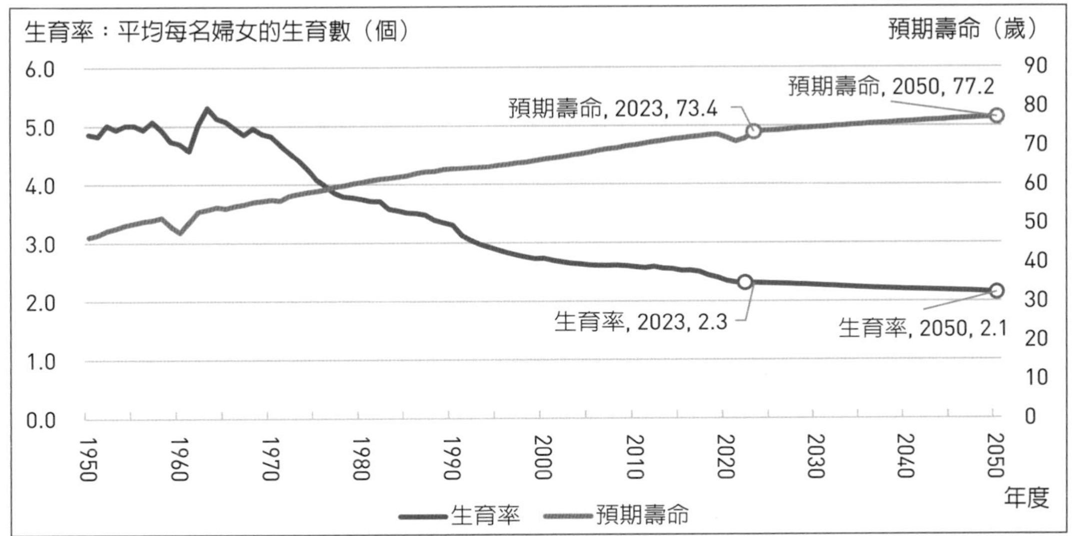

資料來源：整理自Our World in Data, World Population Prospects 2022.
資料擷取：2023年7月
說　　明：2022年以後的預測資料，基於聯合國的中等推估。

圖10-2　全球生育率及預期壽命（1950-2050）

二、我國勞動人口老化速度世界之最

聯合國報告*Leaving No One Behind in An Ageing World*中指出，全球人口的年齡中位數在2022年是30歲，2050年將上升到36歲。而我國推估在2025年，人口年齡中位數就將達到45歲，在2050年更達到56歲，老化程度遠高於全球平均。

日本是最早列為超高齡社會的國家（2005年），而我國則預估於2025年邁入超高齡社會。對比其他國家從高齡社會到超高齡社會的進程，我國只用了7年，單看從高齡邁入超高齡的老化速度，排名世界第一（表10-1）。

除了快速老化外，我國的總生育率更是年年下滑，國家發展委員會2022年的《人口推估報告》中，更指出當年生育率推估為0.85-0.91人，創歷年最低，使得我國工作年齡人口占比下降速度快於其他國家。預估從2056年起，工作年齡人口占比將低於主要國家，僅略高於韓國，並於2060年起低於50%。

表10-1 主要國家高齡化轉變速度

單位：年

國別	65歲以上人口所占比率到達年度			轉變所需時間（年）	
	高齡化社會（7%）	高齡社會（14%）	超高齡社會（20%）	7%→14%	14%→20%
臺灣	1993	2018	2025*	25	7*（最快）
日本	1970	1994	2005（最早）	24	11
法國	1864（最早）	1991	2019*	127	28*
澳洲	1939	2011	2034*	72	23*
美國	1942	2013	2028*	71	15*
加拿大	1945	2010	2024*	65	14*
英國	1929	1976	2025*	47	49*
芬蘭	1957	1995	2016	38	21
德國	1932	1972	2008	40	36
義大利	1927	1988	2007	61	19

資料來源：倪偉晟，《臺灣老化速度「世界之最」》，Advisers財務顧問，2022，取自https://www.advisers.com.tw/?p=12078，最後瀏覽日期：2023/07/04

第二節 高齡少子化對於服務業之影響

一、人才缺口持續擴大，服務業徵才更具挑戰

104人力銀行於2023年7月發表的《2023民生消費產業人才白皮書》中指出，受到疫情嚴重影響，2020年第二季民生消費產業的徵才需求數，創下2014年第三季後的新低。然而隨著疫情趨緩、市場解封、民間消費持續擴張，自2021年第四季起，徵才規模已超越疫情之前的水準（圖10-3）。

截至2023年第一季平均每月徵才38.2萬人，比2020年第二季谷底17.1萬人大增123%。民生消費產業的人才缺口持續擴大，2023年第一季「求供比」高達8.0，平均每位想進入民生消費產的求職者可分到8個民生消費產業的工作機會，遠高於整體市場的1.8。民生消費產業的企業徵才難度更是整體企業的4.4倍（圖10-4）。

人才缺口最大的是餐飲業，平均每4個缺額，就有2個來自於餐飲業，2023年第一季平均每月短缺17.1萬人，其次為零售業10.6萬人、批發業5萬人、住宿服務業2.7萬人、運動及旅遊休閒業2.6萬人。

單位：個

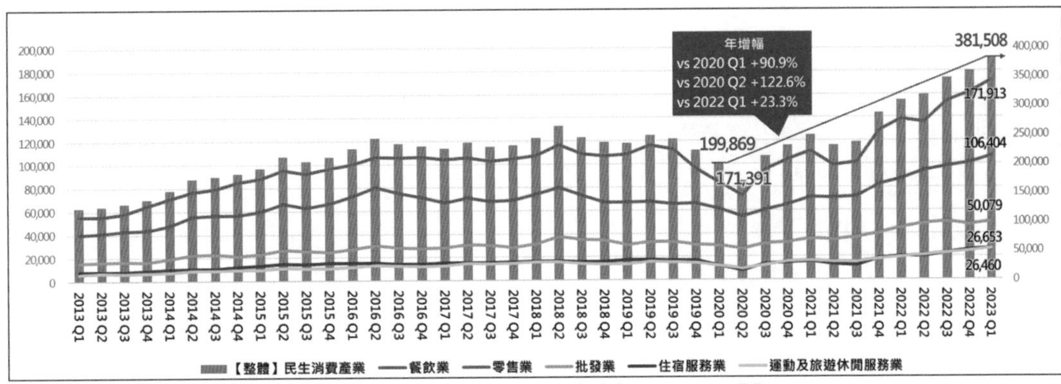

資料來源：104人力銀行，《2023民生消費產業人才白皮書》，2023，頁10。

說　　明：整體民生消費產業以及子產業2013-2023年每季月平均徵才人數。

圖10-3　整體民生消費產業近10年徵才趨勢

單位：個

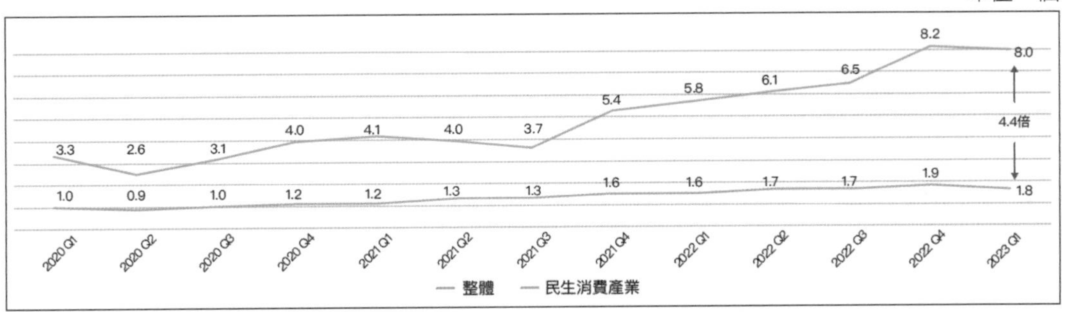

資料來源：104人力銀行，《2023民生消費產業人才白皮書》，2023，頁20。

說　　明：1. 民生消費產業，指餐飲業、零售業、批發業、住宿服務業、運動及旅遊休閒服務業。

2. 求供比=工作機會數／求職者人數。表示求職者可分到的工作數。越高愈有利於求職者。愈低則愈不利於求職者。

圖10-4　2020-2023年整體民生消費產業每季求供比趨勢

面對如此嚴峻的狀況，仍有企業認為缺工只是因為受到疫情的影響，只要疫情結束、民眾生活就可以恢復，屆時將不再有缺工問題。然而，疫情後的人才市場已大大的改變！

根據104人力銀行求職求才資料庫，截至2023年6月，我國工作機會已近110萬人，遠大於求職人口51萬人，缺工潮不但沒有緩解，反而持續升高。尤其住宿餐飲業更是難中之難！整體產業的「求供比」是1.8，住宿餐飲業人才的「求供比」則高達9.4，平均每位求職者可分到9.4個工作機會。當求職者的選擇變多了，企業徵才更是雪上加霜。

二、勞動人口老化，企業期待年輕化

104人力銀行求才資料庫顯示，近3年來企業邀約人才數不斷攀升；顯見當面臨缺工嚴峻的狀況，企業在招募行為上，從被動轉為主動。然而觀察主動邀約的年齡層比例，25-44歲的占比均達6成以上，若再加上24歲以下的新鮮人與打工族群，合計邀約數更高達9成（圖10-5）。

進一步瞭解企業對聘用中高齡的意願，根據2022年10月調查，回收1,003份企業問卷統計結果。若聘用意願滿分為10分，企業聘用中高齡的意願平均僅5.7分，若僅看服務性產業，更是只有5.3分，甚至不及整體產業的平均意願分數（表10-2）。

104人力銀行為推動中高齡就業，展開50+嚴選商模服務（以下簡稱50+嚴選）的研發，透過實際面談中高齡並推薦給企業的過程，更進一步認識並瞭解企業與人才雙方的需求與痛點。開發合作企業的過程中，曾有企業表示「因為員工平均年齡老化，希望只招募年輕人」，顯見多數企業尚未認知理解到，勞動人口老化是全球趨勢，並非是單一企業或產業的特殊現象。

三、X世代與Z世代求職期待大不同

隨著缺工狀況嚴峻，科技發展，因疫情而產生的遠端工作機會等，Z世代求職已有別於過往的觀念。Z世代求職時，相較X世代與Y世代，顯得更在意職涯發展機會、公司是否提供彈性工作安排、重視員工福利、工作是否能找到使命感等。

生活成長在網路時代中的Z世代，對於在社群媒體上分享個人生活並不陌生，且習慣透過網路吸收資訊，也因此喜歡充滿多樣性的生活和工作。與群體相比，他們更重視個人的感受。

歷經疫情，讓Z世代開始思索生活與工作的關係。為公司沒日沒夜賣命或長期加班換來高額薪資不再是誘因；反之，他們更重視能在工作與生活之間獲得良好的平衡，並在工作當中找到自我價值和充分的彈性。

四、重視溫度的服務現場，更應善用中高齡

在服務業中，直接面對顧客的第一線人力，往往扮演著關鍵角色。為提供優質的服務體驗，這些一線人力通常需要具備：溝通技巧、問題解決能力、同理心、情

單位：人，%

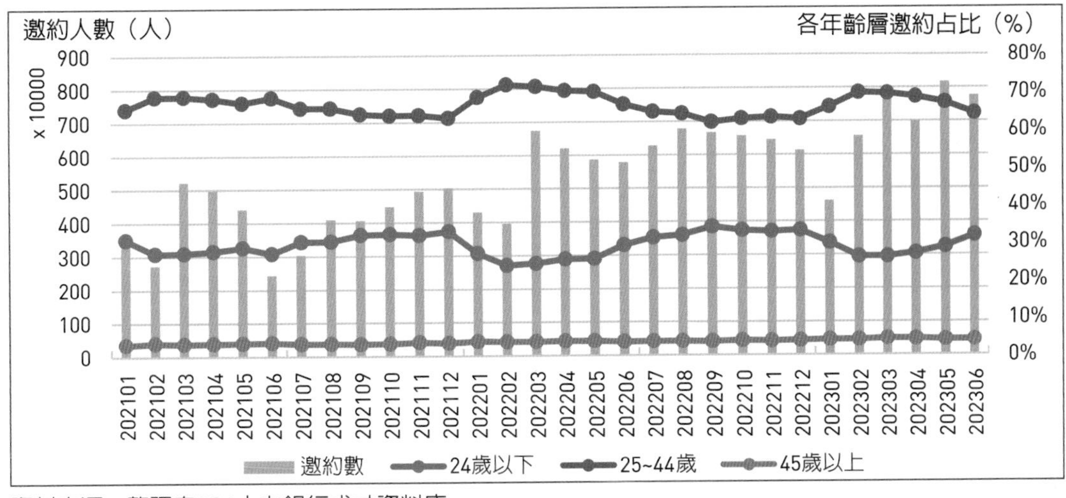

資料來源：整理自104人力銀行求才資料庫。
資料擷取：2023年7月
說　　明：不分產業，2021-2023年每月平均主動邀約人才數。

圖10-5　企業主動邀約人數（2021-2023年）

表10-2　2022年企業聘用中高齡意願調查

單位：分、%

請問貴公司目前聘用45歲以上的中高齡者的意願為何？（分）	不分產業（%）	批發／零售／傳直銷業（%）	旅遊／休閒／運動業／住宿餐飲服務業（%）	一般服務業（%）
0	4.75	10.13	2.63	2.27
1	4.85	5.70	7.89	11.36
2	4.95	6.33	7.89	4.55
3	7.37	8.86	0.00	2.27
4	4.85	6.96	2.63	9.09
5	22.02	21.52	18.42	27.27
6	9.80	6.33	15.79	15.91
7	12.53	9.49	18.42	11.36
8	13.74	12.66	18.42	4.55
9	5.25	1.90	2.63	0.00
10	9.90	10.13	5.26	11.36
平均分數	5.69	5.04	5.74	5.25

資料來源：104人力銀行，《2022年聘用中高齡意願大調查》，2022。
說　　明：分數愈高，意願愈高；分數0分者，為沒有意願。

緒管理等特質，這些特質正是多數中高齡擁有的優勢。中高齡無論在職場或生活上，均累積多年經驗也面對過各種狀況，這使得他們通常會更懂得如何應對，並且更能夠處理突發狀況；面對顧客問題時，也更能站在同理的角度去思考並進一步協助解決。

透過104人力銀行調查也發現，企業認為與年輕人相比，中高齡更具備穩定度、專業力、信賴度、可靠度。此外，中高齡應徵積極度高於青壯年，104人力銀行求職資料庫顯示，2023年青壯年平均主動應徵4.7次，中高齡則為6.1次，高出30%；疫情過後，中高齡更珍惜面試機會，同意企業邀約面試的比率，從2021年的27.8%，提升到2023年的42.1%，增加14.3個百分點。

身處缺工浪潮首波衝擊對象的服務業，若能思考如何招聘及運用中高齡，結合中高齡的求職積極度與穩定性，無疑是很好的人力補充來源。舉例來說：門市或餐飲的第一線服務人員，可運用中高齡熱於分享的特質，負責商品說明及販售、特色餐點介紹；聘僱資深的退休中高齡作為內訓講師，分享販售與客戶服務的實務案例；安排生活作息正常及穩定性高的中高齡，配置在較缺乏人力的排班時段。

第三節 國內外指標案例

一、借鏡日韓：亞洲高齡化國家的先行者

（一）韓國EverYoung：志在破除職場年齡歧視

EverYoung（EverYoung Korea Corporation）是一間專做網路內容監測的科技公司，這間公司最為人所知的是：他們只僱用55歲以上的員工。創辦人鄭恩頌（Chung Eun-Sung）觀察到南韓中高齡失業情況嚴重，深入研究後發現：在南韓因為年金制度不健全，許多中高齡需要想辦法留在職場，透過工作賺錢來維持生活。

然而，韓國社會普遍存在3種歧視：性別歧視、年齡歧視和教育機會不平等。這促使鄭恩頌起心要承擔更多的社會責任，為幫助中高齡再就業，創辦了一家中高齡友善公司來破除職場上的年齡歧視。

EverYoung以中高齡優勢為核心思考、設計工作職務，並從中找出最佳營運模式，進而提升作業效率。細心有耐心，是多數中高齡的優勢；因此最初EverYoung是讓這些中高齡員工協助去除地圖街景服務上的車牌資訊，也就是所謂網路資訊內容監測的工作。更透過以下做法，將人員流動率50%降低為0.7%，達到企業整體績效提升。

1. 招募對象的年齡門檻設定為55歲，讓中高齡感受企業的認同。
2. 運用中高齡的細心謹慎，規劃網路內容監控的工作，發揮其優勢。
3. 同理中高齡在工作體能上的限制，設計一天上班4小時，每小時休息10分鐘，並透過廣播提醒活動筋骨。
4. 辦公室規劃共同用餐區，除工作以外，讓中高齡透過共同用餐，提升社會交流。
5. 理解中高齡在生理上的退化，規劃健康量測區，進一步裝設血壓量測設備，來推動公司內健康管理的促進活動。

中高齡也因感受到被理解與認同，展現對公司的忠誠，進而提升工作的效率。對中高齡來說，工作不僅是賺錢增加收入，也當中感到被需要的價值、完成任務的成就，更重新獲得尊嚴。韓國EverYoung成為翻轉南韓社會對年齡歧視的先鋒，並展現企業對社會的影響力。

（二）日本JEED：顧問介入，為高齡者創造工作機會

日本JEED全名為「獨立行政法人高齡・身障・求職者僱用支援機構」（Japan Organization for Employment of the Elderly, Persons with Disabilities and Job Seekers）。該機構的理念是「無論年齡、性別、有無殘疾，讓每個人透過適合的工作方式，發揮他們的影響力。」因此該機構的三大服務範疇中，有一項就是「促進高齡者工作權」。

由於日本早在1970年就已進入高齡化社會，同時國民平均壽命也延長至70餘歲。隨著社會高齡化、經濟成長停滯、通貨膨脹等因素，日本國民開始擔心退休後生活品質下降，加上高齡求職困難，為此日本政府針對此現象也逐漸將退休年齡從55歲，不斷修正調整到60、65歲。甚至在2021年4月的時候，實施《改正高齡者僱用安定法》再次將退休年齡延到70歲。

因應法令的調整，JEED設立「就業促進規劃師」，直接為企業提供聘僱70歲以上員工的相關諮詢與支持。規劃師會根據不同企業的需要，為管理者與中高齡員工提供培訓、指導申請各類中高齡就業補貼方案、舉辦各類中高齡就業活動等。若企業提出需求，也可支付費用請規劃師協助從人事管理、薪資和退休金制度、職務再設計、健康管理四大面向，規劃調整適合聘僱70歲以上員工的作法。

JEED認為要讓每個人都能「適性工作」，需要來自社會、企業組織、同事和當地社區的「理解」和「支持」，進而達到「共融工作」。因此，在人才方面致力培育，挖掘、培養和展現每個人才的「個體價值」，提供諮詢、支援和職業訓練；在企業方面，則直接與企業、工作場所和在地社區合作，營造一個能夠「共融工作」的環境。

二、我國先驅：善用中高齡，先知先覺的企業典範

（一）老爺酒店：職務再設計，促成青夥伴壯幫手共創

旅宿業過往在補充人力上，十分仰賴與建教生合作。然而疫情造成就業模式改變，加上疫情後國內旅遊興盛，使得人力招募變得格外艱辛。為了因應人力短缺狀況，旅宿業甚至只能暫停部分服務，如：早餐現煮熟食、暫停供應部分客房等。

歷經半年沒收過任何一份履歷後，老爺酒店集團率先提出壯幫手的概念，就是希望打破過往工時長、複雜性高的職務特性，增加工作彈性與分工，邁向跨世代共榮的職場環境。

到底該如何系統性導入中高齡人力？從工作環境、跨齡溝通、任務調整等，面對導入的各種挑戰，老爺酒店與104高年級50+嚴選攜手合作。考慮到中高齡在生理功能上的退化，如肌力、耐力、動作控制能力等面向，思考如何做到職務再設計。第一步從職場環境與工作任務的盤點開始，逐步分析、拆解、評估，進一步調整工作環境與執行方式，讓概念逐漸落地可行。

1.任務式工作重組

餐飲與房務工作，在體能需求和工作複雜度上，即便是年輕夥伴，在工作初期也會不堪負荷。老爺酒店打破傳統希望由一個人完成所有任務的期待，逐步拆解工作步驟。

以餐飲服務生為例，從餐具擺盤、引導帶位，直到最後擦拭餐具，過程高達12項任務。若要能夠獨當一面，培訓期可能長達1-3個月。任務拆解後，依特性可分為「重複性高、學習期短」的例行任務，如清潔桌面、餐具擺盤等；以及「複雜性高、培訓期長」的進階任務，如：點餐、上菜介紹等。

沒經驗的夥伴可以從例行任務開始學習，讓資深夥伴專注於複雜性高的進階任務。如此一來，除了降低初學者適應的門檻、較不易犯錯外，也較容易取得工作中的成就感，並維持餐廳整體的執行效率。

2.彈性工時

兩頭班、工時長是餐飲服務生常見的現況，對同時須兼顧家庭的青年或壯年夥伴，往往難以配合。而全時段的工作任務，對沒有經驗的中高齡夥伴，體能負荷高、也不容易適應。

老爺酒店以4小時為單位，將中高齡安排在需求高的時段，像是旅客退房到入住、

假日等，讓中高齡能夠根據個人生活與家庭安排。除了滿足中高齡兼顧家庭或退休規劃的安排，也讓中高齡工作之餘，有充分的休息，降低體能負荷的不適，提升留任率。

3. 職場安全

工作任務重組，無法完全避免高體能需求的任務，像是房務需要推拉備品車、更換被單時要出力甩動、餐飲要單手拿托盤收拾瓷盤餐具等。老爺酒店與50+嚴選合作，安排物理治療師到實地訪視，評估各項任務的執行風險，提供可行的做法建議，像是：加強教育訓練，確保姿勢正確避免傷害、利用簡易推車取代徒手搬運，降低負重需求、提升安全性等，讓中高齡也能安全執行。

（二）無印良品：招募思維轉型，重塑全齡職場

無印良品，來自全球第一個超高齡社會國家——日本，早在2018年就預測我國年輕人力難尋。當時無印良品在國內的員工，平均年齡不到30歲，已直接感受到人才招募的困難。無印良品人資總務部部長林欣韻表示：「在招募上面，履歷的收取還是有，但在數量上跟過去大概有一半以上的差異。」

勞動力供應不足已成事實，因此林部長開始思考，如何更有效的運用中高齡勞動力人口，一來解決勞動力短缺問題，二來能為中高齡提供更多的就業機會。於是，無印良品在國內開始推動全齡職場招募。

林部長表示一開始真的不知怎麼做，於是實際到日本總部參訪、深入訪談中高齡的員工，瞭解他們的就業現況、站在中高齡角色分析就業動機、期待與個人價值（體力、技術、經驗）。最後由高層啟動，並透過人資單位在組織內部不斷倡議，從區、部主管到一線門市店長，取得一致共識，同時找到擁有共同目標的合作夥伴——50+嚴選（圖10-6）。

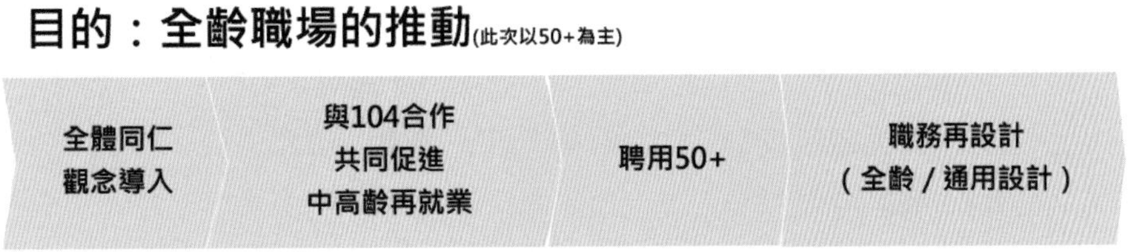

目的：全齡職場的推動(此次以50+為主)

全體同仁觀念導入 → 與104合作共同促進中高齡再就業 → 聘用50+ → 職務再設計（全齡／通用設計）

資料來源：整理自林欣韻，《50+的職場復興：中高齡就業現況以日系居家生活產業為例》，2020，國立臺灣師範大學碩士論文。

圖10-6 無印良品與50+嚴選合作共同推動中高齡就業歷程

1. 由上而下的觀念導入

要推動聘用中高齡，主管用人觀念要改變，管理團隊才能有共識。透過內部會議，傳達正向老化的生理、心理過程，翻轉對老化的印象，例如：健康老化，社交或出門工作才是生活之中之重。當管理團隊認同，才能真正推動到基層員工，並拋開歧視眼光，接納與同理各年齡層的夥伴。人資總部更透過公告宣示無印良品正式進入「全齡職場」，建立公司上下全體員工的共識。

2. 找到有共同理念的招募夥伴

2022年無印良品開始與50+嚴選合作，共同促進中高齡再就業。50+嚴選團隊會先瞭解職務內容，同時評估現有工作任務對中高齡是否合適。50+嚴選團隊除提供改善的建議外，也同時篩選合適的中高齡並推薦給無印良品，減少主管聘用中高齡的擔憂。

3. 蒐集基層回饋，不斷優化

當門市店長開始聘用中高齡後，人資總部更安排工作坊，邀請第一線主管、年輕社員、中高齡社員，傾聽並收集同仁的各種回饋建議，進而挖掘可改善的各項工作流程。例如：盤倉的過程空間小，不僅中高齡覺得不好收納也不好找東西，對青壯年也覺得困難。將中高齡會遇到的困境，重塑成全齡通用的環境。

4. 運用不同世代優勢，達到管理綜效

人資總部更是和店經理一起思考，如何運用青壯世代不同的優勢觀點來調配人力。例如：中高齡無法長時間搬運貨物，由年輕人來執行；而年輕人感到乏味的站點、清潔，則安排耐心的中高齡。如此一來，年輕人能夠專心補貨，賣場也變得乾淨。當店經理感受到聘用中高齡對營運現場的幫助後，也更樂於為中高齡來改善整體工作環境。

從2018年展開全齡職場的推動，到2022年與50+嚴選合作至今，無印良品的中高齡員工比例從2018年的不到1%（1,100位員工，年齡45歲以上只有7人）到2022年3.3%，並期待2025年能達到7%。

（三）聖德科斯：凝結店長共識，工作任務調整

聖德科斯共300多位門市店員裡，有一半都超過50歲；有別於其他零售業門市人

員以年輕人為主力，在聖德科斯中高齡員工反而成了主力。

推動聘用中高齡初期，聖德科斯同樣也遇到許多挑戰。門市第一線主管對於徵選、管理中高齡員工有著許多的疑問與擔憂：怕找到不適合的人、擔心中高齡在體力能否負荷，中高齡能否接受年輕店長管理等。

總部透過與50+嚴選合作，導入內訓課程，讓第一線主管了解人才市場趨勢以及情境面談的方法。從先了解為什麼要廣用中高齡，再到有能力找到適合的中高齡，給予第一線主管最直接的幫助，來解決任用中高齡時會遇到的問題。

過去身處招募第一線的門市店長並沒有受過專業的面談技巧，就是單純憑藉著經驗與感覺進行招募。總部除了提供店長專業的訓練外，更進一步改善面談流程，增加工作體驗環節，讓過去沒有門市經驗的中高齡在面試時，能夠進一步了解門市工作的特性，也幫助中高齡和門市主管雙方都能評估適合度。

聖德科斯主要推廣健康有機的商品，因此在工作任務的安排上，擅用中高齡注重健康，喜歡與人溝通、分享的特質，透過這種自然的銷售魅力，讓中高齡的加入為團隊更加分。

聖德科斯透過從招募技巧與流程的優化、工作任務的調整、增加訓練課程等不同面向，來打造一個無論是對中高齡求職者或對既有的中高齡員工，都是相對友善的環境。

第四節　我國服務業人力結構轉型因應對策

一、翻轉人資思維

（一）善用現有工具優化招募成效

大缺工時代，可發現就業市場上企業招募需求量明顯高於求職者數量，企業面臨到眾多競爭造成人才難覓的情境。為了順利爭取優秀人才，各家企業皆卯足全力規劃吸睛的招募策略，期待快速找到合適的求職者。

身為人力資源管理專業人員，建議可以先盤點目前公司已採用的招募工具，汰除效果較差的管道後，專注於優化現有工具招募成效。舉例來說，企業常利用各大人力銀行的招募管理服務，就可以藉由調整使用技巧來擴展可能的人選量。分享常用的技巧供參考：

1. 查詢人才：除根據徵才條件搜尋之外，可嘗試新增條件，放寬年齡、學經歷等條件，可獲得更多經歷豐富的人選資料。
2. 職缺刊登：重新檢視職缺工作內容的描述方式，從傳統正規條列工作的工法，調整為符合求職者價值取向或感興趣的內容，讓求職者可以知悉從事這份工作的好處及價值所在。若有較突出的亮點，更需加重篇幅介紹，但需注意萃取重點精華，勿長篇大論。

人力銀行系統裡，也提供了多元條件設定，鼓勵企業可以勇於嘗試新增條件，增加求職者觸及。在即將邁向高齡化之際，若能超前布署，敞開雙臂歡迎中高齡求職者，相信勢必可獲得更多經驗豐富的主動應徵名單。

（二）職場多元共融蔚為風潮

隨著企業發展的國際化腳步，讓職場不再是只有相同國籍、文化的員工，而是有越來越多不同國籍或不同文化思想的同事，共同組成多元職場。因此企業經營思考的層面，也不能只單一考量我國在地背景，更需思量不同文化思維下的配套做法。

而我國社會正面臨少子化、高齡化發展的歷程，讓人選的多樣化成為招募新顯學。如何建置全齡職場，便成為人資專業人員的新挑戰！全齡管理最重要的就是要能夠先辨識年輕人及中高齡夥伴的優劣勢，再據以重新設計合適的工作內容，發揮一加一大於二的效果。

以目前內需市場逐漸復甦的角度來看，服務業是最能善用全齡管理的實驗場域。舉例來說，在門市服務業，可以看到有越來越多的企業願意接納及導入中高齡來填補人力缺口。讓年輕人負擔較多體力相關的工作，而讓中高齡的夥伴發揮穩定成熟及工作歷練上的優勢，在門市與客戶進行互動，塑造青銀共創的良善工作環境。

轉換到另一個工作場景：觀光飯店業，在前場工作需要大量的人際互動及長時間站立的體力負荷，即可藉由年輕人的活力當為主力。而後勤單位，例如房務整理，則可交給善於家事工作的中高齡夥伴，讓偏好獨立作業的中高齡有另一工作選擇。

在50+嚴選的服務經驗裡，常常可以聽到企業人資及店長回饋：若能夠妥善地進行工作職務內容再設計（例如：排班時間、工作重組等），確實可以讓中高齡夥伴破除年齡的限制，發揮價值所在。不僅可以讓客戶感受到熱情貼心的服務，甚至成為門市熟客；更讓企業在獲得客戶高度滿意之外，同時解決人才不足影響營運的狀況。

二、透過「雇主品牌」扭轉缺工議題

（一）雇主品牌是什麼？

雇主品牌是指企業或組織對外展示的形象和價值觀，以及對員工的承諾和承擔，是雇主在招聘時吸引人才與留才的關鍵因素，通常會在企業文化、價值觀、工作環境、福利待遇、發展機會等各方面加以展現。

雇主品牌經營的第一步是「定義價值觀」，先確定企業核心價值觀和使命是什麼，進一步塑造企業的獨特性和特色。第二步是「設計福利、薪酬政策及工作環境」，確保這些方案除了具有外部吸引力，也與企業核心價值相符，如此才能找到志同道合的人才。第三步是「溝通與宣傳」，通過活動、媒體、網站和其他宣傳渠道，將其明確地傳達給內、外部利益相關者，以產生影響力。

（二）經營雇主品牌的好處？

根據LinkedIn全球調查結果顯示，75%求職者在找工作時會先搜尋企業訊息，以便更進一步認識企業。

Kristin與Surinder認為雇主品牌經營將創造兩個重要的資產，第一是品牌聯想，雇主形象打造出可以影響潛在員工在求職過程的決定；第二是品牌忠誠，對於品牌忠誠高的員工，生產力越高。

雇主品牌的經營可以幫助企業吸引優秀的人才，提高外部競爭力，並提高內部員工的忠誠度，增加留任率。

（三）求職者在乎什麼？

根據104人力銀行於2023年所提出的《員工C.E.O.工作價值認知調查報告》，員工對於工作價值認知的重要性排序：首先重視的是經濟報酬。其次為組織安全與安定、人際價值（圖10-7）。

企業應確認所提供的薪酬和福利具有競爭力，並提供吸引人的工作制度，例如：遠距上班、彈性工時。另外，建立穩定的組織文化和職涯發展制度，也可提升雇主品牌競爭力。在人際價值部分，重視多元團隊的合作、溝通、互相尊重的價值觀。

資料來源：104人力銀行，2023，《2023年員工工作價值認知調查研究發現》，104職場力，取自https://blog.104.com.tw/wp-content/uploads/2023/09/05095716/2023年員工C.E.O.工作價值認知調查報告_104人力銀行.pdf，最後瀏覽日：2023/09/22。

圖10-7 員工對工作價值認知的重要性排序

（四）企業運用雇主品牌招募實例：老爺酒店壯幫手

少子化加上疫情後內需市場需求急增，飯店業缺工問題再次成為焦點。老爺酒店為了解決長期缺工問題及吸引更多人才加入，運用104人力銀行整合招募服務來強化雇主品牌。透過雙管齊下的宣傳，強調「改變與接受」的重要性。

首先，老爺酒店是用「壯」而不是「老」來稱呼中高齡，重新改變一般對中高齡的負面印象；並且用「幫手」來強調他們是缺工危機中的新一波助力，而不是拖累。

對內，進行由上到下的溝通。高層除了不斷與第一線主管說明，人資更進一步和50+嚴選團隊合作，從外部專家的角度，分享人口與勞動力趨勢、職務設計實例，友善職場的重要性。讓全體同仁都能夠有一致的共識，並同時了解外在的改變。

對外，透過舉辦記者會發表此次的「壯幫手」招募計畫，利用媒體宣傳雇主品牌，也由104人力銀行建立專屬招募網頁，宣傳並展示企業的價值觀和文化，吸引更多主動應徵者。記者會後的1週內即收到100封求職訊息，透過建立一個具有吸引力的雇主品牌，吸引大量人才應徵的成功範例。

三、「3心6力5友善」打造友善中高齡形象

當缺工已成為新常態，且2030年我國的中高齡勞動力相較於2020年將增加86萬之時，企業的應變策略之一，就是積極聘用中高齡成為企業的生力軍。然而，聘用中高齡從來就不是企業主管的首選；因此，當企業要導入聘用中高齡勞動力，常會遇到組

織內幾種負向情境的挫敗：

（一）一線主管太年輕，排斥聘用中高齡；

（二）企業內對中高齡有許多刻板印象，導致組織內成員為反對而反對；

（三）企業沒有聘用中高齡的成功經驗，組織害怕失敗；

（四）上有政策下有對策的消極因應；

（五）缺乏恆心毅力，未深入瞭解基層現場狀況，協助解決關鍵性問題。

50+嚴選歷經兩年與16家國際型大型連鎖批發零售產業的共同研發中發現：透過「3心6力5友善」心法，能有效協助企業成功導入中高齡，將其轉變為有戰力的好夥伴（圖10-8）。

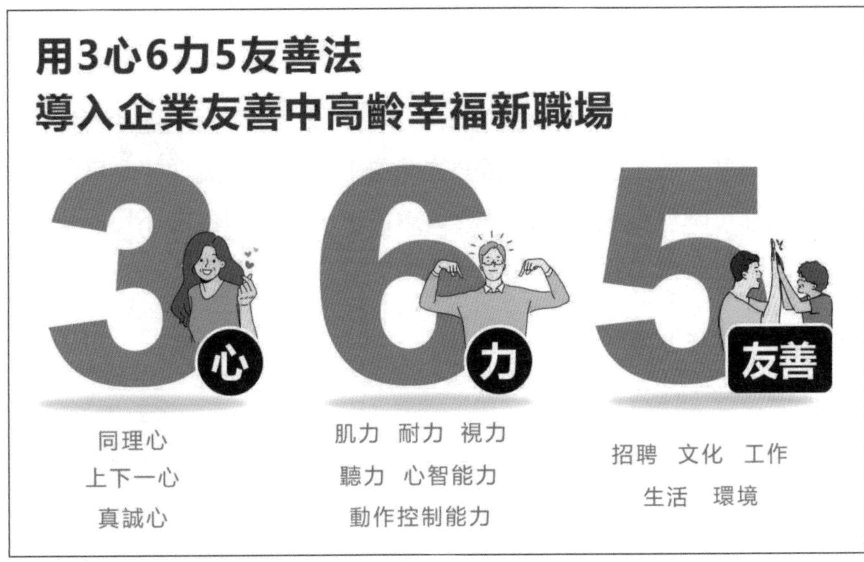

資料來源：104人力銀行，「友善中高齡，企業不缺工」記者會，2023。
說　　明：為將友善程度更貼近行動方向，原記者會中提出的「對待友善」，後已改為「文化友善」。

圖10-8　企業打造友善職場的「3心6力5友善」心法

（一）用「3心」進行組織再造

3心，指的就是同理心、上下一心、真誠心。企業的起手式就是塑造一個能「同理」中高齡會有六大身心衰退的組織文化氛圍，進而可以「上下一心」的共同為所有的職務內容進行職務再設計、拆解分類、重新組合，達到工作流程改善。然而，組織再造的過程一定會充滿各式各樣的棘手挑戰，需要高層主管有365天的「真誠決心」逐一去面對、溝通、打氣。透過PDCA（Plan、Do、Check、Action）流程，不斷的迭代優化，直到典範轉移（Paradigm Shift）在企業組織開始萌芽為止。

（二）從「6力」來看職務再設計

隨著年齡增長，中高齡的生理與心理能力勢必會受到影響。以生理與心理功能區分，生理功能包含：肌力、耐力、視力與聽力；心理功能則包含：心智能力及動作控制能力。

從中高齡最明顯會受到影響的6項能力出發，再透過以下5個思考面向，結合企業本身的現況與需求，做些簡單的調整與變化，就能達到職務再設計的效果。

1. 改善工作任務

減少勞力負擔，確保操作姿勢的舒適與正確。例如：透過動線規劃減少負重搬運的需求、作業高度一致，避免不同高度的搬運工作、調整流理臺高度，減少彎腰低頭姿勢等。這些都可降低中高齡工作者的負重需求，降低因耐力不足而造成的痠痛不適，同時更可進一步避免工作中職業病的傷害。

2. 改變組織或工作制度

（1）提供彈性工作方式

設計不同職級結構，讓中高齡根據自身體能與家庭生活需求做選擇。如老爺酒店的壯幫手計畫。

（2）增加休息頻率

中高齡在學習適應期，可每2小時提供短暫的休息，依體能負荷狀態做彈性安排。

（3）彈性調整學習項目

從較快且容易學習的任務開始，設定較單一的教學與達成目標，再視學習狀況，逐漸提升複雜度，避免初期太多失敗所造成的挫折感。

（4）重組工作任務

將工作任務依性質拆解，如：區分固定重複性高與進階複雜度高，或體能需求低但技巧性高與體能需求高但技巧性低等。如此一來就可依中高齡學習及體能適應狀況，進一步安排合適的任務。

3. 改善工作環境

（1）改善容易滑倒、絆倒、摔倒的工作環境，像是安裝防滑地板、降低地面油汙與潮溼狀況、在樓梯處提供充足光源與警示標語、避免地面過度高低起伏不平坦處等，降低意外傷害的發生。

（2）確保作業環境有良好能見度，包含足夠的光源、放大螢幕與文件字體、增加文字訊息與背景顏色的對比等，都可幫助正確的閱讀及判斷資訊。

（3）利用多感官提示系統，像是出餐時提供聲音提示、並同步在工作者面板呈現，幫助中高齡能注意到訊息，減少未留意到的狀況。

4. 舉辦健康促進活動

（1）安排指導正確工作姿勢的教育訓練，像是新人訓練時由資深同仁示範適當的工作姿勢或錄製相關教學影片，提供適當衛教，降低累積性的肌肉骨骼傷害發生。

（2）提供健康促進等活動，像是鼓勵工作者養成運動習慣，持續增進個人的肌力、耐力，透過健康檢查追蹤工作者的身心健康狀況。

5. 透過輔具支持或提升工作能力

（1）提供就業輔具，像是商品標示、有效日期字體較小，可提供放大鏡隨身攜帶使用，降低核對困難。

（2）放大收銀機畫面中的文字與增加區塊對比，更容易辨識。

（3）提供輔助教材，像是將作業流程圖示化，放在工作環境，幫助工作者可隨時確認核對，降低執行上的錯誤。

（三）設定企業「5友善」指標

面對中高齡友善的推廣浪潮，近來可看見企業集中更多資源投入中高齡人力資源議題。以疫後的服務業首當其衝，除了對準年齡結構趨勢與時俱進之外，更迫在眉睫的便是人力需求警訊。然而，多數企業主一沒資源、二無經驗，即便有心推動，但「友善的標準在哪裡？」卻是更多企業的大哉問。或許有企業會認為：我們沒有歧視中高齡，我們也很友善，但為何求職者或員工仍反映我們不友善？

在勞動市場主要人口年齡逐漸轉移的世界，若只憑單方面的心態轉變，而不去著手改變現有職務結構並深入了解求職者的想法與感受，是遠遠無法應對的。所謂友善，其實就是從「我們一定可以為他們做點什麼」出發，在對應行動上從不同面向投入，提出具前瞻性的做法，以打造出最安心的混齡就業環境為目標來制定策略。

談及中高齡友善，話題容易圍繞在求職過程環節，然而在職場上，中高齡具備的身分除了求職者，還包括在職中、退休續聘、甚至是隔代家庭照顧者。參考人資專家學者對職場友善的觀點，建議企業從以下5個構面，來思考規劃中高齡友善職場時，能夠執行的方向：

1. **招聘友善：**採用公平透明的招募手段，除了在招募過程表態歡迎中高齡，更主動提出面試邀請，促使中高齡安心投遞履歷。
2. **文化友善：**正視社會對於中高齡者的年齡歧視，主動打破刻板印象，屏除差別對待，從上下屬與同儕間積極推動多元、平等、共融的組織氛圍。
3. **工作友善：**規劃適合的到職與在職訓練，讓中高齡能夠循序漸進適應工作，並提供平等的職涯發展與薪資福利。
4. **生活友善：**對於中高齡員工的家庭照顧與生活休閒資源上提供福利或政策支持，並在健康促進上定期追蹤，為員工身心理提供衛教服務。
5. **環境友善：**提供安全、人性的工作環境及輔助設備，並依中高齡適性進行職務再設計，包括工作流程、工時等，幫助中高齡員工彈性配合工作。

藉由這5個構面，可以檢視企業自身在導入中高齡人力時，有無思考到各種層面的需求，以及能為其做到的程度。運用更完善的制度照顧中高齡員工，進而維持良好的僱傭關係，達到人才補進與永續的目標。

透過上述構面，雖可幫助企業用全面性的觀點來思考友善，然而若要將友善落實到具體的行為中，唯有回頭盤點現有政策與作為，從人資流程：選、用、育、留，找出可行動的機會點並透過相關指標進行量化，才能夠將資源投注在最有效益的機會點並真正落實。

企業若有決心導入中高齡成為生力軍，必須用365天的堅持，持續迭代優化「3心6力5友善」來進行組織再造。屆時，不僅能使所有的中高齡受惠，更能幫助企業免於缺工之苦，並晉級為善盡企業社會責任（Corporate Social Responsibility, CSR）的卓越企業。

第五節 結論與展望

「世界所面臨最嚴峻的人口挑戰不再是人口快速增長，而是人口老化。」2025年我國的人口年齡中位數將來到45歲，也就是法定中高齡的起始點。根據行政院主計總處統計，推估我國2030年勞動力15~44歲將短少298萬，而45~64歲將增加86萬，因此企業的缺工議題將成為新常態。其中具有高度勞力密集特徵的服務產業，正面臨著重要的轉型時刻。被動等待生育率提升或開放移工等政策改變，早已緩不濟急，唯有採取更主動積極的態度，才能夠正視問題，並找出解決的因應之道。

透過借鏡日韓國家的先行經驗，以及國內企業的典範案例，可看到不同企業在應對高齡化社會帶來的勞動力短缺問題時，即早啟動組織內的人力結構轉型，並積極布建企業的關鍵DNA。展望未來，總結以下的行動方針，提供我國企業開始規劃並迎接兩年後2025年超高齡社會的到來，讓中高齡成為企業生力軍：

一、高層建立變革危機感並組織轉型變革團隊

由高層發動，讓員工理解我國人口數銳減與少子化、高齡化的趨勢下，勞動力急劇下滑的風險，產生危機意識；並告知員工，企業將開始進行變革的行動方案，既然是變革就會需要組織全體上下同仁的努力。

由於此為勞動力的轉型變革，會建議由人力資源單位擔任召集人，並定期召集管理團隊，討論組織轉型的階段性做法，與擬定多元化任用的策略。更建議此團隊必須包含跨部門成員，包含總務、後勤、門市、營運等，才能夠全方位思考當開始運用中高齡後，各單位所需要的配套措施與轉變。

二、形塑雇主品牌力，布達轉型後願景，打造全齡職場

當團隊成立並且有了初步明確的目標與共識，便要向全體員工布達轉型後的雇主品牌定位，以及如何達到多元、共融、永續人才發展的願景。

企業要不缺工，必須善用跨世代人才（學生、青壯年、中高齡、高齡），嘗試多元任用策略（正職、兼職、外包、派遣）、運用彈性工作組合（工時、季節、週期）、設計彈性多元的薪酬福利配套等。中高齡通常有家庭和個人生活的考量，企

業若能提供多元彈性的選擇，讓中高齡能夠找到最適合自己的工作方案，便能提高留任率。

高齡化的社會下，服務業必須逐漸轉型為全齡職場，善用中高齡員工的經驗和專長，以及年輕員工的活力與創新。這種跨世代合作的模式，不僅可以解決勞動力短缺問題，也有助於提升企業的績效和競爭力。

三、實際行動，導入3心6力5友善法則

同理心，是改變組織與他人最強大、最有用的力量。若要成功將中高齡導入企業內，首先要以同理心為出發，同理中高齡的六大身心退化，進而運用職務再設計提升企業的招聘、環境、工作、生活與友善程度。同時，能上下一心不斷與員工溝通、溝通、再溝通；面對變革所產生的挑戰，以真誠的心與同仁共同移除障礙並加以解決，讓員工能感受企業內的決心與毅力。

同時可以參考Ron Mace的通用設計七原則[1]來重新檢視職務內容，進行職務再設計，以因應中高齡的特性和需求。透過拆解工作步驟、分配任務，降低初學者門檻，讓中高齡能夠更容易適應工作，發揮其優勢。

四、表揚成功案例，不斷優化迭代

轉型，是一段艱辛的旅程，過程中需要有激勵組織堅持下去的催化劑。其中，很重要的是表揚單位內成功聘用中高齡的案例與做法，讓組織可以感受成功的氛圍，其做法可以提供其他單位效法並優化。

服務業人力結構轉型是一個全面而持久的過程，需要企業不斷地探索和創新。我們鼓勵企業翻轉過去的傳統思維，從「3心6力5友善」作為核心理念與行動出發，將能成功地打造一個多元、共融、永續的工作環境，為全齡職場打下良好基底。若能持續努力，推動友善中高齡的職場政策，讓中高齡員工同樣成為企業的另一股核心力量。這將不僅有利於企業的長期發展，也有助於社會繁榮與永續發展。

---

1 Ron Mace的通用設計七原則，包含如下：彈性使用（Flexibility in Use）、公平使用（Equitable Use）、容錯度高（Tolerance for Error）、直覺性的操作（Simple and Intuitive Use）、容易理解的設計（Perceptible Information）、合理的空間使用（Size and Space for Approach and Use）、省力設計（Low Physical Effort）。

除企業需要積極行動外，為更有效提升商業服務質量，政府也可考慮以下作法，來鼓勵企業更積極地運用中高齡人才：

1. 辦理培訓計畫：政府可規劃並辦理培訓課程，幫助中高齡員工獲得現代服務業所需的技能，包括數位技術和客戶服務。這不僅提升中高齡人才的競爭力，也有助於改善服務業缺工的狀況。
2. 提供研發補助：政府可提供研發補助，鼓勵企業推動或導入新科技的運用，如：透過AI的自然語言處理系統進行語音點餐、導入送餐機器人減輕勞動負擔等，均可降低企業運用中高齡的門檻。

透過上述的政策舉措，政府可以協助服務業更廣泛地運用中高齡人才，結合企業轉型變革的思維與行動，充分發揮中高齡人才的潛力，促進我國服務業的永續發展。

企業因應之道

經濟部中小及新創企業署　何晉滄 署長

在全球人口老化不可逆的趨勢發展下，勞動市場供需失衡日益嚴重，而我國預估於2025年邁入超高齡社會。對於服務業而言，向來具備前景有限、低薪且不穩定的特性，面對高科技產業祭出高薪競逐人才，勞動力資源將加速流向特定產業。

為緩解服務業缺工的情形，企業主必須突破原有用人思維，除了依自身條件與需求，調整工作待遇與福利制度，吸引年輕人投入服務業市場，亦可善用中高齡勞動力，改善部分勞動力短缺的困境。

有鑑於此，企業導入中高齡人力時，關鍵是必須能夠兼顧求職者的「想法」與「感受」。因此，可參考規模與行業特性相當之典範企業經驗，再依實際情況調適，例如採用友善中高齡的招募方式、進行職務再設計、營造友善的工作環境、重視中高齡員工的健康狀況、富彈性的工作時間等面向著手，更重要的是將此概念融入至企業文化，讓青銀兩代各自發揮職場優勢，勞資雙方才有機會共創雙贏，取得解鎖服務業人力結構轉型之鑰。

經貿脈動：服務貿易協定對商業服務業的機會與挑戰

中華經濟研究院WTO及RTA中心 顏慧欣 副研究員兼資深副執行長
鄭昀欣 分析師

第一節 前言

服務業範圍廣泛，從運輸、通訊與旅遊等傳統業別，至軟體及環境等新興領域均屬之。服務作為無形或非物質的實體，其貿易方式雖不如貨品貿易明確，但1995年1月1日正式成立的「世界貿易組織」（World Trade Organization, 以下簡稱WTO）同時建立了全球貨品貿易與服務貿易多邊體系。在此之中，同日生效的《服務貿易總協定》（General Agreement on Trade in Services, 以下簡稱GATS）提供了具體的服務貿易定義及4種服務供應模式，以此作為後續各國在國際場域談判、推動服務貿易自由化之基礎。

在WTO架構下，各會員依其國內產業發展與需求，於「服務業承諾表」（Schedule）針對個別服務業提出其開放承諾；然而WTO服務貿易談判進展並非一帆風順，自杜哈回合（Doha Round）後，WTO對服務市場開放談判停滯不前，各國不得不開始尋求其他管道推動服務貿易自由化。

整體而言，世界各國除了可自主改革國內服務政策或法令，亦得在國際貿易協定納入服務規範，並提出超越GATS之開放承諾。依據GATS第V條經濟整合（Economic Integration）規定，GATS不妨礙會員加入或簽署以促進服務貿易自由化為目的之協定，但此類協定須「涵蓋大多數服務業別」（substantial sectoral coverage）且不可預先排除任何「服務供應模式」，亦不可對涵蓋服務業別設置更高程度之服務貿易障礙。一旦協定完成後，協定成員應通知WTO服務貿易理事會（Council for Trade in Services）。據WTO統計，目前依GATS第5條提出通知之區域貿易協定（Regional

Trade Agreements）共有201項，包含個別簽署的國際服貿協定或「自由貿易協定」（Free Trade Agreement, 以下簡稱FTA）涵蓋服務貿易章，例如亞太地區的《跨太平洋夥伴全面進步協定》（Comprehensive and Progressive Agreement for Trans-Pacific Partnership, 以下簡稱CPTPP）、《區域全面經濟夥伴協定》（Regional Comprehensive Economic Partnership, 以下簡稱RCEP），都是包含服務貿易規範的FTA。

本章將聚焦說明服務貿易國際協定對商業服務業之影響。首先將說明服務貿易國際協定從GATS到CPTPP協定之發展趨勢，以及此兩項重要協定採用之4種服務供應模式對推動服務貿易自由化之功效，並提出對國際上有關新服務供應模式之討論與觀察。其次，本章將以CPTPP為核心，提出CPTPP在服務貿易自由化之具體成果，以及CPTPP影響締約方商業服務業發展之實例。本章亦將評析服務貿易國際協定之新趨勢對商業服務業之新興機會與挑戰，並提出結論與展望。

第二節 國際服務貿易協定之發展趨勢

一、國際服務貿易談判架構

服務貿易通常在指，有一生產者向消費者銷售及提供無形的服務類產品，若生產者與消費者分屬不同國家，則此一交易即為「國際服務貿易」。因此國際服務貿易的發生模式，會基於生產者用不同型態、位於不同地點銷售服務類產品給消費者，而衍生出常見的4種服務貿易模式，自1995年開始生效的GATS，也是以這4種服務模式加以規範，並成為各國洽簽國際服務貿易規範的主要指引。所謂的4種模式如下：

（一）模式一「跨境提供服務」（Cross-border Supply）：是生產者與消費者都位於不同國家的交易，透過電話或網路提供服務類產品，例如下載電子書與音樂，就是其例。

（二）模式二「境外消費」（Consumption Abroad）：為消費者前往生產者所在地消費，這種境外消費服務類產品的常見情形，就是出國留學享受生產者提供的學校教育，或出國觀光接受當地飯店、導遊的服務。

（三）模式三「商業據點呈現」（Commercial Presence）：生產者進入消費者所在地提供服務類產品，而生產者用「組織型態」提供。這實際上就是外國企業進入一國設立公司行號，提供當地人服務類產品，亦即外人直接投資行為。

（四）模式四「自然人移動」（Presence of Natural Persons）：同樣是生產者進入消費者所在地提供服務類產品，但此種模式則是生產者以「個人」方式提供。例如具有美國律師資格之人，在我國提供美國法或國際法法律諮詢服務的類型。

各種服務供應模式的自由化，都有助於促進整體服務貿易的發展，因此國際服務貿易協定，也是針對這4種服務提供模式商談開放的空間與方式。在自由化商談的模式上，乃發展出以「正面表列」（positive list）方式，對特定服務業別提出在模式一至模式四之市場進入及國民待遇開放承諾；至於其他未列出之業別，參與會員仍保有是否開放之權利。相對的，也有國際服務貿易協定採用「負面表列」（negative list）模式，亦即參與會員不願開放或有條件限制的業別，必須在承諾表列明為「不符合措施」（non-conforming measures），至於其他未列出保留之業別，就須完全符合協定要求，CPTPP就是以「負面表列」開放服務貿易的典型代表。原則上，一般認為「負面表列」的市場開放模式自由化程度較高。

二、GATS協定有助於全球商業服務業穩定成長，各國業者以模式三（商業據點呈現）為主要服務供應模式

（一）GATS生效後，全球服務業快速成長，服務貿易更成為全球經濟成長之關鍵

自GATS生效後，全球服務業快速成長。依據世界銀行（World Bank）統計，全球服務業附加價值（Services, value added）從1995年的20兆1,500億美元，大幅成長至2021年62兆1,900億美元，其成長幅度高達3倍（請參下圖11-1）。[1]另外，自1995年至2021年間，服務業占全球「國內生產毛額」（Gross Domestic Product, 以下簡稱GDP）大於三分之二；以2021年為例，該年度服務業占全球GDP達64.2%，可見服務業對全球經貿具關鍵地位。[2]

[1] World Bank, 2023(b), “Service, values added (current US$),” retrieved July 24, 2023, from https://data.worldbank.org/indicator/NV.SRV.TOTL.CD; 此處所稱「服務業附加價值」，係指世界銀行計算聯合國國際行業分類系統（International Standard Industrial Classification of all Economic Activities, ISIC）第50-99類之服務業業別附加值，以及預估的銀行服務業及進口關稅。附加價值係指對一個部門的淨產出，亦即加總所有產出並減去中間投入，且不會扣除資產折舊或自然資源耗損或折耗。

[2] World Bank, 2023(a), “Service, values added (% of GDP),” retrieved July 24, 2023, from https://data.worldbank.org/indicator/NV.SRV.TOTL.ZS

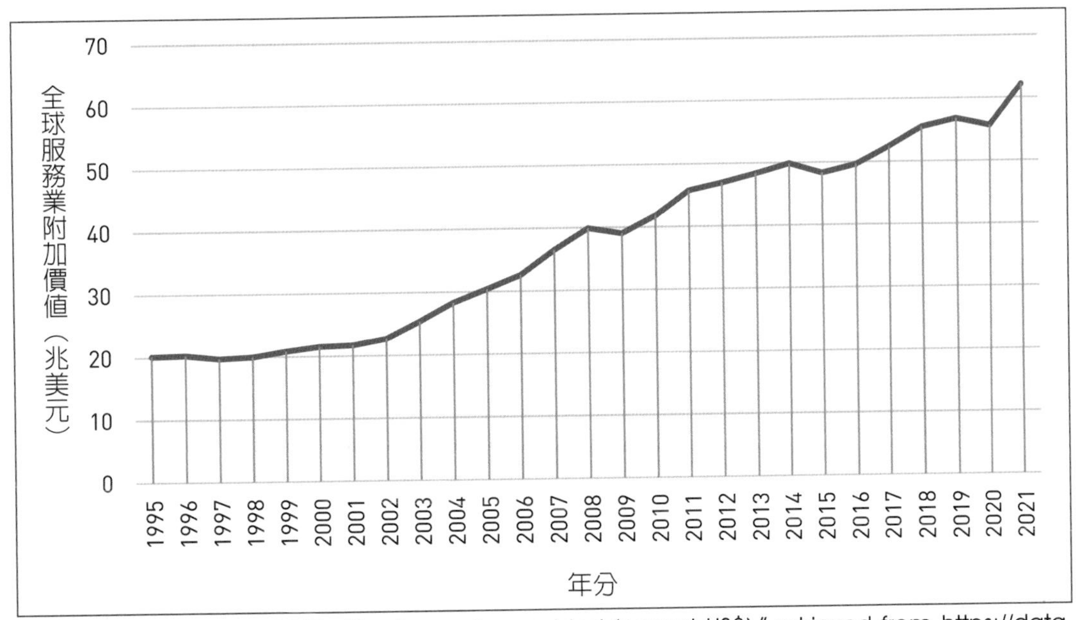

資料來源：World Bank, 2023, "Service, values added (current US$)," retrieved from https://data.worldbank.org/indicator/NV.SRV.TOTL.CD

資料擷取：2023年7月

圖11-1 全球服務業附加價值趨勢（1995-2021年）

另一方面，WTO《2019年世界貿易報告》（*World Trade Report 2019*）指出，服務貿易已成為國際貿易發展的驅動力，自2011年起，服務貿易成長速度已大於貨品貿易。據WTO統計，在2005年至2017年間，全球服務貿易平均年成長率為5.4%；同一期間的貨品貿易年成長率則為4.6%。[3]

（二）模式三為全球商業服務業之主要供應模式

由於欠缺依個別服務供應模式進行服務貿易之官方數據，故國際上難以統計全球在模式一至模式四的服務貿易表現，因而減損各國制定國內政策與談判策略之有效性。對此，WTO在2019年7月公開「服務貿易供應模式」（Trade in Services by Mode of Supply, TiSMoS）之實驗性資料庫，該資料庫涵蓋200個經濟體，在2005年至2017年間依各模式提供服務之統計數據。[4]本章採用TiSMoS資料庫數據，統計出2005年至

3 World Trade Organization, 2019, "World Trade Report 2019," Geneva: World Trade Organization, p. 6. https://www.wto.org/english/res_e/booksp_e/00_wtr19_e.pdf

4 WTO, n.d., "Bulk download of trade datasets," retrieved July 24, 2023, from https://www.wto.org/english/res_e/statis_e/trade_datasets_e.htm

2016年各模式之服務貿易表現，可發現各模式占全球服務貿易比重的變化不大：以模式三為最高，約占總數60%；其次為模式一，比例為26%至28%不等；模式二占10%左右；最後為模式四，其比重在2%至3%間（圖11-2）。

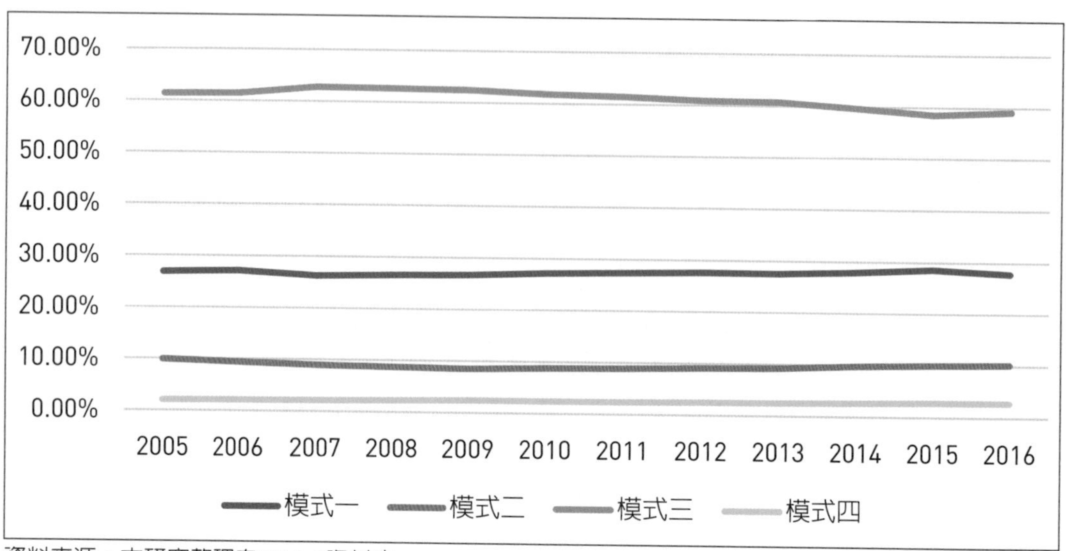

資料來源：本研究整理自TiSMoS資料庫。
資料擷取：2023年7月
說　　明：WTO於2019年7月公開TiSMoS資料庫後，未繼續更新資料庫內容。

圖11-2　全球商業服務供應模式占全球服務貿易之比重（2005-2016年）

至於在《2019年世界貿易報告》，WTO按TiSMoS資料庫數據對2017年全球商業服務貿易情形進行分析，其具體結果亦與2005年至2016年趨勢相同：在2017年間，全球商業服務貿易總值為13兆3,000億美元。在此之中，模式三為全球商業服務最主要的供應模式，該年度貿易值高達7兆8,000億美元，約占全球服務貿易的58.9%；接下來依序則為模式一（3兆7,000億美元；27.7%）、模式二（1兆4,000億美元；10.4%）及模式四（4,000億美元；2.9%）（圖11-3）。

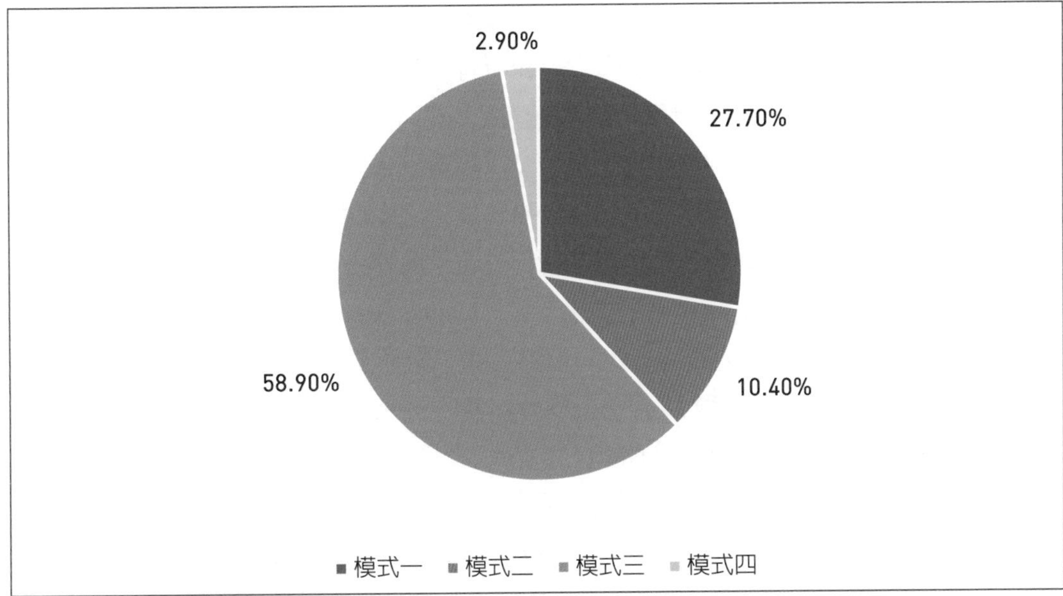

資料來源：World Trade Organization, 2019, "World Trade Report 2019," Geneva: World Trade Organization. https://www.wto.org/english/res_e/booksp_e/00_wtr19_e.pdf

圖11-3 全球商業服務供應模式占全球服務貿易之比重（2017年）

三、CPTPP：以GATS為基礎，進一步推動GATS-Plus模式

由於WTO對服務貿易之市場開放議題談判緩慢，各國多透過簽署涵蓋服務貿易規則之國際貿易協定，以促進服務貿易自由化。對此，WTO《2011年世界貿易報告》（*World Trade Report 2011*）對1950年至2010年間生效之FTA進行分析。該報告發現涵蓋服務貿易規則之FTA具有若干「超越GATS」（GATS-Plus）特性，包含：

（一）絕大多數FTA服務貿易規則與GATS條款具相當大的共通性，但仍有部分FTA在國內規章（domestic regulation）或透明化等規範超越GATS規定；

（二）半數FTA採用「負面表列」承諾模式，僅有約三分之一FTA係仿照GATS「正面表列」方式；另有部分協定採用正負面混合模式；

（三）各成員在FTA所作開放承諾大幅超越其GATS承諾，包含FTA協定成員承諾開放之次行業別較其GATS承諾更多，此趨勢在以模式一與模式三格外明顯。[5]

[5] World Trade Organization, 2011, "World Trade Report 2011," Geneva: World Trade Organization, pp. 133-134. https://www.wto.org/english/res_e/booksp_e/anrep_e/world_trade_report11_e.pdf

另外，檢視近期各國洽簽之重要FTA，其架構上亦與傳統GATS類型之協定有顯著不同。傳統FTA係僅以一個服務貿易專章規範所有與服務貿易相關之議題，且適用於所有影響服務貿易之措施及GATS 4種服務供應模式。然而，近期協定則在章節安排上做出不同規劃，在協定內涵蓋「跨境服務貿易」及「投資」專章。跨境服務貿易專章主要適用於模式一、二及四；至於模式三則歸屬於投資專章之範疇。除此之外，若干與服務貿易有關的商務人士臨時移動條款，也可能會另外在「商務人士短期進入」專章裡予以規範。從近期生效之重要協定如《美墨加協定》（United States-Mexico-Canada Agreement, USMCA）及CPTPP兩項協定觀察，此兩項協定除了架構上採用新式協定架構，將服務貿易議題拆分為「跨境服務貿易」、「投資」及「商務人士短期進入」3個專章外，其規範呈現出明顯「GATS-Plus」特色，包含兩者均採用負面表列承諾方式、其國內規章與透明化條款亦較GATS規定有明顯提升，以及承諾解除更多服務貿易限制等。

以CPTPP為例進一步說明。其前身《跨太平洋夥伴協定》（Trans-Pacific Partnership Agreement, TPP）原先係由美國主導，但自前任川普總統於2017年上任後，美國立即退出該協定，而後改由日本、澳洲與紐西蘭共同推動，並更名為《跨太平洋夥伴全面進步協定》（CPTPP）。CPTPP於2018年3月完成簽署程序，並在2018年12月生效。CPTPP成員包含澳洲、汶萊、加拿大、智利、日本、馬來西亞、墨西哥、紐西蘭、秘魯、新加坡及越南共11國；CPTPP成員共涵蓋5億人口，其GDP總計占全球的13%。[6]

從架構上觀察，CPTPP透過跨境服務貿易（第10章）、投資（第9章）及商務人士短期進入（第12章）專章，要求各成員之跨境服務貿易規範須符合CPTPP要求。其次，在服務貿易自由化方面，CPTPP各成員主要依據跨境服務貿易（模式一、二及四）與投資專章（模式三），以負面表列模式分別在協定附件（Annex）I及II作出自由化承諾，並承諾較GATS更進一步開放其國內服務市場。

依即將成為第一位CPTPP新入會國的英國國際貿易部評估，其利用經濟合作暨發展組織（Organisation for Economic Co-operation and Development, OECD）之「服務業貿易限制指標」（Services Trade Restrictiveness Index, STRI）資料庫，以衡量CPTPP各締約方之服務政策限制程度。該文件比較各國在GATS與CPTPP所作承諾之自由化程度，整體上可發現各國在CPTPP下都有進一步鬆綁其服務限制（表11-1）。[7]

---

6 經濟部國際貿易局，2022，《CPTPP簡介》，取自https://cptpp.trade.gov.tw/Information/Detail?source=vHHe8sRaFNJz9QUAGekZvSsqGwdcYzASxGRco9WZVKk=，最後瀏覽日期：2023/07/24。

7 Department for International Trade, 2021, "Technical annexes for the Scoping Assessment for UK accession to the Comprehensive and Progressive Agreement for Trans-Pacific Partnership (CPTPP)," London: Department for International Trade. https://assets.publishing.service.gov.uk/government/uploads/system/

表11-1 CPTPP各國在GATS與CPTPP之STRI分數比較

CPTPP締約方	GATS STRI分數	CPTPP STRI分數	鬆綁進步程度
澳洲	78	55	+23
汶萊	98	74	+24
加拿大	89	73	+3
智利	92	61	+31
日本	82	69	+13
墨西哥	89	72	+17
馬來西亞	93	72	+21
紐西蘭	75	62	+13
秘魯	91	70	+21
新加坡	88	77	+12
越南	90	79	+10
CPTPP締約方平均	88	69	+17

資料來源：Department for International Trade, 2021, "Technical annexes for the Scoping Assessment for UK accession to the Comprehensive and Progressive Agreement for Trans-Pacific Partnership (CPTPP)," London: Department for International Trade.
資料擷取：2023年7月
說　　明：STRI分數100為政策限制服務貿易程度最高；分數為0係指其政策最不具限制性。

另外，CPTPP作為高標準、全面性的區域貿易協定，其跨境服務貿易專章之規範雖承襲自GATS協定，但亦有若干條款較GATS更為具體明確。以國內規章條款為例，GATS要求各會員主管機關應依其法規，在申請案資料完備後之合理期限內，通知申請人其申請案結果；如申請人提出請求，主管機關應提供申請案之資訊，且不得有不當延誤。對此，CPTPP第10.8條第4則進一步對主管機關審查申請案提出詳細程序要求，包含各成員之主管機關應在可行範圍內，設定處理申請案之預估時間表、如駁回申請案，應在可行範圍內提供駁回理由、提供申請人補正申請資料微小錯誤及缺漏之機會等，顯示出GATS-Plus的特色。

uploads/attachment_data/file/1161799/dit-cptpp-scoping-assessment-technical-annexes.pdf

第三節　國際實際案例說明

一、CPTPP各締約方承諾大幅開放其服務業市場進入機會

CPTPP作為高標準的區域貿易協定，該協定分別在跨境服務貿易、投資與商務人士短期進入專章規範服務貿易議題，以確保各締約方不對服務貿易造成不必要之限制，並涵蓋國民待遇與最惠國待遇等重要規範。至於在服務貿易自由化方面，CPTPP各成員主要係透過跨境服務貿易（模式一、二及四）及投資（模式三）專章，以負面表列方式作出市場開放承諾。詳言之，CPTPP附件I屬於締約方提出之「現行」不符合措施清單，各成員在附件I提出保留之各項措施須「凍結保留」（standstill reservation）並同時受到「禁反轉」（ratchet）條款之約束；亦即各締約方如承諾鬆綁其特定服務業之限制後，即不得倒退反轉。至於附件II則是締約方保留之「未來」不符合措施清單，針對在特定服務業別，不論該國是否已制定任何限制措施，該國仍享有在未來增加限制、改變措施內容之權利。

依據世界銀行在2017年公布之政策研究工作報告，可知CPTPP各締約方在該協定下承諾大幅鬆綁對各服務業別之限制，並以智利、汶萊、墨西哥、秘魯及新加坡有明顯放寬限制。舉例而言，智利在CPTPP承諾進一步開放其金融、電信、零售、運輸及專業服務業，包含取消以「經濟需求測試」（economic needs test, 以下簡稱ENT）作為決定是否核發銀行保險業之許可、較GATS額外開放運輸服務業、國內法律諮詢服務等業別且未設有任何限制等。汶萊在CPTPP亦進一步承諾開放金融服務、零售及專業服務；秘魯則是放寬其對運輸服務業之限制。[8]

另一方面，為深入說明CPTPP各國之服務業自由化程度，本章將以與我國商業服務業息息相關之配銷服務（distribution service）與物流服務為例，分析CPTPP各締約方有明顯解除限制之重要內容。[9]

---

8 Gootiiz, B., & Mattoo, A., 2017, “Services in the Trans-Pacific Partnership: What would be lost?” Washington, D.C.: World Bank Group, p. 9. https://documents1.worldbank.org/curated/en/512711486497950394/pdf/WPS7964.pdf

9 配銷服務包含：經紀商服務（CPC 621）、批發交易服務（CPC 622）、零售服務（CPC 631+632+6111+6113+6121）、經銷（CPC 8929）與其他。另外，由於W/120文件並未針對物流服務有明確定義，故在分析時參考WTO網站對「核心物流服務」（core logistics services）之定義，包含（1）貨物裝卸服務（CPC 741 Cargo handling services）；（2）倉儲服務（CPC 742 Storage and warehousing services）；（3）運輸代理服務（CPC 748, 包括貨運代理服務、關務代理、裝載調度服務）；以及（4）其他支援與附屬於運輸之服務（CPC 749, 包含貨運經濟服務、票據審計與貨運費率資訊服務、貨運文件準備服務、包裝與裝箱與拆箱服務、貨物檢查、稱重及抽樣服務、貨物接收服務）。

首先，在配銷服務方面，日本在CPTPP下承諾開放石油、石油產品、米、煙草及鹽之配銷服務業；馬來西亞亦開放其配銷服務，但限制外國人得經營之門市類型，且對不同類型之超市賣場設有不同之外資持股要求，以及須任命馬來西亞土著作為董事會董事，且馬來西亞土著須持有超市與便利商店之30%持股等。越南亦在CPTPP解除了3項與配銷服務有關之限制，包含開放米、甘蔗及甜菜糖之配銷服務；承認在協定生效滿5年後，移除對零售服務門市設立第2個以上之據點須通過ENT之要求；解除經銷服務分公司主管須為越南籍之限制等。

至於物流服務方面，澳洲在CPTPP額外開放除海運服務以外之配銷中心服務、物料搬運及設備服務，如貨櫃站、集裝箱服務等，同時承諾開放其關務代理與裝載調度服務等。至於墨西哥則額外開放其海運貨物裝卸服務、海運儲存和倉儲服務（但排除一般保稅倉庫）、貨櫃集散站與倉庫服務以及海運貨運代理服務等多項服務業別。

二、CPTPP影響商業服務發展之案例

CPTPP旨在確保各締約方服務提供者進入他國服務市場，同時提升各國服務市場之透明化與可預測性。CPTPP各締約方亦須依其承諾鬆綁其服務業相關限制。然而，CPTPP亦允許各締約方在其附件I及II保留其「不符合措施」，亦即各國可維持與跨境服務貿易及投資專章規範不一致之例外措施，以保護該國特定服務業別。

原則上，各國可依其國情、產業發展、文化或是國家安全考量等因素，保留特定業別、活動或措施不受CPTPP規範所拘束。然而，對服務業市場相對保守之國家而言，如在CPTPP下已承諾逐步開放特定服務業別或大幅放寬限制，則該國有需要調整或改革其國內服務監管法規，此段法規調整陣痛期適必將影響當地及外國服務業提供者。儘管如此，目前僅有極少數案例主張CPTPP生效後將會對其國內業者造成不利影響，本章即以越南之零售服務業及馬來西亞之配銷服務業為例，說明如下。

（一）越南之零售服務業

整體而言，越南在CPTPP協定下承諾較GATS進一步開放其服務市場，包含娛樂服務、電子遊戲服務、不動產與住宅服務、法律服務、廣告服務及配銷服務等。至於其開放措施主要為提高外資持股，例如越南承諾自協定生效滿3年後，允許外資購買越南企業51%股份，以提供娛樂服務（CPC 9619，包含劇場、現場樂團和馬戲場服務）；自協定生效滿5年，越南不可對外資持有越南電子遊戲企業設有持股上

限。[10]在此之中，越南在CPTPP對配銷服務提出以下具體承諾：

1. 設立超過第2間以上零售門市（outlet）須經ENT之許可；其申請須依事先公開之程序進行，且應依客觀標準進行審查。ENT審查標準包含：特定地理區域之現有服務提供者數量、市場穩定性與地理規模；
2. 在越南直轄市及各省指定之商業區域內，設立500平分公尺以內的零售門市，且其基礎建設已營建完畢，不受ENT要件所拘；
3. 在協定生效滿5年後，取消設立零售門市須進行之ENT要求。[11]

由上可知，自2024年1月15日起，CPTPP投資人可逕向越南投資設立零售門市，而不須先執行ENT。

儘管如此，越南零售服務業者擔憂CPTPP協定開放前述限制，將令外國零售商大舉進入越南。越南零售市場有龐大潛力，當地有將近9,000家傳統市場、830家超級市場與150家購物中心，對當地及外國業者仍有相當發展空間。目前外國業者如欲進入越南設立超過500平方公尺之零售門市，或是設立第2間以上門市均須通過ENT測試。然而，近年來外國零售商已逐漸在越南市場站穩腳跟。據資料指出，在2015年年底，外國零售商已掌控過半越南零售市場（約58%）。[12]一旦CPTPP解除ENT限制，將促使更多外國大型零售商湧入越南市場，為當地小型零售業者帶來龐大競爭壓力。

據越南報導指出，越南零售業者在管理能力、程序管制技術與專業技能等有所不足。[13]另外，越南零售業者雖然在產品價格有競爭優勢，但外國零售商可以提供更好的服務品質，特別是物流服務。[14]越南WTO及國際貿易中心（Center for WTO and International Trade）的報告也指出，越南零售業者競爭一向激烈，預計未來將會更加

---

[10] 「中央貨品分類標準」（Central Product Classification, CPC）係聯合國依據國際公認之概念、定義、原則與分類規則將貨品與服務分類之架構，目前聯合國已多次更新CPC版本。惟WTO各國在談判GATS協定之服務業市場開放承諾時，係參考「暫行中央貨品分類標準」（Provisional CPC）制定了「服務部門分類表」（Services Sectoral Classification List），並以此為基礎進行談判。故本章所採CPC版本為亦為暫行中央貨品分類標準。Department of Economic and Social Affairs, 2015, “Central Product Classification (CPC) Version 2.1,” United Nation. https://unstats.un.org/unsd/classifications/unsdclassifications/cpcv21.pdf

[11] CPTPP, 2016(b), “Annex I, Schedule of Viet Nam,” p. 6, retrieved July 24, 2023, from https://cptpp.trade.gov.tw/Files/Pages/Attaches/325/Annex-I.-Viet-Nam.pdf

[12] The Nation, 2016, “Vietnam reetailers ask govt for incentives,” retrieved July 24, 2023, from https://www.nationthailand.com/international/30289400

[13] The Nation, 2016, “Vietnam reetailers ask govt for incentives,” retrieved July 24, 2023, from https://www.nationthailand.com/international/30289400

[14] Saigon Times, 2019, “CPTPP assists foreign retailers in Vietnam,” VietNamNet Global, retrieved July 24, 2023, from https://vietnamnet.vn/en/cptpp-assists-foreign-retailers-in-vietnam-E216422.html

緊張；業者間除了對市場份額展開競賽外，亦對人力資源、商業空間有明顯需求。[15] 對此，越南學者建議，越南零售服務業者應研擬計畫以提升其產業競爭力，同時呼籲越南政府對當地零售服務業提出支援方案，包含協助當地業者取得更好營業地點等。[16]

（二）馬來西亞之配銷服務業

馬來西亞在CPTPP亦提出若干重要開放承諾，主要針對電腦、快遞、配銷、環境、文化娛樂、陸運與物流等服務業別。其中，在配銷服務業方面，馬來西亞承諾保留以下多項限制措施，其他未提及之部分將予以開放：

1. 外國人不得經營超市、迷你市場、固定菜市場、固定市集、加油站、報紙經銷商、醫療中心、馬來西亞美食餐廳、小酒館、珠寶店和織品店。
2. 外資投資之大賣場、超市、百貨商店、專賣店、特許經營企業和便利店須根據《1965年公司法》在當地註冊。
3. 外資在馬來西亞合併、收購、開設、搬遷或擴建涉及配銷服務之分店時，以及購買和出售經營配銷活動之物業等，須獲「馬來西亞國內貿易、合作社及消費者部」（Ministry of Domestic Trade, Co-operatives and Consumerism, MDTCC）之許可。
4. 外人投資之配銷公司應：任命馬來人董事；僱用各級人員須反映馬來西亞人口種族構成；制定人力資源計畫，以協助馬來人參與；僱用至少1%殘疾人士。
5. 針對量販店、大型超市、百貨公司、專賣店與便利商店分別設有5,000萬、2,500萬、2,000萬及100萬馬來幣之外資投資下限。
6. 馬來人需至少持有30%之量販店、大型超市、便利商店和百貨公司股份。
7. 每一地區達25萬居民可設立一家量販店，每達20萬居民則設立一家超市。
8. 外國人不得申請特許經紀人或顧問執照。
9. 3年內，量販店、大型超市、便利商店及百貨公司配置不少於30%之空間，允許馬來人中小企業展示其產品。[17]

---

[15] WTO Center-VCCI, 2019, "CPTPP& Ngành Phân phối – Thương mại điện tử Việt Nam," retrieved July 24, 2023, from https://wtocenter.vn/file/17572/2.-vcci-cptpp-phan-phoi-tmdt.pdf

[16] The Nation, 2016, "Vietnam reetailers ask govt for incentives," retrieved July 24, 2023, from https://www.nationthailand.com/international/30289400

[17] CPTPP, 2016(a), "Annex I, Schedule of Malaysia," pp. 22-25, retrieved July 24, 2023, from https://cptpp.trade.gov.tw/Files/Pages/Attaches/316/Annex-I.-Malaysia.pdf

10. 外國人不得提供峇迪（Batik）布料蠟染服裝、機動車（不包括汽車零部件與車輛零件）之批發與配銷服務。[18]

11. 馬來西亞保留採取或維持任何與米、糖、麵粉、酒類和酒精飲料、煙草和香煙、武器及軍事設備有關批發與配銷服務措施之權利。[19]

從前述保留措施觀察，馬來西亞已保留大量與配銷服務有關之措施，以保護其國內配銷產業。

儘管如此，該國境內仍有大量反對CPTPP之聲浪。有文章指出，由於CPTPP服務業承諾係採負面表列，其未予保留之部分恐對國內產業造成衝擊。以配銷新鮮水果為例，馬來西亞未在附件I或II保留配銷鮮果之措施，故外國業者仍可依馬國投資流程，在其境內成立商業據點並向當地消費者提供配銷鮮果之服務。此時，外國業者得基於其龐大資金，提高向當地農場購買產品之價格再以低價賣出，以與馬國業者競爭；待外國業者取得馬國配銷市場的主導地位後，得再操控價格以賺取豐厚利潤並令馬國消費者承擔更高的消費成本。

針對此一情形，由馬來西亞的非政府組織組成的國家主權聯盟（Gabungan Kedaulatan Negara, GKN）已多次向馬國首相提交備忘錄，表示反對馬國政府依國內程序批准CPTPP。[20]惟馬來西亞已於2022年9月30日批准該協定。[21]

---

[18] CPTPP, 2016(a), "Annex I, Schedule of Malaysia," p. 28, retrieved July 24, 2023, from https://cptpp.trade.gov.tw/Files/Pages/Attaches/316/Annex-I.-Malaysia.pdf

[19] CPTPP, 2016(c), "Annex II, Schedule of Malaysia," pp. 8, 12, retrieved July 24, 2023, from https://cptpp.trade.gov.tw/Files/Pages/Attaches/352/Annex-II.-Malaysia.pdf

[20] Devaraj, J., 2022, "Some poorly appreciated dangers of CPTPP," ALIRAN, retrieved July 24, 2023, from https://m.aliran.com/aliran-csi/some-poorly-appreciated-dangers-of-the-cptpp; Adnan, B. N., 2022, "Gabungan NGO desak kerajaan tarik balik ratifikasi CPTPP," retrieved July 24, 2023, from https://www.sinarharian.com.my/article/233381/berita/semasa/gabungan-ngo-desak-kerajaan-tarik-balik-ratifikasi-cptpp

[21] 黃以樂，2022，《馬國成為第9個批准CPTPP的國家》，中華經濟研究院，取自https://www.aseancenter.org.tw/post/%E9%A6%AC%E5%9C%8B%E6%88%90%E7%82%BA%E7%AC%AC9%E5%80%8B%E6%89%B9%E5%87%86cptpp%E7%9A%84%E5%9C%8B%E5%AE%B6，最後瀏覽日期：2023/07/24。

第四節 國際服務貿易協定對商業服務業之新興機會與挑戰

一、CPTPP對我國商業服務業之機會與挑戰

整體而言，GATS協定旨在確保WTO會員制定或適用之服務貿易法規係透明且公平。GATS建立服務貿易規則之多邊架構，並經由服務業承諾表推動各國漸進式消除其服務貿易限制。WTO會員可以在承諾表內，承諾開放特定服務業別之市場並授予外國業者國民待遇。我國作為WTO會員之一，我國商業服務企業如有意向其他WTO會員跨境提供服務，亦可受惠於GATS協定所建立之服務貿易規則，以及該國在承諾表下之市場開放承諾。

另一方面，從前述分析可知，CPTPP各締約方在該協定下已承諾大幅開放其服務業市場，並鬆綁外資持股、設立商業據點等限制。在此之中，CPTPP各國普遍降低甚至移除在配銷及運輸等行業的外人投資限制為其最大進展，例如日本在GATS未承諾開放其快遞服務，但在CPTPP已完全開放並允許外資投資該業別；墨西哥亦在CPTPP下承諾額外開放其海運貨物裝卸服務、海運儲存和倉儲服務、海運貨運代理等業別；又或是越南在CPTPP額外允許外資可購買越南企業股份，以提供陸上運輸之客運與貨運服務；馬來西亞首次開放法律服務業、消除電信外資30%持股上限等。整體觀察，日本在WTO僅在138個業別中承諾開放88子業別，但在CPTPP則有85個子行業給予外資國民待遇，並新增開放47個子業別；越南在WTO僅承諾81子行業，在CPTPP則承諾64各子業別給予國民待遇外，並於43個次行業別有進一步開放。[22]

我國目前參與CPTPP國家的服務貿易市場，僅能透過WTO的條件尋求進入，若成為CPTPP成員，則前述服務業限制之解除，均有助於我國業者用更公平的條件與他國服務業者在海外市場競爭，以爭取商機。除此之外，CPTPP要求成員具備透明且公平的服務貿易環境，除了對我國業者在海外市場經營有更高的保障外，藉由成為CPTPP之一員，更可向各國展現臺灣法制的成熟度，週知各國外商臺灣能提供符合CPTPP訴求的公平、透明且合理的法制環境，提升外資來台投資的誘因。綜合而言，加入CPTPP是推動我國業者以公平條件進入CPTPP各國服務業市場的立足點，同時是

[22] Hufbauer, G. C., 2016, "Liberalization of Services Trade," in C. Cimino-Isaacs & J. J. Schott (Eds.), *Trans-Pacific Partnership: An Assessment*, Peterson Institute for International Economics, pp. 157-170, retrieved September 18, 2023, from https://www.piie.com/publications/chapters_preview/7137/08iie7137.pdf

吸引外資的重要機會。

儘管如此，CPTPP各國的開放承諾亦可能會對服務業自由化程度較低之少數國家造成一定影響，有極少數案例指明開放服務業市場，將令當地業者無力面對外國業者之競爭。舉例而言，越南零售服務與馬來西亞配銷服務業者擔憂該國開放相關服務業別後，將會對該國業者帶來極大衝擊。特別是越南零售業者已多次召開相關研討會，以整合當地業者共同因應未來挑戰，並提高政府對該業別之關注。然而，前述案例主要集中在自由化程度相對較低之國家，且係該國長期扶持保護的特定業別。

相較之下，我國商業服務相對無須擔心面臨此一困境。整體而言，我國服務貿易自由化程度相對較高，不論是在GATS或《臺星經濟夥伴協定》（Agreement between Singapore and the Separate Customs Territory of Taiwan, Penghu, Kinmen and Matsu on Economic Partnership, ASTEP）或《臺紐經濟合作協定》（Agreement between New Zealand and the Separate Customs Territory of Taiwan, Penghu, Kinmen, and Matsu on Economic Cooperation, ANZTEC）均已承諾開放多項服務業別，僅保留若干金融、電信、專業服務、運輸或公共服務等服務業別。以配銷服務為例，我國在WTO入會時即已承諾完全開放配銷服務業，且我國在《臺星經濟夥伴協定》或《臺紐經濟合作協定》亦僅保留與能源與電力配銷之服務。考量到我國市場規模較小，且我國配銷業者具有高度規劃業務、管理能力且善於整合上下游等競爭優勢，故即使我國加入CPTPP後承諾完全開放相關業別，不致對我國業者造成過大衝擊。然而屬於商業服務業的律師、會計師等專業服務業，我國過去設置了合夥、獨資等組織型態限制，雖已有開放法人事務所型態的曙光，但制度還未周全，則可能是未來參與CPTPP下需加速推動的面向。

除此之外，加入CPTPP亦有助於我國商業服務業者向東協地區發展。CPTPP締約方內之汶萊、馬來西亞、新加坡及越南是我國在東協地區之主要出口國與投資目的地，也是RCEP的締約國。在RCEP締約國裡，除了中國大陸與菲律賓外，其他締約國均已提出較GATS更為開放之服務業承諾。[23]對此，儘管東協國家對於服務市場持保守立場，但我國加入CPTPP後，可進一步提供我國商業服務業者前進汶萊、馬來西亞及越南服務市場之機會，同時我國業者可透過併購當地據點或設立子公司後，再進入其他東協國家設立商業據點，以進軍東協市場並享有RCEP協定下之優惠待遇。

---

[23] Pramila, C., Marand, J., & Gerald, P., 2022, "Liberalizing Services Trade in the Regional Comprehensive Economic Partnership," *ADB BRIEFS*, 237, p. 4.

二、服務業國內規章規則對我國商業服務業之機會與挑戰

服務貿易國際規則之最新發展，以WTO在2021年12月2日公布《服務業國內規章參考文件》（*Reference Paper on Services Domestic Regulation*, 以下簡稱《DR參考文件》）最具重要性。原則上，《DR參考文件》係在WTO架構下的複邊聯合聲明倡議（Joint Statement Initiative, JSI）。該文件旨在確保WTO會員對服務貿易核發證照、資格審查的程序與技術標準具備透明化、法律明確性與可預測性、提升監管品質與便捷化之要求。[24]同時，《DR參考文件》允許WTO會員自願在其GATS承諾表註明將採行新規範。目前共70個國家參與該項文件，其服務貿易總額占全球服務貿易92.5%。[25]我國作為DR參考文件參與會員之一，亦已於2022年5月23日提交修訂後之服務業承諾表。

整體而言，《DR參考文件》分為3節：第一節係闡明參與會員同意DR參考文件所設立之規範，且各規範不會減損參與會員在GATS協定下之義務。第二節與第三節則是明定服務貿易（金融服務以外）國內規章規則，以及金融服務貿易適用之國內規章規範，其重要規範包含：應盡量接受電子形式之申請及文件影本；在可行範圍內明定處理申請案所需時間；確保其收取之許可費用係合理、透明且未限制服務提供等。

至於我國與美國在2023年6月1日正式簽署的《臺美21世紀貿易倡議》之首批協定，亦包含了服務業國內規章議題；該文件係以《DR參考文件》為其談判基礎，其內容與《DR參考文件》規範相仿，均以確保雙方主管機關在處理服務提供者之核照申請或資格審核時，應以合理、客觀、公平及獨立方式進行。由於我國為《DR參考文件》參與會員之一，且我國法制如《行政程序法》、《電子簽章法》或《訴願法》等規範均已符合《DR參考文件》之要求。[26]故不論是《DR參與文件》或《臺美21世紀貿易倡議》，預計不會對我國商業服務產生額外負擔；反之，透過前述文件之生效，可有效提升我國業者跨境提供商業服務之效率，同時減少貿易成本。

---

[24] 中華民國常駐世界貿易組織代表團，2022，《服務業國內規章聯合聲明倡議》，行政院經貿談判辦公室，取自https://www.ey.gov.tw/otn/4EF0B93434C43350，最後瀏覽日期：2023/07/24。

[25] WTO OMC, 2022, “Services domestic regulation: the 2021 deal,” retrieved July 24, 2023, from https://www.wto.org/english/tratop_e/serv_e/ji_dr_deal_e.pdf

[26] 彭文暉，2022，《修正世界貿易組織（WTO）入會議定書附錄一之「臺灣、澎湖、金門、馬祖個別關稅領域服務業特定承諾表」評估報告》，立法院法制局，頁32，取自https://www.ly.gov.tw/Pages/Detail.aspx?nodeid=43800&pid=222301

三、新服務供應模式的探討與影響

隨著全球化程度加深，各國開始追求跨國分工提升效率，導致全球價值鏈（global value chains）破碎化，在此之中，服務業也在全球供應鏈扮演相當重要的角色，除了金融、電信、資訊與物流服務直接成為供應鏈之一環外，亦有相當大的比重是成為最終產品的一部分。此一發展被稱為「製造業服務化」（servicification of manufacturing），由製造部門大量購買、使用與提供服務，同時對外販賣與出口更多服務，此類服務通常與該部門生產之貨品有關。[27]

整體而言，製造業服務化之現象可能發生在任何規模與產業之企業活動，且企業消費與提供之服務範圍相當廣泛，從金融、運輸與物流，至軟體、研發與環境服務均有可能。以特斯拉製造的電動車為例，特斯拉需要持續運用研發、工程及設計服務以提升其電動車性能，軟體亦是電動車的重要成份。同時，特斯拉也需要電力服務與零售服務以營運其工廠並採購必需品等。另外，特斯拉在售出產品後，也會向其消費者提供車輛保固或維修服務。前述種種服務均成為最終產品的一部分，此時特斯拉電動車已不可簡單視為「貨品」，而是貨品與服務交互作用下的產品。由上可知，製造業服務化實際上涵蓋了產品生命週期各階段所有投入的服務、製造或售後服務。

不論是WTO、聯合國貿易暨發展會議（United Nations Conference on Trade and Development, UNCTAD）或世界銀行等國際組織均注意到製造業服務化此一重要現象。在此之中，WTO主張在產品全球價值鏈投入、使用或製造之各式服務，不論是使用國內或海外服務，均可適用GATS所建立的4種傳統跨境服務供應模式並加以統計。以電影業為例，外國服務提供者可採用模式一（跨境提供服務），向一國電影公司提供編輯、視覺效果或錄音等服務；外國電影公司至紐西蘭等國拍電影，即屬於模式二（境外消費）；外國電影公司在紐西蘭設立分公司，以向該公司提供當地服務則屬於模式三（商業據點呈現）；最後，外國電影公司派劇組至紐西蘭拍攝電影係模式四（自然人移動）。WTO主張，服務業在產品價值鏈具重要作用，且可涵蓋於GATS的4種服務供應模式，可利用OECD-WTO之全球價值鏈附加價值貿易（TiVA）資料庫加以統計。[28]

---

[27] Policy Department for External Relations, 2018, “How to include ’Mode 5’ services commitments in bilateral free trade agreements and at multilateral stage?” European Parliament, pp. 8-9. https://www.europarl.europa.eu/RegData/etudes/STUD/2018/603873/EXPO_STU(2018)603873_EN.pdf

[28] Rainer, L., & Andreas, M., 2015, “Services and Global Value Chains-Some Evidence on Servicification of Manufacturing and Services Networks,” *WTO Staff Working Papers*, World Trade Organization (WTO), Economic Research and Statistics Division, pp. 17-19. https://www.wto.org/english/res_e/reser_e/ersd201503_e.pdf

另一方面，歐盟境內自2014年起亦對製造業服務化展開討論。歐盟文獻提出以下主張：製造業服務化之現象同時涉及貨品與服務貿易，但WTO利用《關稅暨貿易總協定》（General Agreement on Tariffs and Trade, GATT）與GATS兩項協定分別規範貨品與服務貿易已稍嫌過時。由於製造業服務化之意涵過於廣泛且缺乏明確定義，故歐盟文獻採納GATS模式特將此類服務命為「模式五」（Mode 5）。有鑑於目前國際上對此議題的討論仍在初始階段，且尚未有國際協定明定模式五之定義與範圍，故該文獻建議應初步將模式五界定為「用於貨品或與貨品有關之服務，且在貨品進行關稅估價時，其服務價值與原產地可一併進行認定者（services added or linked to goods whose value and origin can be detected for customs valuation of the relevant goods）」。[29]易言之，利用模式五出口的服務皆是製造商在出口前於貨品製程內所投入之服務；至於出口貨品的售後服務則可利用模式一至四提供。

整體而言，製造業服務化或模式五之現象早已行之有年，以歐盟統計，歐盟27國在2009年淨出口產品所含之國內服務比重達34%，價值超過3,000億歐元。[30]而各國業者在出口貨品時，其投入之服務亦隨之一併出口他國，故實際上模式五當前適用的是「貨品貿易」國際規則，且須支付關稅。例如WTO《關稅估價協定》（Customs Valuation Agreement）第1條第1項明定，「進口貨物之完稅價格應為其交易價格，亦即銷售至輸入國之進口貨物實付或應付之價格」；從該項規定可知，進口貨物的完稅價值應包含所有製造商採購之生產投入，其中即包含服務投入。

由上可知，當前國際上對模式五之討論，其目的在於彌補GATS模式一至四之不足，以及凸顯出原本4種模式外的商業行為，也存在相當大比重的服務貿易行為。從而透過明確計算模式五之交易價值，協助各產業調整其供應鏈布局，或是作為各國擬定貿易政策或是談判策略的基礎，避免模式五服務供應模式受一國國內政策或國際規則影響所拘束。原則上，模式五的出現並不會影響模式一至四之服務供應模式；反之，由於模式五服務適用於貨品貿易規則，故一國的關稅與非關稅措施均可能對此類服務造成影響，各國應持續留意相關國際規則之未來發展趨勢，以及評估以貨品貿易規則將模式五服務自由化之可行性。

[29] Policy Department for External Relations, 2018, "How to include 'Mode 5' services commitments in bilateral free trade agreements and at multilateral stage?" European Parliament, p. 13. https://www.europarl.europa.eu/RegData/etudes/STUD/2018/603873/EXPO_STU(2018)603873_EN.pdf

[30] Cernat, L., & Kutlina-Dimitrova, Z., 2014, "Thinking in a Box: A 'MODE 5' Approach to Service Trade," *Journal of World Trade*, 48(6), pp. 1109-1126.

第五節 結論與展望

一、從GATS到GATS-Plus之發展趨勢

《服務貿易總協定》（GATS）係全球首份服務貿易國際規則，該協定分為兩大部分，其一係規制服務貿易之共通規範，內容涵蓋服務貿易之4種供應模式，以及其他提升全球服務貿易體系與服務貿易自由化之相關規範；其二則是由各會員提出之特定服務業別市場開放承諾表。各會員承諾以此為基礎，持續推動服務貿易自由化。但WTO對服務市場開放談判未有實質進展下，各國乃改推動涵蓋服務貿易規則之FTA，以提升各國服貿市場開放程度。此類協定多有下列GATS-Plus特色：

（一）在規則層面，協定規範與GATS條款有共通性，但部分協定在國內規章或透明化條款，有更多訴求；

（二）在自由化方面，協定多採用有別於GATS正面表列之「負面表列」開放模式；

（三）協定成員在協定所作承諾，多半有超越GATS開放程度的水準。

另一方面，近期國際貿易協定之協定架構，也隨著服務貿易活動的複雜化，不再只用單一跨境服務貿易專章規範所有服貿議題，而是區分為「跨境服務貿易」及「投資」專章，前者適用模式一、二及四相關規範；後者則明定模式三之規則。另外，協定亦可能設有「商務人士短期進入」專章，其內容涉及模式四之商務人士臨時移動條款。再者，更有觀察到針對金融、電信、律師、建築等規範密度高的服務業，在國際協定納入監管法規的共通規則，避免各國以監管託詞，作實保護本國。

二、模式三是全球商業服務最重要的模式，也是我國發展重點

本章按WTO「服務貿易供應模式」（TiSMoS）資料庫，分析世界各國使用各模式提供商業服務之比例，可知2005年至2016年間，各模式占全球服務貿易之比重無明顯變化，均以模式三為最高，其次依序為模式一、二及四。另外，WTO《2019年世界貿易報告》亦針對2017年全球商業服務貿易情形進行分析，其結果與前述分析一致，以模式三為全球商業服務最主要的供應模式，該年度貿易值高達7兆8,000億美元，約占全球服務貿易的58.9%；接下來為模式一，占總體27.7%，模式二為10.4%及模式四2.9%。

亦即發展模式三，也是促進我國服務貿易成長的核心所在，蓋服務貿易與貨品貿易最大的差異，協助國內廠商「走出去」固然重要，但將外資產業「帶進來」也極為

關鍵，而模式三就是促進更多外人投資進入我國，可將外國業者、外國專業與技術人士「帶進來」，也是重要思維。

三、加入CPTPP將可帶動我國商業服務業創新與競爭的新動能

CPTPP作為高標準且全面性之區域貿易協定，其服務貿易相關規範係以GATS為基礎，並以確保服務貿易環境之公平性與透明性為其目標。至於市場開放方面，各締約方在CPTPP協定下僅保留一定限制措施，並承諾大幅開放其服務業別，且其市場開放程度明顯高於其GATS承諾水平。儘管仍有少數國家業者擔憂開放國內市場將衝擊當地產業，但對我國而言，加入WTO、簽署《臺紐經濟合作協定》及《臺星經濟夥伴協定》後，我國服務市場已高度開放，僅在金融、電信、專業服務、運輸或公共服務等業別保留少數限制，故對我國商業服務業而言，加入CPTPP所面對的額外開放壓力，應當相對有限。

反之，我國可透過CPTPP國家在服務貿易的開放環境，增加我國業者在當地的參與；更重要的是，觀察過去的情形，全球化競爭的刺激反而有助於我國服務業的創新，提升我國服務業在全球市場的競爭力。期待在加入CPTPP下，為我國服務業創造另一波的創新與競爭動能。

四、WTO國內規章參考文件將成為國際服務貿易協定之重要依據

WTO《DR參考文件》係近期WTO推動服務貿易規則的重要進展。《DR參考文件》旨在向參與會員提供服務貿易之證照核發、資格審查的程序與技術標準之具體指引與規範，以確保各參與會員之國內制度具有透明性與法律明確性，同時提升各國主管機關之監管品質與程序便捷性。

由於《DR參考文件》係WTO會員取得共識而形成之國際規則，此項文件除了促進國際合作與協調外，亦將成為未來服務貿易國際協定之重要參考。例如我國與美國近期簽署的《臺美21世紀貿易倡議》，其中「服務貿易國內規章」即以《DR參考文件》為基礎展開談判。由於我國亦為該參考文件的參與會員之一，且我國法制與該文件無明顯落差，故對我國商業服務業而言，國際服貿協定納入更多的《DR參考文件》元素，將有助於營造我國業者所需的可預測及透明化競爭環境，同時提升我國業者跨足海外市場之機會，並降低其貿易成本。

五、建議強化制度性之服務貿易水平推廣機制

服務業已為我國最重要之產業，而服務業國際化向來是重要政策方向。然而以貿易比重來看，2022年我國服貿出口占全球比重為0.82%，進口為0.68%，我國自從2007與2008年後所占比重即低於1%，至今無明顯提升。我國推動服務貿易國際化，主要仍由各服務業目的事業主管機關負責產業別推廣，惟個別服務業差異頗大，如國家通傳會（NCC）、衛福部與金管會等，在性質上多屬於市場監管機關，對於推動產業發展，特別是國際行銷與海外市場拓展等工作，與其任務與定位不完全一致。

其次經歷疫情後，服務業能透過跨境傳輸的商業管道越來越多，因此隨著可數位化的程度，需要主管機關有更新思維進行產業推動與管理。在此背景下，倘若能透過服務貿易跨部會水平推廣機制，進而建立制度化的協調統合機制，與專業的國際貿易行銷與拓展體系，應當有助於我國服務產業在此國際服務貿易競賽行列，提升所占之一席之地。

企業因應之道

中華經濟研究院　王健全 副院長

一、參加CPTPP等協議有利商業服務業爭取市場及創新的動能，但面對負面的影響，企業可透過公協會平臺降低衝擊並爭取商機

參與服貿協議為企業帶來機會，也帶來挑戰。不過，企業分散力量小，必須透過公協會的平臺凝聚共識、降低開放的衝擊，並爭取更好的開放商機、強化通關效率，以及貿易爭端的協調機制等。

二、發揮己身優勢，強化規模經濟效益

我國的零售、醫材、醫美、若干電子商務等領域在海外市場仍有一定的優勢，爭取開放商機，並利用海外市場的規模經濟效益降低成本，進而開拓東協及其他相關市場。

三、透過原物料的掌握、平臺的優勢因應發展中國家的低成本、低價格競爭

最近有報導指出，中國大陸的珍珠奶茶利用其市場規模經濟降低成本，打敗了我國業者。的確，中國大陸市場大，廠商本身有在地優勢，可以利用規模經濟降低成本。因此，我國應該避免面對面的價格、成本競爭，而應該透過創新差異化、掌握原物料，甚至發揮平臺、商業模式的優勢，才能扳回局面。

四、小心合作對象的融資、債務問題

隨著新冠疫情的肆虐及後續的封城，不少企業在疫情期間受到衝擊。其次，目前中國大陸的房地產泡沫、地方政府的債務危機，不少企業也陷入呆帳、債務等信用問題，雙方合作或供應原料、商品時，必須關切對方的信用問題、降低可能的風險。

五、善用政府機構及外貿協會在海外據點資訊蒐集，降低進入障礙與風險

面對協議的可能衝擊及拓展海外市場，企業應有效掌握政府和政府外圍機構的資源，包括：資訊、據點、對法規的瞭解等，才足以降低融資、信用風險及資訊蒐集的成本。

鏈結新市場：連鎖企業海外布局-從掌握消費者的口味開始

醒吾科技大學　鍾志明 副校長

第一節　前言

雖然近年來並無針對連鎖加盟產業型態的產值進行調查，但依據經濟部商業發展署（前身為商業司）《連鎖加盟及餐飲鏈結計畫》（109-112年）中提及的《2016年連鎖產業經營概況調查》報告，連鎖加盟產業的經濟產值高達2.68兆元，占我國服務業產值24.4%，顯示連鎖加盟為我國服務業相當重要的業態。近2年雖然受到COVID-19疫情的影響，但依據台灣連鎖暨加盟協會（Taiwan Chain Stores and Franchise Association, TCFA）《2023台灣連鎖店年鑑》的統計資料，2022年登錄的連鎖加盟總部為2,920家，較2021年的2,872家微幅上升，且總店家數亦增加4.08%，達到121,162家，顯示連鎖加盟業仍為我國服務業的重要經營型態。

我國由於內需市場相對較小，所以出口成為我國經濟的成長動力。隨著經濟成長，由於所得增加帶動消費性服務業需求提高，加上專業分工的刺激，技術支援性服務業逐漸發展，服務業的角色與比重日益增加。因此，服務業需要接續製造業的出口能力，成為我國維持向外發展的另一個成長引擎。因為即使加上觀光客，國內市場的規模仍然有限，服務業若不著眼於對外貿易或投資等國際化策略，將受限於國內市場規模而壓縮其成長空間，更不易抵擋挾規模優勢叩關的全球型服務業。

連鎖加盟業既是我國服務業的重要業態，國際化當然也是我國連鎖加盟產業最重要的成長發展方向。參考行政院主計總處、台灣連鎖暨加盟協會、台灣連鎖加盟促進協會等，可以將連鎖加盟產業分為四大類：零售業、餐飲業、生活服務業及其他。但是受到各國的相關保護政策及文化、語言差異的影響，生活服務或是其他連鎖業者國際化較少，目前連鎖加盟產業國際化的主力仍為餐飲業者。

我國連鎖餐飲產業在2000年後出現國際化展店的飛躍性成長，許多餐飲集團均展現出強勢積極的海外市場拓展能力，以此突破我國淺碟型內需規模瓶頸，將海外消費力道納入成為支撐營收再度成長的基礎。例如，鼎泰豐陸續擴張至海外22國市場，合計境外展店達153家，成為我國餐廳店型的海外展店王。也有如王品集團集中於中國大陸單一市場的國際化策略模式，陸續開展出超過10項品牌合計142家店。

但若提到我國連鎖餐飲的國際化，就一定要對一杯平凡無奇的珍珠奶茶致上最高敬意。許多報導已經提到我國珍珠奶茶全球化的奇蹟，但就如遠見報導中的一段話：「全球的飲食文化，說到日本就想到壽司或拉麵，提到韓國，馬上閃出泡菜兩個字。那麼台灣呢？你一定不意外，就是珍珠奶茶。」目前我國的茶飲店已遍及全球40多個國家、300個城市，珍珠奶茶逐漸成為我國的代名詞。放眼全球五大洲、國際主要城市與觀光景點，幾乎都被我國的手搖茶連鎖品牌插旗了。

連鎖加盟產業的國際化近年來雖面臨了許多機會，並不像科技業受到保護政策所建立的貿易壁壘影響，但仍受到全球疫情的衝擊，且充滿了各種複製、在地化、供應鏈、人力資源管理等危機與威脅。特別是連鎖餐飲業者的國際化目標市場逐漸從中國大陸轉為新南向國家，疫情後更積極前往美國等經濟發展高且競爭激烈的市場，所以將就連鎖加盟產業全球化所面臨的機會與挑戰進行探討。

第二節　連鎖企業邁向全球化之機會與挑戰

廖文志等人的研究指出，國內連鎖經營發展時間較歐美國家為晚，因此實務上部分業者為縮短摸索期、降低風險與加速學習曲線等因素，從國外引進連鎖品牌與經營模式，在我國市場發展連鎖系統，因此若從連鎖品牌所有權來看，可將我國連鎖加盟業者分為「自創連鎖」與「代理連鎖」。而在綜合零售方面，我國業者多是透過代理連鎖後逐步進入到自創連鎖，例如：全家超商、統一超商等。

而當國內連鎖業者從代理國外品牌進入國內市場後，逐步成熟，並透過自創品牌或是與代理品牌共同進入海外市場。聯合國跨國公司中心（United Nations Centre on

Transnational Corporations, UNCTC）曾對已國際化之連鎖業者做過調查，發現57%連鎖企業選擇尋求區域授權者國際化；透過代理的有19%；成立合資公司的有12%，只有6%的業者選用直接設立分公司的模式進入國際市場。歐美連鎖業者進入東亞市場時，主要以區域授權為主，麥當勞和7-ELEVEN進入我國市場均採此一模式。我國連鎖加盟業國際化最普遍採行的方式亦是區域授權（Master Franchising），其次為直接設立海外分公司。

連鎖加盟產業在進行國際化布局時，主要會先盤點自身的資源、優劣勢與海外市場的機會。莊文華於1994年的研究將考慮因素歸納為3點，社會及文化的因素為首。Chan與Justis於1990年提出的研究認為連鎖體系國際化成功的關鍵因素，在於瞭解國外市場的文化背景及當地社會的狀況，並有能力將主要的「文化改變」引入當地的連鎖經營體系，以吸引當地的顧客。Hoffman與Preble於1991年研究則認為兩個國家文化背景愈相似，連鎖體系的發展將愈容易。

其次，要考量總部的涉入程度及當地公司的經營彈性，連鎖體系發展成功最重要的條件即是品質的一致性，然而，面臨不同的國外市場狀況，連鎖體系國際化勢必要作某種程度的修正。最後就是當地政府及法規的限制，一般政府並不歡迎國外連鎖體系的進入，特別是經濟較為落後的國家，認為連鎖體系不具實質經濟貢獻，有時甚至有剝削的嫌疑，因連鎖總部可利用其高知名度、高價格，破壞市場的均衡。而我國連鎖加盟業者國際化市場的布局也符合上述考量因素，以下將就三大發展方向進行說明。

一、爆炸性的西進

中國大陸自1978年改革開放以後，便積極引入外資，惟服務業初期仍屬於被保護的領域，但由於鼓勵我國企業進行投資，所以對我國開放的速度較其他國家為快。同時由於兩岸的語言、文化背景相似度高，且開放初期我國服務業的品質遠高於中國大陸業者，因此引發了我國連鎖加盟產業第一波國際化的爆炸性成長。《2016年連鎖產業經營概況調查》指出，中國大陸地區為連鎖企業拓展的首要區域，由於中國大陸內需市場強勁，加上語言相通、文化相近等優勢，進軍中國大陸之臺商連鎖總部累積至今已超過200家。以下將就零售業與餐飲業分別說明。

（一）連鎖零售業的中國大陸發展

1.綜合零售業

中國大陸於2001年12月正式加入世界貿易組織（World Trade Organization, WTO），進入一個新的發展時期，臺商開始擴大在中國大陸的投資，因此從2000年開始，臺商對中國大陸投資出現第3次高潮。首先是由潤泰集團與法國歐尚集團合資高鑫零售，在中國大陸共同經營「歐尚」及「大潤發」的品牌業務，並於2011年在香港公開上市。由於對中國大陸市場的熟悉及在我國累積的經營優勢，大潤發雖然面臨全球巨頭如Walmart等與當地業者的激烈競爭，但表現相當良好。在2017年的時候，阿里巴巴集團以約224億港元向潤泰集團購股，成為高鑫零售第二大股東，並於2020年增資成為控股股東。目前大潤發在中國大陸共有400多家門店，分布在160多個城市。在阿里巴巴新零售戰略的加持下，大潤發在中國大陸市占率占據龍頭寶座。

大潤發在進軍中國大陸的同時，也同步進入連鎖便利超商的市場。在2001年成立上海喜士多（C-Store）便利連鎖有限公司，在中國大陸約有直營或加盟形式1,000家門店，主要分布在中國大陸華東和華南地區。2018年的時候，阿里巴巴集團投資5億入股喜士多，占股比例在20%-25%之間。

談到連鎖便利超商，當然必須提到我國的超商雙雄。2000年初，頂新集團取得日本全家在中國大陸境內的品牌授權。2004年，由頂新、日本全家、我國全家與伊藤忠商社組成的上海福滿家便利有限公司獲商務部批准成立，全家品牌正式進入中國大陸上海市場，開始在中國大陸經營便利店業務，其中我國全家持股僅18%。目前中國大陸全家已經超過2,500家以上，在大本營的上海地區占據單一品牌的龍頭地位。不過日本全家在2019年於開曼群島法院控告頂新集團，希望收回2,500多家門市的營運權，結果為敗訴，雖然頂新集團認為不影響營運，但由於中國大陸的便利超商市場原本就是超級戰國時代，此一訴訟的影響不容小覷。

我國統一超商進軍中國大陸的軌跡與全家不同，首先是在2000年進入上海經營上海星巴克，經營成果豐碩，也因而在2017年被美國星巴克總公司以新臺幣334億元全數購回。而在便利超商的部分，我國統一超商遲至2009年才進入中國大陸，目前持有上海與浙江7-ELEVEN的百分百經營權。但由於進入時間較晚，所以一直無法如我國業務般順利展開，上海7-ELEVEN在歷經10年虧損後，好不容易轉虧為盈，但遇到疫情又轉為大虧。

2. 非綜合零售業

相對於綜合零售業的大規模投資，我國其他零售業初期主要是由已進軍中國大陸的製造業臺商進行下游的延伸，特別是箱包、鞋、服飾等業者。例如寶成集團在1992年成立的寶勝國際，經營運動服裝和鞋類產品的經銷和零售，通路品牌名稱為「勝道」及「YYsports」，2008年6月6日分拆獨立於香港上市。

同樣地，達芙妮女鞋於1987年創辦，早期生產及銷售鞋類產品到美國。1990年代初，進攻中國大陸市場，於1995年於香港上市。初期發展相當順利，2008年在中國大陸的店數已達2,800家。2016年起網路購物大舉衝擊店面商業，達芙妮經營開始轉壞，2020年8月宣布退出實體零售業務。

雖然受到網路購物的強大衝擊，但我國仍有業者持續表現良好。例如在中國大陸的寶島眼鏡，仍能穩坐中國大陸眼鏡業龍頭。我國寶島眼鏡創辦人1997年就在武漢開設中國大陸寶島眼鏡第一家門市，2001年，我國寶島眼鏡發生財務危機，轉手賣給如今的金可集團，原創辦人全力開展中國大陸業務。2005年開啟多通路策略，從傳統街邊店進入百貨商場，成為中國大陸最大的眼鏡通路。

除了寶島眼鏡以外，雖然與手搖飲料連鎖產業相似，但茶葉專賣店實屬於連鎖零售產業。1953年成立於我國的「天仁茗茶」，在1993年投資創辦中國大陸天福集團，因為有了天仁茗茶的成功經驗，天福茗茶連鎖店在國內各大城市迅速發展。目前天福集團在中國大陸開設1,400餘家，天福集團在香港掛牌上市。

（二）連鎖餐飲業的中國大陸發展

中國大陸市場由於飲食習慣相似，加上龐大的市場規模，自然成為我國連鎖餐飲業者的首要考慮目標。臺灣進軍中國大陸市場的時間比較早，以2012年《台灣連鎖店年鑑》資料為例，當時在557家連鎖餐飲企業中本土品牌占89.5%，其中高達81%進入中國大陸市場。

除了鼎泰豐以外，在經理人雜誌的報導中提及，中國大陸餐飲界有句話：若要學習服務態度，中餐看海底撈、西餐就看王品。2003年，王品牛排進軍中國大陸市場，以「一頭牛僅六客」的台塑牛排為招牌，成為中國大陸高檔連鎖牛排的領導品牌。王品將主要的國際化力量放在中國大陸，但發展上相對不如我國順利，目前中國大陸門店數約為119家，中國大陸營業額與我國營業額占比約為3比7。特別是受到疫情的影響，近2年中國大陸營運虧損擴大，但自解封以後，中國大陸營運已經逐步恢復與成長。其他中、西餐的連鎖品牌陸續進軍中國大陸，包括瓦城、八方雲集、乾杯等，但目前除了珍珠奶茶以外，其他餐飲業者在中國大陸的發展多未超越我國本土的業績。

前面已經提及，珍珠奶茶是我國餐飲國際化的代名詞。從最早進入的仙蹤林開始，雅茗天地餐飲集團於1992年成立，其品牌仙蹤林在1994年先前往香港發展，從1996年起拓展版圖至上海、北京等地。有了「仙蹤林」的經驗做基礎後，分別在2006年及2012年創立「快樂檸檬」及「freshtea」茶飲品牌，根據其官網，其中快樂檸檬Happy Lemon已在全球20個國家、200多個城市中拓展有成，開出近2,000多家快樂檸檬門店，集團也於2014年12月24日在我國掛牌上市，成為第一家茶飲上市公司。

而2003年成立的美食達人公司，以「五星級飯店高品質商品，價格只有五星級的一半」的理念與策略，開設85度C門市，搶攻平價咖啡市場，由於專挑三角窗據點的策略成功，在我國掀起一股加盟旋風。2007年進軍上海，第一家門店因為合約糾紛而暫停營業，但於2009年仍順利開店，此後快速展店，母公司開曼美食達人並於2010年在我國直接上市，目前中國大陸門店數量約為570家。

在中國大陸展店數最多的兩家則分別是CoCo都可與六角國際。CoCo都可自2007年在蘇州開設第一家門店以來，目前在中國大陸的門店超過3,500家，占全球門店總數4,000家的9成。與其他總部進入模式不同，CoCo都可不開放加盟，因為無法確保加盟主的管理，CoCo都可的做法是挑選有經驗與管理能力的公司來做合資經營。六角國際原本的主力在東南亞市場，但在2017年宣布與杭州瑞里餐飲管理有限公司完成簽約，六角取得該公司旗下中國大陸知名手搖茶品牌「heilongtang」黑瀧堂和「GOMAX」果麥超過1,100家門店的經營主導權。

（三）我國連鎖加盟業者中國大陸面臨的威脅與困難

自2019年開始，中國大陸內需消費逐步降溫。以「八方雲集」為例，八方雲集在2014年西進，全盛時展店上百家，隨著中國大陸店租、人事成本增加，加上疫情封控近3年，大幅關店，最後只剩福建20家。隨著中國大陸品牌的崛起、人工與店租成本飛躍成長，讓許多我國連鎖餐飲業者尋求轉向，特別是南向的市場。隨著疫情的重重一擊，讓我國連鎖餐飲業者更是下定決心，將國際化重心逐漸轉移至中國大陸以外的市場。

二、掌握機會之窗的南向

如上所述，我國連鎖餐飲業者開始尋求中國大陸以外的海外市場，特別是新南向國家。東協市場屬於近年來高度發展的新經濟區域，東協10國於2015年底成立東協經濟共同體（ASEAN Economic Community, AEC），每年以平均5-7%經濟成長率持續擴增。隨著鼎泰豐、日出茶太（Chatime）、50嵐（KOI Thé）等我國連鎖餐飲業者成功進入東南亞國家，許多業者對於進軍東南亞國家有高度的興趣。

受限於語言、文化的差異以及國家的保護政策，在綜合零售方面，目前僅有少數業者進入東南亞市場（如統一超商進軍菲律賓），其他業者尚無相關的南向計畫。統一超商早於2000年就已經入股菲律賓7-ELEVEN，如今菲律賓7-ELEVEN在當地總店數已逾3,300家。而在非綜合零售方面，業者也多未進入南向市場，少數業者透過授權與經銷的方式進行。因此，連鎖加盟業者南向仍以餐飲業為主流。

除了地緣關係以外，更重要的是東南亞國家華人數較多。根據維基百科的資料，全球華人數最多的前3名分別是印尼（千萬人左右）、泰國（700-800萬人左右）、馬來西亞（700萬人左右），新加坡有280萬左右華人，菲律賓與越南也分別的華人數也分別在100-200萬人之間。由於華人的飲食習慣、文化、甚至語言都比較相通，加上東南亞市場人口相當多，所以成為我國連鎖餐飲業的選擇。以下依國家別分別進行分析。

（一）印尼市場

印尼是東南亞人口最多、華人數也最多的國家，我國已經有許多連鎖餐飲業者進軍印尼市場，包括鼎泰豐有14家門市、日出茶太（Chatime）有數百家以上門市，歇腳亭有32家門市，其他包含貢茶、50嵐（KOI Thé）、幸福堂、麥味登、老虎堂等也都已經進入印尼市場多年。但是除了手搖飲料以外，我國餐飲業進入印尼市場的成功者仍相當少。曾經有當地業者接受訪談時表示，在印尼，如果鎖定華人市場會相當辛苦，不易生存，必須像鼎泰豐一樣，能夠相當在地化。

雖然我國的連鎖餐飲業者進入印尼市場的案例較少，但是在印尼仍可發現許多我國的小吃，多為當地臺商、來臺留學或是經商者回印尼進行模仿或複製。例如士林大雞排，乍看以為是我國的業者，但實際上是新加坡業者引進，整合臺式炸雞、珍珠奶茶等美食，以我國「士林夜市」的品牌打入印尼市場。也有一些標榜我國鹽酥雞的單一小吃店，多為當地模仿者，尚未成氣候。

（二）越南市場

越南應該是東南亞國家中飲食習慣最接近我國的國家，包括使用筷子的飲食文化。由於人口接近1億，也有許多我國連鎖餐飲業者想要進入，但因為不熟悉越南的在地文化，加上擔心共產黨的政治風險，所以除了連鎖手搖茶飲業者如KOI Thé 與貢茶以外，目前並無知名的我國連鎖餐廳進入越南。但有一點令人難以想像，除了我國美食，日本、韓國的美食都已成功進入越南市場。

（三）馬來西亞與新加坡市場

至於華人比例相當高的馬來西亞與新加坡，除了連鎖手搖飲料業者，鼎泰豐也成功打入馬來西亞市場。與其他國家的國際化發展經驗類似，打開Tripadvisor的推薦名單，在馬來西亞推薦的我國餐廳除了鼎泰豐，其他就是沒有在我國看過的餐廳，應該是當地華僑或臺商所開設。

在新加坡也相同，Tripadvisor的推薦名單除了鼎泰豐還有我國較知名的早餐連鎖豐盛號，其他的餐廳也都是在我國沒有見過的品牌，包括第1名的「一心一町台灣餐堂_ISSHIN MACHIES」，主打「新加坡品牌，臺灣味道」，前場主管均為旅居新加坡多年的臺灣人。反而是我國上市櫃的幾家大型餐飲集團，目前主要的海外市場拓展策略，除了中國大陸以外，都以美國為2023年的主要目標市場。在馬來西亞、新加坡等華人比例較高的國家，仍然較無發展的規劃。

（四）泰國市場

在有美食王國的泰國，我國的珍珠奶茶還是能夠成功進入，只是競爭也相當激烈，畢竟泰國本身的飲品也相當豐富。比較早布局的CoCo都可、KOI Thé，以及隨後的歇腳亭、老虎堂、一芳等，乃至獨立的個體戶、夜市擺攤，令市場在短短幾年間就迅速成長，更別說泰國自己的本土店家，仿效極快，紛紛也賣起珍珠奶茶與各式茶類飲品，分食這塊商機。除了鼎泰豐，我國本土的連鎖餐飲品牌少見成功進軍泰國市場的案例。倒是在當地的臺灣人或華僑成功建立了品牌，例如來自我國的邱郁程（Eugene），便主打把我國最正宗的夜市美食原汁原味的搬到曼谷市區，除了滿足臺灣人的口感，更打算挑戰泰國本土的消費市場。

（五）菲律賓市場

在美式餐廳林立的菲律賓市場，炸雞絕對是相當受到當地市場青睞的食品，所以臺灣風味的炸雞連鎖也紛紛進入此一市場，包括豪大大雞排、食香客雞會站Chickilicious、Mr. Lai台北脆皮雞排、Chicken House等，當然也有很多當地臺灣人所開設的炸雞店，包括乾杯火鍋燒烤音樂餐廳Come By hotpot & Grill Restobar。相對於其他國家多只能找到鼎泰豐，菲律賓市場算是比較常見我國的餐飲店家，其中甚至有一家在當地打出品牌而紅回臺灣、甚至獲得國家磐石獎的「二嫂」。獲得第22屆海外臺商磐石獎的二嫂（ERSAO）餐飲集團，是因為旅菲臺商謝嘉卿和太太「二嫂」姚慧貞懷念家鄉味，20多年前靠一個鹹酥雞小吃攤起家。雖是無心插柳，但夫婦倆胼手胝足，打造出目前菲國規模最大的臺灣小吃王國。

（六）連鎖餐飲業者在南向面臨的威脅與困難

綜合上述市場分析後，可以看出除了連鎖手搖飲料與鼎泰豐以外，我國連鎖餐飲業者成功進入東南亞市場的成功案例相當少。事實上，由於進入門檻低，容易被複製模仿，所以手搖飲料業者在東南亞市場的經營也相當困難。以印尼市場為例，根據i-Buzz Asia印尼手搖飲品牌聲量顯示，印尼本土品牌在Top 10排行中高達6家。印尼本土品牌除了價格較親民外，它們更熟悉消費者需求——清真認證、口味甜度和包裝設計。當然除了當地的業者以外，挾著資金與關稅優勢的中國大陸業者是我國業者的另一大威脅，包括蜜雪冰城等萬家門市以上的連鎖加盟巨頭開始進攻東南亞的平價市場，逼使我國業者必須升級，包括前往經濟較為發達且我國業者不具文化與品牌優勢的歐美日等國家。

三、連鎖餐飲業的全球綻放

當我國的連鎖加盟業者要進軍經濟發達的國家時，品牌的接受度相對較低，除非服務或產品具有足夠的差異化優勢。因此，除了餐飲業以外，其他連鎖加盟的業者較無發展的機會。以下將就日本與美國兩大市場進行分析。

（一）日本市場

即使是餐飲業，目前除了鼎泰豐以外，可以全球綻放的餐飲業者應該就只有珍珠奶茶了。其實日本市場一直是我國餐飲業者首先注意到的高端市場，除了地理位置靠近以外，飲食的相近度高，且兩國人民的交流也相當密切。在疫情以前，由於日本的經濟長期停滯，所以來臺旅遊成為日本許多年輕人的選擇，有濃濃我國在地文化特色的餐飲品牌，也成為日本觀光客來臺按圖索驥的對象。這些深受外國觀光客喜愛的餐飲品牌，如鼎泰豐、春水堂，看準海外市場對於異國品牌的好奇心，先後前往日本發展，順利在日本市場落地。除了鼎泰豐與春水堂能夠站穩日本以外，天仁茗茶的喫茶趣則授權日本Sugakico集團發展日本東京都市場（目前僅有2間分店），其他連鎖餐飲業者相對就較為辛苦了。

2019年把日文的「珍珠」轉化為動詞「喝珍奶」的タピる（tapiru），入選日本十大流行語大賞，然而2020年有好幾家珍奶專賣收掉東京的分店，包括我國50嵐海外品牌KOI Thé、COMEBUY，以及也賣珍奶冰的ICE MONSTER，亦於2020年9月完全撤出日本市場。主要的原因在於新鮮感退燒，無法真正深入到日本的飲食文化中。當然因為疫情的影響，無法拿著手搖飲邊走邊喝邊打卡，也大幅衝擊珍珠奶茶的營運。

（二）美國市場

如《經濟日報》2022年的報導所述，我國餐飲品牌掀起第3波出海熱潮，在85度C、歇腳亭（Sharetea）相繼在美國取得不錯的成績後，不只我國的水餃、鍋貼、牛肉麵成為新一波進軍美國的餐飲，就連連鎖精品咖啡、臺式泰國料理都準備到美國市場大展拳腳。

「85度C」2008年10月在加州爾灣市（Irvine）建立進軍美國的第一家分店後，85度C的擴張腳步加快，目前在美國已遍布7個州，包括華盛頓州、加州、內華達州、德州、奧勒岡州、夏威夷州及亞歷桑那州，其中又以加州為大本營，69家美國門市中有49家落腳加州，但在2023年5月在紐澤西州設立中央廚房，以支應未來85度C在美東岸開設的分店。

八方雲集在中國大陸市場受到疫情嚴重影響後，也在2022年3月首次踏出亞洲市場，在美國加州開出第一間海外門市，創造了日營收約1.5萬美元（約新臺幣47萬元），這家門市半年營收就高達4,800萬新臺幣，未來也預計積極拓寬美國版圖，預計2024年底前在當地再開7家門市。

此外，包括六角國際集團的段純貞牛肉麵、被菲律賓快樂蜂集團（Jollibee Foods Corp）收購的迷客夏、揚秦集團的炸雞大獅與快樂檸檬、鮮芋仙等，都已經陸續進軍美國市場。但這波美國熱與過去兩波的出海熱潮不同，因為美國市場的法規相當嚴謹，如果要大量招收加盟者的總部必須要先通過各州的加盟揭露文件（Franchise Disclosure Document, 以下簡稱FDD）審核。同時美國的開店成本相當高昂，人力的取得與派遣等因素，都說明這場戰爭的主要競爭者都必須具相當資金規模，美國市場也是目前我國連鎖餐飲業者的首要考慮。

第三節 國內指標案例

為了瞭解連鎖餐飲與零售的國際化經驗，本章訪問了我國2家國際化相當成功的連鎖餐飲業者——六角國際、春水堂，並訪問了2家連鎖食品零售業者——所長茶葉蛋、翔美雪花冰。希望透過這些業者的經驗，提供連鎖加盟業者在國際化布局的參考。

一、國際化身的六角國際

六角國際餐飲集團由身為科技人的王耀輝董事長與其夫人成立於2004年，總部位於新竹，2006年成立「日出茶太（Chatime）」品牌。在2019年以前，由六角催生的茶飲品牌「日出茶太」像一陣紫色旋風，席捲全世界六大洲、41個國家，雖店數敵不過CoCo都可、貢茶和快樂檸檬，但相對競爭者店多開在中國大陸，日出茶太堪稱我國橫跨最多國家的茶飲品牌。相對於我國不到30家的門市，可以說六角國際本身就是國際化的化身。

（一）有日出的地方都能喝到Chatime

王耀輝董事長一開始創業的時候就決定走國際市場、公開市場（2015年成功上櫃），所以從取名的時候即可看出他的企圖心。王耀輝董事長夫人王麗玉解釋，「Chatime是邊聊天邊喝茶，希望全球有日出的地方，都能喝到Chatime飲料」。如同於接受《天下雜誌》專訪時所提，還沒確定首家店址，就花大錢請廠商研發自動煮茶機，因為他們認為我國茶品質早在水準之上，茶不用最好喝，但穩定一致很重要，此舉已為國際化奠定穩定基礎。透過國際化理念的展現，2008年吸引了創業投資7,500萬元，前進上海，一口氣開了30多家直營店。但因為展店太快，人員訓練不到位，原物料卡關銜接不上，同時公司內控出問題，未注意到店租過高，造成現金流進流出，因此1年後當機立斷決定撤退，賠了1億多元，也讓他們學習到經營不只要確保產品的品質。國內部分，也因為怎麼努力都敵不過50嵐和清心福全，所以決定避開國內與中國大陸的競爭紅海。

王董事長認為當時我國珍珠奶茶品牌國際授權及管理的模式沒有前例可循，只能挖角麥當勞、漢堡王等美系餐飲業人才，先學別人經驗，再轉化成六角的經營聖經。六角在竹北總部成立國際業務拓展與營運管理2個部門。每週和海外代理商通話，每季飛去實際訪察，就是為了瞭解當地狀況。即使如此，2017年，六角和馬來西亞代理商終止合約，全球店數一夕少三分之一，營收掉2成。主因是對方使用未經總部授權的原物料，規勸無效，不得不忍痛解約。國際化的堅持是對的，日出茶太的門市在2023年已經橫跨六大洲、60個國家。其中排名前5名的地區有印尼484家、澳洲176家、菲律賓170家、加拿大126家，就連已經解約後再重新發展的馬來西亞都有115家。

想變成茶飲界的星巴克，珍珠奶茶不能只賣華人，王耀輝深知，拓展白人和非亞裔市場是重點。王董事長在澳洲子公司啟用白人，60人的團隊只有2個亞洲臉孔，用西方人眼光看東方的產品，做研發和行銷，甚至有75%門市都改開到白人區。歷經幾次轉型，2023年澳洲門市已經達到176家。

2017年底，六角入主中國大陸瑞里餐飲集團，取得旗下「黑瀧堂」、「果麥」兩品牌經營權，加上這1,100家，六角分店數一下翻倍至2,000家，直逼全球最大茶飲連鎖CoCo都可。雖然2019年開始遇到疫情的衝擊，中國大陸門市關了相當多，但透過這次的整理，反而可以重新整理門市結構，汰蕪存菁。隨著疫情解封，全球各地日出茶太門市都呈現成長。2023年3月，六角與韓國知名連鎖餐飲集團Food Zone公司簽定5年200店總代理合約，雙方將攜手開拓韓國手搖飲市場，持續強化國際化的能量。

（二）透過代理打造餐飲王國

除了珍珠奶茶，六角也開始透過代理品牌進入餐食的市場。2014年成立餐飲事業部，成為日本銀座杏子豬排在我國的獨家代理商。2016年，六角國際在我國衝刺餐飲品牌，成立王座國際餐飲股份有限公司，推出「段純貞牛肉麵」。2017年，王座取得「大阪王將」餃子專門店代理經營權，將餐飲的範圍更加擴大。

（三）前進美國

對於最夯的美國市場，Chatime其實在2008年的時候就已經前往試水溫，當時採用單店加盟的方式，展店25-30家，但由於當時市場文化接受度不高，所以並沒有很好的成效。隨著疫情解封，將重新調整美國市場營運體質，與澳洲的子公司共同經營，複製澳洲成功經驗。六角規劃2023年在美國加州陸續開出3間直營店，並重新整頓現有的約20家門店，目標3年內開到150家。

（四）國際化必須從態度做起

態度決定高度，從六角的國際化過程真的可以驗證這句話。與傳統連鎖手搖飲料業者不同，六角從一開始就設定國際化的目標，選擇最困難的一條路。要國際化就必須先標準化，這是連鎖加盟最重要的核心元素，但卻是大多數業者無法堅持的一條路。透過「標準化」的堅持與「國際化」的推廣，同時接受「公開上市」的最嚴格檢核，都是健全公司體質的最好辦法。在公開上市後，透過資金取得的優勢，可以考慮更多元的擴張與成長策略，包括「購併模式或代理」，因為規模是連鎖加盟業最重要的關鍵成功因素之一，能快速擴大規模就能更快取得競爭優勢。所以說，六角真的是「國際化身」。

二、以茶會友的春水堂

春水堂想要提供給顧客的是茶文化的生活，而「茶」只是表現的方式，春水堂期望消費者能在一杯茶的互動中，感受到茶的美好。而春水堂的成功，在於對於品質接近「龜毛」的要求。招牌的珍珠奶茶，為了讓客人每次都能喝到同樣的風味，春水堂在製作程序上就制定了包含量溫、測冰等10道工序，在測冰項目上，為了能在尖峰時間快速服務大量客人，甚至要訓練員工「抓冰塊的手感」，透過反覆練習，讓員工每次抓握都能取出固定的冰塊量，加快供餐速度，也確保餐飲風味的穩定性。

春水堂目前在我國共有57間門店，2013年與日本水資源集團OASYS合資，進入日本市場。春水堂會在日本與水資源集團OASYS合資開店，很大的原因是一杯茶的感動。春水堂二代暨發言人劉彥伶表示，日本水資源集團OASYS的負責人在松山機場候機時，喝了春水堂的茉香珍珠奶茶，讓他相當難以忘懷，因此OASYS負責人認為實在值得將春水堂帶回日本分享。雖然日方誠意十足，但春水堂卻非常謹慎，告知前期投資成本相當高，更重要的是合作夥伴必須自己跳下來經營，而非純投資。在雙方情投意合下展開合作，最多時開設了12間分店，近年來因為疫情影響與人力短缺，所以目前僅剩10間分店。

春水堂國際化時都採用合資的模式，主要原因在於店型較大，期初投資成本很高，不易回收，必須長期經營，所以需要慎選當地的合作夥伴。合作的部分由春水堂負責提供整套茶飲、餐點的技術轉移，當地門店的經營與人才管理則是交給合作方，而新餐點的開發也會視市場狀況交由合作方研發，但須通過春水堂同意。即使如此，春水堂平日也會透過社群網路平臺保持順暢的溝通，並派員前往巡店與協助。

對於春水堂的國際發展，劉彥伶指出，其實春水堂一直都沒有自我設限，未來要在哪個國家開店都很歡迎，但就是要找到對的人願意嘗試。而且服務對象應是當地比例70-80%的消費者。因此若要設點，就不會選在消費族群較小的華人街。由於堅持，所以春水堂目前國際化的速度較為緩慢，除了日本10間門店以外，在中國大陸有1間、香港5間、新加坡3間。為了彌補春水堂國際化的穩定但緩慢的節奏，小型外帶店面的茶湯會將負起較大的國際化責任。目前茶湯會已經在最嚴格的加州與紐約通過FDD認證，在後疫情時代可望快速展店，目前茶湯會在美國、加拿大與泰國都已開始展店。

從春水堂的經驗中可以看出，「合作方的選擇」相當重要，而合作的基礎在於「誠信」，所以必須能對合作方「揭露充分的訊息」，雙方的合作才能長久。

三、一蛋成名的所長茶葉蛋

2000年7月，時任新化警分局知義派出所所長廖世華，有感於上班地點偏僻，同仁吃早餐不方便，廖所長即開始試滷茶葉蛋給同仁補充體力，除同仁享用以外，順便招待前來所內洽公的民眾，嚐過的人讚不絕口。當自行車運動盛行後，舊臺南縣（現為臺南市）警察局推動鐵馬元氣站，知義派出所也以茶葉蛋招待各地車友，更讓「所長茶葉蛋」聲名跟著車友來去傳了開來，還有海外僑胞也是慕名而到知義派出所品嚐「所長茶葉蛋」，廖所長退休後，與妻子家族成員一起創立金嘉隆企業股份有限公司，所長茶葉蛋就此誕生。

初期所長茶葉蛋主要是透過自己的通路銷售，目前國內共有14間門市。後來透過7-ELEVEN、電商等通路銷售，規模快速增加。即使是在疫情期間，營業額不減反增。後來遇到蛋荒危機，由於所長茶葉蛋已成立研發部門，開發茶葉蛋以外的滷製產品如豆干等，營業額仍然持續成長。

由於觀光客來我國品嚐過所長茶葉蛋以後都讚不絕口，因此施麗月副總經理便開始進行外銷。最初選擇了香港市場，主要原因在於進入較為方便，不需要申請太多出口、衛生證明等。根據施副總經理表示，蛋的出口困難度僅次於肉類，必須要符合各地的相關法規。目前的主要外銷方式，主要透過中華民國對外貿易發展協會補助的當地試吃活動，包括美國與日本，然後尋找有意願經銷的通路。由於各國對於農業的保護相當高，因此所長茶葉蛋目前較不考慮南向市場。

從所長茶葉蛋的國際化案例可以看出，各國法規與保護的限制，的確是我國連鎖零售業者面臨的困難，需要政府給予更多的支持。

四、飛翔國際的翔美雪花冰

1970年的時候，高文婉女士覺得剉冰太生冷而雪糕太黏膩，希望能有冰淇淋口感與剉冰質地的冰品，因而發明出「雪花冰」，並在我國虎尾鎮其父親經營的「高進商行」開始販售。1982年，雪花冰正式註冊，於高雄創立翔美食品（CHARMY），並享有專利權的10年保護，嚴選紐西蘭牛奶為牛奶冰磚的主要食材，直到多年後才找到雲林的完美花生，而做出濃郁香醇的花生雪花冰磚。1983年，改革以企業公司型態經營，即成立翔美食品興業股份有限公司（CHARMY FOOD CO., LTD.），斥資在高雄縣大發工業區購置廠地和半自動化產機器，設立半自動化廠房以及擴大生產線，2015年全面進入自動化生產。

翔美雪花冰的國際化與我國許多中小企業走向海外的過程相同，1999年921大地震後，國內市場大幅衰退，所以必須尋找新的出路。2001年，當時的方總經理便開始主動出擊，到新加坡參展。雪花冰的獨特口感吸引了不少國外買家的青睞。所以透過品牌授權與區域代理的方式進攻國際市場。翔美雪花冰的商業模式主要是出口冰磚與機器，再透過教學指導，協助授權方開店或在其原有冰店銷售。之後也陸續參加許多國外的展覽，開拓不同國家的通路。同時為了突破冰磚的出口困難，所以也會出口基底粉，然後教導合作夥伴生產冰磚。

受到疫情的衝擊，國外客戶流失相當多，目前僅剩日本、韓國與加拿大為主。而在疫情過後，也規劃繼續主動出擊，透過參展方式尋找新的合作夥伴。翔美雪花冰目前並未設有國外部，主要仍由第二代同時身兼國內營運與國外推廣，加上競爭者日益眾多，所以國際化遇到較大的困難，特別是東南亞市場，關稅的成本劣勢，也會遭受來自中國大陸與當地競爭者衝擊，必須能夠增加新產品的研發，才能殺出紅海。

第四節 關鍵成功因素分析

表12-1將4家企業在國際化方面的差異進行彙整與比較，並分析連鎖加盟產業國際化的關鍵成功因素如下。

表12-1 國內訪談案例彙整

企業／比較項目	六角國際	春水堂	所長茶葉蛋	翔美雪花冰
海外市場數量	多	少	少	先多後少
公司規模	大	大	小	小
海外市場大於國內	是	否	否	否
國際化專責單位	有	無	無	無
在地化調整	多	中	少	少
進入模式	授權、合資	授權	授權	授權
供貨困難度	低	低	高	中
競爭者進入障礙	低	高	低	低
合作夥伴關係	緊密	緊密	低	低

資料來源：本文整理。

一、國際化決心是關鍵

六角國際一開始就先以全球市場為目標，從此高度進行資源的累積與規劃。春水堂是因為合作夥伴主動尋求合作，所以採取被動的態度。而另外2家企業則是有感於國內市場衰退或成長有限，所以被迫採取國際化。這4家的國際化決心也反映在國際化的進展與成果，六角國際的國際化成果高於國內的發展，春水堂則需視合作夥伴的配合度而決定擴張的速度，另外2家則囿於資源過少不易產生競爭優勢。因此，國際化的決心是首要的關鍵成功因素。

二、應設立專責組織或人員

國際化決心可以從組織結構看出，目前僅有六角國際設有專責部門與負責人員。專責人員不僅可以開拓業務，更重要的是能確實瞭解國際市場趨勢，並且做好在地化研發與支援合作夥伴的工作。臺灣連鎖餐飲業者進行國際化布局，不能吝於投資人才的培育。

三、慎選合作夥伴

不論是六角國際或春水堂，都說明慎選合作夥伴的重要性，不能急於追求短期的授權金或訂金，也不只是合作夥伴的當地優勢，必須確實瞭解雙方合作的雙贏模式，否則合作夥伴越強，也越能自行發展連鎖業務。

四、合作模式應逐步深化

過去我國連鎖餐飲業者的商業模式都是靠賺取授權金額為第一桶金，認為這樣才能有資源投資後續的經營，但授權的雙方若站在甲乙方的立場，很難取得雙贏的永續經營。因此，當有足夠資源的時候，便應該如同六角國際在澳洲的發展，從授權慢慢走向合資，透過深化的合作，共同創造整體的利益。

五、供應鏈優化成為長期生存的關鍵

在區域授權模式中，供貨往往也是總部獲得利潤的來源，但也會受到物流、關稅與相關法規的影響，特別是食品與農產品的出口相對較為困難。因此，如何健全連鎖體系的供應鏈並兼顧品質，會是連鎖產業能否快速提升規模優勢的關鍵因素。

第五節　結論與展望

在《2022中國便利店TOP100》排名中，門市數量增加最多的是美宜佳，較2021年增加了3,840家，門市總數突破3萬家，成為中國大陸便利商店門市數量最多的品牌。相較之下，全家便利商店的門市數量則是減少了236家。日本的7-ELEVEN、全家超商分別名列第8與第10，中國大陸的本土品牌已全面領導連鎖便利超商的市場。

《商業週刊》2023年7月27日的報導中指出，蜜雪冰城（Mixue），在中國大陸擁有23,000間門市，挾帶冰淇淋僅人民幣3元、奶茶僅人民幣5元（編按：冰淇淋約合新臺幣13元、奶茶約22元）的超低價優勢跨出中國大陸，也在東南亞5國開展逾千間門市，成為全球最大手搖飲業者。加上前面提及，印尼市場的本土手搖飲料業者的崛起，在在說明我國的珍珠奶茶業者國際化面臨了相當大的挑戰。從中國大陸到新南向，再轉入美國、日本、歐洲市場，國內連鎖加盟業者所面臨的挑戰與威脅快速增加，因此，可以從六角國際、春水堂、鼎泰豐與菲律賓的7-ELEVEN成功中，找出可能的國際化布局方向。

一、國內連鎖企業海外布局之發展策略建議

加盟本來是連鎖業型態突破成長瓶頸的一種模式，透過總部與加盟主的合作，達成雙贏的目標，所以重點在於連鎖規模的成長，而非總部與加盟主之間的利益分配。過去國內許多連鎖加盟業者將加盟視為一種類似權證（security）的性質，透過販賣加盟，收取加盟三金等為其主要的獲利來源，包括連鎖加盟業者的國際化亦是如此。當國內連鎖加盟業者在面臨低價市場的入侵者，而希望轉向美國這類型的高階市場時，美國的FDD規範便讓許多國內的加盟總部無法遁形。清楚揭露經營內容與獲利結構，原本就應該是雙方公平交易的基礎，也才能建立起互信的長久合作模式。以下是本研究結合文獻探討、案例訪談與觀察的建議。

（一）強化在地深耕的研發模式

鼎泰豐在印尼陸續開了13家分店，至今屹立不搖，當地品牌代理商說，成功關鍵是小籠包肉餡做了微調。過去全球的鼎泰豐小籠包內餡都是豬肉，唯有印尼鼎泰豐獨創雞肉內餡，專為穆斯林服務。面對中國大陸競爭者與各地本土業者的仿效，國內連

鎖加盟業者不能僅將在地化研發的工作交給當地的合作夥伴，更需要投入資源進行研發，畢竟連鎖加盟總部應該比加盟主更具備經營與技術研發的優勢，否則加盟主何須加盟。特別是在資訊發達的今日社會，原物料的取得並不是無法取得的商業機密，如果只是希望從加盟主賺取供貨的價差，只會增加加盟主違規與解約的風險。所以，如何創造商品與服務的差異化，提高我國的文化元素與人情味，就必須不斷進行研發。

（二）慎選理念相同的合作夥伴

選對海外加盟夥伴，是鼎泰豐最重視的事情，在中國大陸和新加坡，鼎泰豐找的合作夥伴分別是我國大成集團和新加坡麵包物語（Bread Talk）集團，都是在食品流通業具代表性的上市公司。協助鼎泰豐將店開到倫敦的企業便是麵包物語集團；而在印尼、馬來西亞的鼎泰豐，則是頂著史丹佛MBA學歷和出自麥肯錫（Mckinsey）顧問公司的合夥人。願意親力親為，認同鼎泰豐善待員工的企業文化，是這群海外加盟主共同具備的信念。同樣地，不論是春水堂的日本合作夥伴或是六角國際澳洲子公司的合作夥伴，有別於過去僅選擇在當地有政商影響力或是相關經驗的被授權者，理念的認同應該是更重要的選擇因素。

（三）以公開發行或上市標準提升總部營運體質

國內許多連鎖加盟業者仍然認為，能夠賺錢就好，為何必須公開發行或上市。事實上，設定公開發行或上市的目標，可以真正讓業者進行自我經營體質的檢視，而不僅僅是為了股價或是籌措資金。如六角國際從一開始就設定此一目標，所以才能在國際化發展中，不斷改善經營。而上市更能讓連鎖加盟業者的品牌被認同，獲得加盟主或是在地合作業者的青睞，包括在地供應商的合作等。因此，鼓勵國內連鎖加盟業者應設定此一目標。

（四）合資型態可能優於區域授權

過去國內連鎖加盟總部除了收取區域授權或代理的費用以外，由於不易從營業額中抽成，所以長期的收入就來自於銷售食材、原物料、包裝給加盟主。但由於需要在地化供應，或是進口需要增加關稅等成本，此一部分的收入或利潤將受到很大的影響。若要長期耕耘國際化市場，透過合資或是更密切的方式，以權利金或分潤取得利潤，可能是未來必須要考慮的長遠合作模式。

（五）大型化是打國際賽的重要武器

上述的各項發展策略都代表了成本的投入，也代表未來國際化的成本將遠高於現在或過去的成本。因此，大型化將是連鎖加盟業者進軍海外市場的重要武器。公開發行上市籌資是一種模式，但是需要長期的經營，甚至會產生蛋生雞還是雞生蛋的矛盾。對於尚未具備公開發行上市資格的業者若要國際化，尋找適合的大型投資者可以增加成功的機率。

（六）東南亞仍是未來連鎖加盟業發展的重要市場

雖然美國市場的高收益吸引了國內連鎖加盟業者的眼光，但是相對的經營風險與成本增加也是必須考量的因素。從六角國際的案例來看，如果有足夠的實力進入到美國、加拿大、澳洲等市場，當然也能回到中國大陸市場經營，也更有足夠的實力進入相對有品牌優勢的經濟落後國家。所以六角國際、鼎泰豐都沒有放棄東南亞市場。不論從地理距離、文化相近程度，東南亞市場仍是國內連鎖加盟業者不應放棄的市場。當我們累積足以進入美國市場的能量時，相信在東南亞市場也會有生存與成長的機會。

二、政策建議

在訪談的業者中，多數人表示希望政府能在突破當地法規及關稅方面加以協助，特別是在東南亞市場部分，因為東協的關稅優惠，讓國內業者在成本上處於劣勢。

其次，業者認為協助在國際市場曝光有其必要性，包括參加展覽、舉辦試吃活動等，希望政府可以持續且擴大辦理。

最後，如前所述，大型化是國際化的武器，所以建議政府可以多媒合小型連鎖加盟業者與投資者的合作，當然也可增加公開發行上市的推廣與協助，增加國內連鎖加盟業者國際化能量。

※感謝六角國際事業股份有限公司（六角國際）、春水堂實業股份有限公司（春水堂）、金嘉隆企業股份有限公司（所長茶葉蛋）、翔美食品興業股份有限公司（翔美雪花冰）等企業接受本文訪談，並分享國際化經驗，特此致謝。

企業因應之道

國立臺灣大學工商管理學系暨商學研究所　陳文華 教授

由於內需市場有限，我國連鎖業者成長動力主要來自拓展國際市場。初期，大部分業者西進大陸市場。作者首先審視臺灣連鎖業者過去在國際化發展的成功案例，我們可大略歸納出以下主要價值主張：（1）優異的經營管理及商業模式，例如7-ELEVEN、全家、大潤發，（2）藉說故事來闡揚優質企業文化，例如鼎泰豐、春水堂，（3）創新的複合店型態，例如結合蛋糕及咖啡的85度C、路易莎，（4）強調臺灣美食文化，例如八方雲集鍋貼、段純貞牛肉麵，（5）創意茶飲產品，例如CoCo都可、日出茶太、歇腳亭，以及（6）優質服務及產品，例如寶島眼鏡、天福茗茶。

近年來，隨著國際大型連鎖業者大舉進入中國大陸市場，加上在地競爭者崛起，我國業者優勢不再，乃南向轉戰東南亞各國市場，甚至進軍歐美市場。但各國市場語言、文化、經濟強弱、消費者習慣及偏好差異，這都考驗我國業者的國際化競爭力。近年來，全球茶飲市場大幅成長，茶飲業的國際化成為主流業種。作者藉由訪談與彙整4家連鎖企業的國際化經驗，觀察到企業的國際化決心（如是否設立專責部門或人員），可反映於其國際化的進展。慎選合作夥伴、維持緊密關係，確保雙贏模式，是成功國際化的關鍵；在擁有足夠資源後，更應深化雙方合作模式，由授權走向合資。此外，健全的供應鏈，確保供貨順暢及其品質，對於長期生存也至關重要。

連鎖企業於進行國際化布局時，首先應盤點企業自身資源、優劣勢與海外市場機會，其次須考量總部的涉入程度及當地公司的經營彈性，最後則為當地政府及法規的限制，特別是經濟較為落後的國家。企業在確信核心業務健康、價值主張具競爭力、客戶滿意、且財務健康之前，不應貿然尋求海外的成長機會。另外。連鎖加盟業者應透過科技應用和人才的培養，建立單店獲利模式，爾後複製成功經驗移轉到連鎖體系，才能建立海外國際化的成功經營模式。在進軍海外市場前應自問以下問題：自己的商品或服務是否具國際化潛力？要先集中火力於一個最具潛力的市場，還是遍地開花？

最後，除了作者提出的建議之外，連鎖業者亦應思考以下發展趨勢的衝擊：（1）如何藉由商業模式創新來提供永續、生態、綠色和道德的消費模式，（2）發展新經營模式，如餐飲外送、訂閱、租賃等，（3）通路多元化：善用電商平臺、支付平臺、開店平臺、社群媒體、直播及短影音平臺，以快速進入新市場，（4）店型多元化：街邊店、店中店，或快閃店來開拓潛在市場，及（5）運用科技，尤其是人工智慧，來提升服務效率。

重塑創新四大元素：服務業獲利模式新思維

國立中興大學企業管理學系　林谷合 教授兼副院長

第一節　前言

服務業在我國經濟發展扮演重要的角色，根據經濟部統計處的年報資料，2022年我國服務業產值突破新臺幣13兆元，就業人口占總就業人口數將近6成，即使在過去3年受到疫情影響的期間，服務業占我國國內生產毛額（Gross Domestic Product, GDP）的比重依然緩步成長，顯見服務產業對於我國的重要性。

COVID-19疫情雖然給全球經濟帶來重創，但是我國的經濟在疫情中展現了相對的韌性；隨著疫情宣告結束，人民生活逐漸恢復常態之下，我國的服務業也一掃過去的陰霾，穩定持續成長。根據台灣經濟研究院《2023年台灣個別產業景氣趨勢與展望》報告指出，我國服務產業持續樂觀成長，其中銀行業、餐飲業、空運業、文化創意等產業預計將會有亮眼的表現。

然而，雖疫情對經濟的影響已經稍稍平息，人們的消費行為卻產生了本質的改變。例如，疫情期間許多人已經習慣在線上購物，這些改變在疫情過後並未有明顯回復的跡象，也連帶地影響許多行業的發展，包括數位服務、綜合零售、商用不動產等。餐飲業也是疫情之下改變最大的行業之一，儘管疫情早期重創了實體餐飲業的營運，外送平臺的興起卻讓餐飲業找到新的出路。透過數位化和個人化的服務，餐飲業不僅能更有效地滿足消費者的需求，還能創造出新的業務機會。又例如在健康照護業方面，我國已經在長期照護、智慧醫療和醫藥研發等領域取得了重要的進展。長期照護服務的需求持續增加，加上精準科技的進步，智慧醫療和遠距照護也變得越來越可行，進一步提升了健康照護服務的品質和效率。這些變化的推動力主要源自於創新科技的應用、消費者需求的轉變，以及政府相關政策的推動。

面對科技快速進步和消費者行為的變化，使企業有必要重新思考傳統的商業模式；服務業必須開闢新商業模式及產業方向，才能在激烈的競爭中取得優勢。本章探討重塑服務業獲利模式的4個關鍵元素：數位轉型（Digital Transformation）、企業韌性（Resilience）、體驗經濟（The Experience Economy）和服務科技。企業可以藉由融入這些元素積極創新，發展出不同的服務模式，讓原本的服務業朝向更多元、更高值的方向發展。

第二節　疫後消費樣態的改變

近年來的環境動盪（Environmental Turbulence）深深地影響了經濟發展與生活方式，包括極端氣候、貿易戰、COVID-19、烏俄戰爭等事件的發生，都使消費者的觀念產生本質上的改變。根據安永聯合會計師事務所（Ernst &Young Global Limited）2022年所做的全球《未來消費者指數》（*Future Consumer Index*）調查，疫後消費者五大重視價值，第1名是「愛護地球」（25%），首度超越了原先一直排在第1位的「性價比優先」（24%）；而其他因素依序是「體驗至上」（20%）、「健康優先」（19%）和「關心社會」（13%）。價值主張的變化，不僅影響消費樣態，也連帶改變了服務業的發展趨勢，茲分述如下。

一、數據驅動的消費決策

COVID-19自2020年以來席捲全球，改變了人類的生活模式和行為習慣，特別是在消費模式上的變化尤為劇烈。因為疫情的影響，人們被迫減少實體商店的購物活動，轉向線上進行消費，這也連帶帶動了數據驅動（Data-driven）消費模式的發展。

在疫情影響下，消費者更傾向於線上購物，根據市調機構OOSGA於2023年的研究指出，疫情期間我國電商市場大幅成長，2020年與2021年甚至創下31.48%與25.9%的高成長率。這種消費模式的轉變不僅僅是為了安全，也是因為線上購物已經變成一種更快捷的購物方式，能補足實體購物方式的不足。這種變化推動數據驅動的消費決策上的需求和發展，如線上商店通常會收集消費者的購物行為數據，並運用這些數據來瞭解消費者的購買偏好，從而推薦更適合消費者的產品。

另一方面，社群媒體（Social Media）提供了一個消費者能夠互相分享購物經驗的空間，透過這些第一手的產品使用心得，消費者能夠獲得對商品更直接且實際的評估；同時，這種資訊交流也讓消費者更有能力去挑選出最適合自己的產品。而社群媒體的高度普及，自然也成為廠商蒐集消費者資訊以及推廣促銷的重要管道，如越來越多企業也開始直接通過社群媒體落實所謂的共同創造（Co-creation），讓潛在消費者直接參與產品設計。

數據分析工具被更廣泛地用於消費者行為的研究。商家透過蒐集和分析消費者的購物數據，瞭解消費者的購買模式和需求，並優化自己的產品和服務。這種數據驅動的行銷策略，使得商家能夠更有效地滿足消費者的需求，提高銷售業績。

然而，數據驅動的消費決策同時帶來一些需要進一步研究的問題。例如，消費者可能過度依賴這些工具，以至於忽視自己的實際需求。隱私權的保護也是值得關注的議題，業者需要確保使用這些工具時，消費者的個人資訊能得到充分的保護。此外，對於商家來說，如何正確蒐集和使用消費者數據，以達到最佳的行銷效果，同樣是一個需要深入研究的問題。

二、數位化通路演進以及D2C模式

如同前文所述，COVID-19加速了全球消費市場向數位化的轉型。在疫情的影響下，消費者更為頻繁地使用電子商務平臺進行購物，這種趨勢預期並不會隨著疫情結束而改變。另一方面，由於COVID-19的影響，消費者的生活型態發生變化，使得他們更加追求購物的便利性。這導致了線上預訂、無接觸送貨、快速配送等服務的需求增加，「低接觸經濟消費時代」已然成形。

隨著科技不斷進步與網路普及，數位化通路（Digital Channels）已逐漸成為與傳統通路並行的重要銷售與行銷途徑，也因此全通路（Omnichannel）成為廠商連結線上線下服務接觸點的重要策略。時尚品牌ZARA母公司Inditex在 COVID-19影響下，提出全通路行銷策略，將銷售重心轉往數位端，並連結實體店面的消費者體驗（展示、試穿、取貨），上述的通路策略使得ZARA在疫情期間線上銷售額仍大幅成長。近年來，越來越多的品牌開始進行數位化轉型，運用數位化通路的各種可能，並以直接面對消費者（Direct to Consumer, 以下簡稱D2C）模式作為新的營運模式，讓品牌與消費者之間的關係變得更緊密。

D2C模式指的是品牌直接向消費者銷售商品，省略了零售商和分銷商、批發商等中間環節。此模式允許品牌有更大的彈性去調整營運策略、銷售價格以及品牌故事的傳達，並且能更精確地掌握消費者的需求與喜好。運用D2C模式的品牌，不僅透過自家網站銷售商品，也會使用社群媒體、通訊軟體等多種數位通路，藉由豐富且多元的內容行銷吸引消費者。透過這種方式，品牌能夠與消費者建立更直接的聯繫，加深消費者對品牌的認識與信任。

D2C模式帶來的另一個好處，是能有效地蒐集與分析消費者的數據。這些數據可以幫助品牌瞭解消費者的行為模式，並藉此調整產品、價格、行銷策略等，以提高營運效益。同時，這些數據也能為品牌提供寶貴的市場趨勢洞察，幫助品牌進行未來的產品開發或策略規劃。

全球知名品牌如Nike、迪士尼等，已經開始進行D2C模式的轉型，並取得了不錯的成果。然而，無論是大品牌還是新創公司，轉型為D2C模式都需要面對許多挑戰，如建立線上平臺、數據分析能力、物流配送系統等。因此，對於希望進行數位化轉型並實施D2C模式的公司，除了瞭解與學習D2C的成功案例，也需要持續投資於人才培育、科技研發以及數據管理等相關能力。

總而言之，數位化通路的演進與D2C模式，將為服務產業帶來一場革命；品牌需要進行數位化轉型，學習如何使用新的營運模式，以達到更高的營運效益並深化與消費者的關係。在這個變革中，成功的關鍵將在於如何融合科技與創新，以創造出更符合消費者需求的產品與服務。

三、對健康、安全和永續議題的重視

近年來，健康與永續議題在全球均備受關注，根據世界經濟論壇（World Economic Forum, WEF）發布之《2023全球風險調查報告》（*The Global Risks Reports*）指出，未來10年內全球十大風險，與環境有關的風險即占了6個，這是相當嚴重的警訊，也代表環境問題對於人類生存已經是刻不容緩的議題。相較科技及製造業，服務業對環境帶來的衝擊雖然較小，我國仍不乏業者積極強化環境永續作為。許多企業陸續提出「淨零排放」目標，除訂定自身營運的減碳目標外，也針對自身企業與其供應商之間的所有活動，從原料供應商到產品銷售商中間的運輸活動，乃至最終產品使用及回收等，均列入企業永續的議題。舉例來說，網購循環包裝平臺配客嘉

（PackAge+），利用回收的寶特瓶和玻璃材料製造的循環包裝，取代以往普遍使用的「一次性包材」破壞袋，大幅降低包裝耗材所帶來的環境汙染，目前已有7-11、全家、家樂福和屈臣氏等連鎖商店合作使用。

另一方面，疫情過後民眾對於個人健康和安全的關注度提升，影響了他們的購買決策。市場上健康和安全相關的產品需求增加，而業者相應地提供了更多符合需求的產品和服務。疫情也讓消費者更加意識到其購買決策對環境和社會的影響，因此他們更傾向於選擇環境友善和重視永續的產品和服務，舉例來說，食品的產銷履歷、加工方式以及是否為在地食材，都成為近年來社會大眾在食品消費上關心的議題。而近年來「惜食」的聲浪也越來越大，各大超商與量販店陸續推出惜食方案，鼓勵消費者重視環保議題。

除此之外，環境與健康議題也衝擊著廠商以往的營運方式，以往企業經營僅重視財務成本，並以生產導向為唯一考量，但是重視財務成本而不計環境以及健康安全成本的生產或服務方式，其所產生的「環境債」最終會回到企業本身的財務成本上。例如，極端氣候造成各種原物料上漲，使企業的經營成本拉高，而直接或間接造成的生產效率受損，都將使企業深受其害。這種反作用力其實也是業者的兩難，許多消費者開始重視環境與健康安全議題，但是對於增加的價格以及不便卻又難以接受。舉例來說，許多餐飲業者開始使用可回收或可降解的包裝，並且不提供一次性的餐具，以降低對環境的污染。然而，這種轉變的成本也讓業者將部分負擔轉嫁到消費者身上。同樣的狀況也發生在旅遊業，業者在推動綠色旅遊的同時，必須在保護環境與保證旅遊品質間取得平衡，這也是一大挑戰。例如，原本將在今年7月開始實行的限制旅館提供一次性備品政策，即考量顧客會因不便而產生客訴，以及因為須個別致送而造成更多人力短缺問題而暫緩。

總結而論，我國的服務業在引入健康與永續議題的過程中，無疑面臨了一系列的挑戰。在推動健康與永續議題的同時，企業必須在實現消費者需求與維護企業經營之間尋求平衡。隨著創新和持續進行調整，這些挑戰也將成為推動服務業持續發展與創新的重要動力。

四、新興科技應用增加消費者體驗

麥肯錫所發表的《2022年技術趨勢展望》（*McKinsey Technology Trends Outlook 2022*）報告中，列舉人工智慧（Artificial Intelligence, AI）、機器學習、雲端運算和邊

緣計算、Web 3.0等14項新興科技趨勢，並指出若企業沒有將這些新興技術與潛在客戶及產業串聯，未來將可能失去重要的商機。報告中更進一步提出，人工智慧、沉浸式實境技術、信任架構與數位身分等科技趨勢對於服務產業發展將有重大影響。隨著科技的快速發展，服務業在消費者體驗方面的重要性越來越高。企業透過引進新興科技，例如人工智慧、虛擬實境（Virtual Reality, VR）和擴增實境（Augmented Reality, AR）等，可以提供更多元化、更貼近消費者需求的服務。舉例來說，全球家具零售商IKEA推出「The IKEA Place」的擴增實境App，讓消費者在家就能透過手機直接模擬家具擺放在家中的情景，一方面解決消費者購買的家具擺入家中不如預期的痛點，另一方面又可以優化消費者的購物體驗，增加購買的機會。

然而，這些科技的應用同時也帶來了許多挑戰。首先，要有效地運用新興科技提升消費者體驗，業者必須對消費者的需求有深入的瞭解，並能夠靈活地應用這些科技以符合消費者的需求。然而，消費者的需求和期望卻是不斷變化的。例如，消費者可能希望業者提供更多元化、更個性化的服務，但同時也對資料隱私有高度的憂慮。其要求企業必須在提供個性化服務的同時，也確保消費者的資料隱私得到妥善的保護。

其次，新興科技的引入也可能導致原有的服務流程和結構發生變化，從而影響消費者的體驗。比如，人工智慧可能會使得消費者與企業的互動變得更加自動化，但也可能使得服務變得更加冷漠，甚至失去了人性化的元素。同時，新興科技也可能改變消費者對服務品質的期望。例如，隨著科技的進步，消費者可能期望企業能夠提供更快速、便利的服務；然而，這也可能導致消費者對服務的耐心和容忍度下降。

總而言之，新興科技的應用對服務業來說是一把雙刃劍。它可以幫助企業提供更好的消費者體驗，從而提升企業的競爭力，但另一方面，它也給企業帶來了許多挑戰。企業需要積極面對這些挑戰，才能真正利用新興科技提升消費者體驗。

第三節　服務業創新四大元素

外部環境的變動使得疫後的消費樣態產生革命性的改變，隨著競爭的加劇和消費者需求的不斷變化，服務業企業需要不斷創新，以滿足市場需求並保持競爭力。關於服務創新，學者Den Hertog與Bilderbeek於1999年所提出的服務創新模式主要是由四大構面組成，亦即新服務概念、新顧客介面、新服務傳遞系統及技術選擇。這4個構面環環相扣，共同形成服務創新；企業必須連結四構面之要素，才能發揮整體構面模式之成效達到服務業創新。本章將服務創新模型中的四大構面，轉換成「服務觀念的創新」、「服務流程的創新」、「服務技術的創新」和「服務模式的創新」；而4個面向彼此環環相扣，企業應從多個角度進行思考和行動，才能從激烈的競爭中創造出新的商業模式。本章依據四大構面，結合前面章節所討論之疫後消費型態的改變，提出「企業韌性與永續發展」、「體驗經濟與平臺網絡」、「智能服務科技創新」，以及「數位轉型與虛實整合」為我國服務產業的創新四大元素，茲分述如下。

一、企業韌性與永續發展（服務觀念創新）

隨著社會文化的變遷，消費者對服務的認知和要求也在不斷變化。因此，企業需要重新思考他們的服務觀念，以創新的方式來滿足消費者的新需求。企業韌性、永續發展與服務觀念創新之間有著密切的關聯。在當今競爭激烈的環境中，企業需要具有足夠的韌性，以應對各種可能對業務產生影響的環境變化，如氣候變遷、技術革新、市場需求變動等。企業韌性包括應對和恢復這些變化的能力，並能夠從原有的狀態轉變為新的狀態，這需要在準備和恢復的能力上投入足夠的資源。

另一方面，永續發展在當今社會已經成為企業的必然選擇。根據世界經濟論壇的報告，當今企業面臨的前五大風險與環境挑戰有關，包括極端天氣和氣候行動失敗等。因此，將環境永續發展策略納入企業營運模式是企業在現今競爭市場中的重要策略。與此同時，越來越多的消費者和投資者開始關注企業的環境永續發展表現，這也使得永續發展成為企業必須考慮的因素。

服務觀念創新則是企業在韌性和永續發展中發揮重要作用的手段之一。在面對各種環境變化時，企業需要通過創新的服務來滿足消費者的需求，以及達到永續發展的目標。這可能包括創新的產品和服務設計，以減少對環境的影響，提高資源利用效率，或者提供更多的價值給消費者。

在實踐中，企業韌性、永續發展和服務創新需要相互結合，以實現最佳效果。例如，企業可以通過提供環保的產品和服務來提升其韌性，同時達到永續發展的目標；通過引入創新的服務觀念和模式，可以增加企業的適應性，使其更具韌性。同時，這種結合也可以促使企業在面對未來的挑戰和機遇時，有更大的能力和信心來實現永續發展。

舉例來說，王品集團為了因應疫情影響以及尋求更多元的發展，2023年3月在臺中召開供應商年會，宣布從餐飲品牌跨足零售市場，並首度公開其供應鏈子公司「萬鮮」。萬鮮公司的成立，讓王品集團可以親自參與食材採購、加工、檢驗等上游經營活動，有利於對食材的品質進行更嚴格的控管，同時也可以降低供應鏈的風險，保障旗下餐廳的食材供應。此外，萬鮮公司的成立也讓王品集團有機會發展零售業務，例如賣冷凍年菜等產品，進一步拓寬其業務範疇。王品集團此一策略，除了為企業永續生存打下基礎，同時也發揮在疫情之中得來的經驗，積極整合上下游，增加自身食材供應鏈的韌性。

二、體驗經濟與平臺網絡（服務流程創新）

隨著科技的發展，許多傳統的服務流程已經無法滿足消費者的需求。企業需要創新他們的服務流程，以提高效率和效果。例如，透過引入自動化技術和人工智慧，企業可以大幅提高服務的速度和準確度，同時也可以釋放員工的時間，讓他們更專注於需要人工參與的服務環節。例如，透過大數據分析瞭解消費者的行為模式，並根據這些信息提供更個性化、更便捷的服務。

「體驗經濟」是由Joseph Pine和James Gilmore（1999）提出，代表從「銷售產品和服務」轉向「創造讓客戶在個人和情感層面上參與的難忘體驗」的轉變。在服務業中，這意味著設計沉浸式、個性化和增值的客戶旅程。在體驗經濟中表現出色的企業是那些能將普通的服務轉變為非凡的體驗，從而驅動客戶忠誠度和盈利能力的企業。

體驗經濟與平臺網絡兩者結合起來，我們可以看到一種新的經營模式正在形成，那就是企業不再僅僅提供商品或服務，而是通過創新的技術和業務流程，創造出一種獨特的、能夠觸動消費者情感的體驗。這不僅能夠提升消費者對品牌的忠誠度，也能夠創造出更高的價值。現在的共享經濟平臺如Airbnb和Uber，就是很好的例子。他們不再只是提供住宿或出行服務，而是通過提供本地化、個性化的體驗，讓消費者在使用服務的過程中得到更多的樂趣和滿足感。同時，他們也不斷優化和創新他們的服務流程，更好地滿足消費者的需求。

達美樂披薩（Domino's Pizza）在提升和優化使用者體驗方面有許多值得學習的策略。首先，達美樂將自身視為技術公司，而不僅僅是披薩連鎖店。他們積極尋求使用最新的技術來提升客戶的訂餐體驗。在過去，達美樂的披薩被消費者批評口味類似冷凍披薩而且沒有新意；達美樂為了能夠翻轉局面，進行了一系列的改變策略與優化。達美樂活用人工智慧來優化客戶的訂購旅程，提高訂餐的便利性和效率；也透過應用程式和網站提供了多種訂餐方式，讓顧客可以根據自己的喜好和需求來選擇最合適的訂餐方法，藉以提升客戶滿意度。

三、智能服務科技創新（服務技術創新）

近年來，人工智慧由於資料量的增加、演算法的進步和運算能力的提升，已經成為各行各業創新的重要引擎。智能服務科技對服務業的影響不僅顯現在提高營運效率，也在於開創新的服務模式。智能服務科技能讓服務業創新的方式更為多元。新科技服務業已成為我國產業數位轉型的核心，通過使用科技工具，專業知識的注入可以產生極大的商機。王建彬（2020）指出，我國的服務業具有四大特色：服務豐富生活、便利縮短時空、服務感動顧客以及文化底蘊商機，這些特色與人工智慧等科技的結合，可以使服務業在創新領域更為深入。

人工智慧運用在服務業的案例很多，常見的如聊天機器人（chatbot）、線上客服、影像監控辨識、遠距醫療等等。Huang和Rust（2018）將人工智慧分為4個種類，亦即機械智能（Mechanical Intelligence）、分析智能（Analytical Intelligence）、直覺智能（Intuitive Intelligence）和同理心智能（Empathic Intelligence），各自在服務市場上有不同程度之應用。目前在服務業應用較多的是機械智能與分析智能，隨著人工智慧技術的進步，更高階的應用將會陸續出現。

沛星互動科技股份有限公司（Appier）是我國的軟體新創公司，以創新的人工智慧技術為基礎，開發了一系列的產品和服務。該公司在2021年3月30日於日本東京掛牌上市，成為我國第一家軟體新創獨角獸。Appier的成功主要基於其對人工智慧技術的深入瞭解和創新應用，透過人工智慧幫助公司在市場行銷中作出更精確的決策和策略。這種技術在全球各地，包括日本、韓國和美國等地，都取得了成功的應用，例如Appier的人工智慧技術幫助零售業和汽車業等領域的公司，通過使用者行為和購買意向分析，識別出高價值的顧客並對他們進行個性化的行銷活動。

四、數位轉型與虛實整合（服務模式創新）

數位轉型已成為現代企業達成創新與成長的重要途徑。根據Google的《2021台灣企業數位轉型關鍵報告》，受訪企業有高達9成以上認為應將數位轉型視為整體策略的一部分，然而，數位轉型不僅僅是關於技術的應用，其同時帶動整體事業的創新與變革。

數位轉型意指將數位科技整合到業務的所有領域，從根本上改變組織的運營模式和向客戶提供價值的方式。它不僅僅是數位化現有的服務，還包括利用科技創造創新的服務，以滿足客戶不斷變化的需求。數位轉型是獲利能力的關鍵驅動力，使企業能夠簡化運營，改善客戶體驗，並創造新的收入來源。另一方面，在現代的商業模式創新中，虛實整合（Online Merge Offline, OMO）扮演著關鍵的角色。這種模式將線上的數位服務和線下的實體服務緊密地結合在一起，以提供更完整、更具個性化的用戶體驗。在疫情後的新常態中，虛實整合的模式更顯其重要性。

數位轉型與虛實整合是達成服務模式創新的關鍵，其使企業能夠更好地理解和滿足客戶需求，提升營運效率，並創造新的商業模式和機會。透過將人、技術和策略結合，企業可以把握數位經濟的趨勢，獲得更多的競爭優勢。

日本UNIQLO在2017年開展一項名為「有明計畫」（Ariake Project）的數位轉型計畫，主要目標是將整個供應鏈數位化，以快速獲取訊息並提供全球產品生產資訊，「有明計畫」利用了最新的科技，包括自動化倉儲系統，並建立直接連接客戶的平臺，促進雙向訊息溝通。UNIQLO可以根據客戶的意見製作客戶想要的商品，並在準確的時間內生產和銷售所需的數量。

另一個餐飲業虛實整合的案例是全球新創獨角獸企業Kitopi（廚房烏托邦）。該公司是一個總部設在杜拜的新創企業，也是領先全球的雲端廚房管理平臺。Kitopi於2018年初創立，目前已在中東、歐洲、美國等各大城市開展據點，並與超過200個知名餐飲品牌合作，它不僅提供雲端廚房服務，提供點到點的服務，並能在單一廚房中烹調多個品牌的食物，幫助許多餐飲品牌跨越國界擴展業務。

第四節 以四大元素重塑創新獲利模式

在服務創新模式四大元素的背景下，我們提出了利用數位轉型、企業韌性、體驗經濟和服務科技為主軸的創新模式。事實上，這四大元素並非獨立存在，許多商業模式均是結合多種元素而產生。這些模式著重於通過客製化、體驗驅動的服務創造價值；通過運營效率和靈活性提高盈利能力；並通過持續創新和適應來推動成長。然而，要達到利用這些元素進行獲利模式改革並非易事，我國服務產業以中小企業為主體，缺乏經濟規模，在資源上可能受到限制，包括資金、人力和技術，同時也影響企業進行研發和創新的能力。另一方面，由於規模的限制，面對數位轉型的浪潮時，許多中小型的服務業者由於資金和營運規模不足，可能無法有效地導入新的科技服務，進而影響其經營效率和競爭力。此外，由於規模較小，單一企業可能難以對市場產生顯著影響。他們可能較難改變價格或服務條件，或對產業趨勢產生影響；而面對市場風險時，許多企業又較無資源可以面對衝擊。因此，本章提出以下幾點建議。

一、企業應提升科技準備度與資源準備度

歐盟發布2022年度「數位經濟及社會指數」（*Digital Economy and Society Index*, DESI），中小企業僅55%達基本數位化程度，距歐盟2030目標達到80%目標仍有差距；星展集團公布最新「企業數位化準備程度調查」（*DBS Digital Readiness Survey*），其中我國中小企業開始準備數位化的比率僅38%，數字落後日本、韓國、中國大陸等亞洲國家。企業數位化需要平時的準備，我們可以發現疫情期間，許多中小企業在危機開始影響企業經營時，既要危機處理又要進行轉型；也常見到許多中小企業已經面臨損害，但也無力再進行數位轉型。因此，建議企業在平時即應提升科技與資源準備度，瞭解新的科技趨勢，並根據自己的業務需求導入適合的技術，例如，人工智慧、區塊鏈、物聯網等新興的科技。此外，企業必須善用外部資源，例如政府的數位轉型相關之創新研發補助計畫，也可提升企業對未來環境變動的承受能力。

二、推動資源共享，降低科技導入障礙

中小企業進行數位轉型或導入新興科技經常面臨的狀況是有意願但是缺乏相關軟體技術與人才，或是成本過高而不知從何下手，此類的困難常常阻礙企業進行數位化的行動。企業可以透過合作的方式共組平臺，或與公協會、學校合作，建立共享的軟體或資料庫。經由平臺共享，企業可以用較低的成本取得所需的軟體技術或資料庫，提升企業進行數位化之意願。另外，在平臺上可以提供成功案例，分享成功企業之作法，也有助於中小企業降低對於數位轉型的心理障礙與試誤路徑。

三、數位分析人才培育

隨著新興科技快速發展，將可預期未來30年內，新興科技將使產業競爭更加激烈，同時也將為各產業領域帶來正面效益（如提升企業生產力與效率等）與重要影響。2022年洛桑管理學院（IMD）「世界數位競爭力排名」中，我國排名第11名，較2021年下降3名。評分包含知識（人才、培訓與教育、科學專注）、科技（法規、資本、科技框架）與未來整備度（適應態度、商業敏捷度、資訊科技整合）等發展。我國於科技項目中獲得第6名最高、未來整備度第9名、知識第18名，顯見人才培育是我國導入科技創新過程中的當務之急。

許多中小企業普遍面臨的困難在於空有市場資料的蒐集卻不知該如何進行分析，更遑論利用資料作為改善顧客體驗或產品設計之用。缺乏數位分析人才或專業的市場顧問人員，也是企業進行科技創新的主要障礙之一。本研究建議企業可以善加利用政府「企業人力資源提升計畫」的相關資源，培訓內部人才增進數位行銷或分析能力；或與大專院校合作，藉由實習或專案的形式媒合人才。

四、建立以顧客為導向的設計思考文化

設計思考（Design Thinking）不僅僅是一種創新的工具或方法，更是一種深入理解使用者需求並以此為基礎進行問題解決的思維方式。設計思考的核心在於以「人」為中心，將人的需求、行為以及感受作為設計決策的重要依據。以顧客為導向的設計思考強調站在顧客的角度去理解他們的需求，並以此作為創新的起點。

顧客導向是服務創新的第一步，要建立一個以顧客為導向的設計思考文化，必須在整體設計過程中充分考量顧客的需求和期望。服務人員需要從顧客的角度出發，充分瞭解他們的需求，並優先考慮這些需求。在企業文化中建立以顧客為導向的設計需要企業全體員工的參與和投入。企業應協助員工學習和實施以顧客為導向的設計思維。同時，也需要在企業內部建立相應的評價和獎勵機制，以鼓勵員工秉持以顧客為導向的設計思考，才能創造更多新的服務模式。

五、培養企業韌性

在充滿不確定性的經濟環境中，培養韌性是服務業成功的關鍵，本章建議企業應

多元化其服務項目和客戶基礎，以減少對單一市場或客戶的依賴，在面對市場變動或特定需求下滑的情況下，可以保有更多的彈性。另一方面，企業應持續關注和瞭解客戶的需求變化，並及時調整服務內容和策略，以快速適應市場變化和掌握機會。

最重要的是，韌性應該成為組織文化的一部分，企業需要定期與員工溝通韌性的重要性以及提高個人和團隊韌性的方法，提供持續的培訓和發展機會，並建立良好的員工激勵機制，以提高員工的工作效能和對公司的忠誠度，從而提升企業韌性。

此外，投資科技是提高服務業韌性的重要方式，導入新興科技可以提高服務效率以及更個性化的服務，並透過數據分析協助決策。這些科技的應用可以讓服務業更好地滿足客戶需求，在日益激烈的市場競爭中保持競爭優勢。

六、ESG為下一個外部環境挑戰

COVID-19造成的影響現在仍然餘波盪漾，但是新的挑戰其實已經出現。全球各國的碳邊境調整機制已逐步啟動，歐盟於2023實施「碳邊境調整機制」（Carbon Border Adjustment Mechanism, CBAM）計畫加徵碳關稅，其他國家也紛紛祭出相關規定，這是所有企業都面臨到的迫切的議題。從現今趨勢看來，無論是製造業還是服務業，企業的永續經營已成為不容忽視的課題。

面對氣候變遷、資源短缺和全球化等挑戰，現今的企業已無法再單純關注短期的獲利，而必須追求永續發展，同時兼顧經濟、社會及環境三大面向。服務業作為現代經濟的主要組成部分，其永續經營的議題更是逐漸受到重視。服務業的永續經營不僅僅是關注環境保護，更包含對適當管理人力資源與實現社會責任。許多企業已透過發布永續報告來提升品牌形象、理解運營風險、實現價值創造、設定環境足跡減少目標，同時透過透明度建立社會信任。

為了實現永續經營，從策略的規劃到實行都需要企業深入參與，同時還須透過持續監測和調整來追求永續的目標。企業也需要與所有利害關係人，包括員工、客戶、供應商、政府、社區等持續對話與合作，以實現永續的價值。無論是面對挑戰還是機會，企業都需要以積極的態度與永續的視角來思考、行動，將永續經營真正融入到公司的運營和管理中，才能在日益競爭的市場中站穩腳步，實現永續經營的目標。

第五節 結論與展望

我國的經濟結構經歷了幾十年的變遷，從早期以農業為主轉向工業化，再轉向知識與資訊導向的經濟體。服務業已經成為我國經濟的主要部分，占總產值將近70%。在這種情況下，服務業的角色顯得尤為重要。過去幾年，我國的服務業經歷了許多變化，並且展現明顯的趨勢。

首先，隨著數位化與網路科技的發展，許多傳統的服務業也開始進行數位轉型，例如金融業的網路銀行、餐飲業的外送平臺，以及教育業的線上學習平臺等等。這些轉型不僅改變了服務業的運作模式，也大幅提升了服務效率和便利性。其次，為了因應環保與永續發展的趨勢，許多服務業開始導入環保與永續的概念，例如旅遊業的綠色旅遊、零售業的無痕零售等。這種趨勢反映出消費者日益關注環保議題，並且希望企業承擔社會責任。另外，隨著我國人口老化問題的加劇，長照服務業的需求也逐年增加。這反映出我國人口結構的變化對於服務業產生了一定的影響。

我國的服務業面臨種種趨勢的變化與挑戰，為了能夠在這樣的環境中繼續成長，服務業需要持續創新，並尋找新的服務模式與機會。本章提出我國服務業應該進行4種創新，亦即「服務觀念的創新」、「服務流程的創新」、「服務技術的創新」和「服務模式的創新」。依據此架構，並參考近年來的發展趨勢，提出「企業韌性與永續發展」、「體驗經濟與平臺網絡」、「智能服務科技創新」，以及「數位轉型與虛實整合」為企業創新獲利模式應該具備之四大元素。企業應該將這4個要素視為相輔相成的策略，而不是互不相關的面向，例如企業韌性的培養其實與數位轉型息息相關；體驗經濟與虛實整合的結合也是近年來熱門的議題，而智能科技的應用更是其他3個面向的基礎。在快速變化的環境下，企業要有足夠的靈活性與適應性，才能確保其持續運營。與此同時，企業應重視顧客體驗，利用平臺網絡為消費者提供更便捷、更豐富的服務，並透過更多科技的創新運用提升服務效率、為消費者創造出更多價值。最後，在數位化的趨勢下，企業需要進行數位轉型，將虛擬與實體的服務完美融合。

總而論之，我國的服務業正在積極因應各種趨勢變化，並在挑戰與機會中尋找發展的方向。未來，我國的服務業將會更加多元化，在全球化的趨勢下，也將擁有更多的機會拓展服務範疇，提供消費者更優質的服務。服務業發展正處於關鍵點，數位轉型、企業韌性、體驗經濟和服務科技創新正在重塑企業的運營方式。通過接受這些變化並採用創新的獲利模式，企業不僅可以生存，還能在新的服務業格局中創造更高的利潤。

企業因應之道

國立高雄科技大學行銷與流通管理系　吳師豪 教授

在日益動態競爭環境下，臺灣的商業服務業日趨大型化、集中化，各個業態只存在少數幾個全國性大型連鎖品牌，壓縮了地方性中小型業者的生存空間，此一趨勢全世界皆然，尤其在經濟發展愈成熟的國家愈行嚴重。

但若無創新，又恐被消費者背棄。因此，中小型業者唯一的生存之道，就是運用其規模小彈性大的優勢，不斷改變（創新）服務模式，以符合消費潮流「民心思變」的趨勢。

在本章中，作者提出商業服務業可採用數位轉型、企業韌性、體驗經濟和服務科技為主軸的創新模式。確實值得具品牌規模業者，奉為「創新」圭臬。

現今動態競爭環境下，消費者「喜新厭舊」，不創新毋寧死。唯若鼓勵中小型業者積極「創新」，又恐在資源不足情況下，反而加速敗亡命運。筆者建議：因應「創新」可運用「動機、機會、能力」（Motivation, Opportunity, Ability; MOA）理論。「動機」指業者要有追求「創新」的觀念與企圖心，留意國內外創新案例，或是政府、法人智庫的創新成果發表（如SIIR、SBIR、SBTR…），他山之石可以攻錯，創新不易成功，卻可藉由學習模仿達到成功創新的目的。

「機會」指業者要有「商機稍縱即逝」的敏感度，服務業創新大多沒有專利權，同行異業的成功創新，都值得模仿學習，以避免「創新」失敗的代價，亦可稀釋競爭對手的「創新」成果。

「能力」指業者在有限資源下進行「創新」，不要超出「能力」範圍，例如若投資不熟悉或負擔較重的科技設備，就是不智之舉。中小型業者在進行創新時，可藉由政府資源補助，如目前很成功的「街口支付」，當年即獲得許多政府計畫經費補助，以及專家學者的指導，而脫胎換骨。

高雄郊區有一家地方性的咖啡簡餐廳，餐點食材新鮮，服務親切，唯地點偏僻、經營方式隨興，例如，消費者有時興沖沖開車去用餐，卻發現大門口臨時張貼「本日公休」的告示，以致業績無法穩定。在筆者建議下，該店與顧客建立了Line群組，一方面即時動態傳遞餐廳訊息，如營業時間異動、提供促銷…；另一方面也可累點兌換，並進行精準消費數據分析。搭配業者原先擅長的客製化體驗服務，店員會辨識顧客習慣，如喜歡喝溫開水或冰水、咖啡加奶精或加鮮乳…等，自然擄獲許多忠誠顧客。

參考文獻

第一章

未來流通研究所，2023，**《商業數據圖解：臺灣「零售與電商全體次產業結構」年度數據總覽》**，取自https://www.mirai.com.tw/taiwanese-retail-e-commerce-industry-data-overview/，最後瀏覽日期：2023/08/08。

行政院經貿談判辦公室，2023，**《美國2022最新經貿情勢簡摘》**，取自https://www.ey.gov.tw/File/29A2F98D50357A1E?A=C

李丹、何渝婷（編譯），2023，**《研究：ChatGPT帶來生成式AI十年繁榮，2032年市場規模1.3兆美元》**，KNOWING新聞，取自https://news.knowing.asia/news/048110ba-b617-42b5-a926-661a2cbd9695，最後瀏覽日期：2023/08/08。

李彥瑾，2023，**《專家：今年美房價溫和修正 不至於重現08年崩盤》**，Yahoo新聞，取自https://tw.news.yahoo.com/news/專家-今年美房價溫和修正-不至於重現08年崩盤-042600610.html，最後瀏覽日期：2023/08/08。

美股艾大叔，2023，**《末日博士魯比尼：全球明年將進入溫和衰退》**，鉅亨網，取自https://hao.cnyes.com/post/44512?utm_source=cnyes&utm_medium=news&utm_campaign=postid，最後瀏覽日期：2023/08/08。

張庭瑋，2023，**《娛樂遊戲產業年年看漲！新世代玩家崛起，為市場帶來哪些變化？》**，未來商務，取自https://fc.bnext.com.tw/articles/view/2745?，最後瀏覽日期：2023/08/08。

湯淑君，2023，**《Fed猛升息怎不見經濟衰退？克魯曼：兩發展沒重演1980年代劇本》**，經濟日報，取自https://money.udn.com/money/story/5599/7299187，最後瀏覽日期：2023/08/08。

湯淑君，2023，**《克魯曼：美經濟「軟著陸」在望，但最後一哩有3路障》**，經濟日報，取自https://money.udn.com/money/story/5599/7301315，最後瀏覽日期：2023/08/08。

黃嬿，2023，**《上班與購物都在家，麥肯錫：城市活力將大幅衰退》**，TechNews科技新報，取自https://technews.tw/2023/07/18/global-commercial-real-estate-will-lost-huge/，

最後瀏覽日期：2023/08/08。

經濟部、財團法人商業發展研究院，2022，**《2022商業服務業年鑑：ESG低碳與數位轉型》**，臺北：時報出版。

詹詠淇，2022，**《美陷經濟衰退？》**，Newtalk新聞，取自https://newtalk.tw/news/view/2022-07-29/793185，最後瀏覽日期：2023/08/08。

劉千綾，2023，**《經部：2022年臺灣人均GDP超越南韓 達3萬2,811美元》**，經濟日報，取自https://money.udn.com/money/story/5612/7130040，最後瀏覽日期：2023/08/08。

劉忠勇，2023，**《高盛：殖利率曲線倒掛預告經濟衰退，但這一次「不一樣」》**，經濟日報，取自https://udn.com/news/story/6811/7307390，最後瀏覽日期：2023/08/08。

慧博智能投研，2023，**《GPU行業深度：市場分析、競爭格局、產業鏈及相關公司深度梳理》**，知乎，取自https://zhuanlan.zhihu.com/p/623764445?utm_id=0，最後瀏覽日期：2023/08/08。

數位編輯，2023，**《美房市崩潰！半年縮水70兆 金融海嘯後最慘》**，工商時報，取自https://ctee.com.tw/news/global/816008.html，最後瀏覽日期：2023/08/08。

謝方婼，2023，**《殖利率倒掛超過1年，為何經濟仍未衰退？答案：產業輪動》**，風傳媒，取自https://www.storm.mg/lifestyle/4827733，最後瀏覽日期：2023/08/08。

BTEditor，2023，**《誰贏ChatGPT這場AI大戰？沒差，NVIDIA都是贏家》**，動區動趨，取自https://www.blocktempo.com/nvidia-is-the-final-winner-no-matter-who-wins-chatgpt-war/，最後瀏覽日期：2023/08/08。

IMARC，2023，**《遊戲市場：2023-2028年全球行業趨勢、份額、規模、增長、機遇和預測》**。

Alexandra, D., 2022, "Economy Rankings: Largest countries by GDP, 2022," CEOWORLD Magazine, retrieved from https://ceoworld.biz/2022/03/31/economy-rankings-largest-countries-by-gdp-2022/

Cramer-Flood, E., 2022, "Worldwide Ecommerce Forecast Update 2022," Insider Intelligence, retrieved August 8, 2023, from https://www.insiderintelligence.com/content/worldwide-ecommerce-forecast-update-2022

eMarketer, 2023, "Global Ecommerce Forecast," retrieved from https://on.emarketer.com/rs/867-SLG-901/images/eMarketer%20Global%20Ecommerce%20Forecast%20Report.pdf

International Monetary Fund, 2023(a), "World Economic Outlook," Washington, D.C.: International Monetary Fund.

______________________, 2023(b), "World Economic Outlook," Washington, D.C.: International Monetary Fund.

Lipsman, A., 2023, "Global Ecommerce 2019," Insider Intelligence, retrieved August 30, 2023, from https://www.insiderintelligence.com/content/global-ecommerce-2019

OBERLO, n.d., "How Many People Shop Online," retrieved August 8, 2023 from https://www.oberlo.com/statistics/how-many-people-shop-online

Organisation for Economic Co-operation and Development, 2023, "FDI in Figures," Paris: Organisation for Economic Co-operation and Development.

Paul, K., 2022, "Recession: What Does It Mean?" The New York Times, retrieved August 8, 2023, from https://www.nytimes.com/2022/07/26/opinion/recession-gdp-economy-nber.html

Peterson, E. R., & Toland, T., 2023, "Cautious optimism: The 2023 Kearney FDI Confidence Index," Kearney, retrieved from https://www.kearney.com/service/global-business-policy-council/foreign-direct-investment-confidence-index/2023-full-report

United Nations Conference on Trade and Development, 2023, "World Investment Report 2023," Geneva: United Nations Conference on Trade and Development.

World Trade Organization, 2022, "The Crisis in Ukraine: Implications of the War for Global Trade and Development, Geneva: WTO," Geneva: World Trade Organization.

______________________, 2023, "Global Trade Outlook and Statistics," Geneva: World Trade Organization.

第二章

中央銀行，2023，「國際收支統計」，中央銀行統計資料庫，取自https://www.cbc.gov.tw/tw/cp-538-2337-C05DD-1.html，最後瀏覽日期：2023/07/01。

行政院主計總處，2023a，**《111年度產值勞動生產力趨勢分析報告》**，取自https://www.stat.gov.tw/News_Content.aspx?Create=1&n=2723&state=1327FD6AD8DCDA52&s=231521&ccms_cs=1&sms=11049，最後瀏覽日期：2023/07/01。

________________，2023b，「歷年各季國內生產毛額依行業分」，國民所得及經濟成長統計資料庫，取自https://nstatdb.dgbas.gov.tw/dgbasAll/webMain.aspx?sys=100&funid=dgmaind，最後瀏覽日期：2023/07/01。

________________，2023c，**《111年人力資源調查統計年報》**。

________，無日期，就業及失業統計資料查詢系統，取自https://manpower.dgbas.gov.tw/dgbas_community/Statics_Inquire/MoreInquire，最後瀏覽日期：2023/07/01。

________，無日期，薪情平臺，取自https://earnings.dgbas.gov.tw/query_payroll.aspx，最後瀏覽日期：2023/07/01。

財政部，2023，「營利事業家數及銷售額第8次修訂（6碼）及地區別」，財政統計資料庫查詢，取自https://web02.mof.gov.tw/njswww/WebMain.aspx?sys=100&funid=defjspf2，最後瀏覽日期：2023/07/01。

國家科學及技術委員會，2023，**《全國科技動態調查－科學技術統計要覽》**，取自https://web02.mof.gov.tw/njswww/WebMain.aspx?sys=100&funid=defjspf2，最後瀏覽日期：2023/07/01。

經濟部投資審議委員會，2023，**《111年12月統計月報》**，取自https://www.moeaic.gov.tw/news.view?do=data&id=1683&lang=ch&type=business_ann，最後瀏覽日期：2023/07/01。

PricewaterhouseCoopers, 2023, "Global Consumer Insights Pulse Survey," retrieved July 20, 2023, from https://www.pwc.com/gx/en/industries/consumer-markets/consumer-insights-survey.html。

第三章

中華民國統計資訊網，2023，取自https://www.stat.gov.tw/default.aspx，最後瀏覽日期：2023/06/15。

行政院主計總處，2021，**《行業統計分類（第11次修正）》**，取自https://www.stat.gov.tw/ct.asp?xItem=46641&ctNode=1309&mp=4，最後瀏覽日期：2023/06/15。

________，2023，各業固定資本形成毛額，取自https://nstatdb.dgbas.gov.tw/dgbasAll/webMain.aspx?sys=210&funid=A018402010，最後瀏覽日期：2023/06/15。

行政院財政部，2023，**《財政統計資料庫》**，取自https://web02.mof.gov.tw/njswww/WebMain.aspx?sys=100&funid=defjspf2，最後瀏覽日期：2023/06/15。

厚生労働省，2018-2022，**《賃金構造基本統計調查》**，東京：厚生労働省，取自https://www.e-stat.go.jp/stat-search/files?page=1&toukei=00450091&tstat=000001011429，最後瀏覽日期：2023/06/15。

國家統計局，2023，**《國家數據》**，北京：國家統計局，取自https://data.stats.gov.cn/easyquery，最後瀏覽日期：2023/06/15。

経済産業省，2023，**《商業動態統計》**，東京：経済産業省，取自https://www.meti.go.jp/statistics/tyo/syoudou/，最後瀏覽日期：2023/06/15。

総務省統計局，2023，**《労働力調査》**，東京：総務省，取自https://www.stat.go.jp/data/roudou/index.html，最後瀏覽日期：2023/06/15。

經濟部統計處，2023，**《批發、零售及餐飲業經營實況調查報告》**，取自https://www.moea.gov.tw/Mns/dos/content/ContentLink.aspx?menu_id=9431，最後瀏覽日期：2023/06/15。

資誠、財團法人資訊工業策進會、中華民國資訊軟體協會，2022，**《2021臺灣中小企業轉型現況調查報告》**，取自https://www.pwc.tw/zh/publications/topic-report/sme-digitalisation-survey.html，最後瀏覽日期：2023/06/15。

C&S Wholesale Grocers, https://www.cswg.com，最後瀏覽日期：2023/06/15。

eMarketer, 2023, "US D2C Ecommerce Sales Growth for Digitally Native Brands vs. Established Brands,2019-2025," retrieved June 15, 2023, from https://www.insiderintelligence.com/chart/262116/us-d2c-ecommerce-sales-growth-digitally-native-brands-vs-established-brands-2019-2025-change

The Business Research Company, 2023, "Wholesale Global Market Report 2023."

U.S. Bureau of Labor Statistics, 2017-2022, "Labor Force Statistics from the Current Population Survey," https://www.bls.gov/cps/tables.htm#otheryears.

第四章

台灣經濟研究院，無日期，台經院產經資料庫，取自https://tie.tier.org.tw/db/article/index.aspx，最後瀏覽日期：2023/06/30。

行政院主計總處，無日期，薪情平臺，取自https://earnings.dgbas.gov.tw/query_payroll.aspx，最後瀏覽日期：2023/06/30。

吳婉瑜，2022，**《誠品旗艦大店消失中？社區遍地開花，攜手建商再創新曲線》**，遠見，取自https://www.gvm.com.tw/article/96952，最後瀏覽日期：2023/06/15。

流通快訊雜誌社，2023，**《流通快訊1007期》**。

財政部，無日期，財政統計資料庫查詢，取自https://web02.mof.gov.tw/njswww/WebMain.aspx?sys=100&funid=defjspf2，最後瀏覽日期：2023/06/30。

張庭瑋，2021，**《Nike將「回收」你的二手鞋！球鞋巨頭為何開始做起原本反感的「二次販售」》**，未來商務，取自https://fc.bnext.com.tw/articles/view/1326?_

gl=1*z25feq*_ga*MTAwMjUyODU4My4xNjg5NTgwNDIx*_ga_LJQ58J2DG7*MTY4OTY2MDM1NS4xLjAuMTY4OTY2MDM1NS42MC4wLjA.，最後瀏覽日期：2023/06/15。

郭又華，2023，**《會員年營收750億的經營心法，新光三越10年數位轉型如何打造OMO購物體驗》**，iThome，取自https://www.ithome.com.tw/news/156936，最後瀏覽日期：2023/06/15。

曾智怡，2022，**《新光三越拚年營收雙位數成長 持續擴大會員生態圈》**，中央通訊社，取自https://www.cna.com.tw/news/afe/202209050254.aspx，最後瀏覽日期：2023/06/15。

勤業眾信，2023，**《2023零售力量與趨勢展望》**，取自https://www2.deloitte.com/content/dam/Deloitte/tw/Documents/consumer-business/2023-retail-power-and-trend-outlook-tc.pdf，最後瀏覽日期：2023/06/15。

楊又肇，2022，**《亞馬遜正式在洛杉磯啟用首家實體自助式服飾店Amazon Style》**，mashdigi，取自https://mashdigi.com/amazon-style/，最後瀏覽日期：2023/06/15。

經濟部商業司，2023，**《111年度商業發展工作計畫執行成果彙編》**。

經濟部統計處，無日期，批發、零售及餐飲業營業額統計調查，取自https://dmz26.moea.gov.tw/GMWeb/investigate/InvestigateEA.aspx，最後瀏覽日期：2023/06/30。

經濟部統計處，無日期，零售業網路銷售額統計調查，取自https://dmz26.moea.gov.tw/GMWeb/investigate/InvestigateEA05.aspx，最後瀏覽日期：2023/06/30。

eMarketer, 2023, "Retail & Ecommerce Sales, by Country," Insider Intelligence, retrieved June 15, 2023, from https://www.insiderintelligence.com/content/worldwide-ecommerce-forecast-update-2022

Nike, 2023, "Nike Refurbished," retrieved June 15, 2023, from https://www.nike.com/sustainability/nike-refurbished

Vasen, S., 2022, "Amazon reimagines in-store shopping with Amazon Style," Amazon, retrieved June 15, 2023, from https://www.aboutamazon.com/news/retail/amazon-reimagines-in-store-shopping-with-amazon-style

第五章

一般社団法人日本フードサービス協会，2023，**《外食産業市場動向調査 令和4年》**，取自http://www.jfnet.or.jp/files/nenkandata-2022.pdf，最後瀏覽日期：2023/06/14。

自由時報，2023，**《「老店歇業」相關新聞》**，取自https://news.ltn.com.tw/topic/%E8%80%81%E5%BA%97%E6%AD%87%E6%A5%AD，最後瀏覽日期：2023/06/14。

行政院主計總處，2022，**《110年家庭收支調查報告》**，取自https://www.stat.gov.tw/News_Content.aspx?n=3908&s=227811，最後瀏覽日期：2023/06/14。

＿＿＿＿＿＿，2023，薪情平臺，取自https://earnings.dgbas.gov.tw/query_payroll.aspx，最後瀏覽日期：2023/06/14。

厚生労働省，2023，**《賃金構造基本統計調查》**，東京：厚生労働省，取自https://www.e-stat.go.jp/stat-search/files?page=1&layout=datalist&cycle=0&toukei=00450091&tstat=000001011429&tclass1=000001202310&tclass2=000001202312&tclass3=000001202320&tclass4val=0&stat_infid=000040029146，最後瀏覽日期：2023/06/14。

香港01，2022，**《疫情重創！中國49.5萬餐飲已倒閉　業界：最黑暗時刻》**，TVBS新聞網，取自https://news.tvbs.com.tw/china/1976405，最後瀏覽日期：2023/06/14。

孫靖媛，2023，**《瓦城二月營收達4.35億元 2023年累計營收成長28.8%》**，聯合新聞網，取自https://udn.com/news/story/7254/7020280，最後瀏覽日期：2023/06/14。

財政部，2023，**《銷售額及營利事業家數第8次修訂（6碼）及地區別》**，財政統計資料庫查詢，取自https://web02.mof.gov.tw/njswww/WebMain.aspx?sys=100&funid=defjspf2，最後瀏覽日期：2023/06/14。

畢馬威華振會計師事務所、中國烹飪協會、廣東省餐飲服務行業協會及深圳市烹飪協會，2023，**《2022年中國餐飲企業發展報告》**，取自https://assets.kpmg.com/content/dam/kpmg/cn/pdf/zh/2023/03/2022-china-food-and-beverage-report.pdf，最後瀏覽日期：2023/06/14。

黃琮淵，2023，**《築間2022年營收突破45億元 啟動日美展店計畫》**，中時新聞網，取自https://www.chinatimes.com/realtimenews/20230105001612-260410?chdtv，最後瀏覽日期：2023/06/14。

新華社，2022，**《國務院聯防聯控機制公佈「關於進一步優化落實新冠肺炎疫情防控措施的通知」》**，中華人民共和國中央人民政府，取自http://big5.www.gov.cn/gate/big5/www.gov.cn/xinwen/2022-12/07/content_5730475.htm，最後瀏覽日期：2023/06/14。

經濟部商業司，2021，**《支付轉數位，政府給補助，「小規模營業人使用行動支付補助」》**，中華民國經濟部，取自https://www.moea.gov.tw/MNS/populace/news/News.aspx?kind=1&menu_id=40&news_id=97495，最後瀏覽日期：2023/06/14。

經濟部商業司，2022a，**《「經濟部米食盒餐」名單揭曉　2022米食盒餐節7月1日至3日在華山文創園區揭幕》**，中華民國經濟部，取自https://www.moea.gov.tw/MNS/populace/news/News.aspx?kind=1&menu_id=40&news_id=100668，最後瀏覽日期：2023/06/14。

＿＿＿＿＿＿，2022b，**《經濟部提振批發、零售及餐飲業因應對策》**，取自https://www.moea.gov.tw/MNS/populace/news/wHandNews_File.ashx?file_id=99409，最後瀏覽日期：2023/06/14。

經濟部商業司第七科，2022，**《2022山海臺菜餐廳名單揭曉 69家入選業者齊聚展現臺菜餐桌新風貌》**，經濟部商業司全國商工行政服務入口網，取自https://gcis.nat.gov.tw/mainNew/publicContentAction.do?method=showPublic&pkGcisPublicContent=5600，最後瀏覽日期：2023/06/14。

經濟部統計處，2022，**《111年批發、零售及餐飲業經營實況調查結果》**，取自https://www.moea.gov.tw/Mns/dos/content/ContentLink.aspx?menu_id=9431，最後瀏覽日期：2023/06/14。

＿＿＿＿＿＿，2023，**《111年餐飲業營業額及年增率雙創歷年新高》**，經濟部統計處，取自https://www.moea.gov.tw/MNS/dos/bulletin/Bulletin.aspx?kind=9&html=1&menu_id=18808&bull_id=11322，最後瀏覽日期：2023/06/14。

聯合國，2021，**《糧食體系在全球溫室氣體排放量中占比超過三分之一》**，取自https://news.un.org/zh/story/2021/03/1079852，最後瀏覽日期：2023/06/14。

網路溫度計DailyView，2022，**《「萬波、五桐號」老闆竟都是明星！10大藝人網紅開的手搖飲哪間你還沒喝過？》**，518職場熊報，取自https://www.518.com.tw/article/1757，最後瀏覽日期：2023/06/14。

総務省統計局，2023，**《サービス産業動向調査》**，東京：総務省，取自https://www.e-stat.go.jp/stat-search/files?page=1&layout=datalist&toukei=00200544&tstat=000001033747&cycle=7&tclass1=000001059028&tclass2=000001059029&tclass3=000001060698&tclass4val=0，最後瀏覽日期：2023/06/14。

鏡周刊，2023，**《台版高年級實習生報到！麥當勞深耕中高齡職場　招募銀髮強戰力》**，鏡周刊，取自https://www.mirrormedia.mg/story/20230519mkt001/，最後瀏覽日期：2023/06/14。

嚴雅芳，2022，**《王品明將開出台灣第300店 Q4估在台家數將創歷史新高》**，聯合新聞網，取自https://udn.com/news/story/7241/6583009，最後瀏覽日期：2023/06/14。

GOMAJI，2022，**《GO好康專區》**，GOMAJI，取自https://event.gomaji.com/event/202209/taiwanfoodgo2022/，最後瀏覽日期：2023/06/14。

iCHEF，2022，**《攀上新高：多店優勢展現，協助小餐廳集團化》**，iCHEF部落格，取自https://blog.ichefpos.com/ichef-day-202209-1/，最後瀏覽日期：2023/06/14。

Brandessence market research, 2022, "Contactless Dining Market Global Opportunity Analysis and Industry Forecast 2022-2028," retrieved from https://www.linkedin.com/pulse/contactless-dining-market-global-opportunity-analysis-supriya-koshti

Business Insider Intelligence, 2022, "Contactless Dining: A new era of restaurant experiences," retrieved June 14, 2023, from https://www.businessinsider.com/contactless-dining-report

Carbonara, J. M., 2022, "Restaurant Industry Sales to Hit $898 billion in 2022," Foodservice, retrieved June 14, 2023, from https://fesmag.com/topics/the-latest-news/20053-restaurant-industry-sales-to-hit-$898-billion-in-2022

Coherent Market Insights, 2021, "Contactless Payments Market Analysis," retrieved June 14, 2023, from https://www.coherentmarketinsights.com/market-insight/contactless-payments-market-4190

Good Food Institute, 2023, "U.S. retail market insights for the plant-based industry," retrieved June 14, 2023, from https://gfi.org/marketresearch/

Grand View Research, 2022, "Online Food Delivery Services Market Size, Share & Trends Analysis Report By Channel Type (Mobile Application, Websites/Desktop), By Payment Method (COD, Online), By Type, By Region, And Segment Forecasts, 2022 - 2030," retrieved June 14, 2023, from https://www.grandviewresearch.com/industry-analysis/online-food-delivery-services-market

Innova Market Insights, 2020, "Innova Identifies Top 10 Food and Beverage Trends to Accelerate Innovation in 2021 ," Cision PR Newswire, retrieved June 14, 2023, from https://www.prnewswire.com/il/news-releases/innova-identifies-top-10-food-and-beverage-trends-to-accelerate-innovation-in-2021-301155638.html

Kelso, A., 2019, "79% of diners interested in personalized menu recommendations, report finds," Restaurant Dive, retrieved June 14, 2023, from https://www.restaurantdive.com/news/diners-want-personalized-on-demand-service-report-finds/557636/

National Restaurant Association, 2023, "2023 State of the Restaurant Industry," retrieved

June 14, 2023, from https://restaurant.org/research-and-media/research/research-reports/state-of-the-industry/

NPD, 2020, "U.S. Restaurant Drive-Thrus Are Proving Their Value During the Pandemic and Will Be Key to The Industry's Future," retrieved June 14, 2023, from https://www.npd.com/news/press-releases/2020/u-s-restaurant-drive-thrus-are-proving-their-value-during-the-pandemic-and-will-be-key-to-the-industrys-future/

Orion Market Research Private Limited, 2020, "US Contactless Payment Market 2019-2025," Research and Markets, retrieved June 14, 2023, from https://www.researchandmarkets.com/reports/5013413/us-contactless-payment-market-2019-2025

PR Newswire, 2023, "Catering Services Market size to grow by USD 103.28 billion from 2022 to 2027; Growth driven by Increasing Popularity Of Online Catering- Technavio," Yahoo! Finance, retrieved June 14, 2023, from https://finance.yahoo.com/news/catering-services-market-size-grow-011500516.html

Sodexo, 2021, "Sodexo and HelloFresh Partner to Launch Its First On-Campus Meal Kit Delivery Service," retrieved June 14, 2023, from https://us.sodexo.com/media/news-releases/hellofresh-on-campus-meals.html

The Asia Food Challenge, 2021, "Understanding the New Asian Consumer," retrieved June 14, 2023, from https://www.theasiafoodchallenge.com/

The Business Research Company, 2023, "Catering Services And Food Contractors Global Market Report 2023," retrieved June 14, 2023, from https://www.thebusinessresearchcompany.com/report/catering-services-and-food-contractors-global-market-report

Thurrott, S., 2023, "The Top 10 Healthy Food Trends to Expect in 2023," Everyday Health, retrieved June 14, 2023, from https://www.everydayhealth.com/pictures/top-healthy-food-trends/

U.S. Bureau of Labor Statistics, 2023, "Employment, Hours, and Earnings from the Current Employment Statistics survey (National)," retrieved June 14, 2023, from https://data.bls.gov/timeseries/CES7072200001?amp%253bdata_tool=XGtable&output_view=data&include_graphs=true

United States Census Bureau, 2022, "Monthly Retail Trade Annual Revision Reports," retrieved June 14, 2023, from https://www.census.gov/retail/mrts/historic_releases.html

第六章

未來流通研究所，2023，**《疫後復甦TOP 40：2022台灣消費與生活產業成長率排行》**，取自https://www.mirai.com.tw/top-40-living-consumer-industries-with-the-fastest-growth-rate/，最後瀏覽日期：2023/06/30。

交通部，2023，**《112年3月22日交通部業務報告》**，中華民國交通部全球資訊網，取自https://www.motc.gov.tw/ch/app/onemessages_list/view?module=policy&id=811&serno=bfcfafbd-1667-4407-b125-50e0c8828dd8，最後瀏覽日期：2023/06/30。

交通部統計處，2023，**《111年運輸及倉儲業之生產與受僱員工概況》**，中華民國交通部全球資訊網，取自https://www.motc.gov.tw/ch/app/data/view?module=survey&id=56&serno=202304120000，最後瀏覽日期：2023/06/30。

行政院主計總處，2021，**《行業統計分類-第11次修正（110年1月）》**，中華民國統計資訊網，取自https://www.stat.gov.tw/ct.asp?xItem=46641&ctNode=1309，最後瀏覽日期：2023/06/30。

＿＿＿＿＿＿＿＿，2023，**《薪資及生產力統計》**，薪情平臺，取自https://earnings.dgbas.gov.tw/query_payroll.aspx，最後瀏覽日期：2023/06/30。

財政部，2023，**《營利事業家數及銷售額-第8次修訂》**，財政統計資料庫查詢，取自https://web02.mof.gov.tw/njswww/WebMain.aspx?sys=100&funid=defjspf2，最後瀏覽日期：2023/06/30。

經濟部研究發展委員會，2023，**《經濟部112年度施政計畫》**，取自https://www.moea.gov.tw/MNS/cord/content/ContentMenu.aspx?menu_id=6340，最後瀏覽日期：2023/06/30。

經濟部商業司，2023，**《111年度商業發展工作計畫執行成果彙編》**，經濟部商業司全國商工行政服務入口網，取自https://gcis.nat.gov.tw/mainNew/subclassNAction.do?method=getFile&pk=661，最後瀏覽日期：2023/06/30。

甌圖軟體開發股份有限公司（OSP），2022，**《展盛藉OSP的WMS倉儲系統，滿足企業與電商賣家的物流需求》**，取自https://www.osp.de/tw/about-us/press/taiwanese-freight-forwarder-linking-ocean-adopts-osp-movex-wms，最後瀏覽日期：2023/06/30。

盧志浩，2023，**《PwC Taiwan 2023臺灣企業領袖調查系列三：「數位轉型A.S.A.P.」》**，PwC Taiwan，取自https://www.pwc.tw/zh/topics/trends/industry-trends-20230321.html，最後瀏覽日期：2023/06/30。

経済産業省，2023，**《持続可能な物流の実現に向けた検討会》**，東京：経済産業省，取自https://www.meti.go.jp/shingikai/mono_info_service/sustainable_logistics/index.html (link as of 2023/06/30).

Baertlein, L., & Carey, N., 2021, “Insight: Sea change: global freight sails out of the digital dark ages,” Reuters, retrieved June 30, 2023, from https://www.reuters.com/business/autos-transportation/sea-change-global-freight-sails-out-digital-dark-ages-2021-05-24/

Cadena, R., 2022, “Six Logistics Trends to Watch for in 2023,” SupplyChainBrain, retrieved June 30, 2023, from https://www.supplychainbrain.com/blogs/1-think-tank/post/36031-six-logistics-trends-to-watch-for-in-2023

DHL, 2023, “Logistics and Delivery Trends for 2023”, retrieved June 30, 2023, from https://www.dhl.com/discover/en-us/global-logistics-advice/logistics-insights/logistics-and-delivery-trends-2023

Fitch Solutions Group Limited, 2022, “Fitch Solutions Country Industry Reports-Logistics & Freight Transport Report(for each country), Q4 2022,” ProQuest ABI/INFORM Collection.

__________________________, 2023, “Fitch Solutions Country Industry Reports-Logistics & Freight Transport Report(for each country), Q2 2023,” ProQuest ABI/INFORM Collection.

FreightWaves Staff, 2023, “Flexport completes acquisition of Shopify logistics business,” retrieved June 30, 2023, from https://www.freightwaves.com/news/flexport-completes-acquisition-of-shopify-logistics-business

Hu, K., 2022, “Logistics startup Flexport plans hiring spree, to double engineers in 2023,” retrieved June 30, 2023, from https://www.reuters.com/business/logistics-startup-flexport-plans-hiring-spree-double-engineers-2023-2022-11-02/

PwC, 2023, “How much is technology transforming supply chains? PwC’s 2023 Digital Trends in Supply Chain Survey,” retrieved June 30, 2023, from https://www.pwc.com/us/en/services/consulting/business-transformation/digital-supply-chain-survey.html

Straight, B., 2022, “Ask the consumer: Delivery speed matters, the environment matters more”, FreightWaves, retrieved June 30, 2023, from https://www.freightwaves.com/news/ask-the-consumer-delivery-speed-matters-the-environment-matters-more

The World Bank, 2023, “Connecting to Compete 2023: Trade Logistics in an Uncertain Global Economy- The Logistics Performance Index and Its Indicators,” retrieved June 30, 2023, from https://lpi.worldbank.org/international/global

West, C., & De Muynck, B., 2022, "Market Guide for Digital Freight Models for Road Transportation," Gartner Research, retrieved June 30, 2023, from https://www.gartner.com/en/documents/4011078

World Economic Forum, 2021, "Net-Zero Challenge: The supply chain opportunity," retrieved June 30, 2023, from https://www.weforum.org/reports/net-zero-challenge-the-supply-chain-opportunity

第七章

公平交易委員會，2023，**《公平交易委員會對於加盟業主經營行為案件之處理原則》**，公平交易委員會，取自https://www.ftc.gov.tw/internet/main/doc/docDetail.aspx?uid=167&docid=11795，最後瀏覽日期：2023/06/08。

日本特許經營協會，2023，取自https://www.jfa-fc.or.jp.t.ek.hp.transer.com/，最後瀏覽日期：2023/08/08。

台灣連鎖暨加盟協會，2019，**《2019台灣連鎖店年鑑》**，臺北：台灣連鎖暨加盟協會。

______________，2020，**《2020台灣連鎖店年鑑》**，臺北：台灣連鎖暨加盟協會。

______________，2021，**《2021台灣連鎖店年鑑》**，臺北：台灣連鎖暨加盟協會。

______________，2022，**《2022台灣連鎖店年鑑》**，臺北：台灣連鎖暨加盟協會。

______________，2023，**《2023台灣連鎖店年鑑》**，臺北：台灣連鎖暨加盟協會出版。

行政院主計總處，2023a，**《111年人力資源調查性別專題分析（含國際比較）》**，取自https://www.stat.gov.tw/News_Content.aspx?n=3064&s=89258，最後瀏覽日期：2023/06/13。

____________，2023b，**《人力資源調查統計年報（民國111年）》**，取自https://www.stat.gov.tw/News_Content.aspx?n=4001&s=231112，最後瀏覽日期：2023/06/12。

何渝婷，2022，**《黑沃咖啡策略長鍾曜羽：透過C2M開發出的極萃液，在高度競爭的咖啡市場中走出一條不一樣的道路！》**，KNOWING新聞，取自https://news.knowing.asia/news/0bc5dd7d-4e1b-40c4-a975-128aa2d7cc87，最後瀏覽日期：2023/06/08。

阿甘創業加盟網，2022，**《熱門創業加盟開店行業排行榜暨統計分析》**，阿甘創業加盟網，取自http://icantw.brinkster.net/itemindex.asp?z=hot.htm，最後瀏覽日期：2023/05/18。

食力編輯部，2023，**《鎖定快速、便利的消費需求！黑沃咖啡以「彈性化」商品策略**

勇闖美國》，食力，取自https://www.foodnext.net/issue/paper/5470798984，最後瀏覽日期：2023/06/02。

孫陽，2023，**《機構報告顯示中國消費市場回暖 可持續發展及數智化趨勢明顯》**，人民網，取自http://finance.people.com.cn/BIG5/n1/2023/0417/c1004-32666386.html，最後瀏覽日期：2023/08/08。

財團法人中國生產力中心，2023，**《經濟部連鎖加盟鏈結國際發展計畫》**，中國生產力中心，取自https://www.cpc.org.tw/zh-tw/post/contents/1610，最後瀏覽日期：2023/06/02。

郭芝榕，2020，**《零售業的春天在哪裡？解密5大趨勢，一窺國外業者默默做的事》**，經理人，取自https://www.managertoday.com.tw/articles/view/59207，最後瀏覽日期：2023/06/02。

陳至雄，2022，**《台灣連鎖加盟促進協會 出席WFC分享台灣經驗》**，工商時報，取自https://ctee.com.tw/industrynews/consumption/739888.html，最後瀏覽日期：2023/06/01。

陳芸葶，2022，**《QUEEN SHOP首推概念店！複合空間體驗生活新風格》**，三立新聞網，取自https://www.setn.com/News.aspx?NewsID=1172932，最後瀏覽日期：2023/06/05。

湯淑君，2022，**《網購市場順勢躍升新高，成長率優於整體零售業》**，經濟日報，取自https://money.udn.com/money/story/5599/6770771，最後瀏覽日期：2023/06/08。

程開佑，2022，**《餐飲訂閱制」商模崛起，科技業該怎麼切入餐飲業達成雙贏？》**，數位時代，取自https://www.bnext.com.tw/article/71495/dining-sub-cheng，最後瀏覽日期：2023/06/07。

馮惠宜，2023，**《黑沃精品咖啡飄香國際 大馬合作夥伴背景超強大》**，中時新聞網，取自https://www.chinatimes.com/realtimenews/20230302004385-260405?chdtv，最後瀏覽日期：2023/06/07。

新北市政府經發局，2023，**《Q Burger斥資12億元打造1100坪台灣營運總部 導入數位智慧化管理系統 數位轉型再升級》**，取自https://www.ntpc.gov.tw/ch/home.jsp?id=28&dataserno=202301060045，https://www.stat.gov.tw/News_Content.aspx?n=3064&s=89258，最後瀏覽日期：2023/09/11。

經濟部商業司，2016，**《105年度連鎖加盟業能量厚植暨發展計畫-連鎖加盟產業區域店長人才需求調查報告》**，取自https://ws.ndc.gov.tw/001/administrator/18/relfile/

6037/8773/f32d197d-ab08-40e3-bb16-f78641fe2cab.pdf

經濟部商業司、財團法人中國生產力中心，2023，**《服務業創新研發計畫》**，取自https://gcis.nat.gov.tw/neo-s/Web/Default.aspx，最後瀏覽日期：2023/06/07。

農業部林業及自然保育署，2023，**《饗樂餐飲Q Burger造林永續　看得到也摸得到》**，我的E政府，取自https://www.gov.tw/News5_Content.aspx?n=11&s=677812，最後瀏覽日期：2023/09/11。

魏文郡，2022，**《網購市場順勢躍升新高，成長率優於整體零售業》**，經濟部統計處，取自https://www.moea.gov.tw/MNS/dos/bulletin/Bulletin.aspx?kind=9&html=1&menu_id=18808&bull_id=9673，最後瀏覽日期：2023/06/07。

Adela Cheng，2022，**《江振誠的「紅白牛肉麵」開賣！紅燒與清燉口味，在家輕鬆還原主廚風味》**，Lavie，取自https://www.wowlavie.com/article/ae2201867，最後瀏覽日期：2023/06/06。

Chin，2023，**《中國首次成全球最大奢侈品市場 消費額達1465億 千萬淨值家庭達206萬戶》**，Business Focus，取自https://businessfocus.io/article/215456/%E4%B8%AD%E5%9C%8B-%E5%A5%A2%E4%BE%88%E5%93%81-%E6%B6%88%E8%B2%BB，最後瀏覽日期：2023/08/08。

CTWANT，2022，**《Q Burger饗樂餐飲「饗」應永續　邀消費者一同「點數化愛」做公益》**，CTWANT，取自https://www.ctwant.com/article/225114，最後瀏覽日期：2023/09/11。

The Jiji Press，2023，**《便利商店銷售額史上最高=人潮回流下2022持續正成長》**，nippon.com，取自https://www.nippon.com/hk/news/yjj2023012000959/，最後瀏覽日期：2023/08/30。

199IT，2023，**《尼爾森IQ：2023年中國零售市場復甦展望》**，新浪科技，取自https://finance.sina.cn/tech/2023-04-19/detail-imyqvtcc8216382.d.html，最後瀏覽日期：2023/08/08。

Deloitte, 2023(a), “2023 Retail industry outlook,” retrieved June 6, 2023, from https://www2.deloitte.com/content/dam/Deloitte/us/Documents/consumer-business/us-consumer-business-retail-outlook.pdf

Deloitte, 2023(b), “Global powers of retailing 2023,” retrieved June 6, 2023, from https://www2.deloitte.com/global/en/pages/consumer-business/articles/global-powers-of-retailing

Dudarenok, A., 2023, “2023 Brand guide to WeChat, Douyin, Xiaohongshu and other top Chinese social platforms,” JINGDAILY, retrieved June 6, 2023, from https://jingdaily.com/chinese-social-media-xiaohongshu-douyin-wechat-weibo/

eMarketer Editors, 2020, “Food and beverage will see biggest gains in retail ecommerce sales growth this year,” Insider Intelligence, retrieved June 6, 2023, from https://www.insiderintelligence.com/content/food-beverage-will-see-biggest-gains-retail-ecommerce-sales-growth-this-year

Forgrieve, J., 2021, “How the pandemic fed the growth of food subscription services,” SmartBrief, retrieved June 6, 2023, from https://www.statista.com/statistics/257532/us-food-and-beverage-e-commerce-revenue/

Industry Research, 2023, “2022-2029 Global Franchise Professional Market Research Report,” Globe newswire, retrieved August 8, 2023, from https://www.globenewswire.com/en/news-release/2022/09/11/2513588/0/en/Franchise-Market-Size-Share-Growth-Forecast-2029-Demand-Insights-Trends-Key-Players-Type-Application-Expansion-Plan-Restraints-and-Challenges-Revenue-Cost-Analysis-and-Supply-Chain.html

Kaur, A., 2022, “Top 9 digital transformation trends to follow in 2023,” Net Solutions, retrieved June 13, 2023, from https://www.netsolutions.com/insights/digital-transformation-trends/

Komiya, K., 2023, “Japan Dec factory output inches down, retail sales beat forecasts,” REUTERS, retrieved August 8, 2023, from https://www.reuters.com/markets/asia/japan-dec-factory-output-inches-down-retail-sales-beat-forecasts-2023-01-31/

Lesonsky, R., 2023, “The future of retail: What the stats say about retailers in 2023,” Forbes, retrieved June 13, 2023, from https://www.forbes.com/sites/allbusiness/2023/04/17/the-future-of-retail-what-the-stats-say-about-retailers-in-2023/?sh=6a5cbf837f08

Sabanoglu, T., 2023, “Retail sales in the United States from 2020 to 2026,” Statista, retrieved June 13, 2023, from https://www.statista.com/statistics/443495/total-us-retail-sales/

Sayers, S., 2023, “What is the secret sauce behind Lululemon’s popularity in China,” Dao insights, retrieved June 13, 2023, from https://daoinsights.com/opinions/what-is-the-secret-sauce-behind-lululemons-popularity-in-china/

Shultz, T., 2022, “SHEIN announces exclusive partnership with Stagecoach,” Apparel News, retrieved June 13, 2023, from https://www.apparelnews.net/news/2022/apr/28/shein-announces-exclusive-partnership-stagecoach/

Stacy, D., 2023, “Number of social media users worldwide from 2017 to 2027,” Statista, retrieved August 8, 2023, from -https://www.statista.com/statistics/278414/number-of-worldwide-social-network-users/

Statista Research Department, 2023, “Spending on digital transformation technologies and services worldwide from 2017 to 2026,” Statista, retrieved August 8, 2023, from https://www.statista.com/statistics/870924/worldwide-digital-transformation-market-size/

Stern, M., 2023, “Netflix/Nike collab looks like the future of streaming commerce,” Forbes, retrieved June 13, 2023, from https://www.forbes.com/sites/retailwire/2023/01/10/netflixnike-collab-looks-like-the-future-of-streaming-commerce/?sh=663692555dab

Wong, K., 2023, “Lululemon unveils Instagram activation to raise awareness on wellbeing,” Marketing Interactive, retrieved June 13, 2023, from https://www.marketing-interactive.com/lululemon-unveils-instagram-activation-to-raise-awareness-on-wellbeing

第八章

于國欽，2023，**《服務業就業占比 今年估首升破60%》**，工商時報，取自https://ctee.com.tw/news/policy/862791.html，最後瀏覽日期：2023/08/22。

余至浩，2022，**《國發會公布更詳細2030年淨零轉型階段目標和具體行動方案，強調有機會達成25%碳減量》**，IThome，取自https://www.ithome.com.tw/news/154917，最後瀏覽日期：2023/08/28。

金融監督管理委員會，2020，**《公司治理3.0－永續發展藍圖》**，公司治理中心，取自https://cgc.twse.com.tw/front/aboutCorp21t23，最後瀏覽日期：2023/08/11。

唐可欣，2021，**《大型企業ESG民調，逾9成民眾關注企業推動環境永續與社會關懷，但僅一成七民眾曾聽過「ESG原則」》**，風傳媒，取自https://tw.news.yahoo.com/news/%E5%A4%A7%E5%9E%8B%E4%BC%81%E6%A5%ADesg%E6%B0%91%E8%AA%BF-%E9%80%BE9%E6%88%90%E6%B0%91%E7%9C%BE%E9%97%9C%E6%B3%A8%E4%BC%81%E6%A5%AD%E6%8E%A8%E5%8B%95%E7%92%B0%E5%A2%83%E6%B0%B8%E7%BA%8C%E8%88%87%E7%A4%BE%E6%9C%83%E9%97%9C%E6%87%B7-%E4%BD%86%E5%83%85-%E6%88%90%E4%B8%83%E6%B0%91%E7%9C%BE%E6%9B%BE%E8%81%BD%E9%81%8E-esg%E5%8E%9F%E5%89%87-085705581.html，最後瀏覽日期：2023/08/28。

高偉倫，2023，**《ESG懶人包》什麼是ESG？全面解析ESG核心定義、案例、檢測**

工具，一次讀懂ESG的行動指南》，天下雜誌，取自https://csr.cw.com.tw/article/43025，最後瀏覽日期：2023/08/25。

國家發展委員會，2022，**《臺灣2050淨零排放路徑及策略總說明》**，取自https://www.ndc.gov.tw/Content_List.aspx?n=DEE68AAD8B38BD76，最後瀏覽日期：2023/07/21。

張國蓮，2021，**《ESG投資帶你賺更多錢 3證據告訴你為什麼》**，Money錢，取自https://money.cmoney.tw/article/12252，最後瀏覽日期：2023/08/19。

勤業眾信聯合會計師事務所，2023，**《2023 CxO 調查：從財務長角度看企業永續發展》**，Deloitte，取自https://www2.deloitte.com/tw/tc/pages/about-deloitte/articles/2023-deloitte-cxo-report.html，最後瀏覽日期：2023/08/28。

經理人編輯部，2023，**《ESG是什麼？投資關鍵字CSR、ESG、SDGs一次讀懂》**，經理人月刊，取自https://www.managertoday.com.tw/articles/view/62727，最後瀏覽日期：2023/08/25。

經濟部，2022，**《商業部門2030減碳路徑規劃產業溝通座談會》**簡報，取自https://drive.google.com/drive/folders/1ftGeLZieU_UD3VAVh-5CwEVJZCd8rs3d，最後瀏覽日期：2023/08/25。

經濟部商業司，2022，**《經濟部發布商業部門2030年淨零轉型路徑 提供產業減碳淨零指引》**，中華民國經濟部，取自https://www.moea.gov.tw/Mns/populace/news/News.aspx?kind=1&menu_id=40&news_id=103156，最後瀏覽日：2023/08/25。

資誠聯合會計師事務所，2023a，**《2023全球消費者洞察報告》**，pwc，取自https://www.pwc.tw/zh/news/press-release/press-20230224.html，最後瀏覽日期：2023/08/22。

____________________，2023b，**《ESG是什麼？為什麼企業要重視？解密企業淨零轉型重要關鍵》**，pwc，取自https://www.pwc.tw/zh/topics/trends/what-is-esg.html，最後瀏覽日期：2023/08/19。

魏喬怡，2020a，**《ESG做好，EPS表現比大盤高2倍？永續專家簡又新分析：為何台灣企業一定要重視ESG》**，今周刊，取自https://esg.businesstoday.com.tw/article/category/180701/post/202009070017/ESG%E5%81%9A%E5%A5%BD%EF%BC%8CEPS%E8%A1%A8%E7%8F%BE%E6%AF%94%E5%A4%A7%E7%9B%A4%E9%AB%982%E5%80%8D%EF%BC%9F%E6%B0%B8%E7%BA%8C%E5%B0%88%E5%AE%B6%E7%B0%A1%E5%8F%88%E6%96%B0%E5%88%86%E6%9E%90%EF%BC%9A%E7%82%BA%E4%BD%95%E5%8F%B0%E7%81%A3%E4%B

C%81%E6%A5%AD%E4%B8%80%E5%AE%9A%E8%A6%81%E9%87%8D%E8%A6%96ESG，最後瀏覽日期：2023/08/19。

______，2020b，**《做好ESG投資 接軌國際路更廣》**，工商時報，取自https://ctee.com.tw/news/finance/328984.html，最後瀏覽日期：2023/07/12。

證券期貨局，2023，**《上市櫃公司永續發展行動方案（2023年）》**簡報檔，公司治理中心，取自https://cgc.twse.com.tw/responsibilityPlan/listCh，最後瀏覽日期：2023/08/25。

ESG遠見編輯部，2023，**《亞太永續評比出爐！台灣奪回冠軍、80%企業已揭露淨零目標》**，ESG遠見，取自https://esg.gvm.com.tw/article/24486，最後瀏覽日期：2023/08/19。

第九章

人間福報，2023，**《外送員 3年爆增10萬人》**，人間福報，取自https://www.merit-times.com/NewsPage.aspx?unid=830185，最後瀏覽日期：2023/07/31。

方明，2023，**《服務業大缺工 「老人上工」成趨勢》**，工商時報，取自https://ctee.com.tw/news/industry/848320.html，最後瀏覽日期：2023/07/31。

曹永暉，2019，**《2019 IEKTopics｜啟動台灣產業數位轉型 借力科技服務新生態》**，IEK產業情報網，取自https://ieknet.iek.org.tw/iekrpt/rpt_open.aspx?rpt_idno=225724585，最後瀏覽日期：2023/07/31。

104玩數據，2023，**《史高！五大民生消費業平均每月缺才38.2萬人 3年成長90.9% 徵才難度是整體市場的4.4倍》**，104人力銀行，取自https://blog.104.com.tw/104data-2023people-livelihood-consumer-industry/，最後瀏覽日期：2023/07/31。

ABC News, 2023, "OpenAI CEO, CTO on risks and how AI will reshape society," YouTube, retrieved July 31, 2023, from https://www.youtube.com/watch?v=540vzMlf-54&ab_channel=ABCNews

Briggs, J., & Kodnani, D., 2023, "The Potentially Large Effects of Artificial Intelligence on Economic Growth," Goldman Sachs, retrieved July 31, 2023, from https://www.gspublishing.com/content/research/en/reports/2023/03/27/d64e052b-0f6e-45d7-967b-d7be35fabd16.html

IDC, 2023, "Worldwide Spending on AI-Centric Systems Forecast to Reach $154 Billion in 2023," IDC Corporate, retrieved July 31, 2023, from https://www.idc.com/getdoc.

jsp?containerId=prUS50454123

第十章

王以謙、林立，2023，**《無印良品"用人老道" 中高齡就業開創雙贏》**，大愛新聞，取自https://www.daai.tv/news/558867，最後瀏覽日期：2023/07/25。

王馥蓓，2015，**《【品牌管理現場】人才搶奪戰：善用「ACTUAL」五大步驟，經營雇主品牌！》**，經理人，取自https://www.managertoday.com.tw/columns/view/50498，最後瀏覽日期：2023/06/28。

自由時報，2023，**《2050年全球16億老年人口 聯合國：各國須制定相關政策應對》**，取自https://news.ltn.com.tw/news/world/breakingnews/4185790，最後瀏覽日期：2023/07/04。

林欣韻，2020，**《50+的職場復興：中高齡就業現況以日系居家生活產業為例》**，國立臺灣師範大學碩士論文，https://hdl.handle.net/11296/7at72u

林珮萱，2017，**《找出銀髮族新價值 B型企業協助長者重回職場》**，遠見，取自https://www.gvm.com.tw/article/40288，最後瀏覽日期：2023/07/25。

邱彥瑜，2018，**《韓國熟齡企業 EverYoung：我們的退休年齡是100歲！》**，安可人生，取自https://ankemedia.com/2018/14133，最後瀏覽日期：2023/06/24。

姚舜，2023，**《老爺酒店大招工 瞄準壯世代 福利曝光》**，工商時報，取自https://ctee.com.tw/news/industry/848078.html，最後瀏覽日期：2023/06/28。

洪簡廷卉（Tuhi Martukaw）、游立爾，2023，**《全球缺工潮嚴重！ 多國「放寬移民」填補勞動人口》**，華視新聞，https://news.cts.com.tw/cts/international/202306/202306242194580.html，最後瀏覽日期：2023/07/04。

風傳媒，2022，**《世界人口展望：地球居民今年底破80億！但直至世紀末，高齡化、少子化趨勢注定回不去》**，取自https://www.storm.mg/article/4421675?mode=whole，最後瀏覽日期：2023/07/04。

倪偉晟，2022，**《臺灣老化速度「世界之最」》**，Advisers財務顧問，取自https://www.advisers.com.tw/?p=12078，最後瀏覽日期：2023/07/04。

國家發展委員會，2022，**《中華民國人口推估（2022年至2070年）報告》**，取自https://www.ndc.gov.tw/nc_27_36116

康陳剛，2023，**《「姊姊們」救援　差距30歲的員工，撐起無印良品億元店》**，天下雜誌，取自https://www.cw.com.tw/article/5124653，最後瀏覽日期：2023/06/27。

康陳剛，2023，**《50歲後當起小編　聖德科斯靠「媽媽店員」收服客人》**，天下雜誌，取自https://www.cw.com.tw/article/5124652，最後瀏覽日期：2023/06/28。

張紹敏，2023，**《半年沒人投履歷、CEO下海鋪床，老爺酒店找「壯幫手」解缺工荒》**，天下學習-人才永續，取自https://www.cheers.com.tw/talent/article.action?id=5101834，最後瀏覽日期：2023/06/28。

陳佳慶，2020，**《HR必修的「雇主品牌」是什麼？一次了解雇主品牌的前世今生》**，104職場力，https://blog.104.com.tw/what-is-employer-branding-2/，最後瀏覽日期：2023/06/28。

陳婉茹，2022，**《「網路招募內容、雇主品牌與求職者應徵工作意願關係之研究」》**，國立臺北科技大學碩士論文，https://hdl.handle.net/11296/fmk74k

勞動部勞動及職業安全衛生研究所，2021，**《我國中高齡工作者職場處境調查：企業中高齡友善文化、工作者心理安全感及心理健康之探討》**，取自https://criteria.ilosh.gov.tw/iLosh/wSite/ct?xItem=35748&ctNode=322&mp=3

賀先蕙，2022，**《聯合國：全球80億人口！人口老化取代人口炸彈成為最大威脅》**，天下雜誌，取自https://www.cw.com.tw/article/5123597，最後瀏覽日期：2023/07/04。

楊喻斐、林宏達，2023，**《職場新海嘯來襲1》老闆注意！高薪不是重點，成長才是訴求 Z世代報到職場新海嘯來襲》**，財訊，取自https://www.wealth.com.tw/articles/dff5687a-8974-47ab-ba34-c3504fae88d5，最後瀏覽日期：2023/07/04。

楊寧茵，2018，**《我們很有用！只雇55+員工，營收破億的南韓企業EverYoung》**，FIFTY PLUS，取自https://www.fiftyplus.com.tw/articles/12727，最後瀏覽日期：2023/06/24。

劉立文、潘儀聰、游志雲，2018，**《職場中高齡勞工人因工程探討研究》**，勞動部勞動及職業安全衛生研究所，取自https://criteria.ilosh.gov.tw/ifiAdmin/wSite/util/fileDownload?icuitem=35518&ixCuAttach=39067

謝曼麗、杜信宏，2019，**《中高齡職業環境安全設施探討研究》**，勞動部勞動及職業安全衛生研究所，取自https://criteria.ilosh.gov.tw/ifiAdmin/wSite/util/fileDownload?icuitem=35597&ixCuAttach=39146

顏美惠，2021，**《企業善用中高齡優勢 「銀」戰疫情新時代》**，工商時報，取自https://ctee.com.tw/industrynews/socialwelfare/477459.html，最後瀏覽日期：2023/06/28。

104人力銀行，2023a，**《2023年員工工作價值認知調查研究發現》**，104職場力，取自https://blog.104.com.tw/wp-content/uploads/2023/09/05095716/2023年員工C.E.O.工作

值認知查報告_104入銀行.pdf,，最後瀏覽日期：2023/09/22。

__________，2023b，**「友善中高齡，企業不缺工」記者會**，104新聞中心，取自https://corp.104.com.tw/archive/storage/news/filename_777.pdf，最後瀏覽日期：2023/07/03。

__________，2023c，**《2023民生消費產業人才白皮書》**，取自https://blog.104.com.tw/wp-content/uploads/2023/07/104人力銀行《民生消費產業人才白皮書》.pdf，最後瀏覽日期：2023/07/03。

Bloom, D. E., & Zucker, L. M., 2023, "Aging is the Real Population Bomb," International Monetary Fund, retrieved July 15, 2023, from https://www.imf.org/en/Publications/fandd/issues/Series/Analytical-Series/aging-is-the-real-population-bomb-bloom-zucker

Our World in Data, 2022, Population & Demography Data Explorer, retrieved from https://ourworldindata.org/explorers/population-and-demography

United Nations Department of Economic and Social Affairs, 2022, "World Population Prospects 2022," retrieved from https://www.un.org/development/desa/pd/sites/www.un.org.development.desa.pd/files/wpp2022_summary_of_results.pdf

__________, 2023, "Leaving No One Behind in An Ageing World," retrieved from https://www.un.org/development/desa/dspd/wp-content/ uploads/sites/22/2023/01/2023wsr-fullreport.pdf

第十一章

中華民國常駐世界貿易組織代表團，2022，**《服務業國內規章聯合聲明倡議》**，行政院經貿談判辦公室，取自https://www.ey.gov.tw/otn/4EF0B93434C43350，最後瀏覽日期：2023/07/24。

彭文暉，2022，**《修正世界貿易組織（WTO）入會議定書附錄一之「臺灣、澎湖、金門、馬祖個別關稅領域服務業特定承諾表」評估報告》**，立法院法制局，取自https://www.ly.gov.tw/Pages/Detail.aspx?nodeid=43800&pid=222301

黃以樂，2022，**《馬國成為第9個批准CPTPP的國家》**，中華經濟研究院，取自https://www.aseancenter.org.tw/post/%E9%A6%AC%E5%9C%8B%E6%88%90%E7%82%BA%E7%AC%AC9%E5%80%8B%E6%89%B9%E5%87%86cptpp%E7%9A%84%E5%9C%8B%E5%AE%B6，最後瀏覽日期：2023/07/24。

經濟部國際貿易局，2022，**《CPTPP簡介》**，取自https://cptpp.trade.gov.tw/Information/Detail?source=vHHe8sRaFNJz9QUAGekZvSsqGwdcYzASxGRco9WZVKk=，最後

瀏覽日期：2023/07/24。

Adnan, B. N., 2022, "Gabungan NGO desak kerajaan tarik balik ratifikasi CPTPP," retrieved July 24, 2023, from https://www.sinarharian.com.my/article/233381/berita/semasa/gabungan-ngo-desak-kerajaan-tarik-balik-ratifikasi-cptpp

Cernat, L., & Kutlina-Dimitrova, Z., 2014, "Thinking in a Box: A 'MODE 5' Approach to Service Trade," *Journal of World Trade*, 48(6), pp. 1109-1126.

CPTPP, 2016(a), "Annex I, Schedule of Malaysia," retrieved July 24, 2023, from https://cptpp.trade.gov.tw/Files/Pages/Attaches/316/Annex-I.-Malaysia.pdf

______, 2016(b), "Annex I, Schedule of Viet Nam," retrieved July 24, 2023, from https://cptpp.trade.gov.tw/Files/Pages/Attaches/325/Annex-I.-Viet-Nam.pdf

______, 2016(c), "Annex II, Schedule of Malaysia," retrieved July 24, 2023, from https://cptpp.trade.gov.tw/Files/Pages/Attaches/352/Annex-II.-Malaysia.pdf

Department for International Trade, 2021, "Technical annexes for the Scoping Assessment for UK accession to the Comprehensive and Progressive Agreement for Trans-Pacific Partnership （CPTPP）," London: Department for International Trade. https://assets.publishing.service.gov.uk/government/uploads/system/uploads/attachment_data/file/1161799/dit-cptpp-scoping-assessment-technical-annexes.pdf

Department of Economic and Social Affairs, 2015, "Central Product Classification (CPC) Version 2.1," United Nation. https://unstats.un.org/unsd/classifications/unsdclassifications/cpcv21.pdf

Devaraj, J., 2022, "Some poorly appreciated dangers of CPTPP," ALIRAN, retrieved July 24, 2023, from https://m.aliran.com/aliran-csi/some-poorly-appreciated-dangers-of-the-cptpp

Gootiiz, B., & Mattoo, A., 2017, "Services in the Trans-Pacific Partnership: What would be lost?" Washington, D.C.: World Bank Group. https://documents1.worldbank.org/curated/en/512711486497950394/pdf/WPS7964.pdf

Hufbauer, G. C., 2016, "Liberalization of Services Trade," in C. Cimino-Isaacs & J. J. Schott (Eds.), *Trans-Pacific Partnership: An Assessment*, Peterson Institute for International Economics, pp. 157-170, retrieved September 18, 2023, from https://www.piie.com/publications/chapters_preview/7137/08iie7137.pdf

Policy Department for External Relations, 2018, "How to include 'Mode 5' services commitments in bilateral free trade agreements and at multilateral stage?" European Parliament. https://www.europarl.europa.eu/RegData/etudes/STUD/2018/603873/EXPO_STU(2018)603873_EN.pdf

Pramila, C., Marand, J., & Gerald, P., 2022, "Liberalizing Services Trade in the Regional Comprehensive Economic Partnership," *ADB BRIEFS*, 237. http://dx.doi.org/10.22617/BRF220573-2

Rainer, L., & Andreas, M., 2015, "Services and Global Value Chains-Some Evidence on Servicification of Manufacturing and Services Networks," *WTO Staff Working Papers*, World Trade Organization (WTO), Economic Research and Statistics Division. https://www.wto.org/english/res_e/reser_e/ersd201503_e.pdf

Saigon Times, 2019, "CPTPP assists foreign retailers in Vietnam," VietNamNet Global, retrieved July 24, 2023, from https://vietnamnet.vn/en/cptpp-assists-foreign-retailers-in-vietnam-E216422.html

The Nation, 2016, "Vietnam reetailers ask govt for incentives," retrieved July 24, 2023, from https://www.nationthailand.com/international/30289400

World Bank, 2023(a), "Service, values added (% of GDP)," retrieved July 24, 2023, from https://data.worldbank.org/indicator/NV.SRV.TOTL.ZS

__________, 2023(b), "Service, values added (current US$)," retrieved July 24, 2023, from https://data.worldbank.org/indicator/NV.SRV.TOTL.CD

World Trade Organization, 2011, "World Trade Report 2011," Geneva: World Trade Organization. https://www.wto.org/english/res_e/booksp_e/anrep_e/world_trade_report11_e.pdf

________________________, 2019, "World Trade Report 2019," Geneva: World Trade Organization. https://www.wto.org/english/res_e/booksp_e/00_wtr19_e.pdf

WTO Center-VCCI, 2019, "CPTPP& Ngành Phân phối – Thương mại điện tử Việt Nam," retrieved July 24, 2023, from https://wtocenter.vn/file/17572/2.-vcci-cptpp-phan-phoi-tmdt.pdf

WTO OMC, 2022, "Services domestic regulation: the 2021 deal," retrieved July 24, 2023, from https://www.wto.org/english/tratop_e/serv_e/ji_dr_deal_e.pdf

WTO, n.d., "Bulk download of trade datasets," retrieved July 24, 2023, from https://www.wto.org/english/res_e/statis_e/trade_datasets_e.htm

第十二章

大紀元，2014，**《台灣美食品牌大舉進軍美國》**，85度C，取自https://www.85cafe.com/News_content.php?data=1341，最後瀏覽日期：2023/08/22。

女性創業飛雁計畫，2019，**《淬鍊出史上最龜毛的茶葉蛋——專訪所長茶葉蛋副總經理施麗月》**，女性創業飛雁計畫，取自https://woman.sysme.org.tw/Project/Visitor/Project_Detail.aspx?ProjectItemId=222，最後瀏覽日期：2023/08/22。

王一芝，2019，**《台灣珍奶進駐羅浮宮 日出茶太如何席捲6大洲41國？》**，天下雜誌，取自https://www.cw.com.tw/article/5095622?template=transformers，最後瀏覽日期：2023/08/22。

台灣連鎖暨加盟協會，2012，**《2012台灣連鎖店年鑑》**，臺北：台灣連鎖暨加盟協會。

＿＿＿＿＿＿＿＿＿＿，2023，**《2023台灣連鎖店年鑑》**，臺北：台灣連鎖暨加盟協會。

未來流通研究所，2020，**《一張圖解析台灣10大連鎖餐飲集團佈局，靠哪三種模型擴張版圖？》**，數位時代，取自https://www.bnext.com.tw/article/58913/catering-taiwan-2020?，最後瀏覽日期：2023/08/22。

石安伶、楊雅涵，2022，**《餐飲業發展趨勢（2022年）》**，台灣趨勢研究，取自https://www.twtrend.com/trend-detail/food-and-beverage-service-activities-2022/，最後瀏覽日期：2023/08/22。

李文義，2010，**《泰國「世界廚房」計畫的三大市場策略》**，繁盛道上餐飲顧問公司，取自https://leewenileeweni.wordpress.com/2010/03/28/%E6%B3%B0%E5%9C%8B%E2%80%9C%E4%B8%96%E7%95%8C%E5%BB%9A%E6%88%BF%E2%80%9D%E8%A8%88%E7%95%AB%E7%9A%84%E4%B8%89%E5%A4%A7%E5%B8%82%E5%A0%B4%E7%AD%96%E7%95%A5/，最後瀏覽日期：2023/08/22。

林玉樹、張雲涵，2015，**《服務業國際化經營策略分析——以大型企業為例》**，《主計月刊》，715，67-72。

林佳瑩、曾秀雲，2010，**《從在地化到全球化——以珍珠奶茶為例》**，「全球化下的地方文化再生與發展」研討會。

林果契，2023，**《菲律賓7-ELEVEn去年獲利激增》**，財訊，取自https://www.wealth.com.tw/articles/ebd08d2a-2a2f-44e0-80cd-1f0934d96e86，最後瀏覽日期：2023/08/22。

林資傑，2023，**《王品5月營收雙升燈第3高 續展店添成長動能》**，中時新聞網，取自https://www.chinatimes.com/realtimenews/20230609003684-260410?chdtv，最後瀏覽日期：2023/08/22。

尚言志，2022，**《2022中國便利店TOP100》**，今日頭條，取自https://www.toutiao.com/w/1741045912513543/，最後瀏覽日期：2023/08/22。

侯姿瑩，2022，**《搶攻東南亞市場 台灣精品咖啡品牌進軍馬來西亞》**，中央社，取自https://www.cna.com.tw/news/afe/202203300269.aspx，最後瀏覽日期：2023/08/22。

凌郁涵，2023，**《中國便利商店排名出爐 美宜佳門市數量突破3萬家》**，鉅亨網，取自https://news.cnyes.com/news/id/5149587，最後瀏覽日期：2023/08/22。

馬岳琳，2012，**《翔美雪花冰 連肯亞人都飛來吃》**，天下雜誌，取自https://www.cw.com.tw/article/5126961，最後瀏覽日期：2023/08/22。

馬穎德，2021，**《泰國消費者喜好：外出用餐和外賣送餐》**，HKTDC RESEARCH經貿研究，取自https://research.hktdc.com/tc/article/NjU1MDg0MDQ3，最後瀏覽日期：2023/08/22。

高嘉和，2021，**《翻身夢碎 超商雙雄西進又陷泥淖》**，自由時報，取自https://ec.ltn.com.tw/article/paper/1424741，最後瀏覽日期：2023/08/22。

莊文華，1994，**《連鎖體系擴張策略之比較研究》**，國立政治大學企業管理研究所碩士論文。https://hdl.handle.net/11296/7k2y4h

陳家倫，2022，**《台灣年輕人在越南創業，賣珍奶虧損3年後靠「只做外帶」獲利翻身》**，關鍵評論，取自https://www.thenewslens.com/article/168378，最後瀏覽日期：2023/08/22。

陳憶慈，2016，**《為何一家30年老茶店，能揚名世界成最讚台灣味？春水堂5大用心，你絕對沒發現》**，風傳媒，取自https://www.storm.mg/lifestyle/197839?page=1，最後瀏覽日期：2023/08/22。

彭杏珠，2015，**《複製台灣味，「二嫂」要做異鄉的王品》**，遠見雜誌，取自https://www.gvm.com.tw/article/20545，最後瀏覽日期：2023/08/22。

游羽棠，2023，**《台灣珍奶大危機？中國22元奶茶店蜜雪冰城，憑什麼變全球第一》**，商周雜誌，取自https://www.businessweekly.com.tw/Archive/Article?StrId=7008441&rf=google，最後瀏覽日期：2023/08/22。

勤業眾信，2022，**《2022零售力量與趨勢展望》**，取自https://www2.deloitte.com/content/dam/Deloitte/tw/Documents/consumer-business/pr220615-2022-cnsr-trend-tc.pdf，最後瀏覽日期：2023/08/22。

新興市場情報誌，無日期，**《熱數據揭密：菲律賓飲食特色大調查》**，新興市場情報誌，取自https://mvp-plan.cdri.org.tw/article/detail/161，最後瀏覽日期：2023/08/22。

經濟部商業司，2022，**《111年連鎖加盟鏈結國際發展計畫品牌輸出國際布局-海外市場研析成果報告》**。

經濟部統計處，無日期，批發、零售及餐飲業統計調查，取自https://dmz26.moea.gov.tw/GMWeb/investigate/InvestigateEA.aspx，最後瀏覽日期：2023/08/22。

廖文志、林雁迪、李怡秀，2010，**《服務經濟開創臺灣第二春：連鎖加盟產業國際化人才能力內容之探討》**，臺北：中華人力資源發展學會。

趙義隆、黃意丹，2011，**《WTO架構下，我國零售服務業國際化政策之研究》**，臺北：財團法人中華經濟研究院。

遠見編輯團隊，2018，**《一杯珍奶搖出台灣新經濟奇蹟》**，遠見雜誌，取自https://event.gvm.com.tw/201811_bubble-tea/，最後瀏覽日期：2023/08/22。

潘姿羽、陳憶慈，2018，**《台灣是「美食王國」為何到越南做餐飲卻常失敗？過來人：CP值那套在這只會換到慘痛教訓》**，風傳媒，取自https://www.storm.mg/lifestyle/475684?page=1，最後瀏覽日期：2023/08/22。

賴瑩綺，2019，**《陸第二季零售商 大潤發保住龍頭》**，工商時報，取自https://ctee.com.tw/news/china/123389.html，最後瀏覽日期：2023/08/22。

嚴雅芳，2023，**《餐飲業復甦 掀IPO熱潮》**，聯合新聞網，取自https://udn.com/news/story/7241/7116811，最後瀏覽日期：2023/08/22。

蘇宇庭，2018，**《中國寶島AI賣眼鏡 連15年坐穩第一》**，商周雜誌，取自https://www.businessweekly.com.tw/magazine/Article_mag_page.aspx?id=68212，最後瀏覽日期：2023/08/22。

AsiaKOL亞洲達人通，2022，**《跨境行銷大揭密I》開拓東南亞新市場前 品牌必知的網紅行銷術》**，i-Buzz Research，取自https://www.i-buzz.com.tw/community/article_page/?id=Mzg4，最後瀏覽日期：2023/08/22。

Ching，2022，**《2023餐飲業趨勢》（上）年輕人找餐廳不再用Google Maps？明年餐飲10大趨勢搶先看》**，581職場熊報，取自https://www.518.com.tw/article/1955，最後瀏覽日期：2023/08/22。

Chwen Yuh Chang，2016，**《春水堂 茶文化的提供者／春水堂人資經理暨發言人劉彥伶：朝國外發展，自然會想加強英語力》**，English Career，取自https://www.

englishcareer.com.tw/enterprise/chunshuitang/，最後瀏覽日期：2023/08/22。

JIE AI CHI，2021，**《新加坡10間台灣人都說好吃的台灣餐廳，家鄉味總是讓人想念》**，Have Fun In Singapore，取自https://havefun01.com/taiwanese-restaurants/#2_%E5%91%B7%E4%B8%89%E7%A2%97Eat_3_Bowls_%E5%91%B7%E4%B8%89%E7%A2%97%E8%BB%8A%E7%AB%99Eat_3_bowls_station，最後瀏覽日期：2023/08/22。

w50730w30，2017，**《馬來西亞餐飲文化》**，馬來西亞文化部落格，取自https://w880801w.pixnet.net/blog/post/563925-%E9%A6%AC%E4%BE%86%E8%A5%BF%E4%BA%9E%E9%A4%90%E9%A3%B2%E6%96%87%E5%8C%96，最後瀏覽日期：2023/08/22。

17 Cross 跨境電商生態村，2022，**《《跨境電商市場學 I》 瞄準星、馬、泰、越4大熱點商機｜4評估、3階段 用電商致勝東南亞》**，17 Cross跨境電商生態村，取自https://www.17cross.org.tw/Km/km_more?id=aa0debea4b8d42e7a26c0ac28227bc56，最後瀏覽日期：2023/08/22。

Chan, P. S., & Justis, R.T., 1990, "Franchise management in East Asia," *Academy of Management Executive*, 4(2), pp. 75-85. https://doi.org/10.5465/ame.1990.4274799

Hoffman, R. C., & Preble, J. F., 1991, "Franchising: Selecting a strategy for rapid growth," *Long Range Planning*, 24(4), pp. 74-85.

第十三章

王建彬，2020，**《新時代服務業 10大創新服務模式》**，工商時報，取自https://view.ctee.com.tw/business/20922.html，最後瀏覽日期：2023/07/31。

台灣經濟研究院，2023，**《2023台灣各產業景氣趨勢調查報告》**，臺北：台灣經濟研究院。

陳宗賢，2022，**《台灣商業策略大全 布局台灣向世界突圍的14個致勝關鍵》**，臺北：墨刻。

陳宥杉、周樹林、陳意文、黃旭立、魏嘉宏、王義智、姜漢儀、黃瀚鋒，2022，**《淬鍊服務業數位轉型力》**，臺北：經濟日報。

黃俊堯、黃呈豐、楊曙榮，2021，**《打造韌性：數位轉型與企業傳承的不斷再合理化路徑》**，臺北：天下文化。

廖東山、董希文，2022，**《服務創新與管理：企業價值主張與消費者感知價值之互動

歷程》，臺北：五南。
OOSGA消費者研究小組，2023，**《台灣電商市場概況：2023年電商市場發展、零售趨勢、平台分佈》**，OOSGA，取自https://zh.oosga.com/e-commerce/twn/，最後瀏覽日期：2023/07/31。
Das, S., & Gochhait, S., 2023, *Digital entertainment as next evolution in service sector: Emerging digital solutions in reshaping different industries*, Palgrave MacMillan.
DBS Bank, 2021, "Taiwan Digital Readiness Survey 2021," Singapore: DBS Bank. https://www.dbs.com.sg/documents/1038650/364426591/SMEs_Taiwan.pdf/ccfa8495-5bee-57f2-0b42-9753ce37d4bb?t=1641959795714
Den Hertog, P., & Bilderbeek, R., 1999, "Conceptualizing service innovation and service innovation patterns," *General Technology Policy*, 1-30.
European Commission, 2022, "Digital Economy and Society Index Report," European Union. https://digital-strategy.ec.europa.eu/en/policies/desi
Huang, M. H., & Rust, R. T., 2018, "Artificial Intelligence in Service," *Journal of Service Research*, 21(2), 155-172. https://doi.org/10.1177/1094670517752459
IMD world competitiveness center, 2022, "World Digital Competitiveness Ranking 2022," IMD, retrieved from https://www.imd.org/centers/wcc/world-competitiveness-center/rankings/world-digital-competitiveness-ranking/
McKinsey & Company, 2022, "McKinsey Technology Trends Outlook 2022," retrieved from https://www.mckinsey.com/~/media/mckinsey/business%20functions/mckinsey%20digital/our%20insights/the%20top%20trends%20in%20tech%202022/mckinsey-tech-trends-outlook-2022-full-report.pdf
Pine, B. J., & Gilmore, J. H., 1999, *The experience economy: Work is theatre & every business a stage*, Harvard Business Press.
Rogers, K., 2022, "Future Consumer Index: Five consumer types you need to understand," retrieved from https://www.ey.com/en_gl/consumer-products-retail/five-types-of-consumer-that-you-need-to-understand
Siegfried, P., 2022, *Digitalisation in mobility service industry: A survey-based expert analysis*, Springer Cham.
World Economic Forum, 2023, "The Global Risks Reports 2023 (18th Edition)," Geneva: World Economic Forum. https://www3.weforum.org/docs/WEF_Global_Risks_Report_2023.pdf

附錄
Appendix

附錄一　臺灣服務業大事記

一、商業（含金融）

年份	標題	內容
1973年	第一次石油危機	在1973年（民國62年）中東戰爭爆發，阿拉伯石油輸出國家組織實施石油減產與禁運，導致第一次石油危機，我國經濟也因此受到影響，當時行政院長蔣經國決意推動「十大建設」，以大量投資公共建設，解決我國基礎建設不足的問題。在十大建設的帶動之下，1975年（民國64年），我國通貨膨脹率開始下滑，成功改善我國產業的發展環境。
1974年	塑膠貨幣	1974年（民國63年）國內投資公司發行不具有循環信用功能的「信託信用卡」，臺灣首度出現「簽帳卡」，直至1988年（民國77年）財政部通過「銀行辦理聯合簽帳卡業務管理要點」，並將「聯合簽帳卡處理中心」改名為「財團法人聯合信用卡處理中心」，臺灣才出現據循環信用功能的信用卡。1989年（民國78年）起開放國際信用卡業務，聯合信用卡中心與信用卡國際組織合作推出「國際信用卡」，開啓我國進入塑膠貨幣時代。
1980年	商業法規制定	隨著經濟發展，所得增加帶動消費，進而擴大對服務的需求，修訂公司法、商業會計法等相關規範與制度，為日後商業發展打底。
1995年	商業會計法大幅修訂	1995年（民國84年）5月19日第三次修正，全文增加為八十條，建立現在商業會計法的基本架構。
1997年	出現亞洲金融風暴	亞洲金融風暴嚴重影響亞洲各國，加上蔓延效果擴散，導致全球經濟成長趨緩。為因應國際經濟情勢的劇烈變化，避免衝擊國內經濟及金融局勢，我國經建會（現國發會）擴大行政院國家發展基金規模，擴大國內製造業及服務業投資金額，使國發基金成為國內最大的創投，為長期經濟發展提供動能。
2006年	雪山隧道通車	雪山隧道通車，為宜蘭帶來觀光效益，宜蘭的商業服務業者也跟著因此受惠。
2006年	「公司登記便民新措施跨轄區收件服務」施行	「公司登記便民新措施跨轄區收件服務」施行，民眾可選擇在經濟部商業司（2023年9月26日更名為商業發展署）、經濟部中部辦公室、臺北市政府、高雄市政府任一地點提送公司登記申請案件。

年份	標題	內容
2007年	成立商業發展研究院	隨著國內服務業活動發展趨勢已朝向商品精緻化、分工專業化、經營創新化與國際化之模式。因此，依據行政院2004年（民國93年）核定之「服務業發展綱領暨行動方案」以及2006年全國商業發展會議與臺灣經濟永續發展會議之結論，基於「建立服務業發展基石，創造高品質、高附加價值之服務業創新能量並整合資源，加速服務業知識化，提升國際優質競爭力」之成立宗旨，於2007年12月正式成立財團法人商業發展研究院（簡稱商研院）為國家級服務業研發智庫。
2007年	高鐵通車	高速鐵路通車，完成國內一日生活圈的交通概念。
2008年	美國次級貸款引發金融海嘯	美國次級房貸市場泡沫破滅，引發全球金融流動性風險上升，造成全球經濟大衰退。在這波金融海嘯衝擊下，導致全球消費者行為模式出現改變，樽節支出、去槓桿化效應，及因網路技術的進步和社群網站的出現讓資訊得以更快速的流通，而發展出閒置產能再利用構想的「共享經濟」。此外，銀行在面對信用擔保市場的風險提升下，將提高對企業的融資限制，則「群眾募資」的融資方式將逐漸崛起。
2011年	群眾募資興起	2009年Kickstarter引領「群眾募資」的概念開啓全球對募資平臺的嚮往，我國於2011年（民國100年）成立第一個非營利集資平臺weReport，而後營利性質的群眾募資近年在臺灣也因各募資網站的崛起而蓬勃，如flyingV、HereO（已轉型PressPlay）、嘖嘖zeczec等。募資平臺提供新點子及新創意的商品或商業模式在市場上推出或營運機會，成為商業發展及創意創業重要的管道及方式。
2016年	新修正商業會計法	為接軌國際，修正商業會計法、商業會計處理準則以及企業會計準則，於2016年（民國105年）1月1日正式施行，我國商業會計法規邁入新紀元。
2017年	公司法修正	經濟部修正公司法，修正涉及公司的法令鬆綁以及公司治理、洗錢防制的強化，以優化經商環境。本次修正基本有五大原則，分別如下：「不大幅增加企業遵法成本，維持企業運作安定性」、「新創希望速推之事項，優先推動」、「維持閉鎖公司專節，給予微型企業創業者更大運作彈性」、「充分考量公發、非公發公司規模不同，分別有不同的規範」、「適度法規鬆綁，但不逸脫基本法制規範，保障交易安全」。
2018年	5G起步，邁向數位時代	5G將成為物聯網發展的重要基礎，有鑑於在傳輸速度、設備連線能力、級低網路延遲等效益，預期將帶動更多創新應用服務發展。5G取代4G，最重要的特性在於低延遲，若能善用，5G將可加速促成產業數位化及垂直市場的成長。

年份	標題	內容
2018年	智慧手機的普及帶動多元支付方式	因智慧手機的便利性與普及，有越來越多行為透過手機進行，加上物聯網科技串聯行動裝置、網路、服務與資訊，帶動商業服務方式的改變。臺灣目前的行動支付分為三種：電子支付、電子票證及第三方支付，而金管會於6月發布的報告當中，以歐付寶使用人數最多，在使用總人數約243萬人當中，有72.97萬人運用歐付寶進行電子支付。
2018年	公司法修正案於7月三讀通過，11月1日正式施行	鑒於10多年來國內外經商環境變化快速，立法院於2018年7月6日三讀通過公司法修正案，並於11月1日施行。本次公司法修正重點為：友善創新創業環境、強化公司治理、增加企業經營彈性、保障股東權益、數位電子化及無紙化、建立國際化之環境、閉鎖性公司之經營彈性、遵守國際洗錢防制規範。
2018年	勞動基準法部分條文修正案於1月三讀通過，3月1日正式施行；基本工資亦決議於明年1月調整	勞基法修正案於3月1日正式實施，本次修法主要聚焦於鬆綁7休1、加班工時工資核實計算以及加班工時上限、特休假、輪班間隔。另基本工資亦於2018年第三季召開基本工資審議委員會，決議將於2019年1月起調漲基本工資，月薪由現行$22,000調漲至$23,100，漲幅5%；時薪由$140調漲至$150，漲幅7.14%。
2020年	COVID-19（新冠肺炎）疫情爆發	我國1月21日發現首起COVID-19（新冠肺炎）確診病例，是由中國大陸湖北省武漢市移入之案例。
2020年	經濟部推出一系列因應嚴重特殊傳染性肺炎的資金紓困及振興措施	經濟部因應嚴重特殊傳染性肺炎，推出一系列資金紓困及振興措施資源，包括薪資及營運資金補貼、防疫千億保、水電費減免、研發固本專案計畫、協助服務業導入數位行銷工具及服務、商圈環境改善、人才培訓、振興三倍券、出口拓銷等來協助業者。
2020年	臺灣完成5G 釋照與開臺	經兩階段競標結果，我國國家通訊傳播委員會（NCC）於2月21日公布包括中華電信、遠傳電信、台灣大哥大、台灣之星、亞太電信5家電信業者，均獲得5G執照，並於6月30日起陸續啓用5G服務。
2021年	行政院延長《嚴重特殊傳染性肺炎防治及紓困振興特別條例》	因應疫情於5月中在本土擴散，行政院將《嚴重特殊傳染性肺炎防治及紓困振興特別條例》延長1年到明年（民國111年）6月30日，並增加2,100億元預算，特別預算經費上限提高為總額8,400億元，針對受疫情衝擊產業持續推出紓困與振興措施；經濟部商業司（2023年9月26日更名為商業發展署）亦推出「商業服務業艱困事業營業衝擊補貼」政策，以及配合行政院「振興五倍券」加碼推出「好食券」，可於餐飲、糕餅、傳統市場及夜市等店家中使用。
2021年	臺灣純網銀陸續開業	國內已取得純網銀執照的3家銀行（樂天國際商業銀行、LINE Bank以及將來銀行）中，樂天國際商業銀行、LINE Bank已經陸續開業。

年份	標題	內容
2021年	電子支付跨機構共用平臺上線，啓動跨機構「轉帳」服務	包括悠遊付、一卡通、愛金卡、國際連、橘子支付、街口支付、歐付寶、簡單付等專營電子支付機構間，以及電子支付機構與所有銀行機構間，皆可互相轉帳。
2022年	全家推全盈+Pay、全聯推出全支付進軍電子支付市場	由全家主導的「全盈+PAY」在4月開業，全聯獨資成立的電子支付品牌「全支付」也在8月24日正式上路，三大業者全家（全盈）、全聯（全支付）、統一（icash Pay）都將握有電支品牌與廣大的零售通路。
2022年	邊境管理措施鬆，採階段性開放，10月13日開放觀光團出入境	9月29日調整入境管制措施，取消機場唾液PCR，恢復各國免簽，10月13日進入國境解封第二階段，開放觀光團出、入境，11月7日起，0+7免居家隔離，同住接觸者7天自主防疫。9月29日起，取消機場唾液PCR，恢復各國免簽。10月13日起，實施入境「0+7」，入境人數上限15萬人。
2023年	行政院全民共享經濟成果普發現金規劃方案	在疫情期間經濟表現亮眼，加以政府財政管控與資金運用調度得宜，2022年（民國111年）中央政府總預算稅課收入實徵數大於預算數，爰規劃讓民眾於疫後共享經濟成果，全民普發現金新臺幣6千元。
2023年	金融業首家！玉山銀行全面打造零碳ATM服務	玉山銀行ATM通過ISO 14067碳足跡及PAS 2060碳中和國際雙認證，成為臺灣首家全面打造零碳ATM服務的金融業。玉山開發ATM多項功能來降低碳排放量，包括推出外幣無卡提款、金融卡開卡、網銀密碼解鎖等自助功能，以減少臨櫃紙本表單耗用，並降低整體碳排放量。
2023年	臺美貿易倡議實施法案拜登簽署生效	美國白宮於8月7日宣布「臺美21世紀貿易倡議首批協定實施法案」已獲美國總統拜登簽署生效。
2023年	碳權交易所8月7日成立臺灣碳交易時代來臨傳產業拚減碳	由臺灣證券交易所及行政院國家發展基金共同出資成立的臺灣碳權交易所，2023年7月完成公司登記，8月7日正式營運，總部設在高雄，採取高北雙營運方式進行，主要營業項目分成國內碳權交易、國外碳權買賣、碳諮詢及教育訓練等3大項。
2023年	商業發展署9月26日成立提升商業服務發展、優化公司治理環境	經濟部改組，商業司於9月26日正式升格為商業發展署，成立後的推動願景包括推升商業服務業發展、優化公司治理環境。

二、零售業

年份	標題	內容
1932年	百貨公司興起	第一間百貨公司「菊元百貨」於臺北成立，與第二間臺南的「林百貨」並稱南北兩大百貨。而後多家業者紛紛成立百貨公司，使得百貨公司此一業種進入戰國時代。
1970年	大型超市興起	在1970年代（民國59年）初期，西門町出現西門超市及中美超市兩家大型超市，為臺灣大型超市開端。
1978年	便利不打烊	1978年（民國67年）國內統一集團引進國外新型態零售模式，在國內成立統一便利商店（7-ELEVEN），改變傳統柑仔店的經營模式。24小時不打烊的經營型態，服務項目從單純的零售販賣擴張至提供熱食及其他服務，如代收、多元化付款等，貼心而完整的服務使便利商店開始成為民眾生活不可或缺的一部分。
1980年	國外超市引進	1980年代初期（民國69年），農產運銷公司開始投入超市經營，再加上日本系統的雅客、松青超市等公司陸續導入臺灣市場，使超市經營技術引進有更進一步的發展。
1987年	超市經營連鎖化與便利商店風潮興起	香港系統的惠康、百佳等公司亦相繼進入市場，使超市經營進入連鎖店時代，更具專業化；同年統一超商開始轉虧為盈，並突破100家連鎖店面，也讓國內興起成立便利商店的風潮。
1989年	消費型態變革	1989年（民國78年）我國第一家量販店萬客隆成立，同年由法商家樂福與統一集團共同在臺設立家樂福（Carrefour），自此開啓我國量販店的黃金時代。而後陸續出現多個量販店品牌，如：亞太量販、東帝士、大潤發、鴻多利、大買家與愛買。
1989年	大型零售書店之創立	1989年（民國78年）臺灣大型連鎖書店誠品書店正式創立，開啓我國零售店新經營型態。
1992年	第一家電視及購物業者出現	1992年（民國81年）「無線快買電視購物頻道」正式成立，以有線電視廣告專用頻道型態經營。1999年，我國第一家合法電視購物業者東森購物正式成立，直至2014年NCC委員會將原本管制為9個購物頻道放寬至12個，目前購物頻道結合網路購物及實體百貨零售市場，仍蓬勃發展中。
1992年	政府推動商業自動化	商業自動化和現代化為施政重點，包括：推動資訊流通標準化、商品銷售自動化、商品選配自動化、商品流通自動化及會計記帳標準化，促進產業升級，推升商業發展。
1997年	第一家美式賣場在臺設立	美國第二大零售商、全球第七大零售商以及美國第一大連鎖會員制倉儲式量販店好事多（Costco）與臺灣大統集團合資成立「好市多股份有限公司」，在高雄市前鎮區設立全臺第一家賣場。好市多為繼萬客隆倒閉之後，國內唯一收取會員費的量販店。

年份	標題	內容
1999年	購物中心興起	國民所得達12,000美元，消費者休閒意識抬頭，因此兼顧消費購物與休閒文化功能的大型購物中心順應而生。「台茂購物中心」為全臺第一個大型購物中心，開啓全新的多功能休閒購物體驗，而後的二十年亦隨著國人消費型態與所得提升，國內陸續出現多個購物中心，如：微風廣場、京華城購物中心、臺北101、寶麗廣場、環球購物中心、林口遠雄三井Outlet Park、華泰名品城GLORIA OUTLETS等大型購物中心。
2006年	精緻超市引進來臺	2006年（民國95年）逐漸發展出頂級超市，港商惠康百貨和遠東集團不約而同先後引進Jasons Marketplace、city'super頂級超市。互相較勁的重點，不再是誰家的商品便宜，而是誰家的商品較獨特、稀有，服務較貼心，可以攏絡頂級消費者的心。
2010年	新型態購物中心Outlet興起	義大世界購物廣場開幕，為臺灣首座的名牌折扣商場（Outlet mall）與大型Outlet購物中心。
2016年	購物中心遍地開花	Outlet購物中心崛起的一年新開設六間購物中心，分別為環球購物中心南港車站店、林口遠雄三井Outlet Park、晶品城購物廣場、大墩食衣購物廣場、嘉義秀泰廣場、大魯閣草衙道。
2018年	第一家無人超商正式營業	臺灣第一家無人超商「X-STORE」於1月31日在統一超商總部大樓進行初期測試，並於6月25日開始正式開幕，全程透過人臉辨識進店、採買、結帳。初期X-STORE以測試各項智慧型科技及營運模式，蒐集各種大數據做為未來發展的依據，讓臺灣便利商店產業不斷進化。在X-STORE開幕一個月後，在臺北市信義區開設第二家無人商店，並且額外導入智慧金融功能（X-ATM），提供指靜脈與人臉辨識，並可進行零錢存款與外幣提領功能。而全家便利商店也在3月底開立科技概念店，期望減低員工的勞務負擔，並帶給客戶更多的互動體驗。
2019年	臺灣品牌突破日本零售市場	臺灣誠品成功於日本橋展店，為我國業者進入日本零售業第一家。
2022年	公平會通過全聯併購大潤發乙案	全聯2021年宣布斥資新臺幣115億元收購大潤發，公平會並於7月13日在提出7項附帶條件下通過全聯合併大潤發結合案，全聯從法國歐尚集團、潤泰集團取得95.97%大潤發流通事業股份有限公司股權，其收購範圍包括：大潤發自有土地建物、門市經營權及大潤發自有品牌。
2023年	電商業者7月起禁用PVC 為每年逾一萬公噸包材垃圾減量 網購包裝新規 掀四大電商一千日綠色大戰	7月1日起實施「網際網路購物包裝限制使用對象及實施方式」，規範個人賣家以外，所有電商業者不僅膠帶或包裝禁用聚氯乙烯（PVC），紙類、塑膠包材更分別要包含90%、25%以上的再生材料。

三、餐飲業

年份	標題	內容
1934年	首間引入現代化管理的餐廳開幕	臺灣最早的西餐廳「波麗路西餐廳」開幕，首度引進西方現代化餐飲管理的營運制度。
1974年	第一間在地連鎖餐飲品牌	1974年（民國63年）第一家本土速食餐飲業者「頂呱呱」成立，將速食文化與相關技術引進臺灣。
1983年	臺灣出現第一家手搖泡沫紅茶飲料店	陽羨茶行（春水堂前身）率先推出手搖泡沫紅茶，於1983年（民國72年）在臺中問世後，其魅力數年間席捲全臺，在臺灣餐飲史上占據獨特地位，而後創新的珍珠奶茶則掀起更為強勁深遠的龍捲風效應。茶飲品牌近十多年來更進軍海外，包括美國、德國、紐澳、香港、中國大陸、日本、東南亞、甚至中東的杜拜與卡達。
1984年	國際餐飲速食連鎖加盟品牌進駐臺灣	1984年（民國73年）國際速食餐廳「麥當勞」進軍我國，將國際速食餐廳的經營理念以及「發展式特許經營」模式引進國內，為餐飲市場帶來新觀念。
1991年	第一家美式休閒連鎖餐廳來臺	來自美國紐約的「T.G.I.Friday's」登臺，為我國市場上第一家美式休閒連鎖餐廳，刮起民眾朝聖休閒式主題餐廳的旋風，此時期餐廳著重主題性與文化性。
1992年	創新思維開創手搖飲料風貌	發跡於臺中東海的「休閒小站」首創「封口杯」，用自動封口機取代傳統杯蓋來密封飲料，即使打翻也不易外漏，這讓販賣茶飲有了革命性的改變。專做外帶的茶吧式飲料店，因店面小、租金便宜、人力精簡，如雨後春筍般興起。
2017年	國內大型餐飲業掀掛牌風	歷經食安風暴，餐飲營收近5年來持續穩定成長，各大業者紛紛進入搶食餐飲市場，如漢來美食掛牌上市、及多家正等待上市櫃的餐飲股，興起餐飲掛牌風，於公開資本市場進行募資，有利於籌備更多銀彈，朝向企業多角化經營。
2018年	臺北米其林指南首次公佈，共20家餐廳奪星	米其林指南於3月14日發表首屆臺北版名單，共有110家餐廳入榜，除了36家必比登推薦（Bib Gourmand）名單外，今年共有20家餐廳奪星，包含1家三星、2家兩星、17家一星，其餘為推薦名單。
2018年	連鎖速食餐飲業導入自動點餐與多元支付系統	連鎖速食餐飲業-摩斯漢堡與臺灣麥當勞已競相導入自動點餐機。摩斯漢堡的數位自助點餐機已導入70餘家門市，預計年底完成100家導入的目標。臺灣麥當勞則是除了自助點餐機之外，亦結合多元支付，為國內速食連鎖第一臺可以多元支付的點餐機，目前先規劃在臺北不同商圈的4家門市建置。
2019年	外送平臺深入國人生活	2019年外送市場爆量，Foodpanda訂單成長25倍。緊追在後之Uber Eats，擁有超過5,000家餐飲業的外送服務，預期我國餐飲業外送服務將日益競爭。

年份	標題	內容
2022年	「一次用飲料杯限制使用對象及實施方式」法令正式生效	為從源頭減量，行政院環保署（2023年8月22日更名為環境部）於4月28日修正公告「一次用飲料杯限制使用對象及實施方式」法令，並於7月1日生效實施，生效日起消費者自備環保杯前往飲料店、便利商店、速食店及超級市場等4大連鎖業者購買飲料，均享有至少5元的折扣。
2023年	餐飲業設隔板、噴酒精走入歷史食藥署公布即起廢止	衛福部食藥署於3月27日公告廢止「餐飲業防疫管理措施」，原先規定餐飲人員洗手、環境消毒、桌面設置隔板、提供酒精或乾洗手液，自助餐用餐規定等，歷經兩年半後，皆回歸業者自主應變管理。
2023年	8月起禁塑令擴大！超商等八大類場所不得提供「可分解塑膠餐具」	環境部（前身為環保署）公告修正「免洗餐具限制使用對象及實施方式」，8月1日起，公部門、公私立學校、百貨公司及購物中心、量販店、超級市場、連鎖便利商店、連鎖速食店、有店面餐飲業等8大類管制對象，不得提供生物可分解塑膠（PLA）製成的杯、碗、盤、碟、餐盒等免洗餐具。

四、物流業

年份	標題	內容
1974年	物流概念的萌芽	聲寶及日立公司於1974年（民國63年）投資成立「東源儲運中心」，為我國第一家商業物流服務業者，將物流概念與相關技術引進我國。
1978年	便捷交通網絡帶動商業發展	「十大建設」之一的中山高速公路於1978年（民國67年）全線通車，完善我國交通網絡，不僅帶動整體經濟成長，亦正面影響我國區域發展，我國商業發展獲得更進一步的提升。
1989年	臺灣物流革命之序曲	1989年（民國78年），掬盟行銷成立，同年味全與國產企業亦分別成立康國行銷與全臺物流，隨後統一集團之捷盟行銷、泰山集團之彬泰物流、僑泰物流亦分別設立，以迎合市場對配送效率的需求。
1996年	捷運通車開啓便利生活	臺北捷運木柵線通車，藉由捷運系統建置逐步改變臺北交通運輸方式與生活圈，亦給其他縣市帶來交通發展方向的參考。
2000年	國內第一家宅配到府業者正式營運	2000年（民國89年）國內第一家戶對戶的宅配服務公司（C2C、B2C、B2B）「台灣宅配通」正式營運，開啓我國宅配產業序幕。宅配也改變了我國物流市場，讓原本的物流業者開始投入宅配服務，銜接上電子商務發展的最後一哩，使電子商務開始蓬勃發展。

五、電子商務

年份	標題	內容
1995年	網際網路興起	1995年（民國84年）資訊人公司成立，該公司開發搜尋引擎「IQ搜尋」軟體並發展成商品。1998年推出中文網路通訊軟體CICQ，成為Intel在我國投資的第一間網路公司。
1996年	我國第一家網路仲介出現	1996年（民國85年）我國第一家以網路為平臺的人力仲介公司「104人力銀行」正式成立。人力銀行改變人們找工作或企業找人才的模式，經由網路平臺與電子郵件即可撮合人力供需雙方，開創了網路人力仲介商業市場。
1997年	民營化行動通訊	政府於1997年（民國86年）開放民營業者可提供行動通訊業務，2003年開放第三代行動通信執照，行動數據傳輸能力大幅增加。配合手機技術與行動應用程式（APP）的開發，讓消費者可以利用更方便快速的方式進行消費。而第四代系統的逐漸普及，以更快速的網路商業服務，進而影響帶動現今行動支付發展。
2000年	電子錢包啓用	2000年（民國89年）悠遊卡正式啓用，是我國第一張非接觸式電子票證系統智慧卡，採用RFID技術。除了悠遊卡之外，也結合其他具有RFID載具提供服務，如結合信用卡、NFC手機等。於2002年開始進入便利商店體系與公家機關使用小額付款，因此改變我國消費者的消費習慣。此為傳統銷售模式轉為電子商務，新型態商業模式的重要改變。目前臺灣所通行的電子票證，包含了悠遊卡、一卡通、icash、有錢卡等四種系統，讓民眾生活能夠更加便利。
2001年	國內B2C與C2C電子商務興起	2001年（民國90年）Yahoo拍賣由雅虎臺灣與奇摩網站合併而成，開啓國內電子商務B2C與C2C市場商機，並逐漸獨霸了整個臺灣拍賣的市場。
2006年	電子商務龍頭爭奪戰開打	PCHome網路家庭與eBay合資成立露天拍賣。為本土第一家無店面零售公司，成為Yahoo拍賣的競爭者，這是無店面零售興起的開端。
2006年	雲端運算提出大數據革命	亞馬遜推出彈性運算雲端服務，Google執行長埃里克·施密特在搜尋引擎大會（SES San Jose 2006）首次提出「雲端計算」概念。雲端運算技術是繼網際網路發明後最具代表性的技術之一，可廣泛應用於政府、教育、經貿、企業等層面，其後各自發展出的不同雲端運算服務，對於產業發展有全面性的改變，為爾後出現的共享經濟型態，提供了堅實的基礎。
2006年	跨境電商興起	2006年（民國95年）美國拍賣平臺與國內業者合作推出跨國交易網站。跨境電子商務為出口貿易重要的交易平臺，將會為我國廠商的經營模式帶來不一樣的改變。
2007年	iphone出現，進入智慧手機元年	iPhone系列革命性地改變人民的生活型態，帶動了行動商務發展。

年份	標題	內容
2009年	共享經濟崛起	經濟學人雜誌定義「共享經濟」為「在網路中，任何資源都能出租」。網路成為共享經濟的重要橋樑，大型出租住宿民宿網站Airbnb成為共享經濟的重要代表。目前共享經濟概念襲捲全世界、影響消費者的消費模式與服務提供者的新型態經營模式，成為未來重要的商業模式。
2015年	電商平臺行動化	行動商務因智慧型裝置普及，嚴重影響實體通路業績，尤其主打行動拍賣平臺與以C2C為主要客群的蝦皮拍賣，於2015年正式進入臺灣，挾免手續費、免刷卡費、再補貼買家運費及全新方便簡約的App介面，迅速攻佔了臺灣市場。
2017年	迎戰行動支付元年	新型態電子支付出現，挑戰既有的支付生態系統創造價值。隨著行動通訊設備的出現，更一步地把網路上的一切搬到生活中每個時間點與角落。也在2017年上半年，三大行動支付（Apple Pay、Samsung Pay、Android Pay）登臺，這些新創的付款方式，相較過往的支付方式更加便利，對國內的服務業者亦有正向影響。

附錄二 臺灣商業服務業公協會列表

序號	全國性／產業性	組織名稱	網站	理事長	地址	電話／傳真
1	全國性	中華民國全國商業總會	http://www.roccoc.org.tw/web/index/index.jsp	許舒博	106臺北市大安區復興南路一段390號6樓	電話：02-27012671 傳真：02-27555493
2	全國性	中華民國工商協進會	https://www.cnaic.org/	吳東亮	106臺北市復興南路一段390號13樓	電話：02-27070111
3	全國性	中華民國全國中小企業總會	http://www.nasme.org.tw/front/bin/home.phtml	李育家	106臺北市大安區羅斯福路二段95號6樓	電話：02-23660812 傳真：02-23675952
4	產業性	台灣連鎖暨加盟協會	http://www.tcfa.org.tw/	陳翔玢	105臺北市松山區南京東路四段180號4樓	電話：02-25796262 傳真：02-25791176
5	產業性	台灣連鎖加盟促進協會	https://www.franchise.org.tw/	吳永強	104臺北市中山區中山北路一段82號3樓	電話：02-25235118
6	產業性	台灣全球商貿運籌發展協會	http://www.glct.org.tw/	賈凱傑	104臺北市中山區民權西路27號5樓	電話：02-25997287 傳真：02-25997286
7	產業性	台灣服務業發展協會	https://www.asit.org.tw/	姜長安	106臺北市大安區仁愛路四段314號2樓之1	電話：02-27555377 傳真：02-27555379
8	產業性	台灣服務業聯盟協會	https://www.twcsi.org.tw/	葉鈞耀	106臺北市大安區敦化南路二段216號20樓A1室	電話：02-27350056 #667/668 傳真：02-27350069
9	產業性	中華民國物流協會	http://www.talm.org.tw/	王清風	106臺北市大安區復興南路一段137號7樓之1	電話：02-27785669 傳真：02-27783359
10	產業性	台灣國際物流暨供應鏈協會	http://www.tilagls.org.tw/	劉詩宗	104臺北市中山區南京東路二段96號10樓	電話：02-25113993 傳真：02-25212032
11	產業性	中華民國貨櫃儲運事業協會		林炯炘	221新北市汐止區大同路三段264號3樓	電話：02-86480112 傳真：02-86478295
12	產業性	中華貨物通關自動化協會		楊瑞如	105臺北市松山區南京東路四段120巷29弄29號	電話：02-24246115
13	產業性	台北市航空貨運承攬商業同業公會	http://www.tafla.org.tw/	黃啓明	105臺北市松山區南京東路五段343號8樓之3	電話：02-27601970 傳真：02-27640295
14	產業性	台北市海運承攬運送商業同業公會	http://www.ioffIat.com.tw/	黃　石	104臺北市中山區建國北路二段90號7樓	電話：02-25070366
15	產業性	台灣冷鏈協會	https://www.twtcca.org.tw/index_tw.php	林建智	106臺北市忠孝東路四段148號11樓之5	電話：02-27785255 傳真：02-27788016
16	產業性	台灣省進出口商業同業公會聯合會	http://www.tiec.org.tw/	王峻益	104臺北市中山區復興北路2號14樓B座	電話：02-27731155 傳真：02-27731159

序號	全國性／產業性	組織名稱	網站	理事長	地址	電話／傳真
17	產業性	中華民國汽車貨運商業同業公會全國聯合會	http://www.c-truck.com.tw/	黃益民	106臺北市大安區信義路三段162之30號7樓	電話：02-27026023 傳真：02-27056617
18	產業性	中華民國無店面零售商業同業公會	https://www.cnra.org.tw/	王令麟	106臺北市大安區復興南路一段368號8樓	電話：02-27010411 傳真：02-27098757
19	產業性	台灣網路暨電子商務產業發展協會	https://tieataiwan.org/	何英圻	105臺北市南港區八德路四段768巷5號6樓	電話：02-87126050
20	產業性	中華民國百貨零售企業協會	http://www.ract.org.tw/	徐雪芳	220新北市板橋區新站路16號18樓	電話：02-77278168 傳真：02-77380983
21	產業性	中華民國購物中心暨商業地產協會	https://www.twtcsc.org.tw/	蔡明璋	106臺北市大安區敦化南路二段97號2樓	電話：02-77111008 傳真：02-66398479
22	產業性	中華美食交流協會	http://www.cgaorg.org.tw/index.html	駱進漢	242新北市新莊區中榮街124號2樓（協會）	電話：02-22779596
23	產業性	中華日式料理發展協會	https://www.facebook.com/foood23701220/	曾文龍	235新北市中和區建康路252號2樓	電話：02-82267437
24	產業性	中華民國糕餅商業同業公會全國聯合會	http://www.bakery-roc.org.tw/	周子良	412臺中市大里區仁禮街45號	電話：04-24960912 傳真：04-24969796
25	產業性	台北市糕餅商業同業公會	http://bakery.org.tw/	周正訓	114臺北市內湖區瑞湖街178巷21號3樓	電話：02-28825741 傳真：02-81926546
26	產業性	台灣蛋糕協會	https://www.taiwan-gateaux.com.tw/?fbclid=IwAR2VP65C0_S8bHOs7jQ_1LtLAlZ1klnqQooNcRzwCZgUp28wTvxzdSl1ywk	何文熹	114臺北市內湖區行善路48巷18號6樓之2	電話：02-27904268 傳真：02-27948568
27	產業性	台灣廚藝美食協會	http://www.formosacooking.com.tw/	何育任	407臺中市西屯區長安路一段152號	電話：04-23155420
28	產業性	台灣國際年輕廚師協會	https://www.facebook.com/taiwanjuniorchefsassociation/?locale=zh_TW	李思銘	249新北市八里區觀海大道111號	電話：02-26105300
29	產業性	台灣婚宴文創產業發展協會		陳士元	108臺北市萬華區艋舺大道101號13樓	電話：02-23383366
30	產業性	中華民國自動販賣商業同業公會全國聯合會	http://www.gs04.url.tw/vm/index.asp	彭清和	402臺中市南區工學路126巷31號	電話：04-22658733 傳真：04-22656815
31	產業性	中華民國台灣商用電子遊戲機產業協會	http://www.tama.org.tw/cht/index.php	謝坤達	220新北市板橋區三民路一段80號3樓	電話：02-29541608 傳真：02-29541604

序號	全國性／產業性	組織名稱	網站	理事長	地址	電話／傳真
32	產業性	台灣區電機電子工業同業公會	https://www.teema.org.tw/	李詩欽	114臺北市內湖區民權東路六段109號6樓	電話：02-87926666 傳真：02-87926088
33	產業性	台灣智慧自動化與機器人協會	http://www.tairoa.org.tw/	絲國一	408臺中市南屯區精科路26號4樓	電話：04-23581866 傳真：04-23581566
34	產業性	台灣包裝協會	http://www.pack.org.tw/web/index/index.jsp	廖本泉	110臺北市信義區信義路五段5號5C12室	電話：02-27252585 傳真：02-27255890
35	產業性	中華民國金銀珠寶商業同業公會全國聯合會	http://www.jga.org.tw/	曾榮富	800高雄市新興區中正三路80巷36號2B	電話：07-2350135 傳真：07-2350007
36	產業性	中華民國遊藝場商業同業公會全國聯合會		鍾喜棠	220新北市板橋區南雅西路2段10號1樓	電話：02-89825268
37	產業性	中華民國親子育樂中心發展協會		葉振坤	110臺北市信義區忠孝東路五段508號24樓之2	電話：02-27927922 傳真：02-27962850
38	產業性	台灣數位休閒娛樂產業協會		蔡其明	220新北市板橋區南雅西路二段10號1樓	電話：02-89825268 傳真：02-89825226
39	產業性	中華跨境電子商務產業發展協會		石鴻斌	104臺北市長安東路二段142號9樓之1	電話：02-27491761
40	產業性	台灣餐飲業聯盟	http://www.tcf.org.tw/	李日東	404臺中市北區崇德路一段631號	電話：0929-711129
41	產業性	臺灣白帽廚師協會	https://www.facebook.com/profile.php?id=100057749615942	周景堯	106臺北市大安區四維路88號1樓	電話：02-27055282
42	產業性	中華民國洗衣商業同業公會全國聯合會		王為模	802高雄市苓雅區武廟路157-3號	電話：07-7231166
43	產業性	臺灣省女子美容商業同業公會聯合會	https://twbu.org.tw/	王之源	600嘉義市西區新民路794號 981花蓮縣玉里鎮中山路二段133號（花蓮辦事處）	電話：05-2863907 電話：038-355788（花蓮辦事處）

國家圖書館出版品預行編目

商業服務業年鑑. 2023 : 生成式AI與新經貿環境下之服務業永續發展 = Business services yearbook / 經濟部商業發展署, 財團法人商業發展研究院作. -- 初版. -- 臺北市 : 釀出版 : 經濟部發行, 2023.11
面； 公分
ISBN 978-986-445-880-6(平裝)

1. CST: 商業 2. CST: 服務業 3. CST: 年鑑

480.58　　112017910

2023商業服務業年鑑：
生成式AI與新經貿環境下之服務業永續發展

發 行 人／王美花
發行單位／經濟部
地址／100臺北市中正區福州街15號
電話／（02）2321-2200
網址／www.moea.gov.tw
主辦單位／經濟部商業發展署
執行單位／財團法人商業發展研究院
編審委員會召集人／陳厚銘
編審委員／王健全、何晉滄、吳師豪、杜威達、林建元、邱俊榮、陳文華、陳建緯、黃于玲、黃麗靜、楊秉純、詹方冠、賈凱傑、鍾俊元、蘇美華（依姓氏筆劃排列）
撰 稿 者／許添財、朱 浩、葉倖君、陳世憲、李曉雲、梅明德、李佳蔚、彭驛迪、王明倫、陳建緯、蘇孟宗、陳右怡、王允中、詹方冠、吳麗雪、何晉滄、顏慧欣、鄭昀欣、王健全、鍾志明、陳文華、林谷合、吳師豪（依章節序排列）
總 編 輯／蘇文玲
編　　輯／劉雅娟、翁靜婷、柯清介、林佳欣、許綺芳、簡俊良、詹世民、謝季芳、周吉泰、宋淳暄
執行總編輯／王建彬
執行副總編輯／朱 浩
執行編輯／林聖哲
校　　正／李佳蔚、林嘉儀、葉倖君、黃瑞華、繆淑蓉、劉皓怡、洪菽郥

出版策劃／釀出版
製作發行／秀威資訊科技股份有限公司
114臺北市內湖區瑞光路76巷65號1樓
電話：+886-2-2796-3638　傳真：+886-2-2796-1377
服務信箱：service@showwe.com.tw
http://www.showwe.com.tw
郵政劃撥／19563868　戶名：秀威資訊科技股份有限公司
展售門市／國家書店【松江門市】
104臺北市中山區松江路209號1樓
電話：+886-2-2518-0207　傳真：+886-2-2518-0778
網路訂購／秀威網路書店：https://store.showwe.tw
國家網路書店：https://www.govbooks.com.tw
法律顧問／毛國樑　律師
總 經 銷／聯合發行股份有限公司
231新北市新店區寶橋路235巷6弄6號4F
電話：+886-2-2917-8022　傳真：+886-2-2915-6275

缺頁或破損的書，請寄回更換

出版日期／2023年11月
版　　次／初版
定　　價／699元整
G P N／1011201429
I S B N／978-986-445-880-6